戦間期
日本石炭鉱業の再編と産業組織

カルテルの歴史分析

長廣利崇

日本経済評論社

はしがき

現代の日本において、カルテルを形成することは独占禁止法に抵触する。カルテルを規制・促進する両側面があった重要産業統制法は一九三一年に制定されたが、カルテルを制限する政府の法的な枠組が存在しなかった一九二〇年代の日本には、主要産業においてカルテルが形成されていた。本書では、こうした特徴をもつ一九二〇年代に、当時の基幹産業の一つであった石炭鉱業のカルテル活動を検討したい。

第二次世界大戦前の日本において、競争制限行為は、諸産業で結成された同業者団体の活動の一環として行われた。一八八二年結成の紡績連合会（大日本紡績連合会）による操業短縮の協定は有名であるが、一九二一年設立の石炭鉱業連合会では、数量協定が活動の目的とされた。

同業者間で価格をつり上げるカルテル行為は、消費者への不利益をもたらし、非効率な資源配分を導くことで、一国の経済を弱体化させるものとして考えられている。だが、日本の経済史研究では、戦前期のカルテルが、不況を乗り越える上での有効な手段であったという見解もある。歴史的に見れば、カルテルによって未曽有の不況に対処しようとした事例は存在する。この事実の評価は別にしても、利潤の追求を第一に考える企業が相互に結託し、カルテルが形成され維持されたとすれば、カルテルの安定性はどのようにして保たれていたのだろうか。このメカニズムが解明されねばならない。

過去は人々が望むほど現在とは深く結びついていないが、人々が思うよりも歴史は我々の行動のあり方を決めている。本書で検討する石炭鉱業の事例が、生活に苦しむ人々を救うようなことはないと正直にいえるが、過去に存在したカルテルの実態が深く知られ、この研究が何等かの現代的意義をもてば、著者としては望外の喜びである。

戦間期日本石炭鉱業の再編と産業組織

目次

目　次

はしがき

序　章　課題と方法……1
第1節　課題と先行研究　1
第2節　分析事例の限定　4
第3節　本書の構成　5

第Ⅰ部　一九二〇年代のカルテル活動

第1章　炭価の安定性……15
第1節　課題　15
第2節　石炭鉱業連合会の送炭制限　16
(1)　一九二一年の送炭制限
(2)　炭価安定の論理
第3節　国内炭価格の安定性と水準　20

(1) 資料とデータ
(2) 産炭地近郊価格の変動係数
(3) 主要都市卸売価格の変動係数
第4節　一九二一～二九年の国内炭価の水準　27
第5節　輸入炭価格の安定性　28
(1) 資料と炭価の系列
(2) 輸入炭価格の変動係数
第6節　石炭鉱業連合会の送炭制限と炭価の安定　32
第7節　結語　38
第2章　筑豊大炭鉱企業のカルテル活動……45
第1節　課題　45
第2節　石炭鉱業連合会の組織　46
第3節　雑誌統計記事によるカルテル活動の相互監視　47
(1) カルテル活動の監視方法
(2) 『筑豊石炭鉱業組合月報』の統計記事
第4節　一九二〇年代の筑豊大炭鉱企業の送炭量　51
第5節　一九二〇年代前半　53
(1) 開鑿・新坑投資

(2) 貝島の動向
(3) カルテル中止期の送炭
第6節　一九二〇年代後半　56
(1) 特別賦課金
(2) 開鑿・新坑投資
(3) 貝島の動向
(4) 生産性
第7節　大炭鉱の「増送量」の推計　61
(1) 問題の所在
(2) 推計方法
(3) 筑豊送炭量の推計結果
(4) 筑豊個別炭鉱企業の推計結果
第8節　結語　70
第3章　戦間期沖ノ山炭鉱の発展……………………………………………………77
第1節　課題　77
第2節　創業期（一八九四～一九一一年）　79
(1) 沖ノ山炭鉱の開坑と宇部共同義会
(2) 市場・販路

(3)　生産
(4)　資金調達
第3節　一九二〇年代の新坑開鑿　83
第4節　市場・販路　85
第5節　生産・労務管理　89
第6節　資金調達、経営組織　94
第7節　結語　99
第4章　常磐炭鉱企業の停滞……105
第1節　課題　105
第2節　常磐炭需要の減少　106
第3節　常磐炭鉱企業の経営の動向　109
(1)　大炭鉱企業の動向
(2)　中小炭鉱の動向
(3)　三井と常磐炭田
第4節　企業間関係　118
(1)　常磐炭鉱企業のカルテル活動
(2)　無煙炭共同販売会社の設立動向
第5節　結語　125

補論A　大炭鉱企業間の技術情報の交換……131
第1節　課題　131
第2節　日本鉱業会の活動　132
(1)　設立の経緯と機関誌記事
(2)　「採鉱研究会」の開設
(3)　渡辺賞の創設
第3節　筑豊石炭鉱業組合の活動　142
(1)　筑豊石炭鉱業組合と採炭技術
(2)　「講演会」の創設
第4節　結語　146

第Ⅱ部　大炭鉱の経営動向

第5章　鉱夫の定着化……153
第1節　課題　153
第2節　経営動向　154
第3節　鉱夫の定着化状況　159

(1) 概観
(2) 三井鉱山の動向
第4節　一九二〇年代の不況下における生産性上昇と相対的高賃金化　164
(1) 一九二〇年代の不況下における生産性上昇
(2) 職場環境の改善
(3) 相対的高賃金化
第5節　機械導入と「優良労働者」の確保　168
(1) 機械導入と「優良労働者」の確保
(2) 内部労働市場の構造
第6節　労働争議・組合運動の影響と企業内福利厚生の進展　174
(1) 労働争議・組合運動の激化
(2) 共愛組合の設立とその事業
(3) 企業内施設の設置と諸手当
第7節　入職の困難化　181
(1) 鉱夫需要の減少
(2) 採用鉱夫の選別強化と鉱夫採用制度の変化
第8節　結語　185

第6章　職員の昇進構造……195
第1節　課題　195
第2節　分析方法　196
第3節　職員数の概観　197
第4節　離職と移動　201
(1)　残存率
(2)　事業所間移動
(3)　部署の移動
第5節　昇進ルート　204
第6節　昇進と賃金　208
第7節　昇進　210
(1)　三井鉱山の学卒者と教育機関の動向
(2)　帝国大学卒業者
(3)　私立大学・高等工業卒業者
(4)　雇員
(5)　昇進と移動
第8節　結語　226

第Ⅲ部　中小炭鉱の動向

第7章　一九二〇年代・昭和恐慌期の筑豊中小炭鉱……235
第1節　課題　235
第2節　中小鉱業権者と中小炭鉱の存続性　236
第3節　筑豊中小炭鉱の概観　240
(1)　大炭鉱と中小炭鉱の送炭比率
(2)　出炭規模の変化
第4節　筑豊主要中小炭鉱の動向　243
(1)　送炭量
(2)　経営分析
第5節　一九二〇年代後半に台頭した新規経営者　248
(1)　経営者の履歴
(2)　送炭量
第6節　昭和恐慌期の筑豊中小炭鉱　253
(1)　炭価低落と互助会の設立
(2)　一九三〇年
(3)　一九三一年

(4)　一九三二年
第7節　結語　260

第8章　一九三〇年代前半の筑豊中小炭鉱……267
第1節　課題　267
第2節　小林勇平の炭鉱経営　268
第3節　鉄道省への売炭と石炭商の役割　274
(1)　中小炭鉱の炭質
(2)　鉄道省への売炭
(3)　販路と石炭商の役割
第4節　労働集約的な採炭と低賃金労働力の使用　288
(1)　労働集約的な採炭
(2)　低賃金労働力の使用
第5節　結語　301

第9章　中小炭鉱と三井物産……311
第1節　課題　311
第2節　三井物産の石炭取引　312
第3節　第一次世界大戦期の一手販売　316

(1) プール制の解体
(2) 一手販売契約の動向
第4節 一手販売取引の方法 321
第5節 一九二〇年代の一手販売 323
(1) 一手販売契約炭鉱の経営不振
(2) 支店長会議における経営方針
第6節 一九三〇年代前半の一手販売 324
(1) 一手販売取引の変化
(2) 支店長会議における経営方針
(3) 小炭鉱と昭和石炭株式会社
第7節 一手販売契炭鉱企業の動向 328
(1) 三好鉱業・大君鉱業
(2) 朝鮮無煙炭鉱
(3) 高取鉱業（杵島炭鉱株式会社）
第8節 結語 345
補論B 中小炭鉱労働の実態……353
第1節 課題 353
第2節 事業の概観 353

第3節　鉱夫賃金の概観　354
第4節　第一次世界大戦期の動向　356
第5節　一九二〇年代年の動向　359

終　章　総括と展望……363

第1節　低位に安定した炭価　363
第2節　筑豊カルテルの安定性　364
第3節　常磐カルテルの不安定性　366
第4節　低位に安定した炭価と炭鉱企業への生産費引き下げ圧力　367
第5節　筑豊中小炭鉱経営者の台頭とカルテル　368
第6節　カルテルと産業組織の再編　370

あとがき　373

参考文献一覧

図表一覧

索　引

【凡例】

・引用資料は、原資料、復刻資料を問わず、必要に応じて旧字体から新字体に改めた。企業名、人名についても同様に取り扱った。
・引用資料は、適宜、句読点を挿入し、明らかな誤字、宛字の場合は括弧内に注釈したが、断りなく修正したものもある。
・引用中の括弧内の語は、断りのない限り筆者の注釈である。
・表中の合計値は、四捨五入したため、一致しないものもある。
・図中の横軸で特記しないものは、年次を示す。
・研究文献は、二〇〇九年一月までに公刊されたもののみ参照した。

序章　課題と方法

第1節　課題と先行研究

一九二〇年代の日本経済は、第一次世界大戦ブーム期の好景気から一転して不況となった。ただし、この不況下においても国際的にみれば日本の経済成長率は高く、重化学工業化が進展していた。[1] だが、日本石炭鉱業は、明治期の産業の形成・発展期を経て一九二〇年代に産業の再編期を迎える。[2] 石炭鉱業の再編は、一九二一年に設立された石炭鉱業連合会（以下、連合会と略す）のカルテル活動の下で進んだ。本書は、戦間期、とりわけ一九二〇年代の日本石炭鉱業の再編過程において、カルテルがいかなる役割を果たしたのかを明らかにしたい。

幕末の開港を契機に発展した石炭産業における出炭量の推移は、図序-1に示されている。一八九〇～一九一四年にほぼ一貫して大きく伸びた出炭量は、一九一九～二一年に減少し、一九二一～二九年に緩やかに伸びるものの、一九三〇～三一年の昭和恐慌期に大きく減り、三二年以降の高橋是清の経済政策に裏付けされた景気回復期に再び伸びている。さらに、開港期から輸出によって外貨獲得に貢献した石炭鉱業は、図序-2が示すように、一九二七年を契機として輸出産業から輸入産業へ転じている。このように一九二〇年代の石炭鉱業は、明治期、第一次世界大戦期と比べれば、出炭の伸びが緩やかになり、撫順炭を主とする外国炭移輸入の問題にも直面した。[3]

ところで、現在のように独占に対する法規制がなかった戦間期の日本において、多くの産業で形成されたカルテルについては、価格協定や数量協定によって輸入を防圧して国内産業の育成に貢献したことが指摘されている(4)。さらに、独占資本主義の研究に伴い進展したカルテル研究は、個々のカルテル組織の詳細な分析が進んでいる(5)。また、中小企業の組織化についても多くの研究が存在する(6)。

図序-1　日本の出炭量の推移

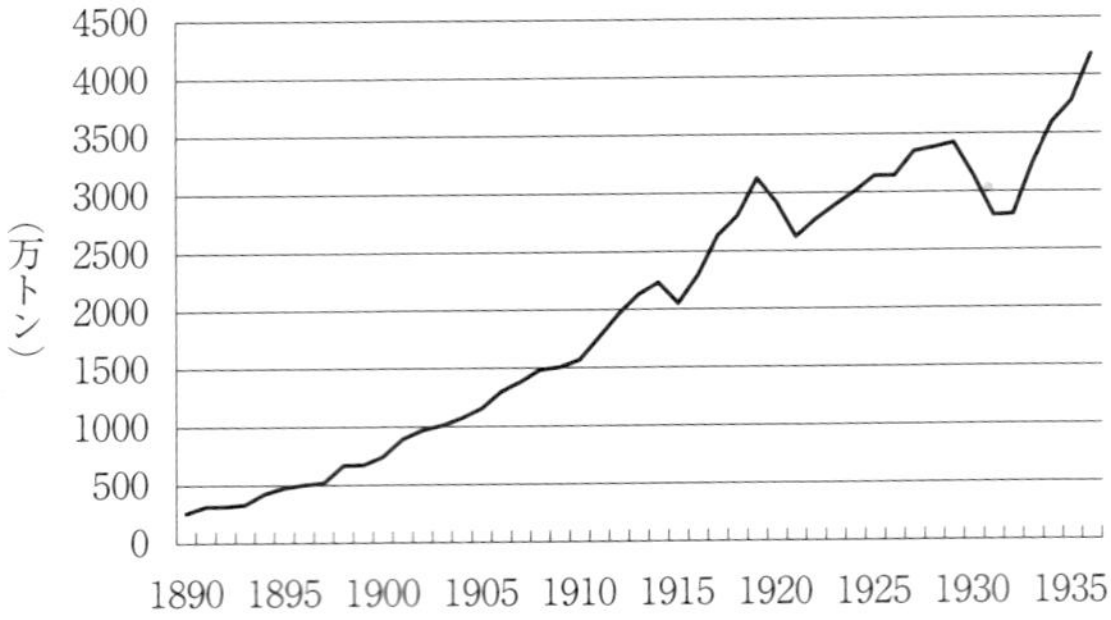

出所）日本石炭協会『石炭統計総観』1950年、7頁。

図序-3によって生産と価格の伸縮性をみれば、一九〇六年頃から価格に対して生産の伸縮性が低下している。だが、第一次大戦ブーム期を含む一九一四～二二年において、生産に対して価格の伸縮性が大きく上がるものの、注目すべきは、昭和恐慌前の一九二二～二九年に生産と価格の伸縮が極めて低いことである。本書が分析対象とする一九二〇年代は、連合会の活動が生産と価格に大きな影響を与えていた時期であった(7)。

ところで、数量、価格、販売地域などを企業間で協定するカルテルという概念は、戦間期日本の学術レベルでは存在するものの(8)、管見のところ連合会が自らの組織をカルテルと呼んだ例はなく、「統制」ということが多かった。本書では、連合会の送炭制限活動が複数の企業の結託（collusion）であるという意味において、カルテルという概念を用いる。

複数の企業が結託する場合、ある企業の裏切りという問題が生じる。この裏切りへのインセンティブを回避しない限り、カルテルの「安定性」（stability）は保たれない(9)。国外の研究に目を転ずれば、経済学による繰り返しゲーム理論の成果を踏まえた上で、カルテルの安定性について論じた経済史研究が存在する(10)。カルテルの安定性が主眼におか

図序-2　日本の石炭輸出入

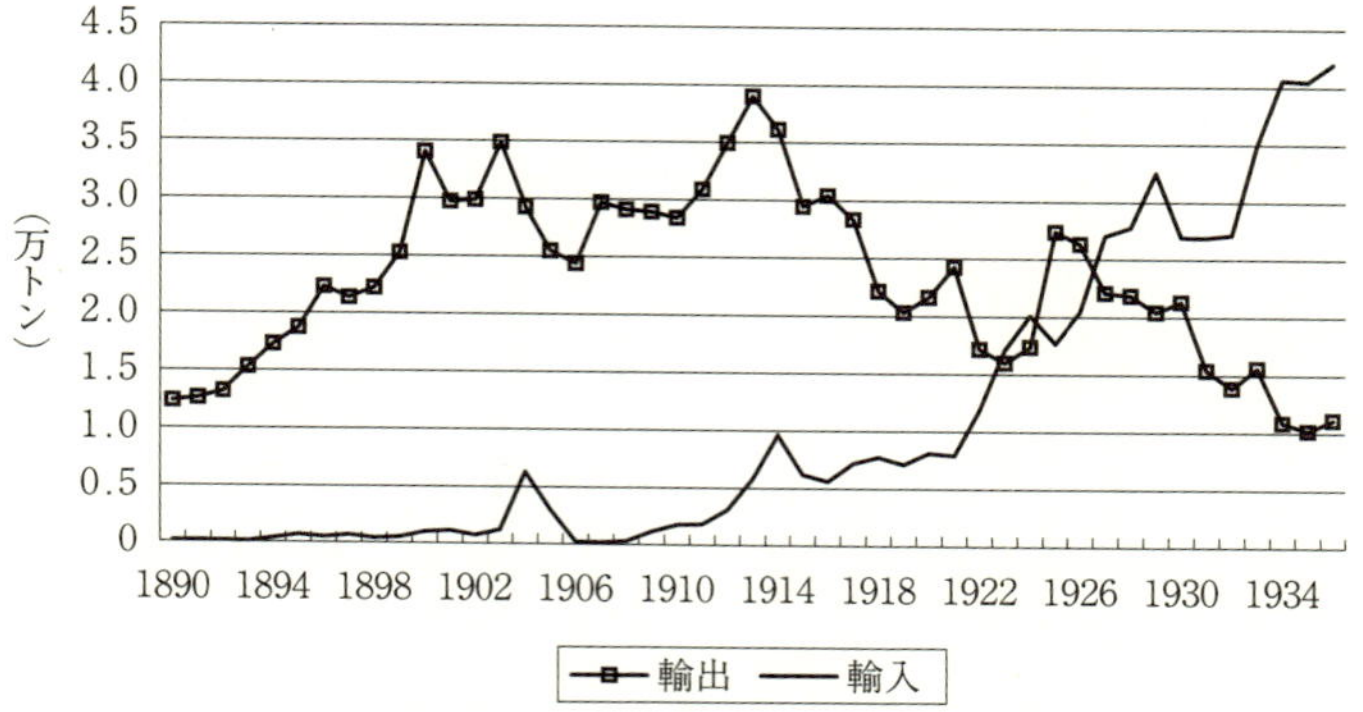

出所）農商務（商工）省鉱山局『本邦鉱業の趨勢』各年。

図序-3　石炭産業における生産と価格の変化（対前年変化率）

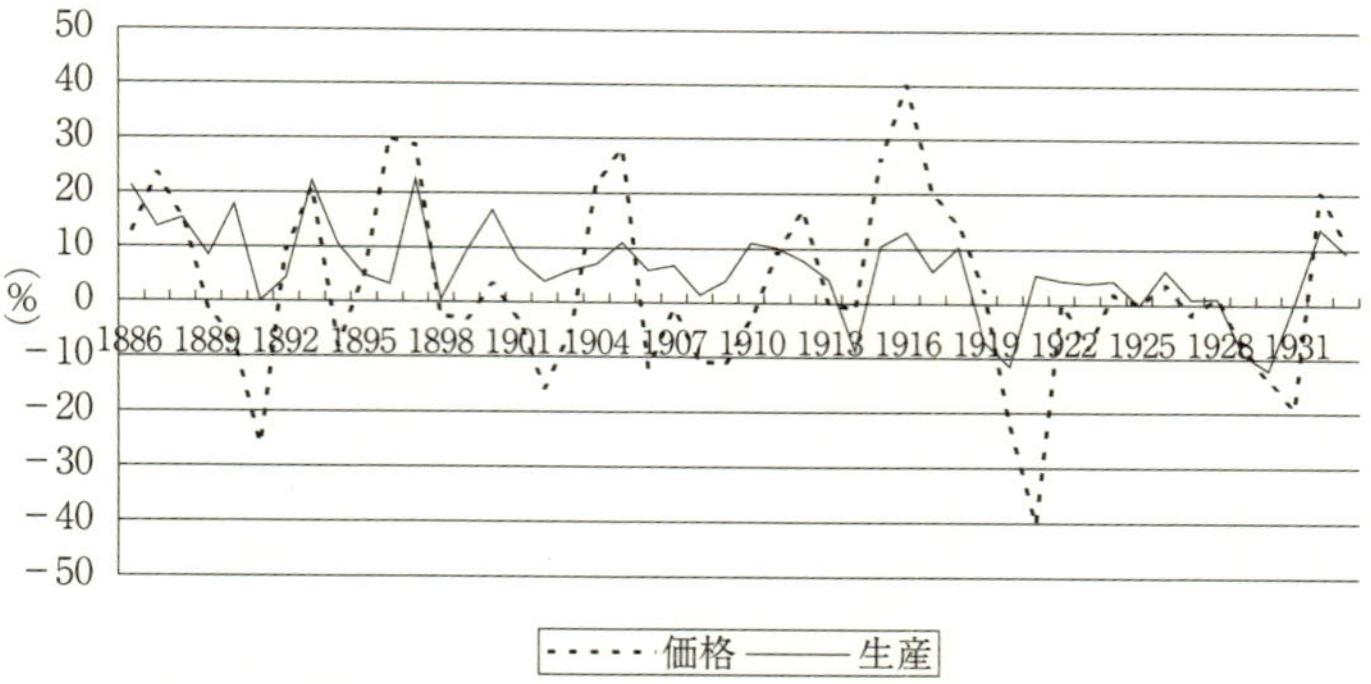

出所）生産量は、農商務省『農商務省統計表』各年、1910年以降は図序-1に同じ。価格は、筑豊石炭鉱業会『筑豊石炭鉱業会五十年史』1935年、41頁。
注）価格は、若松上等炭価格。

れるのは、プレイヤーが協定を裏切るインセンティブをもつため、基本的にはカルテルは不安定であるというスティグラーの指摘に基づいている[11]。

こうしたカルテルの経済史研究の一例を挙げれば、レーベンスタインは、公的観測に着目したグリーンとポーターによってカルテルの「崩壊」ではなく、「維持」として理論的に裏付けされた「価格戦争」（price wars）について、一八八六〜一九〇八年のアメリカ臭素産業の記述史料に基づいた史的研究を試みている[12]。この研究では、協定価格を切り下げる価格戦争がグリーンとポーターのいう逸脱した企業に対する「脅し」・「罰則」という側面よりも、新たな共謀を図るための「再交渉」の一環であったことが指摘されている[13]。この研究を発端として、ゲーム理論に対する批判を含みながらも、この理論を念頭とした新しい視点に基づくカルテル研究が進みつつある[14]。

戦間期の日本石炭鉱業の研究史をみてみたい[15]。連合会の送炭制限、昭和石炭株式会社については、荻野喜弘、北澤満、丁振聲、松尾純広の研究がある[16]。また、労働史研究においては、市原博、荻野喜弘、田中直樹、畠山秀樹などによるものが存在する[17]。また、戦間期の産炭地、個別炭鉱経営については多くの研究がある[18]。

だが、連合会のカルテル活動の制度的側面と産炭地、個別企業の実態を合わせて論じ、石炭カルテルを評価した研究はない。とりわけ、本書では前述した安定・不安定性という見地からカルテルを分析したい。さらには、大炭鉱の事例によって歴史像が一般化されてきた先行研究において、中小炭鉱の動向は詳しく知られてこなかったし[19]、中小炭鉱のカルテルへの関わりも再論する余地がある。賃金格差を主とした二重構造が顕在化した戦間期において[20]、中小炭鉱の動向を検討することは重要となろう。

これら先行研究を背景として、本書では、第一次世界大戦後の不況から石炭鉱業が再編過程を辿る一九二〇年代を中心とした産業組織の変化を検討したい。

第2節　分析事例の限定

表序-1によってハーフィンダール指数、上位三社集中度をみてみたい[21]。この表には、鉱業権者（企業別）と、財閥を主とした資本系統別のものが掲載されている[22]。鉱業権者別のハーフィンダール指数、上位三社集中度は、一九一四年から二〇年に低下しているものの、二〇年から二五年にかけて上がり、その水準は三二年、三六年にも大きく変

表序-1　石炭鉱業のハーフィンダール指数・上位3社集中度

		1914年	1920年	1925年	1932年	1936年
鉱業権者別	ハーフィンダール指数	717	476	534	561	542
	上位3社集中度（%）	38.3	31.5	34.2	34.5	34.3
資本系統別	ハーフィンダール指数	951	726	912	1007	1004
	上位3社集中度（%）	44.8	38.3	44.3	45.2	45.4

出所）福岡・大阪・東京・仙台・札幌鉱務署（鉱山監督局）『管内鉱区一覧』各年。

化していない。鉱業権者別の数値と比べて、一九一四年と二五年との資本系統別のハーフィンダール指数と上位三社集中度の数値の変化は小さいが、資本系統別の両数値は二五年、三二年、三六年に大きく変化していない。こうしてみれば、一九二〇年代の石炭鉱業において寡占化が進行したとはいい難い（なお、鉱業権者別出炭ランキングは、表序-付表を参照）。

しかし、こうした集中度の動向に対して、各産炭地の送炭量の推移を示した表序-2をみれば、一九二〇年代には、①送炭量が伸びる産炭地、②減少する産炭地、③送炭が安定した産炭地に分けられる[23]。本書では集中度よりもむしろこの変化に注目し、産炭地別の動向を検討する。分析事例としては、西日本、とりわけ筑豊（③の事例）、宇部（①の事例）、常磐（②の事例）の動向をみる。一九二〇年代に送炭量が伸びた北海道炭田については研究対象から除外されるとともに、筑豊や北海道などの複数の産炭地に炭鉱を所有していた三井鉱山、三菱鉱業などの活動については念頭におかれていない。分析対象に限界があるものの、三つの類型として挙げられる筑豊、宇部、常磐から引き出される結論は、一九二〇年代の石炭鉱業の再編をみる上での一つの歴史像を与えるものと思われる。

第3節　本書の構成

第I部では、一九二〇年代を中心とした産炭地・企業の動向をみる。第1章では、炭価の安定と需給の調整を目的とした石炭鉱業連合会の活動の成果をみるため、炭価の安定性を検討するとともに、連合会の需給調整の行動論理を考察する。第2章では、送炭量が安定して

表序-2　各産炭地の送炭量

（万トン・%）

類型		下降						上昇						安定					総計
産炭地名		糟屋	佐賀	松島	常磐	合計		三池	崎戸	北海道	宇部	合計		筑豊	高島	松浦	合計		
						送炭量	割合					送炭量	割合				送炭量	割合	
1922年		85	157	32	237	512	23.1	151	31	384	103	669	30.2	1,013	25	—	1,038	46.8	2,219
1923年		94	142	29	232	498	21.7	150	37	420	123	729	31.8	1,033	23	10	1,065	46.5	2,292
1924年		89	148	35	267	539	21.8	162	43	461	125	791	32.0	1,113	22	10	1,144	46.2	2,474
1925年		82	156	40	249	526	20.4	166	45	500	134	844	32.8	1,168	27	10	1,206	46.8	2,576
1926年		76	132	37	226	471	18.7	182	45	516	136	879	35.0	1,127	25	11	1,164	46.3	2,513
1927年		77	124	40	223	463	17.5	204	58	584	127	973	36.8	1,163	33	11	1,207	45.6	2,644
1928年		77	127	38	222	463	17.6	202	67	587	149	1,005	38.1	1,127	30	11	1,169	44.3	2,637
1929年		77	120	30	218	445	16.6	215	73	629	156	1,073	39.9	1,124	31	12	1,167	43.5	2,685
変化率	1922～29年	−1.6	−4.2	−1.8	−1.5	−2.1	−4.9	4.9	11.0	6.7	5.4	6.5	3.9	1.4	1.9	—	1.6	−1.1	2.6
	1922～24年	1.7	−3.3	3.5	5.4	2.4	−3.0	3.6	14.9	8.7	8.8	8.0	2.8	4.6	−7.5	—	4.7	−0.6	5.3
	1924～25年	−7.9	5.5	14.2	−7.0	−2.3	−6.2	2.2	3.4	8.5	7.3	6.7	2.5	5.0	26.0	3.8	5.4	1.2	4.1
	1926～29年	−1.5	−7.0	−8.0	−3.4	−4.4	−5.4	6.2	11.1	5.5	3.4	5.8	4.8	−1.0	1.9	4.2	−0.9	−1.9	1.0

出所）奥中孝三「石炭鉱業連合会創立拾五年誌」石炭鉱業連合会、1936年、24～27頁。
注）松浦には北松浦が含まれる。－は連合会に未加盟であったことを示す。変化率は、期間内の各対前年変化率の算術平均。

いた筑豊大炭鉱のカルテル活動について分析する。とりわけ、カルテル活動を支えていた数量調整のモニタリング方法を検討するとともに、カルテル活動と個別企業との経営方針の関係が検討される。第3章では、送炭を伸ばした産炭地に類型される宇部の代表的企業である沖ノ山炭鉱の経営拡大の要因を探る。第4章では、送炭量を下げた常磐炭田の停滞要因を考察し、その一つの要因としてカルテル活動が不成功に終わったことを解明する。また、補論Aでは、戦間期に大炭鉱で進展した企業間の技術情報の交換が検討される。

第II部では、炭価の安定を実現させたカルテル活動が個別経営に与えた影響を探る。とりわけ、本書では経営改革に最も成功した三井鉱山の事例を詳しく検討する。第5章では、三井鉱山の事例に基づいて戦間期に進んだ鉱夫の定着要因を分析する。第6章では、三井鉱山の職員の昇進過程について分析する。

主に大炭鉱の動向が検討された第I部、第II部に対して、第III部では中小炭鉱の動向をみる。第7章では、第2章でみた筑豊大炭鉱に対して、筑豊中小炭鉱の動向について検討する。とりわけ、昭和恐慌期に活発な活動をした中小炭鉱のカルテル活動について検討する。第8章では、一九三〇年代前半の筑豊中小炭鉱の個別事例として小林鉱業所の経営拡大要因を分析する。第9章では、三井物産と中小炭鉱との関係を検討する。また、補論Bでは第一次史料を用いた中小炭鉱労働の実態を明らかにする。

終章では、各章の分析に基づき一九二〇年代の産業の再編に対する連合会のカルテル活動の役割に関して総括するとともに、カルテルの安定要因について展望を与える。

注

(1)　中村［一九七一］。
(2)　なお、本書で述べる日本とは、行政上日本本土と呼ばれた台湾、朝鮮などの植民地を除く、明治政府が樹立した時期に領有していた領土を指し、内地ということもある。
(3)　なお、三井物産の台湾炭取引を中心に据えた台湾石炭鉱業の動向については、長廣［二〇〇九］を参照。
(4)　研究サーベーとしては、松本［二〇〇二］、宮島［二〇〇二］、橘川［二〇〇四］。を参照。戦間期の日本経済史研究の流れについては、武田［二〇〇〇b］に詳しい。なお、橘川［二〇〇四］によれば、カルテル組織の平均年間設立件数は、一八八〇年代〇・五件、九〇年代一・一件、一九〇〇年代一・五件、一〇年代一・九件、二〇年代五・三件、三〇～三六年一七・〇件であった。
(5)　とりわけ、橋本・武田［一九八五］はカルテルの経済史研究を切り開き、この文献の批判としては木村［一九九五］が挙げられ、この書評としては四宮［一九八六］を挙げておく。Hiroaki Yamazaki and Matao Miyamoto［1998］、橘川［一九九〇］では、カルテルの多様な側面が明らかにされている。石炭鉱業を除く個別産業におけるカルテルの研究には、橋本・武田［一九八五］、木村［一九九五］に加えて、岡崎［一九九三］、橘川［一九九五］、四宮［一九九七］、橋本［二〇〇四a］、橋本［二〇〇四b］、久保［二〇〇九］などがある。富永［一九八二］では、参入度、需要増加率、利潤率などの数値からカルテル業種と非カルテル業種が比較されている。なお、小売業に対する政府の価格協定に関する政策は、廣田［二〇〇七］に詳しい。

（6）例えば、白木沢［一九九九］、平沢［二〇〇一］、白戸［二〇〇四］を参照。

（7）岡崎［一九九〇］によれば、紡績業の場合、第一次世界大戦以後に生産よりも価格の伸縮性は高く、「紡連による操業短縮が相対的に小規模化」していた。なお、佐藤［一九八二］は、戦間期日本が「価格伸縮経済」であったことを指摘している。

（8）例えば、有澤［一九三一］、國弘［一九三八］がある。この他に、当時のカルテル（統制）に関する文献としては、Liefmann［1932］、高橋［一九三三］がある。

（9）なお、カルテルの経済学的解釈、とりわけ英語で書かれた経済史の研究動向としては、Levenstein and Suslow［2006］を参照。

（10）繰り返しゲームについては、松島［一九九四］、松島［二〇〇二］を参照。

（11）Stigler［1964］。

（12）Levenstein［1995］。

（13）Green and Porter［1984］における公的観測（Public Monitoring）の他に、不完全観測（Imperfect Monitoring）、私的観測（Private Monitoring）、完全観測（Perfect Monitoring）などによるモデル化がなされている（松島［二〇〇二］）。

（14）例えば、Genesove and Mullin［2001］、Dye and Sicotte［2006］、Fleming［2000］。

（15）なお、戦間期イギリスの石炭カルテルについては、Kirby［1977］、Bowman［1989］、Fine［1990］などが重要な研究として挙げられ、フランスの石炭カルテルに関してはMontant［2004］が最近の研究成果として興味深い。なお、戦間期イギリスの石炭鉱業については、Supple［1987］によって俯瞰できる。

(16) 荻野［一九七七］、松尾［一九八五a］、松尾［一九八五b］、丁［一九九三］、荻野［一九九四］、荻野［一九九八］、北澤［二〇〇六］。なお、隅谷［一九九八］によれば、「カルテルの結成によって市場の統制を図り、労働力商品との取引においてその価格を引下げることにあった」とされている（一二二～一二三頁）。

(17) 畠山［一九七六］、畠山［一九七八］、田中［一九八四］、荻野［一九九三］、市原［一九九七］。

(18) 例えば、春日［一九八〇］、永江［一九九〇］、丁［一九九二］、新鞍［一九九七］、三浦［二〇〇六］などがある。

(19) 中小炭鉱の先駆的研究としては、丁［一九九一a］、丁［一九九一b］。また、麻生と中小炭鉱経営者の関係は、新鞍［二〇〇一］を参照。

(20) 尾高［一九八四］、尾高［一九八九］。

(21) ハーフィンダール指数、上位集中度は、各鉱務署（鉱山監督局）『管内鉱区一覧』に掲載されている炭鉱を鉱業権者別にランキングした表に基づき計算した。

(22) 鉱業権者別集中度は、『管内鉱区一覧』に掲載された同一鉱業権利者の出炭量を単純に合計して計算された。資本系統別集中度は、次の鉱業権利者の出炭量を合計して計算された。浅野（磐城炭鉱浅野同族、茨城採炭、浅野雨龍炭鉱、第二磐城炭鉱）、麻生（麻生商店、九州鉱業）、大倉（大倉鉱業、入山採炭、茨城無煙炭鉱）、貝島（貝島炭鉱、大辻岩屋炭鉱）、古賀系（大日本炭鉱、松島炭鉱）、鈴木（帝国炭業、福島炭鉱、沖見初炭鉱）、三井（三井鉱山、北海道炭鉱汽船、太平洋炭鉱）、三菱（三菱鉱業、飯塚鉱業、雄別炭鉱鉄道、九州炭鉱汽船）、明治（明治鉱業、嘉穂鉱業、平山炭鉱）。この他にも三好家（三好鉱業・大君鉱業）、中野家（昇・中野商店）、久恒家（久恒鉱業・得郎）、岩崎家（久米吉・寿喜蔵・伴次郎）などの同族を同一意思主体のある企業とし、出炭量を合計した。なお、各親企業の子会社組み入れ時期については、長廣［二〇〇二］を参照。

(23) 表中の類型は、一九二二～二九年の対前年変化率を基準に分類している。

表序-付表　鉱業権者別出炭シェアランキング（上位70位）

(%)

順位	1914年 鉱業権者	シェア	1920年 鉱業権者	シェア	1925年 鉱業権者	シェア	1932年 鉱業権者	シェア	1936年 鉱業権者	シェア
1	三井鉱山(株)	19.0	三井鉱山(株)	11.7	三井鉱山(株)	12.9	三井鉱山(株)	14.3	三井鉱山(株)	14.5
2	三菱合資	13.5	三菱鉱業(株)	11.5	三菱鉱業(株)	12.1	三菱鉱業(株)	11.2	三菱鉱業(株)	10.2
3	貝島鉱業(株)	5.9	北海道炭鉱汽船(株)	8.2	北海道炭鉱汽船(株)	9.1	北海道炭鉱汽船(株)	9.0	北海道炭鉱汽船(株)	9.5
4	明治鉱業(株)	5.5	貝島(合)	5.1	明治鉱業(株)	4.5	貝島炭鉱(株)	5.0	貝島炭鉱(株)	4.9
5	北海道炭鉱汽船(株)	5.0	古河鉱業(株)	4.4	貝島(合)	4.4	住友炭鉱(株)	4.7	日本製鉄(株)	3.9
6	蔵内保房・次郎作	4.7	蔵内鉱業(株)	4.1	商工省	3.8	商工省	4.3	住友炭鉱(株)	3.8
7	麻生太吉	3.0	明治鉱業(株)	3.7	帝国炭業(株)	3.7	明治鉱業(株)	4.0	明治鉱業(株)	3.4
8	磐城炭鉱(株)	2.9	中島鉱業(株)	3.1	蔵内鉱業(株)	3.1	磐城炭鉱(株)	3.8	(株)麻生商店	3.1
9	古河(合名)	2.5	農商務省	2.3	(株)麻生商店	2.8	沖ノ山鉱業(株)	3.0	沖ノ山鉱業(株)	3.1
10	農商務省	2.4	福島炭鉱(株)	2.2	渡邊祐策	2.7	(株)麻生商店	2.8	古河鉱業(株)	2.6
11	入山採炭(株)	2.1	(株)麻生商店	2.2	磐城炭鉱(株)	2.6	九州炭鉱汽船(株)	2.4	九州炭鉱汽船(株)	2.5
12	住友吉左衛門	1.9	山下鉱業(株)	2.0	古河鉱業(株)	2.5	蔵内鉱業(株)	1.9	磐城炭鉱(株)	2.5
13	大正鉱業(株)	1.8	渡邊祐策	1.9	大辻岩屋炭鉱(株)	1.9	杵島炭鉱(株)	1.9	東見初炭鉱(株)	1.8
14	九州炭鉱汽船(株)	1.6	高取鉱業(株)	1.9	住友(合)	1.8	古河鉱業(合)	1.8	蔵内鉱業(株)	1.8
15	高取伊好	1.5	大日本炭鉱(株)	1.8	中島鉱業(株)	1.8	飯塚鉱業(株)	1.5	大正鉱業(株)	1.7
16	東京瓦斯(株)	1.5	磐城炭鉱(株)	1.7	大正鉱業(株)	1.7	大正鉱業(株)	1.5	日本炭鉱(株)	1.7
17	好間炭鉱(株)	1.4	大正鉱業(株)	1.6	九州炭鉱汽船(株)	1.7	藤本閑作	1.4	杵島炭鉱(株)	1.6
18	松島炭鉱(株)	1.3	藤本閑作	1.4	海軍省	1.5	入山採炭(株)	1.4	雄別炭鉱鉄道(株)	1.5
19	海軍省	1.2	茨城採炭(株)	1.2	松島炭鉱(株)	1.4	海軍省	1.2	入山採炭(株)	1.4
20	佐藤慶太郎	1.1	入山採炭(株)	1.2	高取鉱業(株)	1.4	茂尻炭鉱(株)	1.1	飯塚鉱業(株)	1.4
21	渡邊祐策	1.0	松島炭鉱(株)	1.2	茨城採炭(株)	1.0	太平洋炭鉱(株)	1.0	海軍省	1.4
22	中野徳次郎	0.9	海軍省	1.2	藤本閑作	1.0	松島炭鉱(株)	1.0	中島徳松	1.2
23	岩崎久米吉	0.9	住友吉左衛門	1.1	入山採炭(株)	1.0	東邦炭鉱(株)	0.9	東邦炭鉱(株)	1.0
24	堀鉱業(株)	0.9	九州炭鉱汽船(株)	1.1	北海道鉱業(株)	0.9	三好鉱業(株)	0.9	静鉱業(株)	0.9
25	三好徳松	0.9	三好鉱業(株)	1.1	佐賀炭鉱(株)	0.9	九州鉱業(株)	0.9	野上鉱業(株)	0.9
26	新手炭鉱(株)	0.7	茨城無煙炭鉱(株)	0.8	村井鉱業(株)	0.8	早良鉱業(株)	0.9	早良鉱業(株)	0.9
27	茨城無煙炭鉱(株)	0.7	常磐採炭(株)	0.7	茨城無煙炭鉱(株)	0.8	雄別炭鉱鉄道(株)	0.8	嘉穂鉱業(株)	0.8
28	奔別炭鉱(株)	0.6	姪浜鉱業(株)	0.7	久恒鉱業(株)	0.8	静馨	0.7	太平洋炭鉱(株)	0.8
29	藤野久一	0.6	佐藤慶太郎	0.7	大倉鉱業(株)	0.7	野上鉱業(合)	0.7	大日本炭鉱(株)	0.7
30	茨城採炭(株)	0.5	王城炭鉱(株)	0.7	太平洋炭鉱(株)	0.7	大日本炭鉱(株)	0.7	平山鉱業(株)	0.6
31	藤本閑作	0.5	太平洋炭鉱(株)	0.6	姪浜鉱業(株)	0.6	渡邊祐策	0.6	渡邊剛二	0.6
32	井上鉱業(合)	0.5	岩崎久米吉	0.6	平山炭鉱(株)	0.6	日本鉱業(株)	0.6	久恒鉱業(株)	0.6
33	三星炭鉱(株)	0.4	井上鉱業(合)	0.5	磐城炭鉱(株)	0.6	中島徳松	0.6	山田炭鉱(株)	0.6
34	木屋瀬採炭(株)	0.4	東邦炭鉱(株)	0.5	大君鉱業(株)	0.6	嘉穂鉱業(株)	0.6	金丸鉱業(株)	0.5

35	古賀春一	0.4	久恒鉱業(株)	0.5	高良宗七	0.6	岡本彦馬	0.4	藤田政輔	0.5
36	(合)三笠商会	0.4	帝国炭業(株)	0.4	大日本炭鉱(株)	0.5	宮尾鉱業(株)	0.4	小林勇平	0.5
37	大夕張炭鉱(株)	0.3	久原炭鉱(株)	0.4	三好鉱業(株)	0.4	山陽無煙炭鉱(株)	0.4	木戸炭業(株)	0.4
38	河村唯輔	0.3	弘益殖産(株)	0.4	小田炭鉱(株)	0.4	久恒鉱業(株)/貞雄	0.4	大谷炭鉱(株)	0.4
39	(資)松浦炭鉱	0.3	高良宗七	0.4	大日本炭鉱(株)	0.4	小田吉治	0.3	昭和鉱業(株)	0.4
40	新谷軍二	0.3	加藤俊一郎	0.4	雄別炭鉱鉄道(株)	0.4	岩崎伴次郎	0.3	岡本彦馬	0.4
41	橋本半次郎	0.3	中野昇	0.3	東邦炭鉱(株)	0.4	大倉鉱業(株)	0.3	筑豊鉱業鉄道(株)	0.4
42	山口無煙炭鉱(合)	0.3	堀川團吉	0.3	海老津炭鉱(株)	0.4	小田炭鉱(株)	0.3	小田吉治	0.4
43	村井吉兵衛	0.3	(合)松浦炭鉱	0.3	沖見初炭鉱(株)	0.4	村井鉱業(株)	0.3	小田炭鉱(株)	0.3
44	玉城炭鉱(株)	0.3	広部鉱業(株)	0.3	福島炭鉱(株)	0.4	大谷炭鉱(株)	0.3	藤井鉱業(株)	0.3
45	宮城犬三	0.3	村井鉱業(株)	0.3	静馨	0.3	岩崎壽喜蔵	0.3	橋上鉱業(株)	0.3
46	堀川團吉	0.3	海老津炭鉱(株)	0.3	(合)松浦炭鉱	0.3	大君鉱業(株)	0.3	浅野雨龍炭鉱(株)	0.3
47	佐々木慎思郎	0.3	堀鉱業(株)	0.3	岩崎伴次郎／壽喜蔵	0.3	大嶺無煙炭鉱(株)	0.3	木曾重義	0.2
48	文殊炭鉱(株)	0.3	大倉鉱業(株)	0.3	大隈鉱業(株)	0.3	櫻羽薫	0.2	九州鉱業(株)	0.2
49	大阪舎密工業(株)	0.2	坂市太郎	0.2	坂炭鉱(株)	0.3	海老津炭鉱(株)	0.2	緒方勇	0.2
50	山崎藤太郎	0.2	(株)三笠商会	0.2	(株)中野商店	0.3	木原鉱業(株)	0.2	岩崎壽喜蔵	0.2
51	吉田磯吉	0.2	山口無煙炭鉱(合)	0.2	大谷炭鉱(株)	0.3	大隈鉱業(株)	0.2	太田修吉	0.2
52	花井畠三郎	0.2	友枝鉱業(株)	0.2	北日本鉱業(株)	0.2	倉田亀之助	0.2	秋山長三郎	0.2
53	岩谷松平	0.2	釧勝興業(株)	0.2	高野喜六	0.2	橋上保	0.2	藤井伊蔵	0.2
54	濱田浩一	0.2	田中鉱山(株)	0.2	釧勝興業(株)	0.2	福島炭鉱(株)	0.2	矢岳炭鉱(株)	0.2
55	清田炭鉱(株)	0.2	極東鉱業(株)	0.2	山陽無煙炭鉱(株)	0.2	福田定次	0.2	嘉麻興業(株)	0.2
56	佐藤領平	0.1	桝谷平三郎	0.2	共同石炭(株)	0.2	矢岳炭鉱(株)	0.2	玉城炭鉱(株)	0.2
57	高良宗七	0.1	若松炭鉱(株)	0.2	大嶺無煙炭鉱(株)	0.2	山田新松	0.2	木原鉱業(株)	0.1
58	大倉久米馬	0.1	室木鉱業(株)	0.2	蓮池正六	0.2	香春鉱業(株)	0.2	江里炭鉱(株)	0.1
59	緒方武平	0.1	篠栗炭鉱(株)	0.2	(株)宮尾炭鉱	0.2	日支炭鉱汽船(株)	0.2	菅原誠	0.1
60	大阪鉱業(株)	0.1	内藤清太郎	0.2	玉城炭鉱(株)	0.2	北海道協同炭鉱(株)	0.1	宝珠山鉱業(株)	0.1
61	隅田川炭鉱(株)	0.1	野村半三郎	0.2	井上鉱業(合)	0.1	岡本三郎	0.1	堀鉱業(株)	0.1
62	福岡鉱業(株)	0.1	朝鮮炭鉱(株)	0.2	唐津採炭(株)	0.1	中里炭鉱(株)	0.1	東幌内炭鉱(株)	0.1
63	桂桃一	0.1	福田定次	0.2	山口無煙炭鉱(合)	0.1	浅野雨龍炭鉱(株)	0.1	共同石炭(株)	0.1
64	中野喜三郎	0.1	北海炭業(株)	0.2	猪口浅吉	0.1	小林勇平	0.1	田籠鉱業(株)	0.1
65	頼尊淵之助	0.1	楠林徳次郎	0.1	永田栄重	0.1	共同石炭(株)	0.1	村井鉱業(株)	0.1
66	小野田炭鉱(株)	0.1	前田喜代助	0.1	長門起業炭鉱(株)	0.1	長門起業炭鉱(株)	0.1	田中市次郎	0.1
67	石山幾三郎	0.1	城島敬五郎	0.1	御徳炭鉱(株)	0.1	小畠治平	0.1	徳田康作	0.1
68	藤本太一	0.1	藤井友吉	0.1	高橋恒太郎	0.1	堀鉱業(株)	0.1	杉山宗十郎	0.1
69	大和田炭鉱(株)	0.1	今井進一	0.1	中央鉱業(株)	0.1	五十嵐栄次郎	0.1	磯部啓作	0.1
70	松本梅三郎	0.1	中央石炭(株)	0.1	(株)三笠商会	0.1	田籠鉱業(株)	0.1	松島炭鉱(株)	0.1

出所）表序-1 に同じ。

第Ⅰ部　一九二〇年代のカルテル活動

第一章　炭価の安定性

第1節　課題

一九二一年に設立された石炭鉱業連合会（以下、連合会と略す）は、全国的な民間炭鉱業者の結託（collusion）によって送炭量を制限した。戦間期日本に活発となったカルテルの特徴は、価格の安定化が活動の目的とされたことである。だが、カルテル活動の成果をみる上での指標となる価格の安定性については、詳細な分析がなされていない。本章では、標準偏差を平均で割った変動係数を算出することによって、炭価の安定性を検証してみたい。

さらに、資料の単純な解読では等閑視されてきた連合会のカルテル活動に関する行動論理を考察する。基本的に不況下の数量カルテルは、企業の結託によって、需要水準以下の供給を行って価格の釣り上げを目論む。競争制限の結果として、カルテル活動は、資源配分に非効率性をもたらし、技術進歩や経済成長を鈍化させるとされる(1)。

だが、図1-1によれば、九州一種炭価格指数は、連合会のカルテル活動がはじまった一九二一年を起点として二九年まで総合卸売物価指数に対して常に低い水準ある。夕張炭価格指数に関しても、一九二二～二七年に卸売物価指数を下回っていることが分かる。他方で一九三二年以降の景気回復期において、卸売物価指数と炭価指数は近接し、卸売物価に対して炭価は相対的に上がっている(2)。すなわち、一九二〇年恐慌を契機として設立された石炭カルテルは、

図1-1　卸売物価指数と炭価指数の比較（1934〜36年＝1）

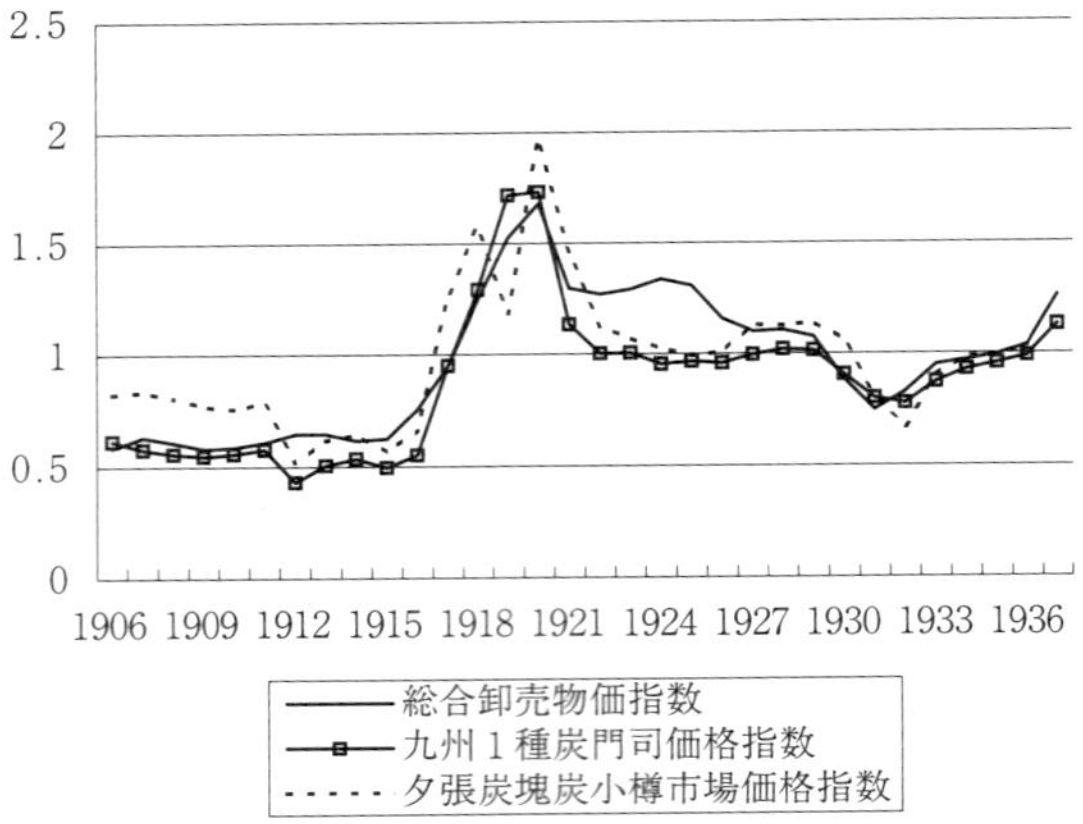

出所）日本統計協会『日本長期経済統計総覧』第4巻、1988年。農商務（商工）省鉱山局『本邦鉱業の趨勢』各年。

一九二〇年代に国内物価水準を超えた炭価の上昇を導いていない。この背後にあるカルテル活動の実態をみることもここでの課題となる。

本章の構成は以下の通りである。第2節では、連合会のカルテル活動を概観する。第3節、第4節では、国内炭価格の変動係数とその価格水準について分析し、第5節では輸入炭価格の変動係数を検討する。第6節では、第3節〜第5節の分析結果である他の期間よりも炭価が安定化した一九二二〜二九年の連合会の活動を詳しく検討し、第7節で総括と展望を示す。

第2節　石炭鉱業連合会の送炭制限

(1)　一九二一年の送炭制限

一九二一年に内地民間炭鉱が組織化された連合会の活動について述べた研究は多い[3]。連合会が活動の目的として掲げていたのは、「石炭需給の調整と炭価の安定」であった[4]。連合会が炭価の安定を目指したのは、「乱掘防止」と「経営を合理化」させる狙いがあった。「乱掘防止」とは、炭鉱の増産によって価格が下がるのを食い止める意味をもつ。ここでは、連合会の活動を史料に基づいて、一九二一年の送炭制限を検討するとともに、どのような条件の下で炭価が安定するのかを検討してみたい。

戦間期日本のカルテル活動の目的が価格の安定にあったことは、しばしば指摘されている。(5) カルテル活動では、同業者間での価格調整、ないしは数量調整が行われる。連合会のカルテル活動は、加盟炭鉱が市場に供出する送炭量を制限する数量調整であった。したがって、連合会は、生産量を調整する「出炭制限」カルテルではない。

一九二一年三月に筑豊の炭鉱同業者団体（筑豊石炭鉱業組合）は、二一年末に「約三百万屯ノ貯炭ヲ見ル」と判断した。(6) そこで全国の産炭地の同業者は、「需給ノ調節ヲ計リ、港頭貯炭ヲ壱百万屯位ナラシメンカ為」、一同に会して協定を行った。この協定が実現して一九二一年五月から送炭制限を開始する石炭鉱業連合会が設立した。

一九二一年三月の送炭制限案の具体的内容は史料1に示されている。(7)

【史料1】

本年ノ出炭予想ヲ二千四百七十万屯、消費予想ヲ二千三百三十万屯ト見、港頭貯炭等ヲ酙酌スルトキハ、年末貯炭ヲ百万屯程度ニナサンニハ、壱割七分ノ送炭制限ヲ行ハサルヘカラズト決定セリ。而シテ、（中略）、内地ノ筑豊・山口・九州（筑豊以外）・北海道・常磐ニテ二千二百万屯ヲ本年度ノ市場供給トナシタリ

市場供給量－消費量＝在庫量（貯炭量）となる。「消費予想」量が二三三〇万トンと見積もられ、年末港頭貯炭を一〇〇万トンにするには、消費予想量（二三三〇万トン）＋港頭貯炭量（一〇〇万トン）＝市場供給量（二四三〇万トン）となる。ただし、市場供給量は、二二〇〇万トンとされている（なお、史料1には記されてないが、この二二〇〇万トンは、一九一八～二〇年の送炭量平均より一割七分を引いて算出された）。したがって、史料1に示される内地の筑豊から常磐までの送炭制限に参加する炭鉱の供給量を二二〇〇万トンとし、送炭制限には直接加わらない産炭地、官営炭鉱、輸移入の供給量と前年から繰越された港頭貯炭量を合わせたものが二三〇万トン（二四三〇万トン－二二〇〇万トン）

図1-2　石炭鉱業連合会の活動(1)

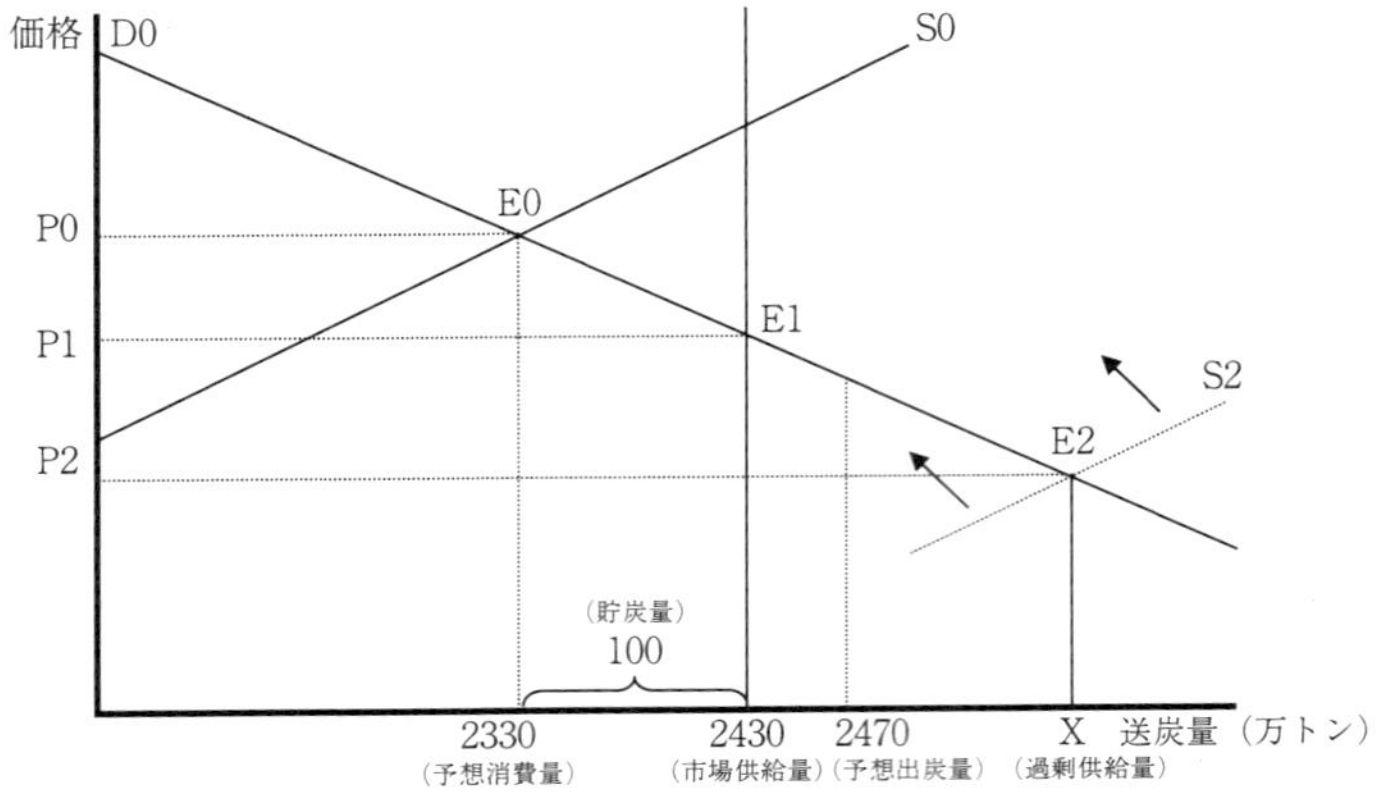

出所）筆者作成。

と見積もられている。

　このように連合会は、年末貯炭量を見込んだ上で送炭制限を行っていた。連合会が「需給の調整」という場合、市場供給量と消費量を合致させることではない。消費量と港頭貯炭量を合わせたものを「需要」と認識している点には注意が必要である。消費者の手に渡っていない在庫を意味する貯炭は、一般に炭鉱における坑所貯炭と港湾市場貯炭とに分けられる。連合会が送炭制限の際に関心を払ったのは、後述するように、港湾市場貯炭であった[8]。具体的には、九州と北海道の港湾貯炭、市場地での貯炭が連合会の活動の指標となった。

　史料1では「本年ノ出炭予想ヲ二千四百七十万屯」とみるとされているが、これは推定した市場供給量二四三〇万トンに近い[9]。したがって、この二四七〇万トンは、送炭制限を前提にした予想出炭量となる。ただし、一九二一年末に貯炭が「約三百万屯」になると危惧していることからみて、炭鉱業者は供給が過剰になると予想していた。したがって、送炭制限をしなければ、この二四七〇万トンの予想出炭量を供給が上回ってしまうと連合会は認識していた。

　一九二一年の連合会の行動を図1-2によって確認しておくと、連合会は過剰供給量Xを送炭制限によって二四三〇万トン（加盟同業者の送炭は二二〇〇万トン）に減らそうとしていた。このことは、送炭量を減少させて価格Ｐ２をＰ１に引き上げることに等しい。もし送炭制限を行わなければ、市場メカニズムが働くことによってＥ０に至り、価格Ｐ０が実現するという認識は業界にはなかった。なぜならば、多くの炭鉱が第一次世界大戦ブームの需要増大によって過剰生産能力を抱えており、むしろ送炭制限を行わなければ、Ｓ２が右にシフトするという認識が一般的であったからだ。

このように一九二一年の連合会の送炭制限活動は、過剰供給量を減らして炭価を引き上げる（低落を防ぐ）目的をもっていた。

(2)　炭価安定の論理

「石炭需給の調整」を前提にして、連合会が活動の目的とした「炭価の安定」に関して考察してみたい。図１-３が示すように、第一期に送炭量ＯＣ、価格Ｐ、Ｅ０で均衡していたとする。まずは予想消費量が増加する場合を考えてみる。連合会は、消費増加量ＯＤ－ＯＣを推測し、「適正貯炭量」ＯＥ－ＯＤを設定し、第二期の供給量ＯＥを算出することになる[10]。予想消費増加量＋「適正貯炭量」＝供給量という等式が成立する。この供給量から非連合会炭の送炭を考慮し、連合会加盟炭鉱の送炭量は決まる。予想消費増加量に「適正貯炭量」を加算し、第一期の価格Ｐに一致するように送炭量ＯＥを供給すれば、第一期と第二期の炭価は等しくなる。

予想消費量が減少する場合について考察してみたい。第一期から第二期にかけて、ＯＣからＯＢへの消費の減少を連合会が予想すれば、供給量がＯＡ

図 1-3　石炭鉱業連合会の活動(2)

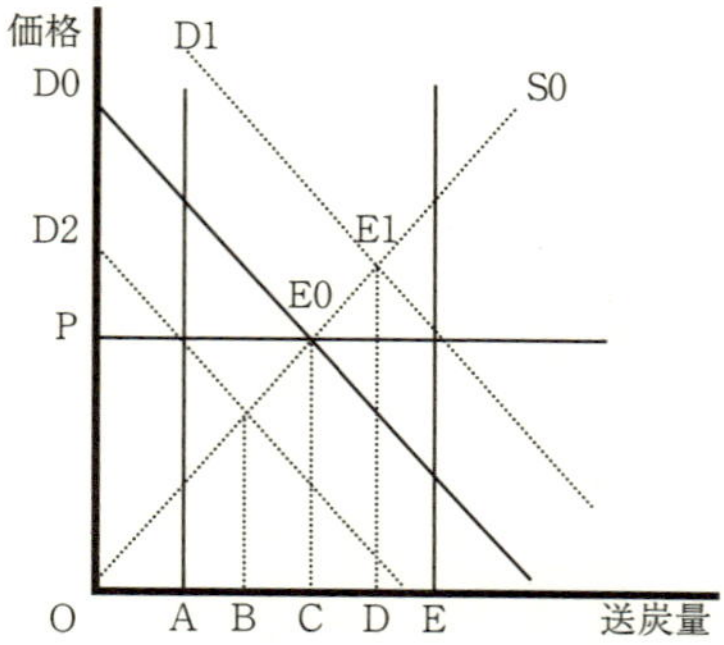

出所）筆者作成。

となるように送炭し、価格Pで第一期と第二期の炭価は維持される。連合会は、消費量が下がると判断した場合、価格を維持するためには、供給量を下げねばならない。

連合会の掲げる「需給の調整と炭価の安定」が実現する条件をまとめれば、①予想消費量の推測が正確なこと、[11]②炭価を安定させるために適正な貯炭量が設定されていること、[12]③これらの条件を踏まえて送炭量が決められ、個々の炭鉱がこの送炭量を遵守することが必要になる。さらに、非連合会炭（輸移出を含む）を考慮すれば、④連合会は非連合会炭送炭量の情報を完全に知った上で連合会加盟炭鉱の調節量を決め、さらに連合会の知り得た情報通りに非連合会炭量は送炭される必要がある。また、⑤価格Pの外性的な影響による変動がないことは、炭価安定の前提となる。

これらの条件が全て貫徹されるとは考えにくい。予想消費量の増加を過小評価している場合にはD1が右にシフトして炭価が上がり、過大評価している場合にはD1が左にシフトして炭価が下がる。また、「適正貯炭量」OE－ODを過小に見積もった場合には炭価が上がり、過大に推測した場合には炭価が下がる。さらに、連合会が設定した供給量OEよりも実際の供給量のほうが少なければ炭価は上がり、多ければ炭価は下がる。Pの外性的な動きを無視してもこれらの要素が複合的に絡み合って炭価は決定する。こうした連合会の行動論理を背景として、以下では炭価の安定性について検証してみたい。

第3節　国内炭価格の安定性と水準

(1)　資料とデータ

戦間期の石炭価格データには、炭鉱において表示された山元（坑所）価格、坑所近郊の港湾などにおいて表示された集散地積出価格、さらに、都市卸売価格、消費者小売価格などの系列が存在する。

戦間期の日本炭価格を知る上でしばしば用いられるのは、『本邦鉱業ノ趨勢』に記載されている価格データである。この資料には、九州炭の集散地である門司において集計された九州一種炭、九州二種炭、九州三種炭の価格が記載され[13]、常磐、北海道炭の積出価格を代表する磐城炭隅田川価格、夕張炭小樽価格が記されており、都市卸売価格としては九州一種炭東京卸売価格が載せられている[14]。この六つの価格系列に加えて、『筑豊石炭鉱業会五十年史』に記載されている積出価格のデータを用いる[15]。この価格は、門司とともに筑豊炭の積出港であった若松における筑豊炭（上等、下等、普通）の系列である。

都市卸売価格としては、商工省大臣官房統計課によって調査された『卸売物価統計表』、『物価統計表』に記載されている東京、大阪、神戸、京都、名古屋、横浜、広島、金沢、仙台、小樽、福岡、新潟、高知市の一三都市の価格系列を使用する[16]。

九州一種炭東京卸売価格を除く『本邦鉱業ノ趨勢』に掲載されている五つの系列、『筑豊石炭鉱業会五十年史』に掲載されている三つの系列をここでは産炭地近郊価格と呼び、『卸売物価統計表』に掲載されている一三主要都市の卸売価格と比較する。

図1‐4には主要産炭地近郊価格、図1‐5には都市卸売価格の推移が示されている。図1‐4によれば、一九二〇年以降において若松上等炭、九州一種炭、磐城炭価格は高く、若松下等炭、若松普通炭価格は低い。また、全期間を一瞥すれば、炭価の動きが激しい磐城炭を除けば、一九二〇年代の炭価の変動は小さい。他方で、図1‐5が示すように、一九二〇年以降において産炭地に近い福岡市の卸売炭価はほぼ最低位を示しており、新潟、仙台の炭価が一貫して高水準にあるが、各々の都市卸売価格の変動は大きい。

全てのデータが概ね利用できる一九〇六～三五年の変動係数をここでは検討する[17]。この期間を景気変動と炭価の趨

図Ⅰ-4　産炭地近郊石炭価格の推移

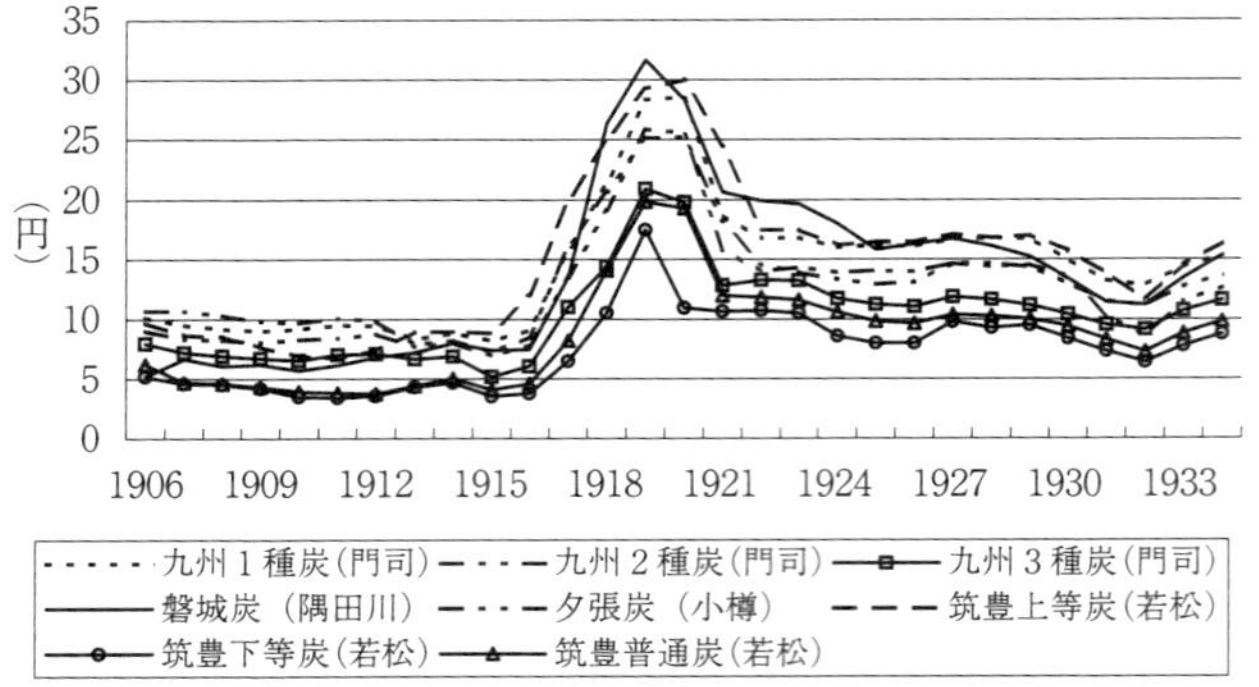

出所）農商務（商工）省鉱山局『本邦鉱業の趨勢』各年。筑豊石炭鉱業会『筑豊石炭鉱業会五十年史』1935 年、41 頁。

図Ⅰ-5　主要都市石炭卸売価格の推移

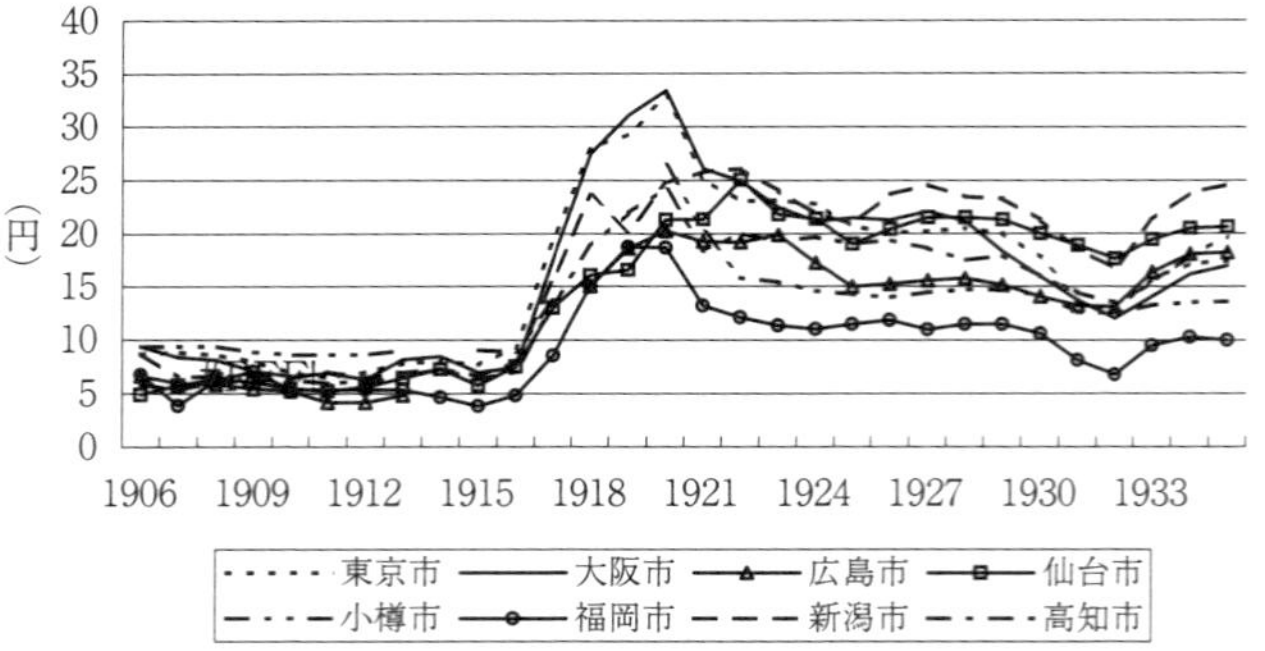

出所）商工省大臣官房統計課『卸売物価統計表』（1900〜25 年、1926〜28 年、1929〜30 年、1931〜32 年）東京統計協会、1926〜33 年。商工省大臣官房統計課『物価統計表』（1933、34、35 年）東京統計協会、1934〜36 年。

勢に則して、日露戦争後の炭価低下期の一九〇六〜一一年（第Ⅰ期）、第一次世界大戦ブーム期を含む炭価が山から峰へ高下した一九一二〜二一年（第Ⅱ期）、一九二〇年恐慌を経て日本経済が不況に直面する一九二二〜二九年（第Ⅲ期）、一九三〇〜三一年の昭和恐慌による炭価の低落から高橋財政下の景気回復によって炭価が高騰した一九三〇〜三五年（第Ⅳ期）に時期区分する。とりわけ、第Ⅲ期と第Ⅳ期は、一九二一年に開始された連合会の活動期に該当する。この時期区分では、連合会の活動がはじまった一九二一年が第II期に含まれることになる。だが、連合会の活動は一九二一年の五月からはじまったため、実質的なカルテルの効果は一九二二年以降を検討することで明らかになろう。なお、一九二五年は連合会の活動が停止していたが、この年も含めて変動係数を計測する。

(2) 産炭地近郊価格の変動係数

表1-1には、産炭地近郊価格の変動係数が示されている。まずは、変動係数の平均をみてみると、第III期、I期、IV期、II期の順で数値が低い。すなわち、第一次世界大戦期を含む一九一二〜二一年の炭価の変動が最も大きく、続いて昭和恐慌から景気回復に至る一九三〇〜三五年の炭価の変動が大きい。景気変動によって炭価の高低があった一九〇六〜三五年において、一九二二〜二九年はこれらの期間のうちで最も炭価が安定している時期であった。

各々の炭価の第III期の変動係数の数値に注目すれば、九州一種炭、二種炭、筑豊上等炭が〇・〇二台であり、これに続いて〇・〇四九の夕張炭が低い。他方で、これらと比べて、九州三種炭、筑豊下等炭、筑豊普通炭の第III期の変動係数は高い。つまり、価格の高い石炭のほうが第III期に炭価が安定する傾向にある(炭価は図1-4)。

各々の炭種の期間別変動係数について検討したい(18)。第I〜IV期において、九州一種炭、九州二種炭、筑豊上等炭、筑豊普通炭の変動係数は、第III期に最も低い。他方で、九州三種炭、磐城炭、夕張炭の第III期の変動係数は、第I期と比べて高い。また、筑豊下等炭の第III期の変動係数は、第IV期よりも高い。とりわけ、常磐の磐城炭は、筑豊下等炭に次いで第III期に炭価の変動が大きかった。

月次データが得られない筑豊炭若松価格を除く五つの炭価の年内変動係数をみてみたい。石炭の需要は、一二月を最高とし、八月を最低に推移した(19)。こうした季節変動は、表1-2の変動係数の平均値が示すように、第III期に低下している。九州三種炭を除く炭種に関しても第III期の変動係数の低下が認められる。

表 1-1　産炭地近郊石炭価格の変動係数

期	間	九州１種炭門司価格	九州２種炭門司価格	九州３種炭門司価格	磐城炭隅田川価格	夕張炭小樽価格	筑豊上等炭若松価格	筑豊下等炭若松価格	筑豊普通炭若松価格	平均
Ｉ期	1906～11	0.038	0.035	0.064	0.074	0.037	0.128	0.146	0.171	0.087
II期	1912～21	0.497	0.505	0.492	0.604	0.468	0.498	0.580	0.632	0.535
III期	1922～29	0.020	0.020	0.069	0.096	0.049	0.026	0.105	0.070	0.057
IV期	1930～35	0.071	0.078	0.090	0.117	0.137	0.108	0.100	0.095	0.100

出所）図 1-4 に同じ。
注）若松価格の変動係数のIV期は 1930～34 年。

表 1-2　産炭地近郊石炭価格の年内変動係数

期	間	九州１種炭門司価格	九州２種炭門司価格	九州３種炭門司価格	磐城炭隅田川価格	夕張炭小樽価格	平均
Ｉ期	1906～11	0.019	0.014	0.021	0.043	0.018	0.023
II期	1912～21	0.087	0.093	0.099	0.095	0.080	0.090
III期	1922～29	0.009	0.011	0.023	0.032	0.014	0.018
IV期	1930～35	0.029	0.032	0.031	0.041	0.042	0.035

出所）図 1-4 に同じ。

ここで山元価格の事例として、炭種ごとにトン当たり価格が判明つく三井鉱山山野鉱業所（産炭地筑豊に所在）の事例をみておきたい。表1-3が示すように、山野炭の変動係数の平均は、第II～IV期のうち第III期が最も低い。第III期におけるそれぞれの炭種の変動係数をみれば、最も炭価の高い塊炭の変動係数が最低値を示しており、最も価格が低い粉炭の変動係数が最高値を示している。

(3)　主要都市卸売価格の変動係数

表1-4が示すように、産炭地近郊価格と同様に主要都市卸売価格の変動係数の平均値は、第III期に最も低い数値を示している。都市別に第I～IV期の数値を比べれば、京都、名古屋、仙台は第IV期の変動係数が最も低い。これら

表 I-3　三井山野鉱業所の販売炭種別炭価の変動係数

期	間	炭種名	塊　炭	粉　炭	切込炭	二号炭	錆塊炭	洗小塊炭	錆切炭	水洗粉	洗中塊炭	特水洗粉	平　均
II期	1912～21	変動係数	0.698	0.647	0.756	0.485	0.582	0.617	0.581	0.559			0.568
		炭価平均	7.892	4.973	7.268	4.854	8.675	9.768	7.685	8.721			7.428
III期	1922～29	変動係数	0.036	0.186	0.060	0.090	0.042	0.064	0.113	0.116			0.083
		炭価平均	9.251	5.526	8.156	6.105	8.473	8.936	7.410	7.236			7.183
IV期	1930～35	変動係数	0.194	0.252	0.105	0.127	0.221			0.197	0.184	0.208	0.164
		炭価平均	7.375	4.222	7.286	4.995	6.539			5.412	6.991	6.041	5.795

出所）『山野鉱業所沿革史』第2巻「年度別炭種別石炭売上決算表」。
注）空欄はデータなし。平均にはここに掲げられていない炭種を含む。

表 I-4　主要都市の石炭卸売価格の変動係数

期	間	東京市	大阪市	神戸市	京都市	名古屋市	横浜市	広島市	金沢市	仙台市	小樽市	福岡市	新潟市	高知市	平　均
I期	1906～11	0.113	0.125	0.144	0.043	0.174	0.059	0.137	0.180	0.088	0.036	0.186	0.084	0.134	0.116
II期	1912～21	0.574	0.610	0.617	0.750	0.619	0.645	0.488	0.542	0.499	0.474	0.580	0.545	0.528	0.575
III期	1922～29	0.062	0.080	0.073	0.043	0.145	0.141	0.109	0.048	0.074	0.038	0.031	0.063	0.043	0.073
IV期	1930～35	0.114	0.107	0.125	0.037	0.080	0.076	0.122	0.117	0.051	0.044	0.136	0.120	0.119	0.096

出所）図1-5に同じ。
注）1930年以降の各都市の炭価は、金沢、小樽、新潟市が北海道炭、仙台市が常磐炭、その他都市が九州炭をサンプルとしている。

表 I-5　主要商品と石炭との変動係数の比

	期	間	上玄米	大　豆	鶏　卵	分密糖	綿　糸	セメント	銑　鉄
東京市	I期	1906～11	0.891	0.825	0.970	1.181	1.015		0.457
	II期	1912～21	0.647	0.746	0.416	0.524	0.975	0.469	1.424
	III期	1922～29	1.659	1.448	2.158	1.685	2.587	2.819	1.566
	IV期	1930～35	1.334	1.491	0.650	1.020		0.408	1.427
大阪市	I期	1906～11	0.935	0.497	1.902	1.869	0.737		0.362
	II期	1912～21	0.627	0.604	0.758	0.398	0.907	0.307	1.295
	III期	1922～29	1.393	0.950	1.564	1.090	1.968	2.345	0.497
	IV期	1930～35	1.421	1.977	0.695	1.040		0.965	1.642

出所）商工省大臣官房統計課『卸売物価統計表』（1900～25年、1926～28年、1929～30年、1931～32年）東京統計協会、1926～33年。商工省大臣官房統計課『物価統計表』（1933、34、35年）東京統計協会、1934～36年。

注）空欄はデータなし。数値の下線は1より大きいものを示す。表中の数値は、石炭以外の商品の変動係数/石炭の変動係数。両市の炭価の変動係数は表1-4に同じ。

と第I期が最も低い横浜、小樽を除く都市は第III期が最低位にある。

卸売価格（表1-4）と産炭地近郊価格（表1-1）の変動係数の平均値を比較すれば、第I~III期は産炭地近郊価格のほうが低いが、第IV期はほぼ等しい。第IV期に関してみれば、京都、仙台、小樽の変動係数が低いため、これが卸売価格全体の平均値を下げている。これらを除いた変動係数の平均は〇・一一一となり、産炭地近郊価格の変動係数よりも高い(20)。

表1-4によって第III期の都市卸売価格の安定性をみれば、福岡、小樽、京都、高知、金沢、東京、新潟、神戸、仙台、大阪、廣島、横浜、名古屋の順に変動係数が低い。第IV期をみれば、京都、小樽、仙台、横浜、名古屋、大坂、東京、金沢、高知、新潟、廣島、神戸、福岡の順に変動係数は低い。すなわち、第III期に変動係数が低い（高い）都市が、第IV期に変動係数が低く（高く）なる傾向は見られない。こうした都市間の変動係数の動きを決める要因は、各々の都市の物価、石炭需要の推移、産炭地からの距離に基づく流通費用などを複合的に検討する必要がある。この点に関してここでは深く検討することができないが、多くの都市において、第III期の変動係数が低い数値を示していたことには注目しておきたい。

上玄米、大豆、鶏卵、分密糖、綿糸、セメント、銑鉄の価格の変動係数と炭価の変動係数を比較してみたい。表１-５には、東京、大阪市における主要商品の変動係数を炭価の変動係数で割った値が示されている。この数値が一より大きければ炭価の変動係数のほうが主要商品よりも低いことを示す。注目すべきは、第III期において東京市が全ての商品に対して石炭のほうが変動係数は低くなっており、大阪市については大豆、銑鉄以外の数値に関して石炭の変動係数は低いことである。第IV期における両市のセメントと鶏卵を除く商品は、石炭よりも価格の変動が大きい。

第４節　一九二一〜二九年の国内炭価の水準

炭種によって違いはあったものの、第III期に炭価が安定することをみた。ここでは連合会の送炭制限の活動期に該当する一九二一〜二九年の国内炭価の水準をみてみたい。表１-６には、九州一種炭門司価格が変化した年月が記されている。連合会の送炭制限がはじまった一九二一年五月に一九・〇〇円であった炭価は、連合会の送炭制限がはじまった二一年六月に二円下落し、一九二二年六月まで下落している。九州一種炭は、一九二二年九月〜二三年五月に二一年六月の水準を超えているものの、二九年一二月までに二一年六月の水準を大きく上回るのはこの期間のみであ

表１-６　九州１種炭門司価格の推移

（円）

年	月	炭価
1921	4	21.00
1921	5	19.00
1921	6	17.00
1921	10	16.50
1922	6	16.25
1922	8	16.75
1922	9	17.25
1922	11	17.50
1923	5	17.30
1923	6	16.80
1923	7	16.60
1923	9	16.20
1924	5	16.00
1924	6	15.80
1924	10	16.00
1925	1	16.50
1925	5	16.25
1925	6	16.00
1926	11	16.30
1926	12	16.50
1927	8	16.75
1927	10	17.00
1927	11	17.10
1928	1	16.83
1929	8	16.54
1929	12	16.73

出所）農商務（商工）省鉱山局『本邦鉱業の趨勢』各年。

図1-6　各炭価の指数（1921年下期＝100）

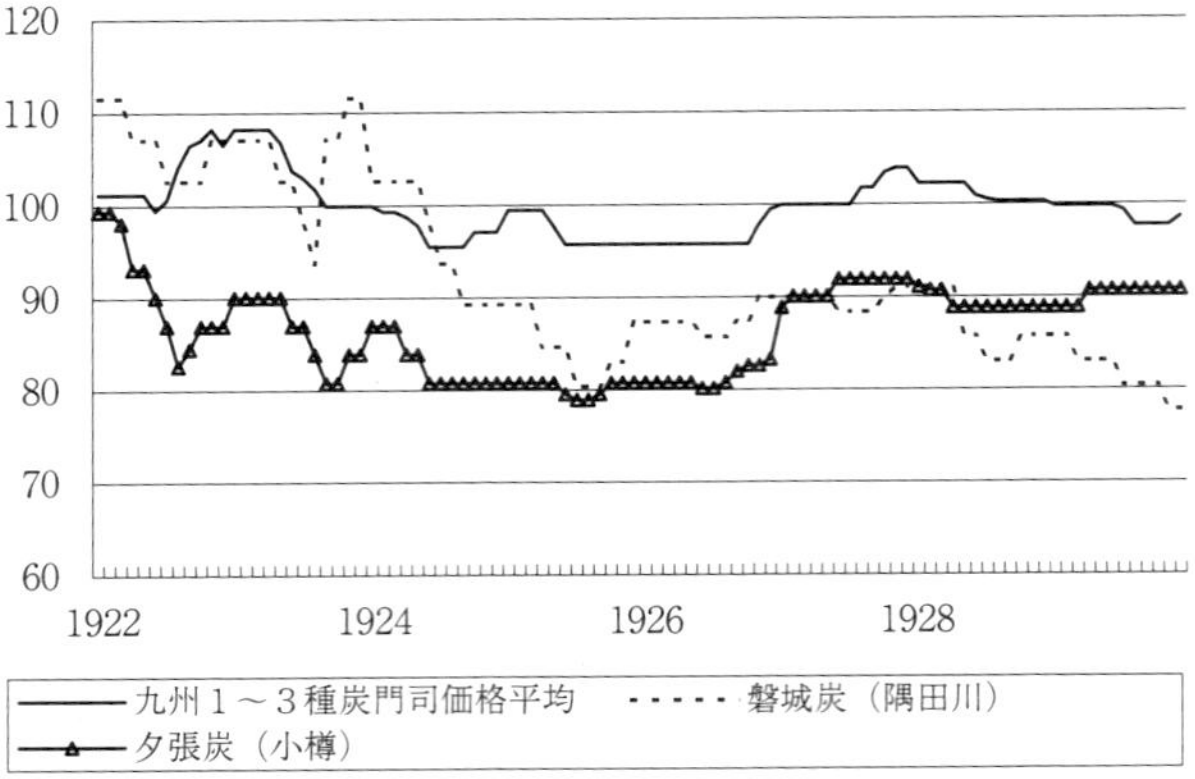

出所）図1-4に同じ。

る。したがって、九州一種炭は、連合会の送炭制限がはじまった二一年六月の価格水準を一九二〇年代に大きく超えることはなかった。

この九州一種炭の動向を踏まえて、一九二一年六月～一二月を一〇〇として指数化した各炭の推移を示している図1-6をみたい。九州一～三種炭門司価格の平均は、一九二一年下期の水準からの変化が小さい。だが、産炭地常磐の磐城炭は、一九二一年下期を下回る水準で乱高下している。北海道の夕張炭については、一九二一年下期の水準を下回っているものの炭価の変動は小さい。

このように一九二〇年代においてどの炭種もカルテル活動が開始した時期の価格を大きく超えることはなく、とりわけ筑豊炭を代表する九州炭門司価格は、一九二一年下期の価格水準から大きく乖離することはなかった。

第5節　輸入炭価格の安定性

(1)　資料と炭価の系列

日本の総出炭量に占める輸入量の割合は、一九一五年に三・〇パーセント、二〇年に二・八パーセントであったが、二五年に五・六パーセントに上昇し、三〇年には八・七パーセント、三五年には一〇・九パーセントに伸びた。[21] 一九二五年の輸入炭の構成をみれば、関東州が七二・六パーセントであり、関東州を除く中国が一七・一パーセントであった。一九三〇年は関東州六三・〇パーセント、中国一六・九パーセントであり、三五年は「満州国」六七・八パーセント、中国一三・六パーセントであり、中国炭が多くを占めていた。関東州、「満州国」からの輸入の多くは、撫順炭であった。中国炭の他には仏領印度シナが挙げられ、一九二六～三五年のその輸入割合は一二・〇パーセント～一六・六パーセントであった。

こうした輸入増加を背景に、ここでは輸入炭価格の安定性を検証してみたい。だが、一貫した系列の輸入炭価格を示す資料を手にするのは難しい。中国のいくつかの炭鉱の山元価格データ、上海における炭価のデータなどは存在するが、日本に輸入された石炭価格をこれらの系列からは知ることができない。ここでは『本邦鉱業ノ趨勢』に記載されている中国（原資料では「支那」と表記）、関東州（一九三二年以降は「満州」）、仏領印度シナなどの輸入数量と輸入額のデータを使用する。つまりは、輸入額を輸入数量で割ってトン当たりの炭価を算出するということである。『本邦鉱業ノ趨勢』に掲載されている輸入量と輸入額のデータは、『大日本帝国統計年鑑』と『大日本外国貿易年表』に記載されているものと等しく、一八九九年以降の輸入額はC・I・Fで表示されている。したがって、『本邦鉱業ノ趨勢』のデータによって算出された炭価は、トン当たりC・I・F輸入炭価格となる。

『本邦鉱業ノ趨勢』のデータに加えて、中国の開平炭鉱が八幡製鉄所に納入したC・I・F価格を利用する。[22] これらの炭価の趨勢は、図1-7に示されている。一九二〇年以降の推移をみれば、仏領印度シナ価格が最も高い。関東州（「満州」を含む）の石炭価格は、ほぼ輸入炭平均価格と同じ推移を辿っている。中国炭の価格の動きは、一九二〇年代に輸入炭平均よりもほぼ低いが、一九三〇年代にそれを上回っている。『本邦鉱業ノ趨勢』とは異なる出所をもつ開平炭価格は、一九二〇年代に最も低く、一九三〇～三一年に低落しているものの、これ以降に高騰している。

図1-7　輸入炭価の推移

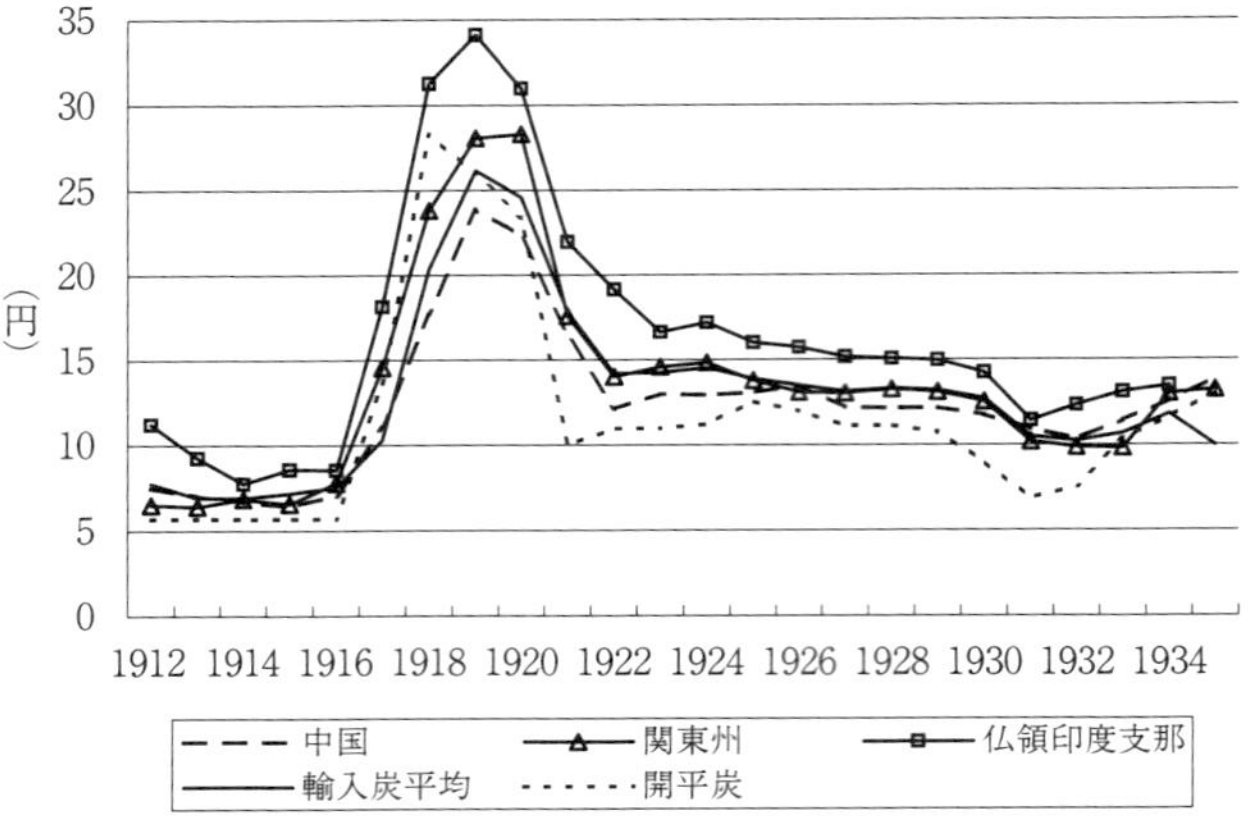

出所）農商務（商工）省鉱山局『本邦鉱業の趨勢』各年。堀内文二郎・望月勲『開平炭鉱の八十年』啓明交易、1960年、62～63頁。

(2) 輸入炭価格の変動係数

表1-7には、輸入炭の変動係数が示されている。第II～IV期の変動係数を比べると、[23]どの輸入炭も国内炭価の動向と同じように、第III期、IV期、II期の順に低い。第III期の数値を比較してみれば、中国、関東州、開平炭が〇・〇四台にあるが、仏領印度シナはこれらと比べて変動係数は高い。

注目すべきは、第III期の輸入炭平均価格の変動係数（〇・〇三六）、開平炭変動係数（〇・〇四九）が産炭地近郊価格の平均変動係数（〇・〇五七）、都市卸売価格の平均（〇・〇七三）よりも低いことである（表1-1、表1-4）。この点に関してさらに詳しくみれば、第III期において九州一種炭（〇・〇二〇）、二種炭（〇・〇二〇）、筑豊上等炭（〇・〇二六）よりも輸入炭平均、開平炭の変動係数は高いが、九州三種炭（〇・〇六九）、磐城炭（〇・〇九六）、筑豊普通炭（〇・〇七〇）、下等炭（〇・一〇五）よりも低い。関東州（〇・〇四八）、開平炭鉱の第III期の変動係数は、夕張炭（〇・〇四九）の変動係数とほぼ等しい。

しかし、図1-8が示すように一九二〇年代において国内炭平均炭価は、輸入炭よりも高い。このことは開平炭と産炭地近

表1-7　日本輸入炭の変動係数

期　　間		中国炭	関東州炭	仏領印度支那炭	平　均	開平炭
II期	1912～21	0.518	0.720	0.556	0.549	0.683
III期	1922～29	0.040	0.048	0.082	0.036	0.049
IV期	1930～35	0.091	0.089	0.502	0.089	0.186

出所）図1-7に同じ。
注）平均には、中国、関東州、仏領印度支那以外の『本邦鉱業の趨勢』に記載されているデータが含まれる。

図1-8　輸入炭価格と国内炭価格の比較

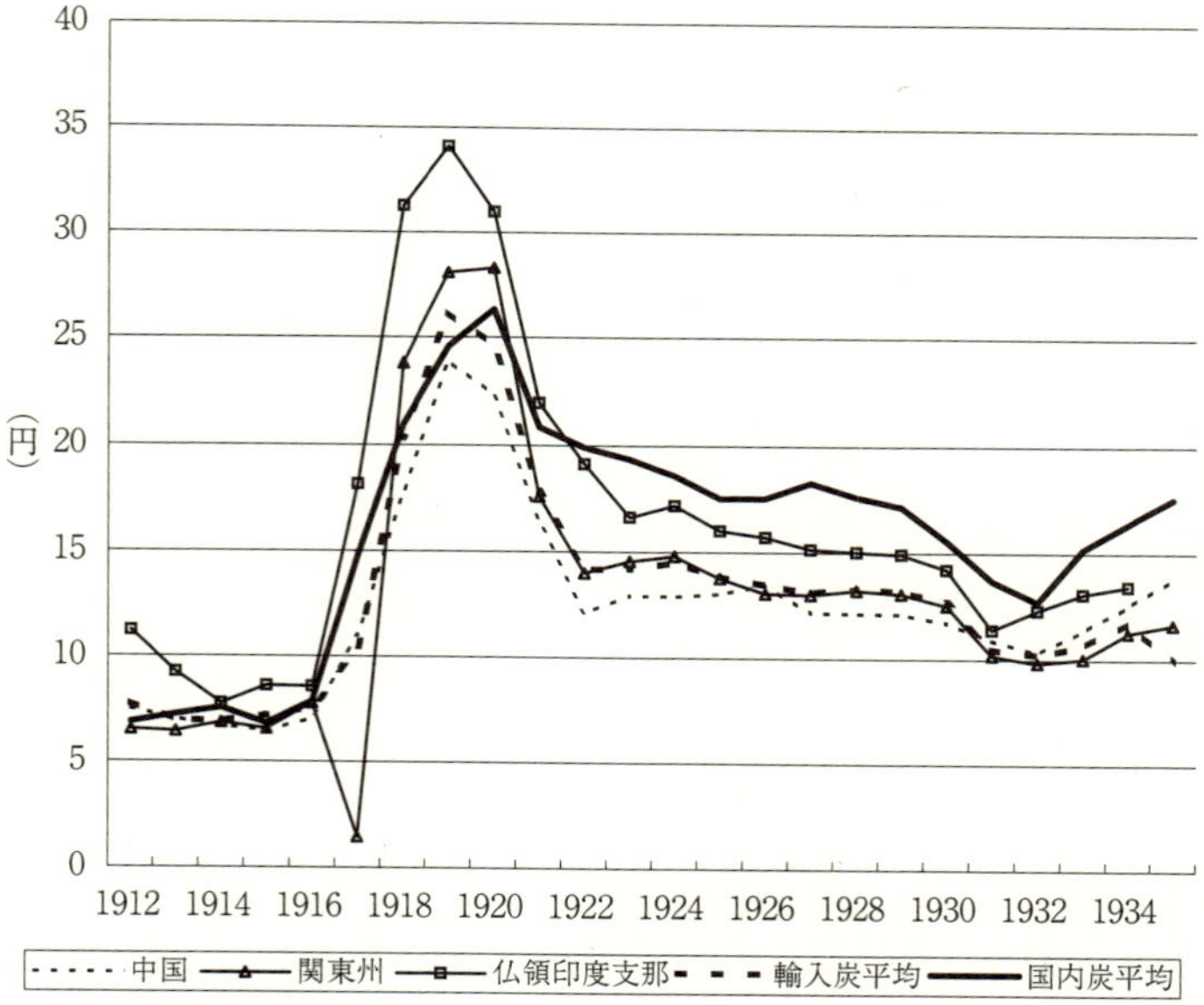

出所）図1-7に同じ。
注）国内炭平均は、産炭地近郊価格と都市卸売価格の平均。

図1-9　開平炭八幡製鉄所納入価格の推移

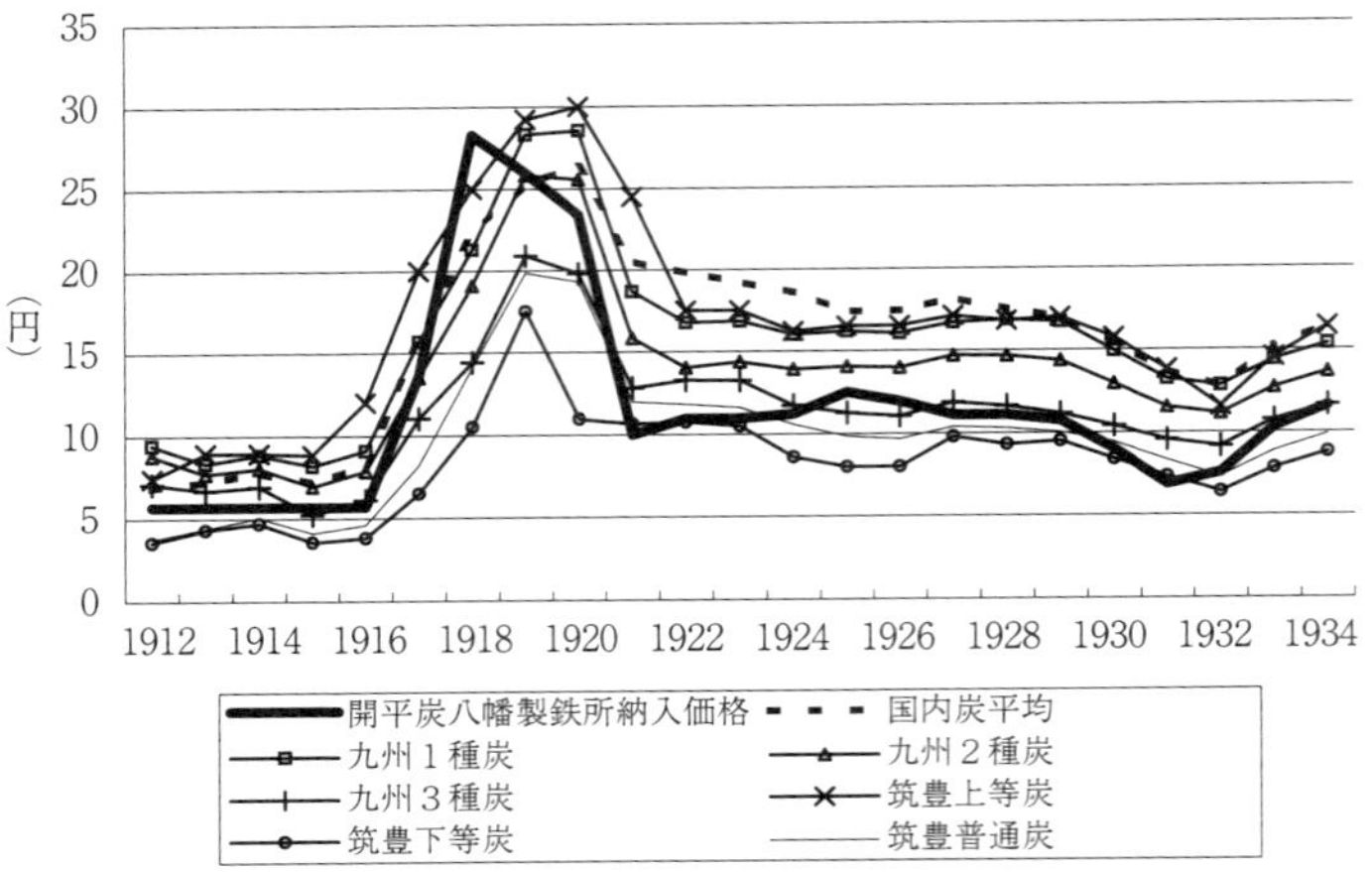

出所）開平炭は図1-7、その他価格は表1-4に同じ。
注）九州各種炭は門司価格、筑豊各種炭は若松価格。

郊価格、国内炭平均価格の推移を比較した図1-9によって明瞭になる。すなわち、輸入炭価格は、日本炭価格と同じように安定していたが、国内炭価よりも相対的に低かった。このことが日本への輸入増加をもたらす要因になっていたといえよう。

第6節　石炭鉱業連合会の送炭制限と炭価の安定

一九二二〜二九年には、他の期間と比べて炭価が安定したことをみた。表1-8に示されている連合会によってまとめられた石炭需給の数値に基づいて、一九二二〜二九年における連合会の活動（二五年は連合会の活動はなかった）を検討してみたい。

表1-8では、総供給量=総需要量という等式が成り立っている[24]。総需要量には本年末貯炭量が含まれているため、実際の消費量は輸出炭量+移出炭量+内地推定消費量（ここでは総消費量と呼ぶ）である[25]。ただし、内地推定消費量は、総供給量（=総需要量）から本年末貯炭量、輸出炭量、移出炭

表Ⅰ－8　戦間期日本の石炭需給と石炭鉱業連合会の活動の諸指標

（千トン）

年次	供給									
	内地送炭				輸入炭				移入炭量	総供給量
	前年末貯炭量	内地送炭量総計	連合会送量（実送量）	内地非連合会送炭量	輸入炭量総計	撫順炭	開平炭	その他		
1922		24,302	22,192	2,111	1,187	575		612	300	25,789
1923	499	25,001	22,923	2,078	1,713	875	399	439	292	27,505
1924	1,104	26,710	24,736	1,974	2,012	1089	300	622	342	30,168
1925	1,196	27,548	25,758	1,790	1,768	1222	141	406	394	30,906
1926	1,637	27,992	25,133	2,860	2,045	1346	196	503	364	32,038
1927	691	29,516	26,438	3,078	2,703	1683	405	615	375	33,285
1928	1,054	29,562	26,371	3,190	2,779	1686	414	679	351	33,746
1929	1,244	30,537	26,846	3,691	3,254	1923	434	897	344	35,380
1930	1,543	27,356	24,184	3,172	2,693	1667	271	755	294	31,886
1931	1,696	24,519	21,322	3,197	2,693	1707	138	848	417	29,324
1932	1,376	25,160	21,475	3,686	2,716	1786	181	748	510	29,763
1933	1,237	29,442	22,398	7,044	3,496	2266	305	925	777	34,951

年次	需要						連合会調節量	調節量－実送量	撫順炭協定量	撫順炭協定量－撫順炭輸入量	トン当たり炭価(円)
	本年末貯炭量	輸出炭量	移出炭量	内地推定消費量	輸出炭＋移出炭＋内地推定消費量（総消費量）	総需要量					
1922	499	1,704	250	23,337	25,291	25,789	23,501	1,309			17.21
1923	1,104	1,587	265	24,549	26,401	27,505	28,533	5,610			16.91
1924	1,196	1,725	276	26,971	28,972	30,168	26,845	2,109			16.37
1925	1,637	2,716	250	26,303	29,269	30,906			1,500	278	15.57
1926	691	2,611	358	28,378	31,347	32,038	25,283	150	1,350	4	15.47
1927	1,054	2,191	362	29,678	32,231	33,285	27,823	1,385	1,550	−133	15.84
1928	1,244	2,185	362	29,955	32,502	33,746	27,838	1,467	1,762	76	15.52
1929	1,543	2,044	369	31,425	33,837	35,380	26,810	−36	1,893	−30	15.23
1930	1,696	2,131	428	27,631	30,190	31,886	24,048	−136	1,956	289	14.06
1931	1,376	1,540	443	25,965	27,949	29,324	21,065	−257	1,762	55	12.11
1932	1,237	1,388	459	26,679	28,526	29,763	20,447	−1,028	1,650	−136	11.37
1933	944	1,560	568	31,879	34,008	34,951	23,109	711	3,126	860	13.09

出所）奥中孝三『石炭鉱業連合会創立拾五年誌』石炭鉱業連合会、1936年、表9。連合会調節は表2、撫順炭輸入量は表10、開平炭輸入量は表11。撫順炭協定量は17頁の「撫順炭に関する協定高実績対照表」。トン当たり炭価については本文中を参照。

注）炭鉱の自家用炭は含まない。空欄は不明。1925年には連合会の送炭制限はなかった。撫順炭輸入量は表10と17頁の「撫順炭に関する協定高実績対照表」とは数値が異なるが、撫順炭販売（株）調査の表10を採用した。

量を引いた推定値となっている。本年末貯炭量は、次年度に前年末貯炭量として内地送炭に加えられている。総供給量は内地送炭量、輸入炭量、移入炭量から構成されており、内地送炭量は前年末貯炭、連合会送炭量（実送量）、内地非連合会送炭量からなっている。

表1-8に示されている連合会調節量とは、連合会が加盟炭鉱に与えた送炭制限量の総計である。連合会が設定した調節量がそのまま炭鉱の送炭量になるとは限らず、実際に加盟炭鉱が市場に供給した総量は、連合会送炭量（実送量）として同表に記載されている。表中の調節量－実送量の数値をみれば、一九二二～二九年において二九年を除いてプラス値になっている。このことは実送量よりも調節量のほうが大きかったことを示している。

ここで一九二二～二九年におけるトン当たり炭価の推移について表1-8で確認しておこう。この炭価は、産炭地近郊価格（図1-4）、都市卸売価格（図1-5）、輸入炭価格（図1-7）を平均したものである。一九二二～二九年の動向をみれば、炭価は二六年まで下がっており、二七年に上がるものの二八年、二九年に低下している。一九二二～二九年において炭価は上がる年よりも下がる年のほうが多かったといえる。なお、一九二一年の炭価のデータはないが、一九二二～二九年において炭価は二二年の水準を上回っていない（第4節参照）。

強調すべきは、一九二二～二九年において趨勢的にみれば、石炭需要が増加していたことである。すなわち、表1-8が示すように、一九二〇年代後半において輸出量は減少しているものの、一九二二～二九年に総需要量、内地推定消費量は増加傾向にある。さらに、需要の趨勢を見るため、その代替指標として一九一五～二九年の国内総出炭量をここで確認しておけば、二〇〇〇万トンであった一九一五年から大戦ブームによって一九年に三一〇〇万トンに伸びた（序章図序-1）。一九二〇年二九〇〇万トン、二一年二六〇〇万トンと減少するものの、二二年に二八〇〇万トンへ上がり、二九年には三四〇〇万トンへ増加した。とりわけ、一九二五年、二六年には、大戦ブーム期において出炭の伸びが最も大きかった一九一九年の水準に再び到達した。

図1-10　石炭鉱業連合会の活動(3)

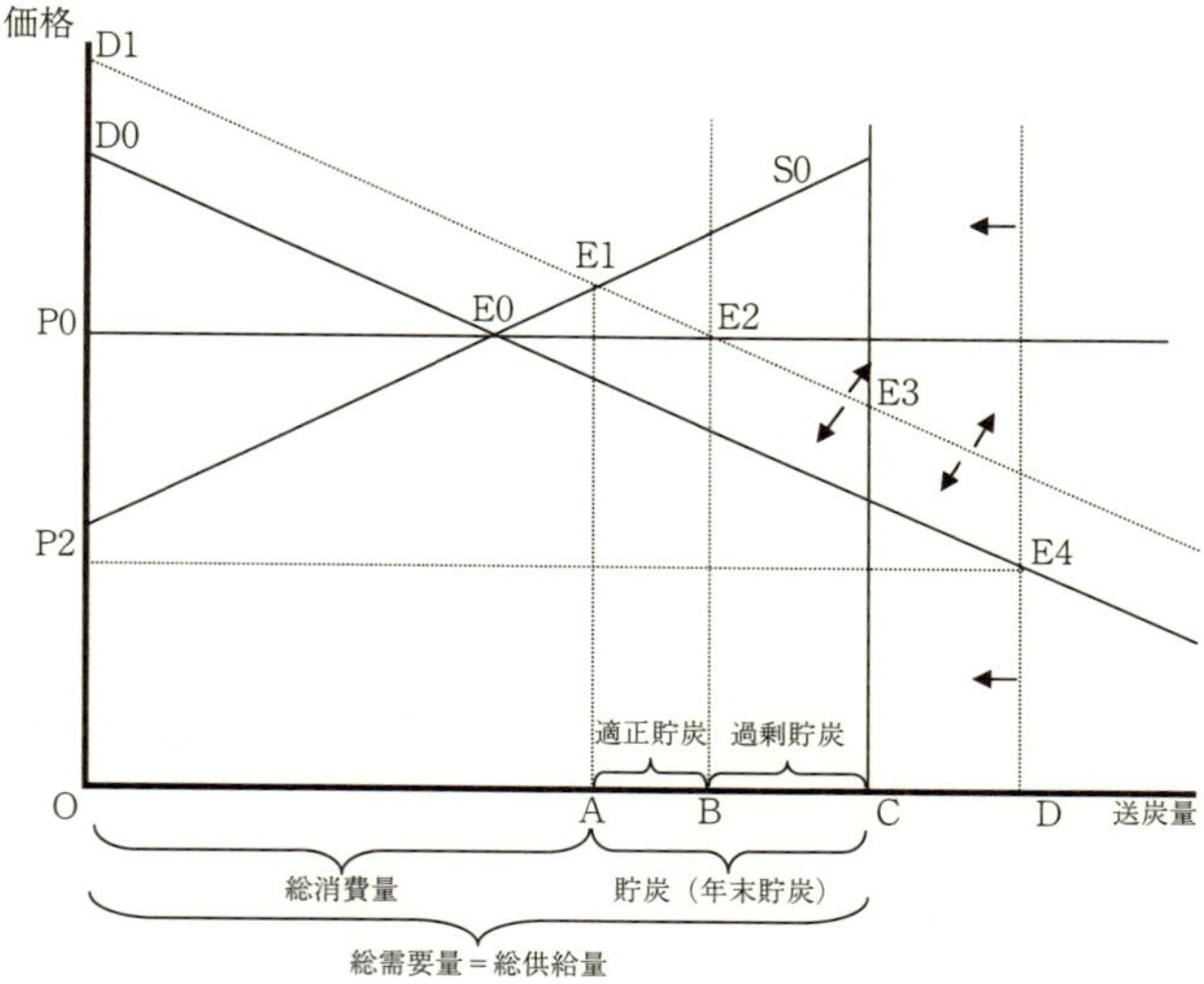

出所）筆者作成。

これらのことを踏まえて図1-10の概念図を用いて連合会の活動を考察してみたい[26]。炭価が下がる年のほうが多かったということは、ＯＢよりも大きな送炭が行われていたことを意味する。連合会の見積もった予想総供給量をＯＤとする。ＯＤは調節量＋輸移入量＋内地非連合会送炭量＋前年度末貯炭量からなる。一九二九年を除いて調節量より実送量のほうが小さかったので、実際の総供給量はＯＤ以下となる。これをＯＣと考えてみる。ＯＣは実送量＋輸移入量＋非連合会送炭量＋前年度末貯炭量からなる。ＯＣを実現した総供給量とすれば、Ｅ３で需給が均衡し、連合会が炭価の安定を図るために理想としたＰ０を下回ることになる。ただし、連合会が予想消費量を高く見積もっていた場合には、Ｄ１が左にシフトして炭価が下がり（貯炭が増え）、低く見積もっていた場合には、Ｄ１の右へのシフトによって炭価が上がる（貯炭が減る）。また、輸移入＋内地非連合会送炭量が当初に連合会の見積もった量より多い場合は、炭価が下がり（貯炭が増え）、少ない場合は、炭価が上がる（貯炭が減る）。さらに、外性的な要因で価格にショックが与えられ、Ｐ０が上下することも想定される。とりわけ、表1-8が示すように、輸入炭の多くを占める撫順炭輸入量は増加傾向にある。連合会と南満州鉄道は一九二五年以降に協定を結んだが[27]、表1-8が示すように、撫順炭協定量と実際の「輸入量」との差は年によって変動が大きいため、撫順炭が国内炭価を変動させた可能性は高い。

この場合、OBを超える供給をしているため、連合会の見積もる「適正貯炭量」（OB−OA）を超えた「過剰貯炭量」（OC−OB）が生じる[28]。連合会が送炭制限の指標として、「適正貯炭量」+「過剰貯炭量」で表される貯炭量（OC−OA）に注目していたのは、貯炭量によって炭価の動きの情報を読み取れたからである。連合会は、この貯炭量の情報に基づいて、過剰貯炭を償却して適正貯炭の状態を維持することを目指した。この適正貯炭の状態を形成することは、理論的にみて、炭価が維持される条件になる。

貯炭量が多い、少ないというのは、連合会の判断や認識の問題である。例えば、仮にそれが適正貯炭の状態であっても、経済界全体の不況要因などによって、連合会が貯炭の過剰を認識することも予想される。しかし、前掲史料1で一〇〇万トンとされた「適正貯炭量」の各年の水準は判明がつかない。ここでは連合会が送炭制限活動の成果をどのように認識していたかが分かる『石炭鉱業連合会創立拾五年誌』によって、各年の貯炭量に関する言説を検討してみたい[29]。一九二二年は、「只管貯炭の消化に腐心した結果、各地とも貯炭激減し市場快復の曙光を認めるに至った」とされた。一九二三年、二四年に関しては、貯炭量についての言及はなく、連合会の活動が停止していた二五年は、「年末の貯炭は港頭市場だけで百六十三万噸の巨額を算するに至った」と言及されている。連合会の活動が再開された一九二六年は、「港頭及市場の貯炭も十五年末には六十九万噸に激減するに至った」と述べられている[30]。一九二七年に関しては、「年末港頭、市場貯炭百五万噸を示した」とのみ記されている[31]。一九二三年、二四年、二七年に「巨額」や「激減」など貯炭量の評価を連合会はしていない。少なくともこれらの年において連合会は、貯炭水準に危機感を抱いていなかったといえる。これに対して、一九二八年は貯炭の増加が問題とされた。この年における連合会の言説は同資料によれば次のようになる。

【史料２】

昭和二年六月に終わる前一ヶ年間の実送高に需要増加見込並に前年度加入炭坑の一ヶ年分推定送炭高を加算し、更に特殊事情に因る数量を追加したるものを以て調節高とした為め、殆ど自由送炭に近き数量となり貯炭増加、市場悪化するに至つたので、四月より七月迄平均月割調節高の五分減、八月より十二月迄更に五分減（都合九分七厘五毛減）を実行したが、猶ほ全国的増産の大勢を阻止し得ず、年末港頭市場貯炭は百二十四万噸と前年末に比し一層の増加を示した

「貯炭増加」の要因として、「調節高」を過大に設定したことによる「自由送炭」が挙げられている。確かに、調節量－実送量の一四七万トンは前年よりも高いが、この年の貯炭増加要因は他にも存在した。すなわち、史料２では言及されていないが、「昭和三年は先ず順調に推移するものと予想されたのであったが、需要最盛期に於て温暖の日が打続いたため暖房用炭の需要は著しく減退を見、殊に火力発電用炭は前年の消費に比して極端に減少した」のであった[(32)]。この「百万噸」に及ぶ「消費減」によって消費量の減少（Ｄ１の左へのシフト）による貯炭増加があった（図１-10）。そのため、史料２に示されている五分減の送炭制限を実行したのであったが[(33)]、結果として年末に一二四万トンの貯炭が生じたのであった。

一九二九年についても貯炭の増加が問題とされた。

【史料3】
昭和三年六月に終わる前一ヶ年の実送高に特別増量三十万噸を加算せるものを以て調節高としたが、貯炭は依然として激増するので、六月より十二月迄の七ヶ月間に対し平均月割調節高の五分減を実行した。然るにも拘らず、此年の加盟会員の調節高は、二千六百八十四萬噸、内地出炭高は三千四百二十五萬噸と云う有史以来の巨額に達し、港頭市場の貯炭も亦百五十四萬噸を算するに至つた

一九二九年は調節量－実送量の数値がマイナス値を示しているため（表1‐8）、送炭制限量が増やされたといえる。ただし、「石炭の消費量は前年に比して五分に近き増加」があったが[34]、史料3にみられるように貯炭が「激増」している、すなわち「貯炭激増の模様は幾分供給過剰の気味にみえた」と連合会は判断した[35]。そのため六月から送炭制限がさらに強化されるが、年末においても貯炭量が過剰に存在すると連合会は認識していた。

消費の増加によって、D1の右へのシフトよる貯炭の減少がみられるはずである（図1‐10）。しかし、連合会が貯炭量の過剰に危機意識をもっていたとすれば、供給量OCに問題があることになる。送炭制限がこの年に強化されていたにもかかわらず、「過剰貯炭量」を償却できない水準の供給が続いていると連合会は判断していた。送炭、出炭が「有史以来の巨額」に達したことに連合会が言及する意味はここにある。ただし、一九二八～二九年の炭価の動きは〇・三円ほどの下落であり、一九二七～二八年に比べて下落幅が大きいとはいえない。金解禁などの経済界の変化によって連合会は、貯炭の増加に過敏に反応していたものと思われる。

第7節　結語

一九〇六～三五年には、景気変動による炭価の高低があったが、産炭地近郊価格の変動係数の平均でみた場合、第Ⅲ期（一九二二～二九年）の炭価が最も安定していた。注意すべきは、第Ⅲ期には第一次大戦ブーム、昭和恐慌、高橋財政などの炭価の変動に影響を与える外性的要因が小さかったことである。

だが、第Ⅲ期における各炭種の価格変動をみれば、産炭地近郊炭価の場合、九州三種炭、筑豊下等炭を除く九州炭、筑豊炭は、第Ⅲ期において磐城、夕張炭よりも安定性が高かった。なかでも常磐の磐城炭の第Ⅲ期における変動係数は高かった。

都市卸売価格についても同様に、変動係数の主要都市間における違いがあったものの、変動係数の平均は第Ⅲ期が最も低かった。都市卸売価格は産炭地から都市への流通費用、都市の需要状態などに影響を与えられるが、この効果以上に連合会の活動が卸売価格を支配していたといえよう。また、東京、大阪市の主要商品と石炭との変動係数を比べた場合、第Ⅲ期の石炭価格は相対的に安定していた。

国内炭価の水準をみれば、連合会の送炭制限がはじまった一九二一年下期の価格水準から九州炭は大きく乖離しなかったが、磐城炭は乱高下しながら二一年下期の水準を下回り、夕張炭は安定性が高かったものの、二一年下期の水準を下回っていた。こうした炭種ごとの違いはあったが、一九二〇年代においてカルテル活動が開始された時期（一九二一年下期）の価格水準をどの炭種も大きく超えてなかったことには、注目しておく必要があろう。なお、この現象が個別炭鉱に与えた影響は第5章でみる。

輸入炭価に関しても第Ⅲ期に安定していた。このことは、連合会の活動が輸入炭価格の形成に影響を与えたことを示唆している。ただし、低価格水準で安定する輸入炭価が国内炭鉱の経営・販売に与えた影響は大きかったと思われる。

第Ⅲ期に実現した炭価の安定を導いた連合会の活動を考察してみたい(36)。まず確認しておかねばならないのは、「需給の調整」活動において、連合会は需要＝供給＝消費量＋港頭市場貯炭量と認識していたことである。つまり、消費量は、需要量とは異なる。送炭制限という数量調整をする場合、需要＝消費量と捉えるならば、消費量が常に一定でない限り「炭価の安定」は実現しない。したがって、適正な貯炭量の存在が「炭価の安定」には必要となる。このことを前提に連合会の残した言説とデータを解釈しない限り、連合会の行動を誤って捉えることとなる。

第Ⅲ期の連合会の活動をまとめれば次の通りである。連合会は、①予想消費量を推測し、「適正貯炭量」を判断して調節量（送炭制限量）を設定する。②加盟炭鉱の調節量に対する実送量の動き、③予想消費量に対する実際の消費量の動き、④非連合会炭（輸移入を含む）の動きに関して、⑤貯炭量で判断する。⑥貯炭量が多い（過剰貯炭が存在する）と判断すれば、次年度の調節量を減らす（送炭制限を強化する）、ないしは年度内に送炭制限を強化する。すなわち、過剰貯炭を償却することで炭価の安定を図ろうとしていた。②～④の要素は、市場メカニズムの裁定に委ねられており、連合会はそれを貯炭量で観察することしかできない。さらに、②～④の要素は複合的に絡み合っているため、連合会は炭価がどのように決定したのか判断できない。需給バランスの情報が集約されている貯炭量の増減に連合会が注目するのは、こうした理由に基づいていた(37)。

一九二一年の連合会の送炭制限活動は、過剰供給を減らして炭価の低落を防ぐ意味をもっていた。だが、国内需要の伸びを背景として、一九二二年以降の連合会は、市場均衡供給量を上回る送炭をして価格の安定を図っていた。したがって、市場均衡価格を下回る価格水準が実現するため、第1節でみたように、一九二〇年代の炭価指数は、総合卸売物価指数よりも低水準にあったといえよう。炭価の低位な安定が実現した第Ⅲ期において、このような方法で「石炭需給の調整と炭価の安定」を図る連合会のカルテル活動がなされていた。ここでみた市場成果の動向を踏まえて、次章からは産炭地の個別動向をみてみたい。

注

(1) 植草［一九八二］一八二頁。

(2) 一九三一〜三四年には、カルテル価格指数が非カルテル価格指数を上回っていた（中村［一九七一］一九九頁）。なお、一九三三年から需要の激増に対して供給が減少した「石炭飢餓」が問題となった（浅田敏章『大阪工業会五十年史』一九六四年、二五六〜二六〇頁）。

(3) 松尾［一九八五ａ］、松尾［一九八五ｂ］、丁［一九九三］、荻野［一九九四］、荻野［一九九八］、北澤［二〇〇六］。

(4) 奥中孝三『石炭鉱業連合会創立拾五年誌』石炭鉱業連合会、一九三六年。

(5) 戦間期の日本のカルテルが「制約と限界を含みながらも、市場の競争を制限し、価格メカニズムの部分的修正を果たしていた」ことは様々なカルテルの事例から明らかになっている（武田晴人「総括と展望」橋本・武田［一九八五］四一一〜四一二頁）。

(6) 筑豊石炭鉱業組合「常議員会決議録」、復刻：西日本文化協会『筑豊石炭鉱業組合』一九八七年、『福岡県史』近代史料編(2)、二〇九頁。

(7) 前掲「常議員会決議録」前掲『福岡県史』(2)、二〇九頁。

(8) 今後、断りのない限り単に貯炭という場合は、港頭市場貯炭のことを示す。

(9) 出炭量＝市場供給量（送炭量）＋（坑所貯炭量＋山元消費量）である。

(10) 「適正貯炭量」という用語は、本研究において概念化されたものであり、連合会の資料にはこの用語がみられない。

(11) なお、三井物産が一九二〇年下期に予想した二一年の「需要」は、三井物産「第八回支店長会議議事録」（三井文庫所蔵）、P物産一九八-八、一二一〜一二三頁によれば、次のように予想された。「外国船焚料ハ昨年ノ実績ニ照シ約一割減ト見込、五月以後ノ一ヶ年ニ八十萬噸ノ需要ト予想ス。海外輸出ハ昨年ノ実績ヨリ考ヘ九州炭五分減ニテ百九十万噸、北海道炭四萬噸、台湾炭三十萬噸、海外輸出合計二百二十四萬噸、日本船ノ焚料ハ台湾炭ハ昨年同様十五萬噸、北海道炭ハ十二萬噸減ニテ六十四萬噸、九州炭ハ昨年下半期ヲ二倍シ、是レヨリ二十萬噸ノ減少ト見テ百五十六萬噸、即テ二百三十五萬噸ニシテ、即チ昨年ニ比シ五十萬噸、歩合ニ於テ一割八分ノ減少ナラン、内地需要ハ二千五十六萬噸ト算出セリ」。

(12) なお、三井物産は、一九二一年に連合会が一〇〇万トンとしたものに対して、「理想的貯炭ハ先ツ八十萬噸見当ナル」としている（前掲「第八回支店長会議議事録」一一三頁）。

(13)　この価格は、門司石炭商同業組合の調査によるものである（門司鉄道局運輸課『沿線炭鉱要覧』一九三五年、二九七頁）。

(14)　農商務（商工）省鉱山局『本邦鉱業ノ趨勢』各年。

(15)　筑豊石炭鉱業会『筑豊石炭鉱業会五十年史』一九三五年、四一～四四頁。

(16)　商工省大臣官房統計課『卸売物価統計表』（一九〇〇～二五年、一九二六～二八年、一九二九～三〇年、一九三一～三二年）東京統計協会、一九二六～三三年。商工省大臣官房統計課『物価統計表』（一九三三、三四、三五年）東京統計協会、一九三四～三六年。

(17)　若松（上等、下等、普通）価格が一九三五年、神戸、京都、横浜、小樽卸売価格が一九一八～一九年、広島卸売価格が一九一四～一七年にデータの欠損がある。

(18)　なお、一九二〇年代には石炭の組織された先物市場は存在しなかった。したがって指標価格となるべき炭種は存在しない。ただし、毎年三月に入札価格が決定する鉄道省納入炭価は景気判断の一つとなった。ここで鉄道省納入炭価の推移を見てみれば、九州三種炭門司価格の価格層と近い（日本石炭協会『石炭統計総覧』一九五〇年、三二四頁）。鉄道省九州炭価格の第Ⅲ期の変動係数は〇・〇五四であり、この数値は九州一種炭、九州二種炭よりも九州三種炭門司価格の変動係数〇・〇六九に近い。

(19)　渡邊四郎「日本の石炭鉱業の需給と季節との関係に就て」筑豊石炭鉱業組合『筑豊石炭鉱業組合月報』第二九巻第三四五号、一九三三年。

(20)　京都市の一九二九～三二年のトン当たり炭価は、二三・六四、二二・一五、二二・一七、二〇・八三円であったのに対して、同期間の大阪市は、一八・三、一五・九一、一三・七三、一二・〇四円と京都市よりも下落の幅が大きかった。

(21)　前掲『本邦鉱業ノ趨勢』各年。

(22)　堀内文二郎・望月勲『開平炭鉱の八十年』啓明交易、一九六〇年、六二～六三頁。

(23)　データの欠如によって第Ⅰ期の輸入炭価格の変動係数は求めることができない。

(24)　前掲『石炭鉱業連合会創立拾五年誌』の表9には、前年度末貯炭、送出炭、輸入炭、移入炭を合計した「供給計」という表記はあるが、「需要計」という表記はない。連合会が「需給の調整」と述べていることを鑑みれば、「供給」に対する概念に「需要」は相当し、年末貯炭、輸出炭、移出炭、推定消費高の合計は「需要計」みなすことができる。

(25) 輸移出地での貯炭は「本年末貯炭」には加えられていない。

(26) 産炭地近郊価格をP、総供給量をTQ、製造業工業生産額をYとして、

$$\ln P=\ln C+a\ln TQ+b\ln Y$$

を回帰分析した結果は以下の通り。

$$P=7.182-0.654TQ+0.300Y$$

(3.702)　(−2.167)　(1.309)　$R^2=0.628$　括弧内はT値

なお、製造業鉱業生産額は、篠原三代平『長期経済統計10　鉱工業』東洋経済新報社、一九七二年、第三部資料第二表に掲載のものを使用。

(27) 前掲『石炭鉱業連合会創立拾五年誌』一四〜一七頁。

(28) 「過剰貯炭量」という用語は本研究において概念化されたものであり、連合会の資料にはこの用語が見られない。

(29) 以下の連合会の言説は、前掲『石炭鉱業連合会創立拾五年誌』七〜一〇頁。

(30) 連合会の機関誌『石炭時報』によれば、「送出炭も増加したに反し、全国の貯炭高は一ヶ年に百余萬噸も激減したのは要するに国内消費炭増加の結果と見るの外は無かろう」とし、石炭消費増加率が「異常の増加」という市況判断をしている（石炭鉱業連合会『石炭時報』第二巻第一号、一九二五年、八七頁）。なお、一九二五年から毎月発刊された『石炭時報』に掲載されている「石炭商況」には、表1-8の基礎となる毎月の需給データと市況判断がなされているため、『石炭鉱業連合会創立拾五年誌』とともに連合会の市況判断を表す史料となる。

(31) 『石炭時報』によれば、「昨年に比し約五分の増加を示し先ず好成績と云うべき」と判断しているが、「輸出炭の減少と小炭坑の増産とが結局年末貯炭の急増を招来した」と認識されている。ただし、「火力発電用炭の急増其他好材料山積したため炭価は次第に強気を誘」い「炭価は先づ強気保合」と判断したため、市況が悪化するという認識はなかった（前掲『石炭時報』第三巻第一号、一九二六年、九一頁）。

(32) 前掲『石炭時報』第四巻第一号、一九二九年、六七頁。

(33) 「海外輸出、領土移出、船舶焚料等の需要は前年よりもいづれも減少を見た」（前掲『石炭時報』第四巻第一号、一九二九

年、六七頁）ので「八月より十二月迄更に五分減」（史料2）の送炭制限を強めた。

（34）　前掲『石炭時報』第五巻第一号、一九三〇年、五五頁。

（35）　前掲『石炭時報』第五巻第一号、一九三〇年、五五頁。

（36）　第Ⅳ期においても連合会の活動は継続していた。この時期には、昭和恐慌による需要の低落と景気回復期における需要の激増という相反する現象がみられた。第Ⅳ期に関する連合会の活動は、第Ⅲ期とは異なる理論的な考察を行う必要がある。なお、北澤［二〇〇六］によれば、昭和恐慌期を除く一九三〇年代の送炭調節に関して、「石炭需要が継続して伸張した好況期であったが、送炭に対する制約は、むしろ増加した部分もある」としているものの、石炭需要が増加する時期であったからこそ送炭制限を強化して炭価の上昇を図ったとも思える。また、「互助会がアウトサイダーとなり、不需要期に廉価販売を行えば、統制にとって大きな脅威」となると記されているが、需要の増大期に大企業に送炭制限を維持するインセンティブが低下する側面を重視する必要がある。いずれにせよ、本書で検討する不況下のカルテル活動と好況下のそれとは異なる視点が必要なことをこの論文は示している。

（37）　このことは比較的長く置いても石炭の品質が変らないことが前提となる。製品の劣化によって在庫形成が困難なセメント産業、受注生産を主とする大型の電気機械産業、在庫ができない電力産業では、石炭鉱業とは異なる方法でカルテル活動がなされた（橋本・武田［一九八五］四一三頁）。

第2章　筑豊大炭鉱企業のカルテル活動

第1節　課題

産炭地筑豊では、序章でみたように、一九二〇年代に安定した送炭がみられた。また、第1章でみたように筑豊炭価格は常磐炭と比べて一九二〇年代に安定性が高かった。ここでは、一九二〇年代の筑豊大炭鉱のカルテル活動について検討してみたい。なお、昭和恐慌期に活発となった筑豊中小炭鉱のカルテル活動については、第7章で検討する。

石炭鉱業のみならず戦間期のカルテルに関する研究は多いものの、企業間のカルテル活動によって合意された数量・価格をモニタリングする方法については、深く考察されていない。しかし、戦前期においても企業の「利己主義」によって、カルテル契約が脅かされることを指摘し、カルテル加盟者の監督を行う「検査制度」の重要性を國弘員人が説いているように[1]、如何にしてカルテルの決定事項を加盟者で遵守するのかという問題は重要である。ここでは、カルテルを結成して個々の企業が合意した数量（送炭量）を相互に監視する方法を検討する。とりわけ、この役割を個々の炭鉱の送炭量が示された雑誌統計記事に求める。同業者団体が公刊した雑誌統計記事の役割については、武田晴人が注目しているものの[2]、先行研究においてその詳しい内容は検討されていない。

本章の構成は以下の通りである。第2節において、カルテル活動は大炭鉱の支配力が強かったことをみた後、第3

節で雑誌統計記事の相互監視機能を検討する。筑豊炭鉱企業の送炭量の特徴を第4節でみた後、第5節と第6節で一九二〇年代前半と後半の筑豊炭鉱企業の動向を検討する。さらに、第7節では筑豊炭鉱企業の「増送量」を推計する作業を行い、第8節で展望を示す。

第2節　石炭鉱業連合会の組織

石炭鉱業連合会（以下、連合会と略す）は、「各地石炭鉱業組合ノ連合会ニシテ、各組合ハ評議員ヲ選出シテ代表セシム」ための「全国統制組織」であった。「各地石炭鉱業組合」は、筑豊石炭鉱業組合（以下、筑豊組合と略す）、北海道石炭鉱業会、常磐石炭鉱業会、宇部鉱業組合、糟屋鉱業組合から構成されており、三井三池炭鉱などの鉱業組合の存在しない地方の一〇炭鉱が直接連合会に加盟していた(3)。筑豊組合などの「地方統制組織」は、「連合会の定むる統制協定に基づき夫々独自の協定を為し地方的統制」を行っていた。

送炭制限の具体的方針は、連合会の理事会、評議員会において決定されていた。連合会に提出する筑豊の送炭制限に関する議案は、筑豊組合の常議員会でまとめられ、連合会で決定した送炭制限の議案は筑豊組合の総会、臨時総会によって決議された(4)。一九二一年の筑豊から選出された連合会評議員は、三井、三菱、古河、住友、大正、貝島、蔵内、三好、帝国炭業、大辻岩屋、明治、中島、岩崎久米吉、佐藤慶太郎、麻生太吉（麻生商店）、松本健次郎（明治鉱業、筑豊組合総長）の一六名（企業）であった(5)。他方で、一九二一年の筑豊組合の常議員もこの連合会評議員と同一のメンバーであった(6)。鉱業経営から撤退した佐藤慶太郎、帝国炭業が評議員、常議員から外れるが、一九二〇年代には、基本的にはこれら大炭鉱企業が二つの委員を兼ねていた。したがって、送炭制限は大企業に主導権があったといえる。なお、前述したように、こうした大企業が指導権を握るカルテル活動に対する筑豊中小炭鉱の活動は、第7章でみる。

第3節　雑誌統計記事に基づくカルテル活動の相互監視

(1)　カルテル活動の監視方法

連合会のカルテル活動は、加盟炭鉱がある期間の送炭量（基準量）に対して、一定の割合の制限に合意することから成り立っていた。送炭量とは市場に供出された数量（港湾貯炭量を含む）を意味し、坑所（山元）貯炭量はこれに含まれない。一九二一年にはじまった連合会の送炭制限は、二五年に停止され二六年から再開される。

一九二五年一〇月の筑豊組合の常議員会において、二六年の送炭制限についての意見が交換された。(7) この会議において、出炭量や「採炭高ニ坑所貯炭ヲ加算」した量を制限してはどうかなどの意見が交わされた。この意見は、大正、大君、貝島、三笠炭鉱の坑所貯炭量が「大量」に存在していたことに基づいていた。(8)

ただし、この会議において「調節取締ハ送炭ニヨルノ外ナケレハ、標準モ送出ニヨルヲ可トス」という意見がだされていたのは注目すべきである。こうした「調節取締」方法について、ここでは個々の炭鉱の送炭量が掲載された雑誌統計記事に注目してみたい。

(2)　『筑豊石炭鉱業組合月報』の統計記事

一九〇四年から毎月公刊され、組合加盟炭鉱に配布された筑豊組合の機関誌『筑豊石炭鉱業組合月報』（以下、『月報』と略す）には、石炭関係の統計が掲載されている。この雑誌の一九二一年一月の統計記事をみれば、主要港湾集散炭統計、輸出入炭統計、労働統計などとともに二ヶ月前（一九二〇年一一月）の個別炭鉱の出炭量、山元消費量、月末貯炭量の統計（「筑豊重要鉱山採炭高」、「焚料高及月末貯炭高」）が記載されている。[9] ただし、この統計表に記載されている炭鉱は、月産出炭量一〇〇〇トン以上のものに限られていた。連合会のカルテル活動の指標となる送炭統計は、連合会調査の産炭地別のものが『月報』に掲載されることはあった。だが、『月報』の統計記事には、個々の炭鉱の送炭量が掲載されていなかった。

(3)　『統計月表』と『統計表』による送炭量統計

個別炭鉱の送炭統計は、『筑豊石炭鉱業組合統計月表』（以下、『統計月表』と略す）、『筑豊石炭鉱業組合統計表』（以下、『統計表』と略す）に掲載されていた。

『統計月表』は、『月報』の「付録」として筑豊組合加盟炭鉱に送付された。『統計月表』の記載統計は、①「筑豊五郡組合炭坑送出炭統計表」、②「門司若松両港外国輸出炭統計表」、③「若松・門司・宇島及小倉内地積出炭統計表」に大別される。[10] ここで注目する①の「筑豊五郡組合炭坑送出炭統計表」には、「筑豊五郡組合炭坑送出炭坑別表」（以下、「炭坑別表」と略す）が小項目として含まれていた。「炭坑別表」は、水陸両運・水運・陸運の項目に別けられ、若松、門司などへの輸送地別に、筑豊組合に所属する全ての炭鉱の前月の送炭量が記されていた（次頁参照）。

他方で、『統計月表』とほぼ同様の統計を六ヶ月間分まとめた『筑豊石炭鉱業組合統計表（上期・下期）』が存在する。『統計表』の「炭坑別表」は、輸送地別に個々の炭鉱の送炭量が分類された『統計月表』とは異なり、塊炭、粉炭などの炭種別の全筑豊組合加盟炭鉱の送炭量が載せられていた。

毎月公刊される『統計月表』は「水運送炭ハ送炭券」、「陸運送炭ハ門司鉄道局及小倉鉄道会社ニ就キ調査セルモノ」であった。[11] 他方で、『統計表』の調査は「炭坑及著《（貯）》炭所ノ報告」に基づいていた。この『統計表』の調査方法についての詳細は不明だが、恐らくは、加盟炭鉱が一定期間の送炭量を筑豊組合事務所に報告したものに基づいて、

筑豊石炭鑛業組合月報第二百號附錄　大正十年二月十五日　2

前記送出炭坑別表

水陸両運之部

坑名	水運		陸運				計
	若松	芦屋	若松	門司	宇島	其他各驛	
高尾（高松ヲ含ム）	3.956	—	6.132	—	—	88	10.176
緑	69	—	5.074	88	9	119	5.359
鴻之巣	4.278	—	1.501	—	—	13	5.792
御徳	2.034	6	2.545	—	—	7	4.592
赤地	50	—	80	199	—	—	329
合計	10.387	6	15.332	287	9	227	26.248

水運之部

坑名	若松	芦屋	計
高尾二坑	9.736	115	9.851
大隈	4.588	101	4.689
垣生	3.999	—	3.999
鳳	1.171	—	1.171
清田上大隈	1.315	—	1.315
若江	986	—	986
小谷	65	—	65
御徳武谷	42	—	42
鞍手雑	14	—	14
嘉穂雑	148	—	148
合計	22.064	216	22.280

陸運之部

坑名	若松	門司	宇島	東小倉	其他各驛	鐵道用炭	計
三井田川	43.772	19.283	2.226	113	21.791	711	87.896
大之浦	64.567	2.979	—	—	1.899	—	69.445
飯塚	45.294	923	—	—	573	7.048	53.838
峰地岩瀬	1.963	522	821	25.783	3.356	—	32.445
鯰田	19.881	2.707	—	—	8.385	357	31.330
三井山野	23.514	1.169	142	274	11.745	884	37.728
豊國	17.081	5.296	—	—	1.361	—	23.738
新入	14.061	—	—	—	8.627	3.671	26.359
大峰	11.871	5.870	—	1.640	9.319	—	28.700
大辻	13.194	71	—	—	6.869	—	20.134
目尾	15.077	3.813	—	—	2.000	—	20.890
忠隈	19.923	1.610	—	—	2.036	—	23.569
平山寳満	8.885	—	—	—	52	3.369	12.306
明治	16.307	—	—	—	4.711	—	21.018
芳雄	11.409	—	—	27	2.422	2.521	16.379
上山田	9.466	4.650	—	—	1.002	1.712	16.830
方城	14.486	—	—	—	545	—	15.031
中鶴	10.290	388	—	—	15	—	10.693
木屋瀬（木屋ノ瀬 高谷）	10.856	69	—	—	304	—	11.229
金田	9.294	—	—	—	2.707	—	12.001
起行小松	8.094	3.623	—	—	1.414	—	13.131

筑豊石炭鑛業組合月報第二百號附錄　大正十年二月十五日　3

出所）筑豊石炭鉱業組合『筑豊石炭鉱業組合統計月表』1921年。

表2-1　「統計月表」と「統計表」の数値

（トン）

年次	「筑豊石炭鉱業組合統計月表」送炭量合計(A)	「筑豊石炭鉱業組合統計表」送炭量合計(B)	『石炭鉱業連合会創立拾五年誌』統計 筑豊実送量(C)	筑豊実送量(C)に沈殿炭・扇石・無煙炭を含めたもの(D)
1922	10,262,284	10,256,378	10,130,590	10,256,378
1923	10,434,691	10,434,631	10,328,023	10,434,631
1924	11,144,249	11,139,604	11,128,609	11,139,604
1925	11,682,650	11,678,317	11,682,650	11,682,650
1926	11,702,146	11,700,917	11,273,991	11,702,146
1927	12,090,423	12,090,452	11,634,939	12,090,423
1928	11,672,710	11,672,410	11,274,532	11,672,410
1929	11,691,408	11,691,408	11,243,686	11,691,408

出所）(A)は筑豊石炭鉱業組合『筑豊石炭鉱業組合統計月表』各年12月。
(B)は筑豊石炭鉱業組合『筑豊石炭鉱業組合統計表』各年、上下期。
(C)は奥中孝三『石炭鉱業連合会創立拾五年誌』石炭鉱業連合会、1936年、2表、(D)は同3表。
注）(D)には、筑豊に所在する二瀬などの官営の製鉄所関係炭鉱は含まれていない。

『統計表』は作成されていたと思われる。

　陸運（鉄道輸送）が多くを占めていた『統計月表』の調査方法に関してみてみたい。門司鉄道局運輸課の「石炭運送関係規定」における一九二五年制定の「貨物輸送細則」によれば(12)、炭鉱は毎月一八日までに翌月分の「送炭申込書」を発送駅の駅長に提出する。駅長は申請炭鉱の前月の輸送量などを考慮して運輸課（配車掛）と連携を図りながら配車する。発駅は、「石炭荷卸状況報告」を毎日作成し、翌日午前中までに運輸課に提出するとともに、「毎月各関係炭坑」の「送炭成績月報」を翌月五日までに運輸課に提出する。『統計月表』の「炭坑別表」に記載された個々の炭鉱の送炭量は、この門司鉄道局が集計した「送炭成績月報」に基づいていたといえる。

　ここで表2-1によって『統計月表』、『統計表』の「炭坑別表」の数値に関して考察してみたい。「炭坑及著(貯)炭所ノ報告ニ依ルヲ以テ、発著ノ関係等ノ為多少ノ相違ハ免レサルナリ」とされた『統計月表』と『統計表』の送炭量合計値の差は(13)、最大で一九二二年の五九〇六トン、最小で二七年の二七トンにすぎない。したがって、門司鉄道局がまとめた送炭量と筑豊組合事務所によって集計された送炭量の数値の差が小さいことをまずは確認できる。さらに、『石炭鉱業連合会創立拾五年誌』に記載されている筑豊実送量に沈殿炭などを加えた各年の

表 2-2　筑豊大炭鉱の送炭シェアの推移

(%)

企業名	送炭シェア									シェアの差（絶対値）	
	1921年	1922年	1923年	1924年	1925年	1926年	1927年	1928年	1929年	1925-21年	1929-25年
帝　国	1.0	5.7	7.4	7.8	7.6	6.6	6.1	5.0		6.6	
三　菱	12.8	12.5	13.5	14.3	14.9	14.3	13.4	13.8	14.1	2.1	0.8
貝　島	10.4	11.5	12.5	12.6	12.4	12.7	13.2	13.3	13.2	2.0	0.8
蔵　内	8.0	7.3	6.4	6.6	6.1	6.1	5.8	5.7	5.3	1.9	0.8
明　治	7.0	7.0	7.4	8.2	8.8	9.0	9.1	9.2	9.6	1.9	0.7
古　河	4.7	3.9	3.4	3.5	3.5	3.7	3.8	3.5	3.3	1.2	0.1
飯　塚	5.7	5.0	4.3	4.8	4.7	5.0	5.2	5.1	4.7	1.0	0.0
大　正	3.6	3.7	3.4	4.6	4.4	4.2	4.1	4.0	4.2	0.8	0.2
住　友	2.5	2.9	3.3	3.4	3.2	3.2	3.1	3.7	3.7	0.7	0.4
麻　生	5.2	4.8	4.9	5.5	5.6	6.1	6.1	6.4	7.0	0.4	1.4
三　井	13.3	12.0	13.0	11.8	13.0	12.5	12.6	12.5	12.8	0.3	0.2

出所）筑豊石炭鉱業組合『筑豊石炭鉱業要覧』1931年、92〜106頁。筑豊石炭鉱業組合『筑豊石炭鉱業組合統計表』各年、上下期。筑豊石炭鉱業組合『筑豊石炭鉱業組合統計月表』各年。

注）「統計月表」が欠落する1926年下期の数値は「統計表」で補う。貝島には、同一資本系統の大辻岩屋炭鉱が含まれる。

数値（表中D）は、『統計月表』ないしは『統計表』のいずれかと一致している[14]。このDから沈殿炭、扇石、無煙炭などの送炭制限の対象から除外されたもの、連合会非加盟炭を差し引いた数値が筑豊実送量（表中C）である。したがって、『統計月表』、『統計表』に記載された送炭量は、筑豊がカルテル活動を行う上で基礎的な数値であったといえる[15]。

『統計月表』の筑豊の送炭量合計は、「炭坑別表」に記載された個々の組合加盟炭鉱の送炭量を合わせたものと等しい。『統計月表』は、前月の個々の炭鉱の送炭量を公表することによって、定められた調節量を過大に増やす炭鉱がないかを相互に監視する意味をもっていた。さらに、この『統計月表』に記載された送炭量が門司鉄道局というカルテル活動とは直接の利害関係にない第三者によって調査されたことは、統計の信頼性を高めていたといえよう。『統計月表』の信頼性が高いことは、個々の炭鉱の送炭量の虚偽申告を減らし、『統計表』の信頼性も高めていた[16]。

第4節　一九二〇年代の筑豊大炭鉱企業の送炭量

第一に大炭鉱の送炭シェアは、一九二〇年代前半のほうが後半

表 2-3　筑豊大炭鉱の送炭量の対前年変化率

(%)

炭鉱名	対前年変化率								平　均	
	1922 年	1923 年	1924 年	1925 年	1926 年	1927 年	1928 年	1929 年	1922～24 年	1926～29 年
帝　国	507.8	30.7	13.1	2.2	−13.1	−4.9	−20.5		183.9	−12.8
住　友	24.9	13.2	11.1	0.0	−1.6	1.1	13.8	0.5	16.4	3.4
大　正	9.1	−7.0	46.2	0.4	−5.1	2.7	−6.3	4.7	16.1	−1.0
貝　島	17.6	10.3	7.8	3.4	2.5	7.6	−3.1	−0.5	11.9	1.6
明　治	6.8	8.2	17.3	13.4	2.1	4.3	−2.1	4.2	10.7	2.1
三　菱	3.8	9.8	13.6	9.0	−4.2	−3.1	−0.1	2.2	9.1	−1.3
麻　生	−0.9	3.6	19.2	5.9	10.0	2.8	2.1	9.2	7.3	6.0
三　井	−4.5	10.3	−3.4	15.9	−3.9	4.5	−4.6	3.1	0.8	−0.2
飯　塚	−6.1	−11.7	18.5	1.5	8.1	7.3	−6.6	−7.2	0.2	0.4
蔵　内	−3.2	−11.0	10.4	−2.3	0.1	−1.9	−4.9	−7.1	−1.3	−3.5
古　河	−12.3	−10.5	9.7	3.8	8.5	5.0	−11.9	−4.1	−4.4	−0.6
筑豊送炭量	6.3	1.7	6.8	4.8	0.2	3.3	−3.5	0.2	4.9	0.1

出所）表 2-2 に同じ。
注）表 2-2 に同じ。平均は算術平均で計算。

よりも変化が大きかった。筑豊大炭鉱の送炭シェアが示された表2-2をみてみたい。一九二九年に筑豊炭田から撤退した帝国炭業を除いた、二五年から二一年のシェアの差の絶対値をみれば、三菱、貝島、明治、蔵内でシェアの増減が大きい。これら四社の表中の「一九二九―二五年」の数値は、「一九二五―二一年」よりも小さくなっている。三菱、貝島、明治、蔵内以外の炭鉱企業においても麻生を除けば一九二〇年代前半よりも後半のほうが送炭シェアの変化は小さい。

第二に、送炭量の対前年変化率は、一九二〇年代前半よりも後半のほうが低下した。表2-3が示すように、既存炭鉱の買収によって拡大した帝国炭業の送炭量の一九二二～二四年の対前年変化率の平均は非常に大きい。帝国炭業を除くと一九二二～二四年の対前年変化率の平均は、住友、大正、貝島、明治、三菱、麻生が高い。他方で、一九二六～二九年のこれら五社の対前年変化率の平均は、正と負の数値が混在するが一九二二～二四年に比べて低下している。

このように一九二〇年代前半には送炭量を増やす炭鉱が多く存在していたものの、一九二〇年代後半には送炭を増加させる炭鉱が減った。以下では、このことを念頭に踏まえて一九二〇年代の筑豊大炭鉱企業の動向についてみてみたい。

第5節　一九二〇年代前半

(1)　開鑿・新坑投資

ここでは開鑿・新坑投資に着目し、一九二一～二四年の大炭鉱企業の送炭量の変化を検討してみたい[17]。一九二二～二四年の送炭量の平均対前年変化率は、住友、大正、貝島、明治、三菱の順に高く、三井が一パーセント未満であり、蔵内、古河はマイナス値を示している（表2-3）。

表2-4を通して、各炭鉱企業の動向について検討したい。住友が筑豊において唯一所有していた忠隈炭鉱は、一九二一～二四年に一四万トンの送炭増加がみられる[18]。同炭鉱は、一九二二年末から第三坑の採炭区域を拡大するとともに、第六坑が発展したため、二三年には前年と比べて「一割余ノ増産」がなされ、二四年には第六坑の未採掘箇所に着炭して採掘をはじめた[19]。一九二四年までに一七万トンの送炭増加がみられた大正鉱業の動向をみれば、中鶴第一坑と第二坑の送炭が伸びている。一九二一年に大正鉱業は、「炭況不振送炭制限等ノ関係上、前年ニ比シ、約一割五分ノ出炭減少セシモ」、「予テ著手中」の炭鉱、とりわけ一九年に開坑した中鶴第二坑（大根土坑）の送炭増加が著しい[20]。一九二三年一〇月に大正は、次期の送炭制限を一九二二年九月～二三年八月の送炭実績より四分を減量する連合会の方針に対して、この期間の大正の送炭実績が三二万トンであったため、月額三万七〇〇〇トン（年額四四万トン）を産出することで一〇万トン以上の超過が生じ、「四分減実行ハ至難也」と述べていた[21]。

明治鉱業に目を転じれば、一九二一～二四年の二四万トンの送炭増加は、豊国炭鉱と赤池炭鉱にみられる。豊国炭

表 2-4　筑豊主要大炭鉱企業の送炭量

（千トン）

企業名	炭鉱名	1921 年	1922 年	1923 年	1924 年	1925 年	1926 年	1927 年	1928 年	1929 年
	飯塚	547	514	454	538	546	590	633	592	549
三菱	鯰田	398	410	417	443	503	520	650	645	631
	新入	308	337	420	506	519	541	413	420	441
	方城	183	172	224	274	275	310	299	263	322
	上山田	178	179	178	199	250	259	254	287	256
	金田	167	183	167	176	193	38			
	合　計	1,234	1,281	1,407	1,598	1,741	1,668	1,616	1,615	1,650
三井	田川	906	808	902	850	978	900	952	910	937
	山野	380	420	453	460	540	559	572	545	562
	合　計	1,286	1,229	1,355	1,310	1,518	1,459	1,524	1,455	1,499
古河	目尾	249	232	209	251	270	291	305	249	226
	下山田	128	95	109	138	134	148	156	157	164
	新目尾	76	70	37						
	合　計	452	397	355	390	404	439	461	406	390
大正	中鶴第一	204	216	206	284	292	284	308	323	318
	中鶴第二	4	36	56	108	122	104	123	101	126
	中鶴第三	85	74	52	74	50	41	35	20	11
	泉水	52	51	37	46	51	59	36	26	37
	合　計	345	377	350	512	514	488	502	470	492
住友	忠隈	240	300	339	377	377	371	375	427	429
蔵内	大峰	383	522	499	564	540	502	456	439	411
	峰地	389	225	166	170	178	216	248	230	211
	合　計	772	747	665	734	717	718	704	670	622
貝島	大ノ浦	750	911	1,042	1,142	1,144	1,199	1,272	1,241	1,212
	大辻	254	270	259	261	306	288	328	309	330
	合　計	1,004	1,180	1,301	1,403	1,450	1,487	1,600	1,550	1,542
明治	豊国	332	372	404	450	466	486	489	461	517
	赤池	111	116	151	207	295	314	345	362	368
	明治	229	229	221	252	270	253	264	252	235
	合　計	671	717	775	909	1,031	1,053	1,098	1,075	1,120
麻生	芳雄	197	210	192	223	242	245	244	263	287
	吉隈	60	67	82	96	102	132	148	156	177
	綱分	49	36	43	74	104	123	128	117	126
	豆田	100	86	76	83	63	63	55	57	71
	赤坂	94	97	122	137	138	150	157	156	157
	合　計	500	496	514	612	648	713	733	748	817

出所）表 2-2 に同じ。
注）表 2-2 に同じ。

鉱については、一九二一年に「他日炭況好調ヲ呈スヘキ時期アルヘキヲ予想シ、坑内ニ於テハ開坑ノ発展ニ努力」した第三坑の設備の充実を図り、二四年には第一坑、第二坑の採炭法を改善したことが加わり「前年ニ比シ約一割二分ノ（出炭）増加」をみた。[22] 赤池炭鉱に関しては、一九二三年に着炭した新坑（第三坑）による送炭増加がみられた。三菱についてみれば、新入炭鉱、方城炭鉱の送炭が一九二一～二四年の三六〇万トンの送炭増加に寄与している。三菱の新入炭鉱は、一九二四年に第一坑、第六坑の「坑内発展ニ伴ヒ出炭増加」し、運搬能力を向上させたため、前年に対して「一割六分ヲ増加シ、約五十三萬噸ヲ産出」した。[23]

一九二一～二四年に送炭量が一一万トン増加した麻生は、豆田を除いた芳雄、吉隈、綱分、赤坂の送炭が均等に伸びている。このうち綱分炭鉱は、一九二二年より第三坑の掘鑿をはじめ、二三年に着炭した。[24] 一九二一～二四年に二万トンの送炭の伸びを示している三井は、今までみてきた炭鉱企業と比べれば送炭増加量は少ない。三井に関しては、田川炭鉱の送炭に大きな変化がなく、山野炭鉱の送炭の伸びが大きい。なお、古河、蔵内は、主要炭坑の終掘などによって送炭が減少した。

(2)　貝島の動向

一九二一～二四年に四〇万トンの送炭増加がみられた貝島の動向について考察したい（表2-4）。

貝島は、一九二一年に「業務の経営を緊縮したるは素より、出炭制限も、筑豊同業者と歩調を共に」する方針をたてたが、二一年下期の需要回復と貝島商業会社の販路拡張によって、「漸次出炭復旧の必要性を感じ」たため、「将来の堅実なる増産方針を計画」し臨時調査部を新設した。[25] 一九二二年に貝島は、「根本的増産方針」をとり、「出炭を予定以上に増加」して、賃金の高騰による損失を補おうとした。また、貝島は、「送炭調節も、四月及び十月の両度にその限度を緩和して、その実を失うに至」ったと認識している。[26] こうした増産体制をとっていた貝島は、一九二二年の筑豊組合の臨時常議員会において二二年五月以降は、「基準其他ニ於テ相当緩和セサル限リ事業経営困難」との意見を提出していた。

　一九二三年に貝島は、採炭方法の改良、機械応用、生産原価の低減を実行していたものの、「容易に希望に達せず」、「多量生産の目標に向かって積極策」をとった。[27]一九二四年においても貝島は、「生産費の低減の方法として、引続き多量生産の目標に向かって、堅実に積極策を進」めることとしたが、「出炭増加に伴う採掘面の展開速やかにして」、充填を絶えず続けていたものの、仕繰作業の必要が増大したため、「生産費において約五歩の増加」をみた。[28]

(3)　カルテル中止期の送炭

　連合会の送炭制限が中止された一九二五年の炭鉱企業の送炭量に関して検討してみたい。前掲表2-3によれば、一九二五年の送炭量の対前年変化率は、三井、明治、三菱が高い。とりわけ、一九二四年に負の値を示していた三井の二五年の対前年変化率は高い。ただし、三菱は一九二三年、二四年の数値に対して二五年のほうが低く、二四年に高い数値を示した麻生は二五年に大きな送炭の伸びをみせていない。また、帝国炭業を除けば、一九二一～二三年に対前年変化率が他企業よりも高い住友、貝島の二五年の数値は低くなっている。

第6節　一九二〇年代後半

(1)　特別賦課金

　一九二六年から再開された連合会の送炭制限では、炭鉱企業が定められた送炭量を超過した場合、トン当たり〇・

表 2-5　貝島大之浦炭鉱のトン当たり生産費と炭価

（円）

項　目	1921 年	1922 年	1923 年	1924 年	1925 年	1926 年	1927 年	1928 年	1929 年
坑内費	2.656	3.311	4.302	4.572	3.854	4.232	3.939	3.015	3.901
機械費	0.726	0.631	0.778	0.742	0.796	0.790	0.808	0.858	0.813
営繕費	0.128	0.171	0.233	0.169	0.103	0.102	0.072	0.064	0.059
坑外費	0.145	0.188	0.244	0.119	0.158	0.161	0.403	0.382	0.390
運炭費	0.249	0.236	0.268						
事務所費	0.558	0.456	0.519	0.466	0.454	0.460	0.41	0.438	0.422
合計	4.462	4.993	6.344	6.023	5.365	5.745	5.63	5.757	5.585
雑収入	0.089	0.173	0.267	0.195	0.092	0.343	0.434	0.413	0.559
間接費	0.623	0.521	0.468	0.262	0.202	0.242	0.159	0.203	0.161
総計	4.996	5.341	6.545	6.085	5.475	5.644	5.355	5.547	5.187
炭価	9.436	9.335	10.141	9.529	9.038	8.898	9.049	9.29	8.537
炭価-総計	4.44	3.994	3.596	3.444	3.563	3.254	3.694	3.743	3.350

出所）「各部提出社史原稿－経理関係(2)」「貝島史料」、No. A8 5-2。「各部提出社史原稿－経理関係(8)」「貝島史料」、No. A8 5-8。

注）総計＝合計－雑収入＋間接費。1928 年の各費用を合わせた数値と合計値は一致しないが資料のままとした。坑内費 3,015 円は 4,015 円の誤りかと思われる。炭価は山元価格。

五円の罰則金が炭鉱企業に課され、賦課金は、筑豊組合が徴収した。筑豊組合が徴収した特別賦課金額から炭鉱企業の増送量を算出してみたい。一九二六年一～三月の特別賦課金額は、二万九二二円であった[29]。特別賦課金額の〇・五円でこれを割ると四万一八四四トンの超過量が算出される。一九二六年一～三月の全筑豊送炭量は、二九六万二六二五トンであったので、一・四パーセントの増送があったといえる[30]。一九二八年度は、特別賦課金額が一八万四五〇八円で三六万九〇一五トンの超過量が生じていたことになり、送炭量一一六三万一七八一トンに対して、三・二パーセントの超過送炭があったことになる[31]。一九二九年度の特別賦課金額は、二六万三二九円であったから、五二万六五七トンの超過量がみられ、全筑豊送炭量一一三三万三一二三トンに対して、四・六パーセントの超過送炭が認められる[32]。一九三一年三月時点での二八年度の特別賦課金未徴収額は、一万九七一六円、二九年度の未収額は、一万四〇六四円であり、二八年度には、一〇・七パーセント、二九年度には、五・四パーセントが未徴収となっていた[33]。

ここで表2-5によって貝島大之浦炭鉱のトン当たり炭価

から生産費を引いた数値（トン当たり坑所収益）をみれば、一九二六～二九年平均で三・五円となる。したがって、特別賦課金額〇・五円はトン当たり坑所収益の一四・三パーセントを占めていた。

(2) 開鑿・新坑投資

連合会の送炭制限が特別賦課金によって強化された時期にあたる一九二六～二九年における炭鉱企業の送炭量の変化をみてみたい。前掲表2-3によれば、同期間の送炭量の対前年変化率の平均は、麻生が他企業よりも高く、住友、明治、貝島がこれに続き高く、これ以外の企業はマイナス値を示している。

とりわけ、一九二六～二九年に一〇万トンの増加がみられる麻生は、前掲表2-4に掲載されているどの企業よりも送炭量の伸びが大きく、一九二一～二四年と同水準にもある。例えば、一九二六～二九年に四万五〇〇〇トン増加した麻生吉隈炭鉱は、一九二七年に愛宕二坑を開坑し、大浦三尺二坑、三尺坑を二八年に終掘させたが、二九年に大浦新坑を開坑した(34)。一九二六～二九年に六万トン増加した住友忠隈炭鉱は、一九二六年に開坑中の第七坑が二八年に「年産額一〇万噸」の出炭予定となった(35)。他方で、明治鉱業の送炭量は、一九二六～二九年に七万トン増加している。この期間の明治鉱業には、豊国炭鉱と赤池炭鉱の送炭増加がみられる。赤池炭鉱は、一九二七年に採掘区域の拡大によって、出炭が「前年度ニ比シ一割三分余ヲ増加」した(36)。

三菱に目を転じれば、一九二六～二九年に金田炭鉱を操業中止するとともに、新入、方城、上山田の各炭鉱の送炭が減少ないしは微増している反面、鯰田炭鉱の送炭が伸びている。鯰田炭鉱は、一九二五年に第一坑新坑の斜坑開鑿に着手し、「将来ハ一年約八萬噸ノ生産」が見込まれ、二五年に斜坑開鑿に着手した第六坑が「一年十萬噸」の出炭予想となった(37)。

(3)　貝島の動向

一九二〇年代前半に「多量生産」による増産方針にあった貝島は、一九二六年に次の史料にみられるように経営方針を転換した(38)。

【史料1】

組合における調節申合に考慮して、積極方針を取る能わず、ために原価の削減も意の如く炭価の下落を補う能わざりしは大いに遺憾とするところなり

注目すべきは、一九二六年からの送炭制限の再開によって、「積極方針」を貝島が放棄せざるを得ないと認識していた点である。そのため、増産によってコストの低下を目指す「積極方針」(「多量生産」主義)をとっていた貝島は、以下にみるように技術改良と生産性の増大を図った。

一九二六年は「根本方針としては依然として積極策を」とるとされたが、採炭運炭の方法、機械の応用、充填の利用の整理改善を促す「能率増進」を行った(39)。一九二七年には、残柱区域の採掘がほとんど終了し、長壁式採炭に移行するとともに片磐運搬機、圧風機、ドリル、フェースコンベヤーなどの機械設備の拡充と火薬の使用によって「益々その採掘能率向上」し、こうした技術導入とともに鉱夫数の削減に努めた(40)。一九二八年には、充填長壁法の完備、各種採掘運搬機械の増設、軌条の改良、運搬系統の整理などで「採炭夫一人当り採掘量漸次増加」した(41)。一九二九年には、長壁式充填採炭法が「引続き順調に進展」し、コールピック、切羽コンベヤーなどの機械の利用を促し、「機械採掘の完備を期した(42)」。

表 2-6　筑豊大炭鉱の全鉱夫 1 人 1 月当たり出炭量

（トン）

企業名	炭鉱名	1921 年	1922 年	1923 年	1924 年	1925 年	1926 年	1927 年	1928 年	1929 年	1921～24 年平均 (A)	1926～29 年平均 (B)	B-A
貝島	大辻	7.6	7.6	7.3	7.2	8.6	9.2	9.3	10.4	9.9	7.4	9.7	2.3
	大之浦	8.1	9.2	10.8	10.4	10.5	11.0	11.8	13.0	13.7	9.7	12.4	2.7
古河	目尾	8.9	10.0	9.9	9.8	9.0	10.6	11.9	9.3	11.4	9.6	10.8	1.2
	下山田	13.1	10.7	10.9	12.1	8.0	10.8	10.8	9.3	11.5	11.7	10.6	－1.1
三井	山野	9.0	9.5	10.4	10.6	10.0	12.6	15.6	11.9	13.4	9.9	13.3	3.5
	田川	7.4	9.4	8.5	9.1	8.2	10.8	12.0	11.7	13.1	8.6	11.9	3.3
三菱	新入	6.9	8.2	8.2	9.9	9.6	9.4	9.3	12.0	14.1	8.3	11.2	2.9
	飯塚	7.4	6.4	8.4	7.7	7.9	9.0	12.1	11.3	10.0	7.5	10.6	3.1
	鯰田	7.8	10.8	10.4	11.2	12.1	11.7	12.5	13.9	13.5	10.0	12.9	2.9
	上山田	6.8	9.3	9.1	7.6	8.2	8.1	9.0	7.6	10.5	8.2	8.8	0.6
	方城	8.4	8.4	9.8	10.1	8.8	9.6	10.1	8.6	10.9	9.2	9.8	0.6
住友	忠隈	6.6	6.0	9.4	10.2	8.2	10.0	9.9	9.0	11.1	8.1	10.0	1.9
蔵内	大峰	7.9	9.4	9.2	11.0	8.9	8.2	9.7	8.1	10.5	9.4	9.1	－0.2
麻生	芳雄	9.7	9.8	11.6	9.9	9.8	10.5	9.8	9.1	9.3	10.2	9.7	－0.6
	豆田	8.9	11.9	10.7	11.0	11.7	11.6	13.1	9.5	12.5	10.6	11.7	1.0
	赤坂	10.6	10.4	13.1	14.6	12.7	14.1	15.2	13.1	13.4	12.2	14.0	1.8
	吉隈	5.7	6.6	9.6	10.2	8.5	11.0	11.8	8.0	9.2	8.0	10.0	1.9
	網分	9.2	8.1	9.6	10.7	8.2	10.9	11.1	10.9	10.5	9.4	10.9	1.4
明治	明治	9.8	10.3	9.9	10.2	11.0	10.8	11.9	12.0	12.0	10.0	11.7	1.6
	豊国	10.9	11.3	12.4	12.6	13.3	13.1	16.1	16.6	18.2	11.8	16.0	4.2
	赤池	7.4	7.5	7.7	8.4	9.0	10.3	12.0	13.4	14.1	7.7	12.4	4.7

出所）筑豊石炭鉱業組合『筑豊石炭鉱業組合月報』各年。
注）各年 12 月の出炭量／全鉱夫数で計算。

前掲表2-5によって貝島大之浦炭鉱の生産費をみてみたい。貝島の送炭量が増加した一九二三年にトン当たり生産費の総計は増加している。だが、一九二三年、二四年と比較すれば二五年以降の貝島の生産費は低下している。一九二〇年代前半の貝島の「多量生産」主義は、生産費の増大を伴っていたといえよう。

貝島の収益性をみる指標となるトン当たり収益（炭価－生産費総計）の推移についてみれば、一九二一～二六年に低下傾向にある収益は、一九二六～二八年に上がっている。前年と比べて一三万トンの送炭量増加がみられた一九二三年には、トン当たり炭価が一〇・一四一円と前年に比べて伸びているものの、生産費の増加によってトン当たり収益が減っている。これと対照的に七万トン送炭が伸びた一九二七年には、前年と比較して炭価が伸びているとともに生産費が減少しているため、トン当たり収益は増えている。このように貝島の「多量生産」主義は、生産費の増大によって収益の改善をもたらさなかったため、貝島は一九二六年から「能率増進」主義に転じたとも考えられる。したがって、「組合における調節申合に考慮して、積極方針を取る能わず」（史料1）という側面のみならず、一九二〇年代前半に「積極方針」の限界に貝島は直面していたといえる。

(4)　生産性

注目すべきは、貝島が新たに採用した「能率増進」政策が筑豊大炭鉱に共通していたことである。すなわち、多くの筑豊大炭鉱の一九二六〜二九年の生産性は、一九二一〜二四年よりも伸びていた。このことを表2-6を通して石炭鉱業の労働生産性を示す全鉱夫一人一月当たり出炭量によって確認すれば、事業の縮小方向にあった古河と蔵内を除いた炭鉱企業の所有鉱の多くで生産性が上昇している。表中のB－Aにおける企業の平均を計算すれば、貝島二・五トン、三井三・四トン、明治三・五トンである。三菱については、上山田と方城の一九二〇年代後半の伸びが小さいが、両鉱を含んだ表中B－Aの平均は二・〇トンである。ただし、麻生は、一九二〇年代前半に所有炭鉱の一人当たり出炭量が筑豊大炭鉱のなかでも高く、一九二〇年代後半の伸びが小さい[43]。

第7節　大炭鉱の「増送量」の推計

(1)　問題の所在

今までみてきたように、一九二〇年代前半において、多くの筑豊大炭鉱の送炭の伸びは大きかったが、一九二〇年代後半にはこれが緩やかになった。だが、理屈の上では、全ての炭鉱企業に同様の条件で送炭が制限されれば、企業

表 2-7　三井鉱山田川鉱業所の増送量

（トン・%）

期　間	調節量(A)	実送量(B)	実送量－調節量(C)	超過実送率(C/B)
1921年5月～22年4月	527,260	543,845	16,585	3.1
1922年5月～23年3月	820,524	795,790	−24,734	−3.0
1923年4月～12月	829,356	868,952	39,596	4.8
1924年1月～12月	829,356	834,393	5,037	0.6
1926年1月～12月	889,452	864,959	−24,493	−2.8
1927年1月～12月	921,631	905,668	−15,963	−1.7
1928年1月～12月	864,718	876,142	11,424	1.3
1929年1月～12月	862,651	871,449	8,798	1.0

出所）『三井鉱山五十年史稿』第20巻、「当社送炭調節実送高比較表」。
注）超過実送率の単位は%。

間の送炭量の対前年変化率に大きな差がでることはないはずである。こうした送炭の増加は、送炭制限の下でどのように実現されていたのかを検討する必要があろう。

ところで、表2-7には、三井鉱山の筑豊所在の田川鉱業所の調節量と実送量が示されており、実送量－調節量が明らかになる。三井鉱山が筑豊全体において所有していた山野鉱業所の当該期のデータは存在しないため、三井鉱山の筑豊所有鉱全ての調節量と実送量に関しては判明しない。また、月数が異なる一九二三年四月～一二月と一九二四年一月～一二月の調節量の数値が全く同じため、両期間のデータは信憑性に欠ける。こうした限界を含む数値ではあるが、表2-7をみれば、一九二二年、二六年、二七年を除けば、実送量－調節量の数値が正である。この正の数値は三井田川が連合会で合意した調節量を超えて送炭した量を示している。

調節量の超過については、幾つかの炭鉱の事例によって先行研究においても言及されている(44)。しかし、こうした超過送炭だけではなく、調節量には、新坑開坑などに基づく増送の認可量が含まれていたものの、この水準に関して検討している研究はない。この理由は資料的制約に基づいているからだと思われる。ここでは産炭地筑豊の個々の炭鉱の増送認可の水準を推計することによって、資料の制約を補いたい。

一九二一年の送炭制限においては、「新規開坑ニ係ワルモノ、其他特殊ノ事情アル炭坑ニ対シテハ、別ニ調査委員会ノ審査ニ付シ評決スル」とされた(45)。他方で、一九二七年の送炭制限では、「調節期間中新坑送炭ヲ開始スルカ、又ハ廃坑ヲナスモノアルトキハ、其都度組合ニ届出デ、組合ハ之ヲ石炭鉱業連合会ニ報告シテ夫々調節高ヲ変更セシム」とされ、「新坑」とは、新採掘区域に新たに坑口を開き、一九二六年七月以降に送炭を開始したものに限定され、現採掘区域内ノ開坑、動力その他設備の新設拡張、一旦廃坑したものの再開は「新坑」とはみなされなかった(46)。

一九二一年と比べれば、二七年のほうが「新坑」による増送に対して、制約条件が増えている。だが、こうした新坑による調節量の変更がどの程度行われたのかは、詳しく知られていない。ここでは、次で詳しく説明する基準量に制限率を掛けて求められる「制限量」を実送量から引いた値（ここでは「増送量」とする）を推計してみたい。

(2)　推計方法

個々の炭鉱の送炭量は、連合会が決めた基準量に対して定められた送炭制限率を課した数量（ここでは「制限量」とする）であった。この「制限量」に新坑、特殊事情による送炭量が加算（ここでは「増送認可量」とする）される場合もあり、この二つの和がある期間の炭鉱の送炭量（調節量）となった。炭鉱が実際に送炭した実送量から調節量を差し引けば、送炭超過量を知ることができる。送炭超過量が正の数値（実送量＞調節量）の場合、調節量に違反した送炭をしている。他方で、送炭超過量が負の数値（実送量＜調節量）の場合、カルテルを結んで合意した調節量を下回る送炭をしている。

数式で示せば、次の通り。

①調節量＝「制限量」＋「増送認可量」

②「制限量」＝基準量×（1－制限率）

③送炭超過量＝実送量－調節量

だが、資料的制約によって、全期間に渡る全ての筑豊炭鉱企業各々の数量は知り得ない。ただし、『筑豊石炭鉱業組合統計月表』を中心とした個々の炭鉱の送炭量のデータに基づけば、「制限量」と実送量が推計できる。[47]すなわち、①と③より次の等式が導かれる。

④実送量－「制限量」＝「増送認可量」＋送炭超過量

ここでは実送量－「制限量」の数値（＝「増送量」）を計算して、「増送認可量」＋送炭超過量の数値について考察してみたい。この数値の見方については後述する。

実送量については、各年の個別企業の送炭量の数値を用いる。制限量は次の計算式によって推計した。[48]

【「制限量」の推計方法】

一九二二年：（基準量Ａ×〇・八七五×四）＋（基準量Ａ×〇・八三×五）＋（基準量Ａ×〇・九一五×三）

一九二三年：（基準量Ａ×〇・九一五×一〇）＋（基準量Ｂ×〇・九六×二）

一九二四年：（基準量Ｂ×〇・九六×四）＋（基準量Ａ×〇・九一五×一〇）

一九二六年：一九二四年下期送炭量＋一九二五年上期送炭量

一九二七年：一九二五年下期送炭量＋一九二六年上期送炭量

一九二八年：（基準量Ｃ×〇・九五×九）＋（基準量Ｃ×三）

一九二九年：（基準量Ｄ×五）＋（基準量Ｄ×〇・九五×七）

ただし、基準量Ａ：（一九一八年四月～二一年三月の送炭量）／三年／一二ヶ月

基準量Ｂ：（一九二二年九月～二三年八月の送炭量）／一二ヶ月

基準量C：（一九二六年下期送炭量＋一九二七年上期送炭量）／一二ヶ月
基準量D：（一九二七年下期送炭量＋一九二八年上期送炭量）／一二ヶ月

「制限量」の推計には、次のような問題がある。第一に、連合会の送炭制限では、基準量から山元焚料・煽石・無煙炭・コークスの送炭量が除外されていたが、資料的制約によって、ここで推計される「制限量」には、これらの数量が含まれている。なお、この問題はここでの実送量の推計にも該当する。第二に、連合会は筑豊以外の産炭地に炭鉱を有する企業の調節量の配分（融通）を認めていたが、筑豊のみを対象とするこの推計では、融通量が推計から省かれている。

(3) 筑豊送炭量の推計結果

まずは筑豊送炭量について考察してみたい。筑豊については、連合会の公刊統計によって調節量と実送量の正確な数値が判明する。表2-8の「制限量」は、一九二一～二四年が前述した推計に基づいているが、資料的制約によって判明しない二八年を除いた一九二六～二九年の「制限量」は、議事録などの記述資料よりほぼ正確な数値が分かる。一九二六年についてみれば、二四年下期送炭量と二五年上期送炭量の合計から山元焚料と無煙炭などを除いた数量が約一一三〇万トンである。一九二六年の調節量は一一二〇万トンであるから「制限量」から一〇万トンの減量がなされたことになる(49)。一九二七年に関してみれば、「制限量」よりも調節量のほうが九〇万トン多いため、「増送認可量」が付加された可能性が高い。一九二九年は一一六九万トンに対して七ヶ月間〇・〇五パーセントの減送が行われたため、これを計算すれば一一三五万トンとなる。この数値よりも調節量のほうが一〇万トン多い。一九二九年は全産炭地で合計三〇万トンの特別増量が加算されたため(50)、筑豊に対しても送炭増加があったものと思われる。

表 2-8　筑豊送炭量の推計

（トン）

年次	制限量	調節量	実送量	増送認可量	送炭超過量
1922	9,227,971	10,614,554	10,130,590	1,386,583	−483,964
1923	9,785,680	12,567,336	10,328,023	2,781,656	−2,239,313
1924	9,824,066	12,420,000	11,128,609	2,595,934	−1,291,391
1926	11,327,375	11,220,506	11,273,991	−106,869	53,485
1927	11,465,977	12,395,001	11,634,939	929,024	−760,062
1929	11,693,539	11,452,478	11,243,686	−241,061	−208,792

出所）「大正十四年十月廿四日送炭調節委員会」、「大正十五年十二月十三日臨時常議員会」、復刻：西日本文化協会『筑豊石炭鉱業組合』1987 年、『福岡県史』近代史料編(1)、463〜465、536 頁。「昭和三年十二月十七日臨時組合総会」、復刻：西日本文化協会『筑豊石炭鉱業組合』1987 年、『福岡県史』近代史料編(2)、249 頁。

注）制限量の数値については本文を参照。

さらに、表2-8を詳しくみたい。「増送認可量」（＝調節量－「制限量」）は、一九二二〜二四年に非常に大きいが、一九二六〜二七年には、一九二二〜二四年の水準よりもかなり減少している。他方で、送炭超過量（実送量－調節量）は、一九二六年を除けば実送量＜調節量を示すマイナス値をとっており、二三年、二四年に調節量と実送量との差が大きい。とりわけ、筑豊全体でみれば、一九二三年と二四年には「制限量」を上回る多量の増送が連合会によって認められたものの、実送量はその水準に届かなかったといえる。一九二三年でみれば、「実際ノ調節高ト新坑扱増送高トノ合計」が「月約百五万屯」とされていた(51)。表2-8の一九二三年の調節量を一二で割ると約一〇五万トンとなる。すなわち、一九二三年の調節量は、「実際ノ調節高」がここでの「制限量」に等しく、これに「新坑及増送高」が加えられて調節量が計算されていることになる。

こうした「増送認可量」の存在が一九二〇年代前半の筑豊大炭鉱の送炭増加をもたらしたといえよう。そして、一九二〇年代後半の増送認可の水準低下が多くの大炭鉱の送炭増加を減少させていた。

(4)　筑豊個別炭鉱企業の推計結果

個々の炭鉱企業の「増送量」の推計結果をみてみよう。前述したように、「増送量」＝実送量－「制限量」＝「増送認可量」＋送炭超過量である。「増送認可量」は必ず正の数量であるので、個々の炭鉱企業の「増送量」が正である時は、①炭鉱企業に新坑を主とした増送が連合会によって認可されている、②炭鉱企業が調節量を超えた違反増送をしていることを示している。他方で、「増送量」が負の時は、炭鉱企業が調節量を下回る減送をしている場合である。

さて、個別炭鉱の推計をした表2-9と表2-10をみてみたい。第一に、二つの表の個別企業の「増送率」を比較すれば、一九二二〜二四年のほうが一九二六〜二九年よりも「増送量」、「増送率」ともに大きい。

第二に一九二二〜二四年の「増送率」を企業ごとにみれば、住友、貝島、三菱がどの年も正の数値で高く、大正の「増送率」も高い。とりわけ、「増送率」が高い住友、貝島は、一九二〇年代前半の送炭量の対前年変化率も高い（表2-3）。

第三に、一九二六〜二九年の個別企業の「増送率」をみれば、一九二二〜二四年の水準と比べて貝島、三菱、大正の「増送率」は減っている。住友に関してみれば、一九二六年、二七年には負の値を示しているが、二八年、二九年の「増送率」は筑豊大企業のなかで最も高い。また、一九二二〜二四年に負ないしは他企業に比較して低い「増送率」を示していた麻生は、一九二六〜二九年に筑豊大企業のなかで「増送率」が高くなっている。このことは、一九二〇年代後半に麻生の送炭量の対前年変化率が高かった事実と一致する（表2-3）。

第四に、「増送量」が正の値を示している場合、「増送認可量」と調節量を上回る違反増送とのいずれの比重が大きいかは、この推計では分からない。ただし、筑豊全体の増送認可の比重が一九二〇年代前半に大きいことと（表2-8）、多くの炭鉱で一九二〇年代後半よりも前半のほうが「増送率」が大きいことを考えれば、一九二〇年代前半の個別炭鉱の調節量に付与された「増送認可量」は大きかったといえよう。

表 2-9　筑豊大炭鉱の「増送量」の推計（1922～24年）

（トン）

年次	企業名	制限量	実送量	増送量	増送率(%)
1922	住　友	214,959	299,982	85,023	39.6
	貝　島	928,687	1,180,096	251,409	27.1
	三　菱	1,083,443	1,280,879	197,436	18.2
	大　正	330,126	376,876	46,750	14.2
	三　井	1,102,983	1,228,596	125,613	11.4
	明　治	666,654	716,695	50,041	7.5
	蔵　内	710,022	747,020	36,998	5.2
	麻　生	502,704	496,174	−6,530	−1.3
	古　河	417,831	396,735	−21,096	−5.0
1923	住　友	241,719	339,435	97,716	40.4
	貝　島	1,025,031	1,301,370	276,339	27.0
	三　井	1,117,282	1,355,175	237,893	21.3
	三　菱	1,168,295	1,407,003	238,708	20.4
	明　治	705,926	775,405	69,479	9.8
	大　正	350,969	350,337	−632	−0.2
	麻　生	524,051	513,858	−10,193	−1.9
	蔵　内	728,075	665,063	−63,012	−8.7
	古　河	425,933	355,129	−70,804	−16.6
1924	住　友	256,382	377,176	120,794	47.1
	大　正	353,234	512,287	159,053	45.0
	三　菱	1,192,173	1,597,861	405,688	34.0
	貝　島	1,069,112	1,402,841	333,729	31.2
	明　治	707,681	909,426	201,745	28.5
	麻　生	517,107	612,399	95,292	18.4
	三　井	1,145,309	1,309,609	164,300	14.3
	古　河	359,717	389,519	29,802	8.3
	蔵　内	706,170	734,298	28,128	4.0

出所）出所・推計方法は本文を参照。
注）増送量＝実送量－制限量。増送率＝増送量/制限量×100。

表 2-10　筑豊大炭鉱の「増送量」の推計（1926〜29年）

（トン）

年次	企業名	制限量	実送量	増送量	増送率(%)
1926	古　河	399,644	438,754	39,110	9.8
	麻　生	649,940	713,081	63,141	9.7
	明　治	967,712	1,052,657	84,945	8.8
	貝　島	1,415,164	1,486,940	71,776	5.1
	三　井	1,391,921	1,459,379	67,458	4.8
	三　菱	1,669,715	1,668,487	−1,228	−0.1
	住　友	376,644	371,130	−5,514	−1.5
	大　正	501,058	488,305	−12,753	−2.5
	蔵　内	739,391	717,753	−21,638	−2.9
1927	古　河	402,747	460,752	58,005	14.4
	麻　生	673,288	732,810	59,522	8.8
	貝　島	1,493,559	1,600,095	106,536	7.1
	明　治	1,049,532	1,098,410	48,878	4.7
	三　井	1,512,619	1,524,492	11,873	0.8
	蔵　内	709,496	704,099	−5,397	−0.8
	住　友	378512	375,044	−3,468	−0.9
	大　正	528,258	501,557	−26,701	−5.1
	三　菱	1,765,404	1,616,373	−149,031	−8.4
1928	住　友	351,009	426,886	75,877	21.6
	大　正	420,114	469,730	49,616	11.8
	麻　生	686,240	747,853	61,613	9.0
	貝　島	1,467,383	1,549,806	82,423	5.6
	明　治	1,035,947	1,075,315	39,368	3.8
	三　井	1,422,163	1,454,701	32,538	2.3
	三　菱	1,588,023	1,614,945	26,922	1.7
	蔵　内	682,005	669,593	−12,412	−1.8
	古　河	447,457	406,117	−41,340	−9.2
1929	住　友	384,299	428,872	44,573	11.6
	麻　生	736,176	816,608	80,432	10.9
	三　菱	1,537,629	1,649,861	112,232	7.3
	三　井	1,474,322	1,499,155	24,833	1.7
	大　正	483,968	491,666	7,698	1.6
	貝　島	1,556,056	1,541,873	−14,183	−0.9
	古　河	416,965	389,623	−27,342	−6.6
	蔵　内	685,000	622,247	−62,753	−9.2
	明　治	1,361,274	1,120,030	−241,244	−17.7

出所）表 2-9 に同じ。
注）表 2-9 に同じ。

第8節　結語

一九二〇年代の筑豊大炭鉱のカルテル活動についてまとめてみたい。一九二〇年代前半には、送炭量を減らす炭鉱が存在していた反面、多くの大炭鉱が送炭量を増加させていた。一九二一年からはじまる連合会の送炭制限は、個々の炭鉱の過去のある一定期間の送炭量に制限率がかけられていたが、新坑については連合会に認可されれば増送が可能であった。

大炭鉱の送炭量の伸びが相対的に減った一九二〇年代後半は、超過送炭に特別賦課金を課す罰則が設けられたとともに、増送認可量も大幅に減った。このカルテルの制度的変更の下において、とりわけ、貝島が一九二〇年代前半の大量生産による生産費引き下げを目指す「多量生産」体制から、一九二〇年代後半に生産性上によるコスト低下を図る「能率増進」体制に転じたように、一九二〇年代後半には多くの大炭鉱において生産性の上昇がみられた。ただし、一九二〇年代後半においても麻生は、送炭量の対前年変化率が他企業よりも高かった。麻生の一九二〇年代後半の生産性の伸びが他企業よりも相対的に低かったことを鑑みれば、貝島のいう「能率増進」体制に転換していない大炭鉱も例外的ではあるが存在していた(52)。

増送認可とともに調節量の超過に対する罰則が存在しなかった一九二〇年代前半には、炭鉱企業がカルテルから離脱するインセンティブは低かったといえる。トン当たり〇・五円の特別賦課金が設けられた一九二〇年代後半には、多くの企業の増送率が下がったことを推計結果からみた。だが、ここでの推計では、この増送がカルテルの調停を破った超過送炭なのか認可された増送なのかは判断できなかった。ただし、筑豊全体の趨勢からみれば、一九二〇年代前半に増送認可の規模は大きかったといえる。

さらに、特別賦課金を支払い増送した量の筑豊全送炭量に占める割合は、一九二八年に三・二パーセント、二九年に四・六パーセントであった。また、限られた事例ではあるが、一九二〇年代後半の三井田川の増送率は、調節量の三パーセント未満であった。こうして見れば、炭鉱企業が一九二〇年代後半において特別賦課金を支払い増送することもあったが、この選択は一般的ではなかったといえよう。このことは、貝島の事例でみた、トン当たり坑所収益の一四・三パーセントを占めていた特別賦課金〇・五円が、炭鉱企業に定められた送炭量を超過するインセンティブを低く抑える水準にあったといえる。

こうした筑豊のカルテル活動の前提にあったのは、炭鉱企業の送炭量が雑誌統計記事によって相互にモニタリングされていたことである。定められた数量を超過した場合、それが自己申告であれば特別賦課金制度は成立しない。特別賦課金制度が機能していたことは、この制度が設けられた一九二〇年代後半に送炭シェアが安定化したことに示されている。こうしてみれば、一九二〇年代前半の大規模な増送認可は、企業間の数量的な競争を呼び起こしていたといえよう。

ただし、増送認可量が大きかった一九二〇年代前半においても、雑誌統計記事によって炭鉱各々の送炭量が開示されていたことは、カルテル活動の前提をなしていた。筑豊の事例からみれば、一九二五年に「有名無実」という理由で連合会の活動が停止したのは、「制限量」を上回る多量の増送が炭鉱企業に認められていたカルテルの制度上の理由に求められる(53)。

スティグラーは、カルテルが裏切りによって基本的には不安定であることを理論的に論じている。筑豊石炭カルテルの事例からは、プレイヤーが相手の行動を完全に観察できる完全観測（Perfect Monitoring）の状態を形成することによって、安定したカルテル活動が展開していたことを引きだせる。だが、こうしたモニタリングの問題とは別に、プレイヤーが違反する意図がなかったとしても、生産が柔軟に調整できず、調節量を超えて送炭することも想定される。(54) 送炭量＝出炭量－坑所貯炭量であるから、炭鉱の坑所貯炭能力を超えれば、調節量を超えた送炭をしてしまう。こうした生産面での問題からもカルテルが不安定になる要素はあった。さらに、大量生産によって生産費の引き下げを炭鉱が計画していれば、送炭制限は経営方針と矛盾する。これらのショックを和らげる機能として、新坑・特殊事情による増送を協議によって合意する制度が連合会に存在しており、(55) 筑豊カルテルの安定化に寄与していたといえよう。

注

(1) 國弘［一九三八］二〇九～二一四頁。
(2) 武田［一九九五］。
(3) 奥中孝三『石炭鉱業連合会創立拾五年誌』石炭鉱業連合会、一九三六年、四～五頁。なお、植民地の炭鉱は「統制からは除外されるが賛助員」として連合会に参加した。
(4) 送炭制限調節継続について、「石炭鉱業連合会臨時評議員総会ニ於テハ、現行ノ儘明十三年十二月迄継続ノコトニ決セルヲ以テ、当組合ハ総会ニ附議、組合員ノ承認ヲ得ヘキ処、之ヲ省略シ此旨適当通牒ヲ発スルコトニ決セリ」（筑豊石炭鉱業組合「常議員会決議録」、復刻：西日本文化協会『筑豊石炭鉱業組合』一九八七年、『福岡県史』近代史料編(2)、三七八頁）とされたように、常議員会のみで意思決定がなされる場合もあった。なお、同資料は以下『福岡県史』(2)と略す。
(5) 前掲「常議員会決議録」前掲『福岡県史』(2)、二三六頁。
(6) 筑豊石炭鉱業組合「総会決議録」、復刻：西日本文化協会『筑豊石炭鉱業組合』一九八七年、『福岡県史』(1)、一九七頁。なお同資料は今後、『福岡県史』(1)と略す。
(7) 前掲「常議員会決議録」前掲『福岡県史』(2)、四六〇頁。
(8) 送炭量＝出炭量－坑所貯炭量であるので、送炭制限を炭鉱が遵守すれば、坑所貯炭が増える炭鉱もあった。
(9) 一九二八年八月号（一九二八年六月分）より採炭高のみが掲載された。

(10) 製鉄所関係炭鉱の送炭統計が大項目として独立することもあった。
(11) 筑豊石炭鉱業組合『筑豊石炭鉱業組合統計表』一九二二年上期。なお、ほぼ同様の記述は一九〇九年下期からみられ、一九二八年下期まで存在する。
(12) 門司鉄道局運輸課『沿線炭鉱要覧』一九二八年、二〇三～二〇八頁。
(13) 前掲『筑豊石炭鉱業組合統計表』各年。
(14) 前掲『石炭鉱業連合会創立拾五年誌』に所収の統計には、カルテル活動の成果を示す統計指標が掲載されている。
(15) なお、『筑豊石炭鉱業要覧』の送炭統計は、『統計表』に依拠している。
(16) ただし、連合会の送炭制限から、一九二〇年代前半に少なくとも燃料炭（山元焚量）が除外され、一九二〇年代後半からは煽石、無煙、粉粉、山元焚量が除外された。『統計表』の「炭坑別表」には、各炭鉱の塊炭、粉炭・切込炭・硬炭・煽石・無煙炭・石殻の送炭量が記されていたものの、山元焚量の送炭に関しては記載されてない。山元焚量は、基本的には産出された石炭を自炭鉱で使用する消費量である。これが送炭量に加わるということは、複数の炭鉱を有している企業が炭鉱間でそれを配分することを意味する。この山元焚量分の送炭は『統計表』の「炭坑別表」からは把握できない。統計による相互監視には、こうした限界も存在していた。また、『統計月表』の送炭統計は、そもそもカルテル活動を監視するために調査されたものではなく、筑豊組合が設立した明治期から存在した。こうした明治期からの送炭統計の調査は、相互監視の前提となっていた。
(17) なお、ここからは、廃業した鈴木商店系列の帝国炭業、後に中小炭鉱の同業者組織である互助会に加入した三好鉱業と岩崎炭鉱、さらに三菱に経営委託された中島鉱業が経営していた飯塚炭鉱を分析対象から除く。なお、三好鉱業の経営動向については、第9章で詳しく論じており、帝国炭業の猪位金炭鉱の事例は第8章で言及している。
(18) 一九二四年の送炭量から二一年の送炭量を引いて計算した。
(19) 農商務（商工省）鉱山局『本邦鉱業ノ趨勢』一九二三年、一七一頁。前掲『本邦鉱業ノ趨勢』一九二四年、一九九頁。
(20) 前掲『本邦鉱業ノ趨勢』一九二一、一五一頁。
(21) 前掲「常議員会決議録」前掲『福岡県史』(2)、三七八～三七九頁。
(22) 前掲『本邦鉱業ノ趨勢』一九二一年、一五一頁。前掲『本邦鉱業ノ趨勢』一九二四年、一九六頁。明治鉱業株式会社社史編纂委員会『社史』明治鉱業株式会社、一九五七年、一〇九頁。
(23) 前掲『本邦鉱業ノ趨勢』一九二四年、一九四頁。
(24) 前掲『本邦鉱業ノ趨勢』一九二三年、一七〇頁。前掲『本邦鉱業ノ趨勢』一九二四年、一九八頁。
(25) 「貝島鉱業会社（下）後期　自大正八年一一月三至昭和六年八月三日」「貝島史料」（宮若市石炭記念館所蔵）、A一〇-一-三-一、一一～一二頁。なお、今後引用する「貝島史料」は全て宮若市石炭記念館所蔵のもの。
(26) 前掲「貝島鉱業会社（下）後期」一三～一四頁。なお、一九二三年六月における貝島の炭鉱長会議では「組合ニ申出タル送炭制限増出ノ件ハ希望通リ組合側ノ承認ヲ得タル」とある（「炭鉱長会議々事録」「貝島史料」、C四-一-七、一九二三年二月二日～七月二七日）。
(27) 前掲「貝島鉱業会社（下）後期」一九頁。
(28) 前掲「貝島鉱業会社（下）後期」二五頁。
(29) 前掲「常議員会決議録」前掲『福岡県史』(2)、四八二頁。
(30) 送炭量は、「大正一五年・昭和元年一二月中筑豊五郡組合炭坑送出炭統計表」前掲『筑豊石炭鉱業組合統計表』、一九二六年による。
(31) 「常議員会決議録」（直方市石炭記念館所蔵）、一九二九年一月～一九三〇年一二月、一四四頁。なお、資料的制約によって一九二六年度、二七年度の特別賦課金額は不明である。
(32) 前掲「常議員会決議録」、一九二九年一月～一九三〇年一二月、三一三頁。
(33) 「常議員会決議録」（直方市石炭記念館所蔵）、一九三一年一月～一九三二年一二月、六九頁。
(34) 麻生百年史編纂委員会『麻生百年史』麻生セメント、一九七五年、年二一～年二二頁。
(35) 前掲『本邦鉱業ノ趨勢』一九二六年、二六八頁。
(36) 前掲『本邦鉱業ノ趨勢』一九二七年、二八〇頁。
(37) 前掲『本邦鉱業ノ趨勢』一九二六年、二六七頁。
(38) 前掲「貝島鉱業会社（下）後期」三二～三三頁。
(39) 前掲「貝島鉱業会社（下）後期」には「積極策」、「多量生産」という言葉が一九二七～二九年にはみられない。

(40) 前掲「貝島鉱業会社（下）後期」三五～三七頁。
(41) 前掲「貝島鉱業会社（下）後期」三九頁。
(42) 前掲「貝島鉱業会社（下）後期」四二頁。
(43) なお、一九二九年と三二年を比べれば、麻生の所属炭鉱の生産性の伸びは筑豊大炭鉱と比べて低かった（丁振聲［一九九一a］一二七頁）。
(44) 例えば、荻野［一九九八］によれば、三池炭鉱は一九二〇年代後半に特別賦課金を支払って定められた送炭量を増やしていた。
(45) 前掲「総会決議録」前掲『福岡県史』(1)、一九九頁。
(46) 前掲「常議員会決議録」前掲『福岡県史』(2)、五三六頁。
(47) それぞれの炭鉱企業の制限量の推計は、表2-4に記載された炭鉱の送炭量の合計による。ただし、三井鉱山の本洞炭鉱の一九二二～二四年の送炭量は制限量の推計から除外し、古河が一九二三年一一月に売却した新目尾炭鉱の送炭量は二四年の制限量の推計から除外した。
(48) 前掲『石炭鉱業連合会創立拾五年誌』七～一〇頁、荻野［二〇〇〇］。
(49) 「石炭鉱業連合会ニテ決定セル一一、三二七、三七五屯ヲ超過スルコトトナレハ、各炭山一般ニ按分ニテ減額スル」こととされた（前掲「常議員会決議録」前掲『福岡県史』(2)、四六三～四六四頁）。
(50) 前掲『石炭鉱業連合会創立拾五年誌』一〇頁。
(51) 前掲「常議員会決議録」前掲『福岡県史』(2)、三三九頁。なお、一九二三年の筑豊組合の機関誌において、「送出炭調節策なるものは絶対的のものに非ずして、炭抗の事情により申合以上の送出を可能ならしめたるものなれば、炭坑の発展を拘束」するものではないとされていた（「大正十一年に於ける筑豊石炭の趨勢」『筑豊石炭鉱業組合月報』第一九巻第二二三号一九二三年）。
(52) 丁振聲［一九九一a］を参照。
(53) 前掲『石炭鉱業連合会創立拾五年誌』では、一九二五年に送炭制限が「撤廃」された理由を「制限率は寛大に過ぎ実情に適しなかった」ためだとしている（前掲『石炭鉱業連合会創立拾五年誌』八頁）。だが、送炭制限「撤廃」は、制限率が低かったこととともに、新坑などによる大規模な増送認可量があったことも見逃してはならないだろう。

(54) この点については、武田晴人氏からご教示を得た。

(55) なお、三池炭鉱では、一九二七年に「連合会ト折衝ノ結課先ヅ七万五千屯ノ特別増加額（賦課金免除）ノ承認ヲ得」、さらに「本店ノ発意ニヨリ四山坑新部内ヲ新坑扱トシ、之ニ対スル年額二二五〇〇〇屯ノ増加承認方ヲ連合会ニ申出タ」ところ、「連合会内部ニ於イテ相当意見ガアツタガ数次ノ折衝ニヨツテ之ガ承認」されることとなった（「三池鉱業所沿革史」（三井鉱山所蔵三井文庫保管）第九巻、一九八二～一九八五頁）。こうした調節量を越えた増送の合意制度を連合会は制度として構築していた。

第3章　戦間期沖ノ山炭鉱の発展

第1節　課題

山口県の産炭地宇部は、序章でみたように一九二〇年代に送炭量が増加する産炭地と位置付けられる。ここでは、宇部の代表的炭鉱である沖ノ山炭鉱（以下、沖ノ山と略す）の発展過程を検討したい。(1)

表3-1に示されているように、戦間期に一貫して出炭規模が拡大した沖ノ山は、一九三六年に出炭規模全国第五位の炭鉱になっている。ここでは、一九一二年の「第二次埋立・開鑿」から三五年まで（以下、戦間期とする）を中心に分析し、沖ノ山の経営規模の拡大要因を市場・販路、生産、資金調達の三つから探る。

本章の構成は以下の通りである。第2節では、創業期の沖ノ山の動向を概観し、第3節では「第二次埋立・開鑿」といわれた一九二〇年代の新坑の開鑿を追い、第4節～第6節では戦間期の市場・販路、生産、資金調達を検討する。第7節では総括と展望を示す。

表3-1　沖ノ山炭鉱の出炭規模別順位

1914年　（千トン）

順位	炭鉱名	企業名	出炭量
1	三池	三井	2,174
2	田川	三井	988
3	大之浦	貝島	823
4	峰地	蔵内	646
5	芳谷	三菱	568
6	明治	明治	523
7	二瀬	農商務省	519
8	鯰田	三菱	475
9	夕張鉱	北炭	463
10	豊国	明治	441
35	沖ノ山	沖ノ山	205

1925年　（千トン）

順位	炭鉱名	企業名	出炭量
1	三池	三井	1,834
2	大之浦	貝島	1,306
3	田川	三井	948
4	二瀬	商工省	925
5	夕張	北炭	848
6	内郷	磐城	783
7	美唄	三菱	647
8	鯰田	三菱	550
9	新入	三菱	543
10	飯塚	中島	528
19	沖ノ山	沖ノ山	410

1936年　（千トン）

順位	炭鉱名	企業名	出炭量
1	三池	三井	2,488
2	夕張	北炭	1,605
3	大之浦	貝島	1,358
4	田川	三井	1,205
5	沖ノ山	沖ノ山	1,155
6	二瀬	日鉄	1,020
7	美唄	三菱	958
8	崎戸	九州汽船	953
9	砂川	三井	840
10	内郷	磐城	798

出所）福岡・大阪・東京・仙台・札幌鉱務署（鉱山監督局）『管内鉱区一覧』各年。
注）炭鉱名、企業名は代表的略称に統一した。

第2節　創業期（一八九四～一九一一年）

(1)　沖ノ山炭鉱の開坑と宇部共同義会

沖ノ山の事業は、一八九四年に渡邊祐策によって開始された。この経営者については後述し、ここでは沖ノ山の誕生にとって重要であった宇部共同義会の活動をみてみたい。

宇部共同義会（以下、共同義会と略す）とは、宇部石炭鉱業を発展させるため、一八八六年に宇部村の産業人が中心となって組織された同業者組織である。この組織の設立目的は、「趣意書」によれば、「坑主は自己の営利に趨り、甲乙相軋し、丙丁相競ひ、徒らに採掘に汲々として」いたため、「各自坑区を一にして、協力同心、永く此の福利を継続する」ことにあった(2)。鉱区権の集中管理は、一八七二年の日本坑法による借区権の設定に乗じた旧毛利藩石炭局主任の福井忠次郎が鉱区を独占したため(3)、こうした借区権登録の集中を防止する目的で共同義会が宇部の借区権者となり、事業者に低廉な採掘料で貸し与えるというものであった。

一八九〇年、共同義会は、渡邊祐策ら四名の「鉱業人総代」名義で沖ノ山の地に約三〇〇〇坪の試掘許可申請を行った(4)。一八九四年には、渡邊が中心となり共同義会林仙輔名義の鉱区一八万坪のうち、約八万坪をもって沖ノ山炭鉱の事業に着手した。この鉱区の一部は、共同義会が一八八〇年代後半から沖ノ山沿海の埋立事業の計画をしていたが、八九年に宇部村に隣接する藤山村の住人が同海面鉱区の借区権を申請したため、これを却下するように県知事に陳情し、争議の末に手に入れたものであった(5)。同鉱の開鑿は、一八九七年六月に新川河口上町周辺の竪坑二坑によって開始された(6)。五ヵ月の歳月を費やし炭層に辿りついたものの、急斜のため採掘が困難であることが判明し、開坑地は上町を南下した松浜へ移された。翌年六月、ここで斜坑、竪坑をそれぞれ一坑を開鑿して着炭に成功し、ようやく出炭がはじまった。(7)しかし、「坑道ヲ漸次海岸ニ向ツテ堀進シタルニ、（中略）海岸ニホボ平行ナル落差三・五尺ノ断層ニ出会シタルニ、多量ノ出水アリテ採掘困難ト」なったため、(8)「第一次埋立・開鑿」と呼ばれる真締川河口西側の海面を埋立て海底新坑を築き、一九〇八年から出炭が開始された。

一九〇二年、渡邊は共同義会から沖ノ山鉱区の採掘権を引き継いだ。この背景には、一八九〇年代後半から日清戦争による好景気とともに、共同義会の管轄外の鉱業権設定が増加したため、共同義会の鉱区管理が有名無実化していったという事実があった。(9)

以下では、創業期の沖ノ山の経営動向を市場・販路、生産・労務管理、資金調達の三つの側面から検討してみたい。

(2) 市場・販路

創業期における沖ノ山の出炭状況をみてみよう。表3-2に示されているように、同鉱は出炭シェア一パーセントに満たない小経営であるものの、出炭量は「悲境時代」と呼ばれる一八九八～一九〇二年を過ぎると順調に増加してゆき、(10)一九〇八年の「第一次埋立・開鑿」以後に大きく増えている。

沖ノ山炭の販路についてみてみたい。これには前述した共同義会の後を受けて炭鉱経営者の意思疎通を図るため、一八九七年に設立された宇部鉱業組合（以下、宇部組合と略す）の「指定問屋制」が重要な役割を果たしていた。

瀬戸内海沿岸の十州塩田などの製塩業を主な需要地としていた宇部炭は、馬背、荷馬車などで海岸に搬出され、「船主」によって消費地まで運ばれていた。(11)明治初年以来、「船主」は十州塩田や三田尻塩田から直接宇部に訪れ、そこで炭鉱から石炭を全て買い取り消費者に販売していた。この「船主」の「買積み」販売は、炭鉱側からみると「運賃及び炭価の統制」ができず「石炭が消費地の石炭商によって売捌かれる迄には船主及び石炭問屋の中間利得が意外の多額に上がり、殊に石炭問屋の中間利得は莫大なものであ」った。また、一八九〇年代には船頭たちの宿泊所や食事を提供する「船宿」が現われ、なかには「船主」と炭鉱との間に立って石炭売買の仲介を行う者が出現し、これらの「中間的利得」がますます増加していた。

こうした認識の下に宇部組合は、一九〇七年に製塩用炭需要地の香川県と阪神方面の需要を伸ばすために大阪、神戸などの石炭問屋に宇部炭の販売専属契約を取り結ぶ「指定問屋」を設ける。これは問屋が炭鉱から石炭を買い取る慣行を廃止し、運賃制の輸送業務と販路拡張に専業し、鉱業組合が炭価の支配権を強め炭鉱・炭種ごとに炭価の統一を目指すものであった。また、これに違反した問屋には、炭鉱からの配給停止という制裁が加わった。[12]

表3-2　沖ノ山炭鉱の出炭量の推移(1)

（トン・%）

年次	沖ノ山炭鉱	全国	割合
1898	4,017	6,749,602	0.06
1899	6,671	6,775,571	0.10
1900	8,668	7,488,891	0.12
1901	8,038	9,027,325	0.09
1902	11,345	9,742,716	0.12
1903	20,304	10,088,845	0.20
1904	19,609	10,723,796	0.18
1905	31,360	11,542,397	0.27
1906	50,000	12,980,103	0.39
1907	60,000	13,803,969	0.43
1908	70,000	14,825,363	0.47
1909	80,000	15,048,113	0.53
1910	96,123	15,681,324	0.61
1911	112,405	17,632,710	0.64
1912	155,663	19,639,655	0.79

出所）弓削達勝『素行渡邊祐策翁』渡邊翁記念事業委員会、乾、1936年、183〜185頁。俵田明『宇部産業史』渡邊翁記念事業委員会、1936年、112頁。全国出炭量は、農商務（商工）省鉱山局『本邦鉱業の趨勢』各年。
注）1898〜1902年は1斤＝0.006トンで換算。

(3) 生産

創業期の沖ノ山は残柱式採炭法を採用していた。この方式は切羽全体の四〇パーセントの採掘を行い、残りは落盤防止のため安全炭柱として採掘されないまま残されていた。鉱夫数は一八九八〜一九〇八年に八〇〜一二〇人であったが、「第一次埋立」後の一九一一年に九〇〇人へ増加した。竪坑巻揚機や排水には蒸気力が用いられていたが、採炭は、「さき山とあと山が組んでやり、さき山がスミを掘りあと山は番子（ばんこ）とも言い[13]」、「竹であんだ『エブ』と『メゴ』（籠）が運搬道具で『エブ』で運んでは『メゴ』に入れ、坑内にレールを二本つけてこれに縄をつけて引っ張り出」すという人力に基づく方法がとられていた。[14]

(4) 資金調達

創業期における沖ノ山の資金調達には、宇部独特の企業形態といわれる宇部式匿名組合方式による「蔭歩」制度が根付いていたことと、これを有効に利用できた頭取渡邊祐策の地元名士としての信用力が重要であった。

宇部式匿名組合方式（以下、宇部式組合と略す）とは、宇部において幕末・明治初期から炭鉱業などで盛んに行われていた「多数の組合員が出資をし、組合員の信頼を受けて人的結合の中心となった頭取が組合事業の主体として無限責任を負い、事業利益の配当を」行う企業形態である。[15]この特徴をより詳細に説明すると、第一に、有限責任の組合員は「蔭歩」と呼ばれる出資を行い、無限責任の頭取と呼ばれる最高責任者に経営を委任し、「組合総会（「株主総会」）」において経営への発言権があったこと、第二に、多くの企業は永続性を備えていたことが挙げられる。第三に、組合員の持分である「組合株券（「組合券」）」は、頭取の承認を必要とするという条件付きではあったが自由譲渡が可能であり、宇部の証券取引市場内に限り資本の証券化が進んでいた。第四に、頭取の下で業務を執行する重役や職員は組合員から構成され、新しく採用された職員にも頭取から「組合券」が譲渡されていたものの、炭鉱労働者にはこれを所有することが認められていなかった。さらに「頭取個人の傑出した人格」とともに、「部落民相互間の親近熟知性から導き出される信頼と、この信頼に対する被信頼者の強い責任遂行とが、全体的な部落協同体的規制によって裏づけられて存在し」ていたことが指摘されている。[16]

このように宇部式組合は、株式会社組織とも合資会社組織とも判別がつかない宇部独自の企業形態であった。この特徴が成立したのは明治末期と考えられており、明治初期には「組合株」の譲渡が厳重に禁止されていたし当座的企業も多く存在していた。[17] しかし、沖ノ山の資金調達にとって重要なことは、宇部村民の間へ出資を行い配当を得る「蔭歩」の意識が定着していたことにあった。一八九七年の沖ノ山創業時には、同時期における株式会社の一社当たり払込資本金一三万九〇〇〇円と比較すると小額であったものの、[18] 渡邊祐策を頭取に一株一五〇円に対して一六二人三〇〇株（四万五〇〇〇円）が集まった。[19]

沖ノ山が資金調達に成功した理由の一つには、「全く翁（渡邊）の信用一に依る組合」であったと指摘されていたように、[20] 共同義会の権威に裏付けられた渡邊の信用力が挙げられる。沖ノ山の経営着手に至るまでの渡邊の略歴をみてみよう。一八六四年宇部で生まれた渡邊は、東澤瀉の塾で陽明学を学び、その後村役場で勤める傍ら家業の農業を行っていた。[21] 一八八八年に前述した共同義会の書記に抜擢され、宇部の政治を統率する宇部達聡会に参加し、宇部村議、助役に推薦された。また、渡邊は、堀田山炭鉱、本山炭鉱、宇部企業合資鉄工組合など多数の事業に進出した。多くの出資者から「蔭歩」を集めた沖ノ山の資金調達には、こうした渡邊の政治的権威と多くの事業を手がけていた信用力が重要であった。

しかし、資金調達は渡邊の権威と信用のみで進むわけではなかった。沖ノ山の経営が不安定であった一八九九年の「株主総会」では、「二三者を除く大方の大株主は、皆事業中止に賛成で」あった。[22] そのため渡邊は「所有田畑」を「抵当として借金、又は現金に換へ」て資金調達に奮闘した。こうした経営危機を乗り越え、沖ノ山が「株主」にはじめて配当を渡したのは一九一二年のことであった。

第３節　一九二〇年代の新坑開鑿

表３-３に示されているように、戦間期における沖ノ山の出炭量・シェアは、一九一四年以後の第一次世界大戦ブ

表 3-3　沖ノ山炭鉱の出炭量の推移(2)

年次	出炭量（千トン）	対前年変化率(%)	割合(%)
1913	205		1.0
1914	224	9.0	1.0
1915	200	−10.7	1.0
1916	210	5.0	0.9
1917	300	42.9	1.1
1918	350	16.7	1.2
1919	400	14.3	1.3
1920	554	38.6	1.9
1921	607	9.5	2.3
1922	630	3.7	2.3
1923	629	−0.1	2.2
1924	614	−2.4	2.0
1925	658	7.1	2.1
1926	938	42.5	3.0
1927	946	0.9	2.8
1928	951	0.5	2.8
1929	930	−2.2	2.7
1930	812	−12.7	2.6
1931	839	3.3	3.0
1932	862	2.7	3.1
1933	1,017	18.0	3.1
1934	1,145	12.6	3.2
1935	1,155	0.9	3.1

出所）奥中孝三『石炭鉱業連合会創立十五年誌』石炭鉱業連合会、「最近十五年間主要炭鉱別出炭高調査」。割合の計算は表 3-2 に同じ。

ーム期から伸びはじめ、石炭鉱業連合会の送炭制限が行われた一九二〇年代においても上がっている。昭和恐慌期には、出炭量は減るもののシェアは伸びており、一九三三年から大きな出炭量の伸びがみられる。

一九一二年に沖ノ山は、「第二次埋立・開鑿」と呼ばれる真締川河口西側から一キロメートルほど沖合に一〇〇間（一八二メートル）、五〇間（九一メートル）角の「築島」を建築し、海底採掘を行う計画を立てた[23]。一九一三年に「築島」に竪坑を設けて開鑿をはじめ、一四年に大脈炭層に着炭したものの、台風襲来によって埋立地の石垣のほとんどが倒壊した。そのため採炭計画が困難に陥ったものの、一九一五年から再び巻揚機、エンドレス、ポンプなどを設置して出炭をはじめ、第一次世界大戦による炭価の上昇期と重なり、沖ノ山は大きな繁栄を迎えた。

一九二〇年代においても沖ノ山は、出炭規模を拡大した。「第三次埋立・開鑿」と呼ばれる拡張事業についてみたい[24]。一九一九年に五〇〇〇株の増資を行った沖ノ山は、鉱業施設とともに西沖ノ山鉱区七三万坪（二四一万平方メートル）、高良宗七名義の鉱区二七〇万坪（四九五万平方メートル）を買収した。さらに西沖ノ山が完全に閉山するのを待って、一九二六年に残りの鉱区二〇万坪（六六万平方メートル）を二五万円で買収した。一九二〇年に埋立工事をはじめた沖ノ山は、二三年に西沖ノ山から買収した鉱区へ竪坑二坑の開鑿に着手し、二五年に六〇〇馬力の捲揚機が完成した。一九二六年に沖ノ山の出炭が大きく増加しているのは、この事業の完成にあったものと思われる（表3-3）。さらに、一九二八年に「新坑」では、斜坑一坑の開鑿が着手され、二九年に完成した。

加えて、沖ノ山は、一九二四年に第二沖ノ山炭鉱を合併した。第二沖ノ山炭鉱は、渡邊を頭取とした匿名組合として一九一二年に発足し、二三年に一六万トンの産出量があった。

「新坑」と呼ばれた西沖ノ山鉱区に開鑿した箇所は、「第二次埋立・開鑿」による「本坑」、合併した旧第二沖ノ山炭鉱を改称した「二坑」の中間に位置し、沖ノ山の蓄積してきた海底採掘技術を利用できた。また、沖ノ山は、一九三四年に藤本閑作から鉱区七六万坪（二五一平方メートル）の西見初炭鉱を三二万円で買収した[25]。

他方、沖ノ山に鉱区を売却した西沖ノ山炭鉱は、一九一三年に開坑し、大戦ブーム期に便乗して一八年に資本金を三〇万円から七〇万円に増資するなどの投資を重ねていたが、二〇年からはじまる不況に対応できなくなったため、事業の中止を決定した[26]。西沖ノ山炭鉱の経営者高良宗七は、沖ノ山へ所有鉱区を売却し、自らは沖ノ山の株主となった。

第4節　市場・販路

こうした出炭増加の背景には、一九二〇年代における家庭用炭の需要の増大があった。

「宇部元山炭」という名称で販売されていた沖ノ山炭は、「火付容易」で「煤煙淡く臭気少な」く、「火持最も良く焚落となりて火力強烈」であり、燃焼時に凝固しない非粘結性炭であった[27]。しかし大脈炭と五段炭からなる沖ノ山炭の発熱量は、表3-4に示されているように六〇〇〇カロリー程度であり、高い火力を必要とする工場汽缶用の田

表 3-4　沖ノ山炭鉱と筑豊主要炭鉱との炭質比較

企業名	炭　種	灰　分 (%)	水　分 (%)	硫黄分 (%)	発熱量 (cal)	ユニット コール(%)
三井鉱山(株)	田川四尺炭	8.39	2.78	0.31	7,241	88.0
三菱鉱業(株)	上山田塊炭	8.53	2.44	3.34	7,230	86.6
貝島炭鉱(株)	大之浦第三坑塊炭	11.00	1.90	0.39	6,880	86.0
沖ノ山炭鉱	沖ノ山五段炭	7.25	11.18	0.58	6,146	80.7
沖ノ山炭鉱	沖ノ山大脈炭	7.09	11.01	2.61	5,940	80.0

出所）俵田明『宇部産業史』渡邊翁記念文化協会、1953 年、113 頁。その他炭鉱は、門司鉄道局運輸課『沿線炭鉱要覧』1935 年。
注）ユニット・コール＝100－[(水分)＋(灰分)＋0.625(硫黄分)＋0.08｛(灰分)－1.25（硫黄分)｝]。

川・上山田・大之浦炭と比べると一〇〇〇カロリーほど低く、不純物を取り除いた実質的な石炭量を示すユニット・コールもこれら炭鉱と比較すると低い(28)。しかし、大脈炭は「均等の熱度を持続するを以て塩田用炊料として愛用せられ」、「其の焚殻は塩水濾過用として製塩を純白佳良ならしむる特殊の性能」があったため製塩用炭として名声を博していた。

一九二〇年代の国内石炭需要は昭和恐慌まで緩やかに増加したものの、各用途別需要の全体に占める割合の推移は、一九二二年と三二年を比較すると鉄道用の需要が一一・四パーセントから一一・九パーセントで横ばいであったが、動力源を石炭から電力へ転換する傾向にあった内外船舶用の需要が一五・九パーセントから一三・六パーセント、繊維産業用の需要が一一・四パーセントから九・六パーセントに低下し、発電用の需要も五・六パーセントから四・一パーセントへ低下した(29)。他方、創業期における沖ノ山の最大の需要先であった製塩需要の割合は同期間に三・二パーセントから二・五パーセントへ減少したものの、この時期最大の需要増加がみられた都市の家事用、風呂焚き用燃料などに代表的される家庭用の需要は八・五パーセントから一四・二パーセントへ増大した。

沖ノ山炭は、火力をそれほど必要としない家庭用需要などに販路が開かれた。すなわち、沖ノ山「五ッ段炭及一種炭は家庭用（燃料用、炊事用、風呂場用及暖房用等）として高価なる薪炭に代わり安価なる焚料として愛用され」るようになり、また「醸造、製茶、風呂屋、製糸工場等に最も経済的燃料として盛んに歓迎される殊に粘結性なく、火付良き為め粘結炭と混用し『ストーカー』用として」歓迎されるようになった[30]。

このような家庭用炭需要の増加に対して沖ノ山は、積極的に販売・宣伝活動を行った。一九二〇年代に四国・京阪神地方に加え東京・名古屋方面に進出した沖ノ山は、「大阪では九州炭と、東京、名古屋では常盤炭との戦い」であったが、同じ炭種を販売する「宇部内の競争、即ち沖ノ山と東見初の販売戦」が過激に行われていた[31]。燃焼時に白煙を出すことを「天女の如き白煙、悪魔の如き黒煙」という宣伝文句を用いていた常盤炭が優位を占めていた京浜市場において[32]、新規参入した沖ノ山は、主力商品が家庭用炭であったため「小さな薪屋さんに扱って貰」うとともに「一般消費者の末端に知って貰」う必要があった[33]。つまり、相互に競争関係にあった東京元山、宗像商会東京支店、宇部元山、清田商店の各石炭商が競って販路を開くとともに、沖ノ山直販部が主導して[34]、「沖ノ山炭は海底炭田で炭量が豊富で、供給が不変であって、風化作用が遅く、無煙で煤煙のないこと、火付き良好なこと、焚落となっても火力が強烈で炊事用風呂焚に最も適し、オキは木炭同様に火鉢、炬燵にもその性能があって木炭の三倍の火力で、価格は三分の一に当り誠に理想的燃料である」ということを宣伝した[35]。時には、「大八車に七輪をのせ、煙突をつけて裏町を車を引いて歩き、火付けの方法を（一般消費者に）教えつつ宣伝に廻」ることもあった[36]。こうした沖ノ山炭の売り込みの結果、長年「常盤の粉炭を買って」いた風呂屋が「沖ノ山の軍門に降した」ということもあり[37]、宇部炭の京浜市場発送量は、一九二三年に二万トンに過ぎなかったが、一九二六年に一二万トンへ増加した。

さらに、沖ノ山は経営規模の拡大に伴い、「（宇部）鉱業組合の統制に満足せず、独立分離」したといわれたように[38]、創業期の同業者組織による「指定問屋」制から離脱して自社販売組織を形成した。沖ノ山の自社販売組織の開設は一九二〇年代半ばに本格化し、大阪と高松（一九二五年）に出張所が設置され、一九一九年から販路を開拓してきた東京（一九二二年）と名古屋（一九二六年）、横浜（一九二八年）に出張所が設けられた[39]。また、沖ノ山は各地の出張所を拠点に石炭商と指定特約店契約を結び販売網を拡大した。指定特約店は一九二九、三〇年頃において関東方面に四店、

表 3-5　沖ノ山炭鉱の指定特約店（1935年）

地域名	指定契約石炭商名	地域名	指定契約石炭商名	地域名	指定契約石炭商名
関東	東京元山石炭（株）	京阪神・東日本	堀江晴治商店	中国・四国・九州	小松市太郎商店
	（株）清田商店		辰巳紹介		平林石炭商店
	吾妻紹介		島田磯吉商店		村川平太郎商店
	（株）宗像商会東京支店		神田栄太郎商店		柳澤石炭商店
	宇部元山石炭商会		米屋鉄三郎商店		和田商店
	（株）横浜清田商店		（株）本西茂商店		山内商店
	（資）三田屋商店		小島治平商店		住谷商店
	（株）宗像商会横浜出張所		矢野商店		若尾商店
	山中商店		（株）西俵商店		中島商店
小計	9		寺田養三商店		山尾商事高松出張所
京阪神・東日本	三井物産（株）名古屋出張所		寺岡徳太郎商店		美馬石炭商店
	東洋燃料（株）		浜田藤輔商店		近藤商店
	脇田石炭商会		北本支店燃料部		神原恒三郎商店
	杉浦石炭（資）		進藤紹介		森磯吉商店
	吾妻商会名古屋出張所		（名）江尻石炭商店		米徳石炭商店
	旭コークス製造所		（資）三木石炭商店		美馬石炭商店撫養支店
	宇部元山石炭販売（資）		永井石炭商店		東石炭商店
	京阪元山（株）		東播磨元山石炭（株）		木村商店
	寺田宇一商店		（株）水田商店		近藤商店
	（株）宗像商会京都出張所		二宮安右衛門商店		布原商店
	奈良元山石炭組合		中浜石炭商店		二和商店
	（株）宗像商会		吉川栄吉商店		竹中商店
	京阪元山（株）大阪支店		林実之助商店		油木商店
	（資）加藤商店		水田石炭商店		関屋石炭商店
	山川商事（資）		武田桜松商店		平田商店
	大阪合同石炭（株）		武田改治商店		宗像商会岡山出張所
	（資）西尾商店		田中善治商店		山尾商事
	福山協栄（株）		中村石炭商店		野島商店
	三井物産（株）大阪支店		青山（資）		小柳商店
	西川久吉商店		一円商事（資）		山尾商事広島出張所
	植田要商店		白井萬商店		（資）古島商店
	大光商会		日引商店		丸沖石炭商店
	（株）長澤商店		三谷商事（株）		中徳石炭商店
	住良合名会社		三谷商事（株）金沢出張所		龍門商会
	山元吉平商店		三谷商事（株）敦賀出張所		宗像商会若松出張所
	藤岡胖商店		渡邊彌蔵商店		三井物産（株）若松支店
	土林位雄商店		三宮商事	小計	36
	長澤商店岸和田出張所		杉田与兵衛商店石炭部	総計	113
	宗像商会和歌山出張所		布引商事（株）石炭部		
		小計	68		

出所）津田厚志『宇部元山炭の話』宇部報知新聞社、1936 年、63～72 頁。
注）（株）、（資）、（名）はそれぞれ株式会社、合資会社、合名会社の略。

京阪神方面に二一店、名古屋に一店、中国・四国・九州方面に一一店の合計三六店であったが(40)、一九三五年には表3-5に示される通り、各方面に合計一一三店へ増加した。このなかには、各地に支店をもつ三井物産や宗像商会、宇部炭を専門に取り扱うため設立された東京元山石炭、宇部元山石炭商会、宇部元山石炭販売、京阪元山などの大商社、大石炭商も含まれているが、個人石炭商が大多数を占めている。また、一九二〇年代後半には鉄道省、小野田の硫酸工場、宇部発電所、徳山曹達、帝人などの石炭商を通さない沖ノ山の直接販売契約が増えた(41)。

第5節　生産・労務管理

創業期における沖ノ山の生産技術は巻揚機や排水に蒸気力を用いていたが、石炭採掘の主要部門である採掘と運搬は人力に基づいていた。他方で戦間期の沖ノ山は、新しい採炭方法や技術導入を積極的に行い、労働の比率を相対的に低下させる資本集約的経営を志向した。

沖ノ山の石炭採掘における最も重要な採炭部門の技術導入は、残柱式から長壁式が模索・導入された一九二〇年代、切羽にコンベヤーなどの機械技術が導入される一九三〇年代の二つの時期に分けられる。

残柱式から長壁式採炭法への移行は、一九〇八年に渡邊が九州の先進的技術を用いた炭鉱を見学した「九州炭田視察旅行」において、佐賀県の松浦炭鉱などで採用されていた残柱式より切羽の横幅を長くとる採炭方式（長壁式・ロング式）に接触したことにはじまった(42)。沖ノ山では、翌年からこの採炭方式を「炭田ノ地質状態ハ甚ダシク九州ノソレト異ナルタメ、工夫ニ工夫ヲ重ネ」て導入していき、一九二四年にはほとんどの切羽でこれが導入されるようになった(43)。試行錯誤の結果生み出された「宇部式ロング」と呼ばれた後退式長壁法は、片盤間の距離が二〇間（三六メートル）～二五間（四五メートル）であり、切羽が階段状に開鑿されることを特徴とした。切羽の長さは「一箇所ノ天井ニ高落オコレバ、切羽全部ニ及ビテ落盤ノオコルコト常ト」したため最長一〇間（一八メートル）とされた。採炭には多くの場合鶴嘴が用いられ、「切羽ノ長サ短キコト」と運搬が困難なため機械は使用されず、また「炭層硬カラズ発破ノ必要ヲ感ゼザル、又硬キ所ニアリテモ、節理ヨク発達セル」ためダイナマイトなどの爆薬も使用されていなかった。

一九三〇年、昭和恐慌を生産性の上昇によって乗り切ろうとした沖ノ山は、「学卒技師」（中心人物は当時取締役の金野藤衛）が中心に切羽の長さ延長と切羽運搬機を導入しようとしたものの、一〇間幅での採炭方式の技術を確立した現場上がりの技術者（中心人物は当時取締役の笠井良介）たちの強い反対にあった(44)。両者が生産性を競う「出炭競争」を繰り広げ、学卒技師派に大きな生産性の上昇がみられたため、沖ノ山は切羽にコンベヤーの導入とその前提となる切羽の延長を行う方針を立てた。一九三五年における沖ノ山五段炭層では切羽の長さが四五メートルに拡張され、七～一〇馬力の電動機で動く切羽運搬機「アンダーチエンコンベヤー」が導入されており、二〇～三〇人の採炭夫が三交代（内一方は運搬機の移転）で稼業していた(45)。しかし、多くの筑豊の大炭鉱で使用されたコールカッターは、一九二八、二九年頃「試験的採用ヲナセリト、採炭上ノ不便、加之、技術不順ノ為充分ニ能率ヲ上ゲ得ズ」、「採用中止」となった。

切羽運搬機導入の成功により、一九二四年には「片盤ニレールヲ敷キテ」「手運搬」が行われていた箇所もあったが、一九三〇年代には坑内外運搬系統のほとんどが機械化するに至り、切羽から「切羽手積」→「切羽コンベヤー」→「片盤一五馬力マキ」→「片盤エンドレス（五〇～一〇〇馬力）」→「第三エンドレス（一五〇馬力）」→「第二エンドレス（二〇〇馬力）」→「竪坑マキ坪下エンドレス」の順に坑外に搬出され(46)、さらに「エンドレス」（綱運搬）によって選炭場（手選、水洗機）まで運ばれた(47)。石炭採掘における運搬過程は、「其ノ良否ハ稼動者能率ノ増進並ニ生産費ノ緩和ニ対シテ至密ナル関係」があり「炭鉱ノ経済的成否ヲ決スル事サヘ」あったため(48)、これが生産性上昇の主要な要因と思われる。

図3-1に示されているように、沖ノ山の生産性を示す全鉱夫一人一年当たり出炭量は、一九一一年に一二三（一二四〇五／九一三）トンであったが、一九三〇年代前半に二〇〇トンを上回りさらに上昇する傾向にある。また、表3-6に示されているように、一九二九年と三四年を比較するとトン当たり生産費が低下している。注目すべきことは、図3-1に示されるこの時期に技術導入を行った大炭鉱である三井三池・三井田川・貝島大之浦と比較して、沖ノ山の生産性は三池を大きく下回っているが、田川、大之浦とは最も大きい一九三五年で三〇トンほど低いにすぎないことである。

このような沖ノ山の生産性の上昇には、一九二〇年代に顕在化する労働組合運動を回避し、鉱夫の待遇を改善することが必要であった。

図3-1　各炭鉱の全鉱夫1人1年当たり出炭量

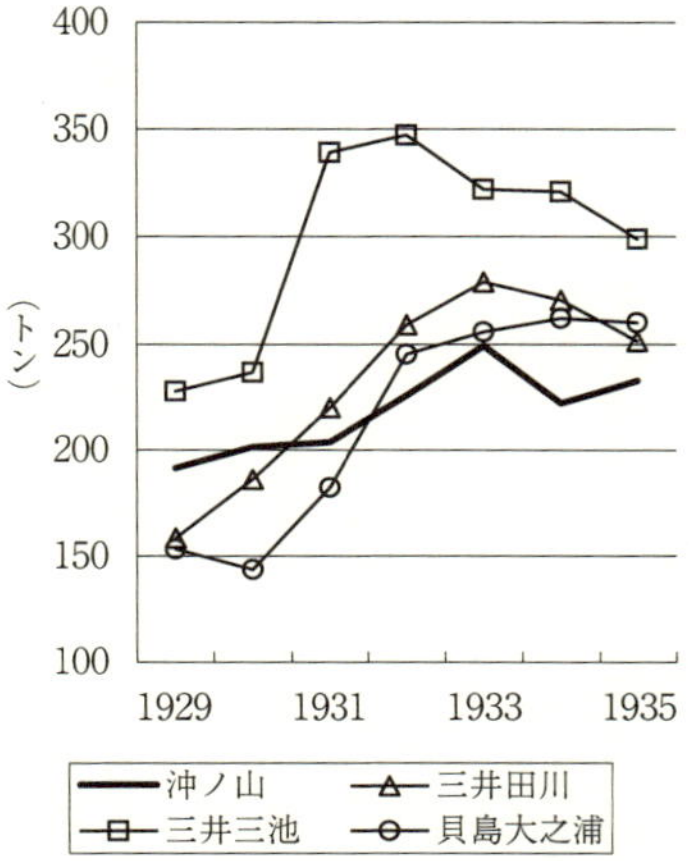

出所）俵田明『宇部産業史』渡邊翁記念文化協会、1953年。『三井鉱山五十年史稿』第15巻、「在籍一人一年出炭高並全国ト ノ対比表」。宮田町誌編纂委員会『宮田町誌』下巻、1990年、1320、1322頁。

鉱夫募集と生産現場への繰込みを請負人が行う納屋頭制度は、一九一四年に廃止された(49)。これによって沖ノ山は、鉱夫を直接統括するようになった。沖ノ山が鉱夫の待遇改善を行う契機は、第一に炭鉱米騒動にあった。宇部では一九一八年八月一六日に「白米一升に付き金三拾銭」の「生活困難者に対する米廉価」販売を決定していたが、翌日、「沖ノ山炭鉱々夫約百五十人」が「賃金三割増と、賃金支払期日及び交付所物価引下げ」を要求するとともに、「沖ノ山炭鉱及び第二沖ノ山炭鉱より暴動が勃発」した(50)。この「暴動」は、「暴徒三千と称されたが、事実は全部の鉱夫が参加した」とい

表 3-6　沖ノ山炭鉱のトン当たり費用

1929 年

項目	トン当たり費用(円)	割合(%)
採炭費	0.4	13.5
仕繰費	0.54	18.2
棹取費	0.06	2.0
機械夫給	0.09	3.0
その他工賃	0.28	9.4
坑外工賃	0.4	13.5
人事費	0.23	7.7
営業費	0.19	6.4
材料費	0.78	26.3
合計	2.97	100

1934 年

項目	トン当たり費用(円)	割合(%)
採炭費	0.3	14.4
仕繰費	0.36	17.2
棹取費	0.18	8.6
機械夫給	0.07	3.3
人事費	0.17	8.1
販売費	0.1	4.8
給料	0.13	6.2
材料費	0.66	31.6
頭取手元	0.12	5.7
合計	2.09	100

出所）河渡芳太郎「沖ノ山炭鉱実習報告」（東京帝国大学実習報告）1929 年。吉川潢「沖ノ山炭鉱実習報告」（東京帝国大学実習報告）1935 年、221 頁。

注）人事費には鉱夫扶助、奨励、救恤、治療費などが含まれる。営業費には販売費などが含まれる。材料費は保安（坑木費を含む）、鉱務雑材、機械、動力費の合計。

われ、宇部の雑穀商店を破壊するとともに、経営者渡邊の自宅が「床の掛物迄散々に引き裂いて終ひ、ガラス戸の如き、一枚も無く破壊」された。

第二に、一九二〇年代に顕在化した労働組合運動が挙げられる。一九二四年、宇部地方ではじめて日本鉱夫総同盟とも関係をもつ日本労働総同盟宇部労働組合（以下、宇部労組と略す）が結成され、沖ノ山のほとんどの機械夫がこれに加盟し、電工夫二名が中心となって坑内夫へ参加を促していた。沖ノ山は、一九一九年、米騒動を契機に沖ノ山炭鉱労働者に対して「合法的機関を与へ、其の機関を通じて、彼等の要求又は意思を表明」させるため、全男性鉱夫強制加入の労使協調機関である信愛会を設立しており[51]、この組織加入者に外部の労働組合への参加を禁止していたことを理由に、「電工二名の解職を、電気係員を通じて申し渡した」。解雇通告を受けた電工二名は態度を変え復職を希望したため、経営側はこれを容認したものの、宇部労組側は「復職を阻止」するとともに、「機械夫、棹取夫等の団結を固め」、「解雇鉱夫の無条件復職、電気係主任外一名の解雇、賃金三割引上等」の要求を行った。沖ノ山では激化する労働組合運動に対処して、「極力彼等（労組参加者）の過激な主張を説得すると共に、一般鉱夫をして、斯る言論に迷はざやう努力せしむる外、構内に於て宣伝し、或は宣伝ビラを撒く事を禁じ、構内入口に門を建て、扇動者の入坑を防」ごうとした。さらに、宇部達総会、市民団体などの経営者、地域政治団体も宇部労組が「地方産業ノ発達ヲ阻害シ本市ノ基礎ヲ危ウクスル」と考え、「之ヲ排斥スルモノナリ」と決議したため、世論の支持を得ることに失敗した宇部労組は、金銭的問題も発生して設立から一年を満たないままに解散した。

宇部労組の組織化を白紙に戻したというものの、これに大きなインパクトを与えられ沖ノ山では、鉱夫の待遇を改善するため、炭鉱内福利厚生制度、施設を強化するとともに、鉱夫の教化運動を進めた。一九三五年当時の沖ノ山には、一九二〇年代に本格的に活動が開始された「沖ノ山在郷軍人会」（一九一九年設立）、「救済会」（一九一九年）、「報徳会」（一九二〇年）、「保育園」（一九二二年）、「修養団沖ノ山支部」（一九二七年）、「沖ノ山青年団」、「沖ノ山佛教会」、「沖ノ山青年訓練所」などの福利厚生と教化教育のための組織・施設、「沖ノ山同仁病院」（一九一九年）および、「沖ノ山分院」という医療施設、「クラブ」、「運動場」などの鉱夫娯楽施設が存在していた[52]。福利厚生については、「救済会」が鉱夫の積立金と沖ノ山の重役、株主からの出資金に基づき、鉱夫とその家族の慰安救済のために慰安見舞金・退職金・貯金制度を拡充していくとともに、会社が主導して芝居公演や映画上映を行う慰安会、春秋に開催される運動会などを充足させていった[53]。鉱夫に対する教化運動では、宇部市全域に組織された「報徳会」が「宇部をして其の共同一致の精神的都市たらしむ」ことや「知恩報徳」の精神について各種講習会を通して広げていった[54]。医療施設である「沖ノ山同仁医院」は一九二〇年代後半に医師一一人、正規看護婦四〇人を擁する大病院であり、無料衛生相談所をはじめ鉱夫の健康面での管理に重点をおいた[55]。また、鉱夫の治療費は会社に責任がある「公傷」が無料、鉱夫に責任がある「私傷」が有料となっていた。

こうした鉱夫への待遇改善に加え、表3-7に示されているように、沖ノ山は、鉱夫支払い賃金面で、三井田川と比較すると多くの年において相対的に低いものの、一九二〇年代後半から一九三〇年代前半にかけて大産炭地筑豊を

表 3-7　沖ノ山炭鉱の採炭夫 1 人 1 日当たり賃金の推移

（円）

年次	沖ノ山(A)	三井田川(B)	福岡県平均(C)	A－B	A－C
1914	0.73	1.01		－0.28	
1917	1.03	1.19		－0.16	
1925	2.29	2.02	1.82	0.27	0.47
1934	1.9～2.3	2.58	1.74	－0.28～－0.68	0.16～0.56
1936	2.35	2.66	2.01	－0.31	0.34

出所）農商務省鉱山局『本邦重要鉱山要覧』1914 年、1917 年。

加藤和幸「沖ノ山炭鉱実習報告」（九州帝国大学実習報告）1924 年、140 頁。

吉川潢「沖ノ山炭鉱実習報告」（東京帝国大学実習報告）1935 年、215 頁。

西田尭「沖ノ山炭鉱実習告」（京都帝国大学実習報告）1937 年、5 頁。

『田川鉱業所沿革史』第 7 巻。福岡県平均は、日本石炭協会『石炭統計総観』1950 年、206～207 頁。

注）空欄は不明。


有する福岡県の平均賃金を上回っている。この鉱夫に対する高賃金支払いに加え、沖ノ山では、鉱夫の「稼動一〇〇〇人当たり負傷者数」が一九二七年に三・八七パーセントであったが、二八年に二・二九パーセント、二九年に一・七二パーセントに低下し、鉱夫の労働条件が改善されていった(56)。このような福利厚生・賃金・労働条件における改善は、創業期に頻繁に移動していた鉱夫の離職を抑える効果をもたらすと考えられる。正確なデータを入手することが困難であるものの、沖ノ山では、一九二四年に「炭坑ノ事情ニヨク通ゼザルコト」や「作業時ニ不注意」のために引き起こる「負傷」のために「坑夫ノ移動甚ダ多」く、「多クハ当炭田ノ各坑ヲ移動」していたが、「三年以上当坑ニ勤務シタル者」が「凡ソ一／三」に達し鉱夫の定着化が序々に進みつつあった(57)。

第6節　資金調達、経営組織

沖ノ山は、戦間期に鉱区の拡張や設備投資をしてきたが、必要資金のほとんどを増資によって調達し、他人資本をほとんど取り入れていなかった。沖ノ山の資本金額は創業時に四万五〇〇〇円であったが、一九二五年に六五〇万円に増加した。さらに、創業時以来の宇部式匿名組合方式を踏襲してきた沖ノ山は、大経営化にともない一九二八年に六万五〇〇〇株、資本金一三〇〇万円（額面二〇〇円、一八〇円払込）の株式会社に改組した。宇部式組合方式では、法的に炭鉱資産が全て頭取の個人資産とみなされ、法人格をもたないため、大規模な設備投資を行っても減価償却が認められず、出費が毎月の損失となったことが株式会社への改組の大きな理由であった(58)。

表3-8に示されている株式会社化した後の沖ノ山の『営業報告書』をみてみよう。「貸借対照表」では、借入金を意味する「借受金」がわずかな金額にすぎなく、資金調達のほとんどを自己資本でまかなっているため、自己資本比率がほとんど一〇〇パーセントに近い。つまり、沖ノ山は必要資本のほとんどを「資本金」でカバーしていたことになる。表3-9によれば、一九三一年の昭和恐慌期においても沖ノ山は収益を挙げている。沖ノ山が資金調達を他人資本に依存することがなかった理由には、銀行借入などが困難であったことも想定できるが、高収益を上げる沖ノ山が宇部市民の遊休資金を集めることに成功していたことが挙げられる(59)。創業期の沖ノ山の株主数は一五〇人程度であったが、この時期には六七〇人ほどに増加していた。また、「大正五、六年頃迄は宇部以外からの資金投入等は皆無」であるとともに、この傾向は一九三〇年代前半まで続いており(60)、株主のほとんどが宇部市民で構成されていた。宇部では戦間期においても繊維、化学、セメント会社などを起業する際、明治期以来の「蔭歩」制度の伝統が残るとともに、この制度の下で発行された「株式」を売買する証券市場が発達しており、広範な社会層から資金調達を行うことが可能であった(61)。沖ノ山の資金調達は、このような宇部で発達した独特な証券市場に依存していたといえよう。

株式会社制度採用以後における沖ノ山の株式一〇〇〇株以上所有者は、表3-10に示されている通りである。創業以来頭取を務めてきた渡邊は、重役会から「創業以来事業経営適切ニシテ今日ノ隆盛ヲ見ルニ至リタル」ため家族を含め合計「千弐百四拾株」を提供され(62)、株主総会での議決によって取締役社長に就任した。注目すべきは、大株主が重役に就任しており所有と経営の分離が未確立であったことである。創業以来沖ノ山では、重役のほか、鉱夫を統括する「棟梁」や「事務員」が沖ノ山株を所有していた(63)。この制度は戦間期においても続いており、同表にみられるよ

表 3-8　沖ノ山炭鉱の営業報告書（1928～34年）

(1)　貸借対照表

（千円）

回期		第1回	第2回	第7回	第10回
項目		1928年10月～29年5月	1929年6月～11月	1931年12月～32年5月	1933年12月～34年5月
資本＝負債		14,096	14,189	14,470	15294 (15274)
資産	未払金	1,300	1,300	1,300	1,300
	土地	499	499	499	636
	建物	293	302	354	278
	鉱区	8,321	8,127	7,178	5,732
	機械	444	431	446	433
	器具	450	436	367	210
	什器	45	49	39	20
	築造物	2	2	5	4
	船舶	149	146	612	441
	埋立	39	51	171	46
	倉庫品	24	24	22	44
	買掛金	693	728	489	665
	受取手形	31	30	76	109
	未収入金	21	21	4	354
	仮払金	38	40	34	72
	当座預金	812	960	705	
	定期預金	561	689	1,559	
	特別当座貯金	70	72	157	
	貯炭	52	57	75	186
	積送品	241	161	90	22
	現金	12	15	39	24
	新造汽船		49		0
	貯炭場			249	334
	水道				177
	有価証券				593
	銀行預金				3,614
	合　計	14,096	14,189	14,470	15,294
負債	資本金	13,000	13,000	13,000	13,000
	買掛金	76	28	58	66
	未払金	187	264	275	332
	借受金	0		31	19
	当期純益金	833	714	614	918
	法定積立金		45	213	387
	別途積立金		20	102	232
	使用人恩給扶助費		10	53	113
	未払配当金		0	0	0
	前期繰越金		108	125	208
	負債小計	263	302	417	530
	資本小計(A)	13,833	13,887	14,053	14,744
	合計(B)	14,096	14,189	14,470	15,274
自己資本比率(A／B)(%)		98.1	97.9	97.1	96.5

(2)　損益計算書

（千円）

回期		第1回	第2回	第7回	第10回
項目		1928年10月～29年5月	1929年6月～11月	1931年12月～32年5月	1933年12月～34年5月
収入	石炭収入	4,022	3,933	3,156	4,617
	雑収入	224	101	181	152
	収入利子	21	35	21	24
	収入合計	4,267	4,069	3,358	4,793
支出	石炭原価	2,068	2,007	1,526	1,986
	営業費	912	1,031	922	1,290
	臨時費	154	57	36	
	償却金	300	260	260	600
	当期純利益	833	714	614	918
	支出合計	4,267	4,069	3,483	4,793
	前期繰越金			125	208
利益金処分	法定積立金	45	40	31	50
	別途積立金	20	20	15	50
	使用人恩給扶助費	10	10	10	20
	株主配当金	650	650	586	780
	後期繰越金	108	102	97	225
	合計	833	822	739	1,125

出所）『沖ノ山炭鉱株式会社営業報告書』第1回、第2回、第7回、第10回。

注）第10回は資産と負債額が一致していないがそのままにした。資本は「資本金」、「当期純益金」、「法定積立金」、「別途積立金」、「前期繰越金」の合計。負債は「買掛金」、「未払金」、「借受金」、「使用人恩給扶助費」の合計。

表 3-9　沖ノ山炭鉱の収益性

期間	払込資本金（千円）	当期純利益（千円）	対払込資本利益率（%）
1928年10月～29年5月	13,000	833	6.4
1929年6月～11月	13,000	714	5.5
1931年12月～32年5月	13,000	614	4.7
1933年12月～34年5月	13,000	918	7.1
平均	13,000	770	5.9

出所）表 3-8 に同じ。
注）表 3-8 に同じ。

表 3-10　沖ノ山炭鉱の株式1千株以上所有者

氏名	株式数	割合（%）	備考
渡邊祐策	5,090	7.8	取締役社長
渡邊誠一郎	2,750	4.2	
渡邊剛二	2,045	3.1	
名和田哲郎	1,225	1.9	取締役
渡邊敏雄	1,040	1.6	
渡邊悌介	1,005	1.5	
渡邊家合計	13,155	20.2	
高良宗七	3,610	5.6	取締役
村田信夫	2,040	3.1	
入江護一	1,725	2.7	
高良四郎	1,390	2.1	
俵田明	1,140	1.8	取締役
西野嘉四郎	1,040	1.6	取締役
全株式数	65,000	100	

出所）『沖ノ山炭鉱株式会社営業報告書』第1回。
注）誠一郎は四男、剛二は二男、哲郎は三男、敏雄は六男、悌介は七男。

うに、株式会社制度導入以後も取締役全九名のうち高良宗七、西野嘉四郎、俵田明、名和田哲郎の四名が株式一〇〇〇株以上を所有する大株主である。この他にも取締役には、沖ノ山有給従業員である浜田久七（所有株式七八五株）、新川元右衛門（七二五株）、村田良夫（四二五株）、笠井良介（三二〇株）、金野藤衛（三一〇株）が就任したが、少数ではあるものの彼らも沖ノ山株を所有していた(64)。

頭取から取締役社長に就任した渡邊は、家族も含めれば二〇パーセントの株式を所有しており、大規模化により経営階層的組織が整備された以後においても、沖ノ山のトップ・マネジメントを掌握していた。沖ノ山では、一九一六年に「頭取以下の従業員は、全く同格で、何ら職制無」い状態であったが[65]、一九二〇年に「炭鉱の組織、規模も拡大し、事務行政上、職制の必要を痛感した」ため、経営組織の整備に着手した。この新組織では、階層的組織が採用され、「代表取締役社長」をトップに「鉱業所」と「販売所」の二部門が設置され、「鉱業所」は①「庶務係」・「人事係」・「買入係」・「倉庫係」からなる「総務課」、②「採鉱係」・「測量係」・「機械係」からなる「鉱務課」、③「営繕係」・「機械係」からなる「工作課」、④「会計課」の四部門に分けられ、「販売所」は「仕切方」、「販売係」、「庶務係」の三部門に分割された。また、「鉱業所」・「販売所」にはそれぞれ「事務長」・「課長」・「係長」・「主任」・「係員」がおかれた。この組織は一九二〇年代の鉱区拡張や自社販売組織の設置によって改組され、一九二四年にはトップの下に「総務」・「鉱務」・「販売」の三部門体制が完成し、さらに「販売所」にかわって各地方販売出張所を統括する「営業部」などが設けられた[66]。

経営の最終的意思決定権をもつ代表取締役を支える機関には「事務長」がおかれた。この職務は、最高経営者渡邊が衆議院議員（一九一二〜二八在職）であったことから炭鉱経営に専念することができなかったため、実質的に沖ノ山の全意思決定を統括していた。この「事務長」には一九一八年から俵田明が就任し、前述した鉱夫の待遇改善や株式会社制度導入を積極的に行った[67]。しかし、沖ノ山の鉱区買収や技術導入、設備投資などの重要な意思決定は渡邊の裁決に委ねられていた[68]。例えば、前述した西沖ノ山炭鉱買収を決める際、渡邊は、「直ちに西沖ノ山炭鉱を買収する意図を有たなかった」が[69]、同炭鉱を古河鉱業が買収する計画があることを聞くと、買収金額一〇〇万円が「大問題で、値段の高い安い」が「論争の主要点」であったものの、さらに西沖ノ山側が三〇万円の値上げを要求してきたため、「不当な要求を拒否せんというような意見もでてきた」にもかかわらず、「自利利他の裁決によって」買収に応じた[70]。

階層的組織をもった戦間期の沖ノ山は、資本家＝経営者という点から経営者企業とは異なり、有給の従業員が所有者であるという点から家族企業とは異なっていた[71]。このような所有制度の下で、渡邊は大株主としてトップ・マネジメントに君臨するとともに、沖ノ山を発展に導いた重要な意思決定を裁決した。ただし、渡邊の決断を実行する俵田をはじめとする組織の力も見逃してはならないだろう(72)。

第7節　結語

創業期に小規模経営であった沖ノ山は、戦間期に大規模経営に移行した。沖ノ山の炭質は発熱量が低く原料炭に使用できないものであった。そのため創業期には需要が製塩業向けに限定されていたが、一九二〇年代の都市家庭用需要によって出炭を伸ばすことが可能となった。一九二〇年代の沖ノ山の拡大は、西沖の山鉱区の買収と新坑の開鑿にあった。一九二二年にはじまった竪坑の開鑿が二五年に完成したことによって、沖ノ山の出炭は大きく伸びた。とりわけ、第2章でみたように、連合会によって新坑による送炭増加の認可量が大きかった一九二〇年代前半において、沖ノ山が新坑開鑿に着手していたことには、注目すべきであろう。

これと同時に、戦間期と比較すると創業期にはほとんど機械を導入していなかった沖ノ山は、一九二〇年代に採炭法の改善を模索し、一九三〇年代に長壁法の採用、切羽運搬機の導入によって生産性を上昇させてコストを下げた。加えて、生産性上昇の弊害となると考えられた労働組合運動を回避し鉱夫の待遇を改善した。

沖ノ山は、創業期に炭鉱業者の同業者組織である宇部鉱業組合の「指定問屋」制の下に販路を確保していたが、大経営化する戦間期において、同業者組織が主導する販売制度から離脱して自社販売組織を確立した。さらに、沖ノ山は、大経営化に伴い階層的組織を創設したものの、創業期からの従業員が株式を所有する制度が踏襲され、所有と経営が分離されず、経営者渡邊祐策がトップ・マネジメントに君臨していた。沖ノ山の発展には、渡邊の経営の采配が重要な鍵を握っていたと考えられる。

こうした沖ノ山の発展を支えた資金は、創業期において宇部村民に無機能資本を集める「蔭歩」制度が定着化していたことを前提に、経営者渡邊の信用力が重要であった。他方、戦間期の大規模化に伴い沖ノ山は株式会社組織を採用したが、宇部に発達した証券市場を利用して他人資本を取り入れず、自己資本によって必要資金を賄っていた。他産業と比較して固定資本費が大きな石炭鉱業では巨額の資金が必要とされるが、この資金調達の方法は宇部独特のものであった。

注

(1) 先駆的研究としては荻野［一九八三］が挙げられる。また、本章の原著論文公刊後に、三浦［二〇〇六］などの三浦壮の一連の研究があるものの、沖ノ山炭鉱の発展過程という視点からは分析されていない。
(2) 宇部鉱業組合『宇部鉱業史』一九二六年、七頁。
(3) 俵田明『宇部産業史』渡邊翁記念文化協会、一九五三年、六〇～六一頁。これに憂慮した旧藩領主福原芳山が一八七六年に伊藤博文の援助を受けて福井から借区権を全て買収し、一八八七年の共同義会の設立とともに全鉱区を無償贈与した（前掲『宇部産業史』六三頁）。
(4) 弓削達勝『素行渡邊祐策翁』渡邊翁記念事業委員会、乾、一九三六年、一六〇～一六一頁。
(5) 前掲『素行渡邊祐策翁』乾、一五二～一五八頁。
(6) 前掲『素行渡邊祐策翁』乾、一六四～一六五頁。
(7) 前掲『素行渡邊祐策翁』乾、一七三頁。
(8) 加藤和幸「沖ノ山炭鉱実習報告」（九州帝国大学実習報告）一九二四年、七頁。
(9) 前掲『宇部産業史』一〇〇～一〇一頁。なお、共同義会の業務は一九一六年に終了した。
(10) 前掲『素行渡邊祐策翁』乾、一七八～一七九頁。
(11) 前掲『宇部産業史』一三一～一三六頁。

(12) 元永友助「石炭販売の回顧」宇部時報社『宇部興産六十年の歩み』一九五六年、六八頁。
(13) 竹本丈一「百間築港の誕生」前掲『宇部興産六十年の歩み』一二頁。
(14) 西田梅次郎「旧坑時代」前掲『宇部興産六十年の歩み』八頁。
(15) 和座［一九七〇年］四頁。
(16) 和座［一九七〇年］六〜七頁。なお、宇部において共同体的意識が備わった理由として、明治維新期に長州藩へ所属していながら、政府高官への道が閉ざされたため、宇部村民が郷土愛と閉鎖性を身につけたことが指摘されている。
(17) 和座［一九七〇年］二三、二八頁。
(18) 宮本［一九九〇年］三七五頁。
(19) 前掲『素行渡邊祐策翁』乾、一六三頁。
(20) 前掲『素行渡邊祐策翁』乾、一六二頁。
(21) 以下、前掲『素行渡邊祐策翁』乾による。
(22) 前掲『素行渡邊祐策翁』乾、一七七、一七九頁。
(23) 百年史編纂委員会『宇部興産百年史』宇部興産株式会社、一九九九年、二九頁。
(24) 前掲『素行渡邊祐策翁』乾、四九四〜四九七頁、六二五〜六三九頁。前掲『宇部興産百年史』三一〜三四頁。
(25) 弓削達勝『素行渡邊祐策翁』渡邊翁記念事業委員会、坤、一九三六年、一二一四〜一二一七頁。
(26) 前掲『宇部産業史』一四九〜一五〇頁。
(27) 沖ノ山炭鉱株式会社『沖ノ山炭鉱株式会社鉱業概要』（宇部市立図書館附設資料館所蔵）一九二九、三〇年頃。
(28) ユニット・コールについては、伴野敬義「ユニット・コールを基準とする石炭売買価格の合理化に就いて」『九州鉱山学会誌』第二巻第五号、一九二八年を参照。
(29) 渡辺四郎『用途別需要ヨリ観タル日本石炭ノ過去現在及将来』一九三四年より計算。
(30) 前掲『沖ノ山炭鉱株式会社鉱業概要』。
(31) 上田十一「石炭販売の競争時代」前掲『宇部興産六十年の歩み』六五〜六六頁。
(32) 元永友助「石炭販売の回顧」六九頁。

(33) 前掲「石炭販売の競争時代」六五、六六頁。
(34) 前掲「石炭販売の競争時代」六六頁。前掲「石炭販売の回顧」六八頁。
(35) 前掲「石炭販売の回顧」六九頁。
(36) 前掲「石炭販売の競争時代」六五頁。
(37) 前掲「石炭販売の回顧」六九頁。
(38) 前掲『素行渡邊祐策翁』乾、一九九頁。
(39) 前掲『宇部興産百年史』三五〜三七頁。
(40) 前掲『沖ノ山炭鉱株式会社鉱業概要』。
(41) 上田十一「石炭販売の競争時代」前掲『宇部興産六十年の歩み』六六頁。
(42) 前掲『素行渡邊祐策翁』乾、二五四〜二五八頁。
(43) 前掲加藤「沖ノ山炭鉱実習報告」四八、五七、五八頁。
(44) 朝日新聞宇部支局『宇部石炭史話』朝日文化センター、一九八一年、一七二〜一七四頁。
(45) 吉川潢「沖ノ山炭鉱実習報告」（東京帝国大学実習報告）一九三五年、八二、八四頁。なお、採炭は以下のように行われていた。「切羽ニ於イテ、採炭夫ハ鶴嘴ニテ採炭セル石炭塊ヲ『エブ』ト称スル竹製ノ柄ノナイスコップ型ノモノニテ『コンベヤー』ノ『トラフ』ニ注グ。石炭ハ『トラフ』ヲ通リ二一オ（＝〇・四五噸）ノ炭車ニ積ミ込マル。『コンベヤー』ノ電動機ハ炭車積込口附近ニアリ採炭夫ノ合図ニヨリ運搬ヲナス。電動機ハ五〜七・五〜一〇馬力ノモノヲ用フ。尚、『トラフ』ノ長サハ払面ノ長サニヨル。炭車積込時間ハ一般ニ一分三〇秒程度ナリ」（前掲吉川「沖ノ山炭鉱実習報告」一一一頁）。
(46) 前掲吉川「沖ノ山炭鉱実習報告」一〇八頁。なお、坑内には巻揚機が七八台、コンベヤーが二六台装備されていた。
(47) 前掲吉川「沖ノ山炭鉱実習報告」一七一〜一七二頁。なお、坑外にはエンドレス巻機が一一台、フリクション巻機が六台装備されていた。
(48) 前掲吉川「沖ノ山炭鉱実習報告」一〇八頁。
(49) 前掲「百間築港の誕生」一二頁。
(50) 前掲『素行渡邊祐策翁』乾、四六二〜四六六頁。

(51) 前掲『素行渡邊祐策翁』乾、七一七～七二一頁。なお、信愛会の会則は以下の通りである。「①本会ハ沖ノ山炭鉱従業者（事務員ヲ除ク）年齢一八才以上ノ男子ヲ以テ会員トス。②本会ハ会員相互ノ親睦ヲ図リ一致協力ノ美風シ互イ常ニ円満ナル事業ノ発展ヲ斯ク以テ会員及ビ家族ノ生活ノ安定ト幸福トヲ増進スルヲ以テ会員トス。③会員ハ相互ニ其ノ様行ヲ慎ミ人格ノ向上発展ヲ図リ各其ノ業務ニ精励シ労働ノ神聖ヲ自覚シ雖モ浮誇軽挑ノ言論ニ惑ハズ団体ノ擁護ニ努ルモノトス。④本会ハ左記ノ事業ヲ遂行ス　一、事業上其ノ他ニ関スル協調　二、風紀衛生ニ関スル事項　三、炭鉱施設ノ改善其ノ他諸般ノ事項ニ付研究スル事　四、講演会ヲ開催スルコト　五、会員及ビ其ノ家族ノ善行ヲ表彰スルコト」（小数賀淳「沖ノ山新坑報文」〈京都帝国大学実習報告〉、一九二七年）。

(52) 前掲吉川「沖ノ山炭鉱実習報告」二二〇頁。

(53) 前掲「沖ノ山新坑報文」五頁。俵田翁伝記編纂委員会『俵田明傳』宇部興産株式会社、一九六二年、六八頁。

(54) 前掲『素行渡邊祐策翁』乾、四八三頁。前掲『石炭史話』一九五頁。

(55) 前掲「沖ノ山新坑報文」五頁。

(56) 林雅樹「沖ノ山炭鉱実習報告」（九州帝国大学実習報告）一九三一年、二五頁。稼動一〇〇〇人当たり負傷率＝負傷者数／実働者数×一〇〇〇。なお、この時期における負傷者数の減少要因は、第一に保安規則が厳密に制定されたこと、第二にワラジ履きが禁止され長靴の着用が義務付けられたことや、長袖シャツの着用が進んだこと、第三に照明と通気が改善されたことなどが挙げられる。

(57) 前掲加藤「沖ノ山炭鉱実習報告」一四〇頁。

(58) 前掲『宇部興産百年史』五五頁。

(59) なお、炭鉱経営の制約になると思われた労働組合運動は、株主である宇部市民から強い反発を受けた。

(60) 俵田明「六十年の歩み」前掲『宇部興産六十年の歩み』一三九頁。

(61) 沖ノ山株は好景気期に高配当をもたらした。例えば、日露戦後のころ「一株二百円の株が当時の金で何千円となり、二株あればよい財産」となった（前掲「旧坑時代」九頁）。

(62) 前掲『素行渡邊祐策翁』乾、八八〇頁。

(63) 前掲「百間築港の誕生」一二頁。

(64)　『沖ノ山炭鉱株式会社営業報告書』（宇部市立図書館郷土附属資料館所蔵）、第一回、一九二八年一二月～一九二九年五月。

(65)　前掲『素行渡邊祐策翁』乾、五三五、五三七～五三九頁。

(66)　一九三四年当時の沖ノ山の経営組織は、以下の四部門に分けられていた（前掲吉川「沖ノ山炭鉱実習報告」二〇四～二〇五頁）。一、文書課。二、総務部─①人事課（労務係、事務係、社会係）、─②用度課（購買係、倉庫係）、─③経理課（会計係、出納係、計算係）。三、鉱務部─①採鉱課（衛生係、保安係）、─②坑外課（監量係、選炭係、練炭係）、─③機械課（機械係、修繕係）、─④工作課（土木係、営繕係）、─測量係、─研究係、─坑口係。四、営業部─①販売課（販売係、発送係、船舶係、高松出張所）、─②東京出張所、─③大阪出張所、─④名古屋出張所。

(67)　前掲『俵田明傳』六七～六八頁、八四～八六頁。なお、俵田明の略歴は以下の通り。一八八四年宇部生まれ。一九一五年工手学校卒業後沖ノ山に保安係兼機械係として入社。一九一九年沖ノ山事務長。一九二八年取締役。一九三三年宇部窒素取締役。

(68)　技術導入については、前述したように渡邊が「九州炭田視察」の経験により沖ノ山への移転を断行したとされる。また、炭鉱動力を電化する際も渡邊の決断が重要であった（前掲『石炭史話』一六九～一七二頁）。さらに、一九二四年に渡邊は沖ノ山への上水道設置を強く推し進めた（前掲『俵田明傳』七三頁）。

(69)　前掲『素行渡邊祐策翁』乾、四九五頁。

(70)　前掲『俵田明傳』七七頁。

(71)　経営者企業と家族企業については、森川［一九九六］二～一一頁を参照。

(72)　この点については、渡邊の三男名和田哲郎の回顧が参考になる。「父はいろいろなヒントを実によく出す。これを具体化するのが俵田さん達でしかも父は留守勝ち、株式（会社）までの沖ノ山は西野嘉四郎、俵田さんが留守番役で本当に苦労された」（名和田哲郎「沖の山炭鉱株式に改組」前掲『宇部興産六十年の歩み』七五頁）。

第4章　常磐炭鉱企業の停滞

第1節　課題

第3章でみた沖ノ山炭鉱の出炭拡大は、常磐炭田に属する炭鉱の停滞を導く一要因となった。ここでは、序章でみた一九二〇年代に送炭量が下がる産炭地として挙げられる常磐の動向を検討したい。また、第1章でみたように、磐城炭に代表される常磐炭価は、一九二〇年代において筑豊炭よりも安定性が低かった。

常磐炭鉱企業は、筑豊、宇部、北海道の企業と比較すると、一九二〇年代に停滞した。先行研究において、一九二〇年代の常磐炭鉱企業の不振はすでに指摘されてはいるものの[1]、企業の経営動向、企業間関係などに注目した分析はない。とりわけ、常磐炭鉱企業の停滞要因を分析する際に重要なのは、企業間の価格協定、送炭制限の動向である。

戦間期の石炭カルテル研究の到達点である松尾純広の研究によれば、「石炭独占組織は送炭面での撫順炭輸入協定（一九二四年九月）と石炭連合会による国内送炭制限の強化（二五年一一月）、および販売面での甲子会をはじめとした地方販売カルテルの成立（二五～六年）をもって整備され独占組織としての内実を獲得した」とされている[2]。ただし、松尾が「地方販売協定の成立」の一つに挙げている常磐木曜会の活動についての実態は不明であり、常磐石炭鉱業の通史といえる『常磐炭田史』においても木曜会の「販売の実務は各社の自主性に委ねたため、完全な統制には至らなかった模様である」という記述に留まっている。また、常磐炭鉱企業間関係に大きな影響を与えた三井の常磐炭田における活動については、先行研究によって十分な検討がなされていない。

こうした先行研究に対して本章では、常磐炭鉱企業の停滞要因を市場、企業経営、企業間関係の三つの側面から検討する。具体的には、第2節において常磐炭の需要動向を検討し、第3節において産炭地間の生産費などを比較しながら常磐炭鉱企業の経営動向をみる。第4節では、常磐におけるカルテル協定の動向を検討し、企業間関係が分析される。第5節では、産炭地常磐の停滞要因がまとめられる。

第2節　常磐炭需要の減少

表4-1が示すように、一九二〇年代の西日本では筑豊、糟屋、肥前、唐津、三池炭を主とする九州炭が圧倒的地位を占めている。ただし、西日本における九州炭の総供給量に占める割合は一九二四年の五〇パーセントから三〇年の四五パーセントに減少したのに対して、北海道炭は同期間に四・八パーセントから七・八パーセント、山口炭は七・五パーセントから八・五パーセントに増えた。常磐炭は、西日本にはほとんど移入されておらず、東日本が主要な販売地であった。同表にみられるように、常磐炭の販売地は京浜、東北を主とする東日本である。だが、東日本における常磐炭の割合は、一九二四〜三〇年に九・六パーセントから一三・一パーセントに増加した北海道炭に対して、五・六から四・〇パーセントへ減少した。こうした京浜地方における北海道・山口炭の食い込みに対して、常磐炭は信州諏訪などの関東甲信越地方への販路拡大を目指した(3)。このことは、表4-1の「その他」において常磐炭が移入量を保持していることからも分かる。

他方で、常磐炭の販路を奪った北海道炭は、一九二〇年代に三井鉱山、三菱鉱業によって炭田開発が進められた。

表 4-1　九州・北海道・山口・常磐炭の各地移入量

（千トン）

年次	西日本																	
	山陽・四国			阪神			山陰			伊勢湾			北陸		小計		
	九州炭	北海道炭	山口炭	九州炭	北海道炭	山口炭	九州炭	北海道炭	山口炭	九州炭	北海道炭	山口炭	九州炭	北海道炭	九州炭	北海道炭	山口炭
1923	2,020	0	642	3,572	71	525	102	0	1	1,026	256	4	197	326	6,916	653	1,172
1924	2,160	1	588	3,563	108	501	112	3	2	1,162	266	5	283	375	7,281	754	1,096
1925	2,117	0	577	3,154	184	498	97	1	2	1,253	298	7	295	337	6,916	821	1,083
1926	1,770	1	521	3,828	199	529	97	4	4	1,331	310	5	263	410	7,290	924	1,058
1927	1,639	1	587	4,098	203	511	112	9	4	1,309	318	13	245	410	7,402	941	1,115
1928	1,703	0	694	3,965	283	595	101	14	6	1,282	384	12	230	431	7,281	1,112	1,308
1929	1,722	0	724	4,064	299	588	93	18	3	1,354	378	17	225	452	7,457	1,147	1,332
1930	1,505	5	694	3,402	334	494	94	11	2	1,260	340	24	186	429	6,447	1,118	1,214

年次	東日本											その他				合計
	京浜				東北			小計								
	九州炭	北海道炭	常磐炭	山口炭	九州炭	北海道炭	常磐炭	九州炭	北海道炭	常磐炭	山口炭	九州炭	北海道炭	常磐炭	山口炭	
1923	778	758	536	32	4	376	0	782	1,135	536	32	1,127	72	1,063	16	13,504
1924	880	942	634	74	7	462	189	887	1,404	823	74	1,041	65	1,116	27	14,566
1925	828	1,003	499	90	11	436	206	840	1,439	705	90	1,109	1	1,070	42	14,116
1926	842	1,121	526	119	8	540	237	850	1,662	763	119	951	2	1,150	28	14,797
1927	1,011	1,140	494	119	4	628	237	1,014	1,768	731	119	971	1	1,232	20	15,314
1928	842	1,277	457	129	2	602	244	844	1,879	701	129	1,051	1	1,233	37	15,575
1929	899	1,366	446	161	2	619	266	900	1,985	712	161	1,233	14	1,222	22	16,186
1930	818	1,332	341	158	3	546	239	821	1,878	580	158	1,034	8	1,053	18	14,329

出所）奥中孝三『石炭鉱業連合会創立拾五年誌』石炭鉱業連合会、1936 年、38～41 頁。

図4-1　京浜までのトン当たり石炭輸送費

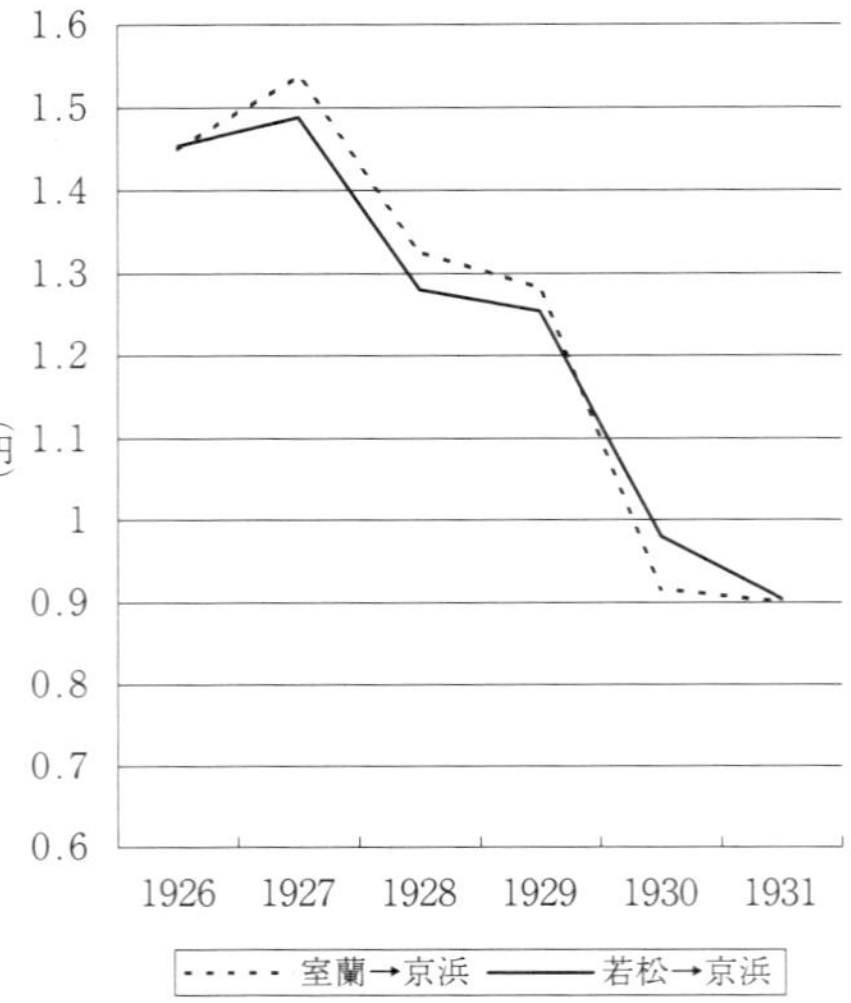

出所）石炭鉱業連合会『石炭統計』1937年、73頁。

一九二〇年に三三〇万トンであった北海道炭の送炭量は、二五年に五二〇万トン、三〇年に六〇〇万トンへ増加した(4)。こうした北海道炭田の出炭増加によって、常磐炭田は「昔日の牙城も日一日と他炭に蚕食され」ることになった(5)。

常磐石炭鉱業の低迷の一要因としては、相対的に劣等炭を供給していたことが挙げられる。平均七〇〇〇カロリーの発熱量を保有した北海道炭に対して、有煙炭と無煙炭からなる常磐炭は平均五二〇〇カロリーにすぎなかった。それゆえ、高い発熱量を必要とする工場用炭は北海道炭に奪われ、常磐炭の鉄道省売炭量も二〇年の八四万トン（二四パーセント）から二七年の五一万トン（一五パーセント）へ減少した(6)。また、図4-1が示すように、京浜への北海道、九州炭が流入した一要因として、海運輸送費の低下が挙げられる。九州炭のほとんどは船舶によって京浜に輸送されていたため、こうした輸送費の減少は常磐炭の売れ行きに大きな影響を与えた(7)。個別企業の事例をみれば、常磐の入山採炭の経営悪化要因としては、一九二七年に「船運賃ノ暴落ニヨル九州北海道炭ノ圧迫」を受けたことが挙げられている(8)。

ただし、低品位炭を供給する常磐は、東京、横浜などの主要都市の家庭や小商工業者向けの需要があった。とくに、煤煙の少ない常磐無煙炭は、都市化の進展に伴い需要が増えていた。しかし、都市向けの需要は、無煙炭と競合する「瓦斯及ビコークスノ為、漸次、販路ヲ蚕食」された(9)。さらに、第3章で見た山口宇部炭が「地盤ノ拡張ヲ企画シ東京市中ニ」おいて、「茨木（城）無煙炭ニ対シテ漸次侵略ヲ敢行」してきたため、常磐炭の需要は伸び悩んだ。

第3節　常磐炭鉱企業の経営の動向

(1)　大炭鉱企業の動向

常磐炭田は、第一次世界大戦期の新規参入企業の増加に伴い、出炭量が大きく増えた。ここでは常磐炭田における大炭鉱企業の動向をみてみたい。表4-2が示すように、一九一四年に二〇〇万トンであった常磐の出炭量は、二〇年に三九〇万トンへ増加している。また、一九一四年と二〇年の上位企業を比較してみれば、出炭規模第一位の古河鉱業と第三位の大日本炭鉱が台頭している。

筑豊において下山田、目尾、新目尾炭鉱を経営していた古河は、大戦ブーム期に筑豊所有炭鉱の出炭の伸び（一九一四年に六五万トン、一九年に七〇万トン）が緩やかであったのに反して、一九一四年に買収した常磐炭田の好間炭鉱の出炭を大きく伸ばした(10)。他方で、一九一七年に磯原炭鉱を設立して常磐に進出した古賀春一は、一四年に茨城炭鉱と本山炭鉱を合併して大日本炭鉱を設立した(11)。さらに同社は、一九一四年に三星炭鉱、平炭鉱、一五年に東海炭鉱を買収することで事業を拡大した。

しかし、表4-2が示すように、古河と大日本の出炭量は、一九二〇年代に著しく減少した。他方、磐城炭鉱と入山採炭は、一九二〇～三二年に出炭量・シェアを伸ばした。だが、全般的にみて、一九二〇年代の常磐炭鉱企業の経営動向は、悪化していた。表4-3によって各社の収益をみれば、大日本はどの年も損失が生じているし、入山、磐城の利益金および利益率は減少している。一九二一年の大日本は、「洪水ニ際会シ、為ニ東海第二坑ハ浸水」し、「資金不足ニシテ、事業進捗上多大ノ影響ヲ蒙リ」、「変災ニヨリ、出炭ノ減少ト不時ノ失出費ヲ要シ、結局収支ヲ償フコ

表 4-2　常磐炭鉱企業の動向

（千トン、%）

1914年				1920年				1925年				1932年			
順位	鉱業権者	出炭量	シェア	順位	鉱業権者	出炭量	シェア	順位	鉱業権者	出炭量	シェア	順位	鉱業権者	出炭量	シェア
1	磐城炭鉱㈱	629	28.9	1	古河鉱業㈱	644	16.4	1	磐城炭鉱㈱	960	32.0	1	磐城炭鉱㈱	1,060	45.6
2	入山採炭㈱	447	20.5	2	磐城炭鉱㈱	529	13.4	2	茨城採炭㈱	308	10.3	2	入山採炭㈱	385	16.5
3	古河好間炭鉱㈱	310	14.2	3	大日本炭鉱㈱	503	12.8	3	入山採炭㈱	288	9.6	3	大日本炭鉱㈱	190	8.2
4	茨城無煙炭鉱㈱	144	6.6	4	茨城採炭㈱	378	9.6	4	大日本炭鉱㈱	281	9.3	4	小田炭鉱㈱	179	7.7
5	茨城採炭㈱	107	4.9	5	入山採炭㈱	375	9.5	5	古河鉱業㈱	249	8.3	5	古河鉱業㈱	162	7.0
6	三星炭鉱㈱	95	4.4	6	福島炭鉱㈱	258	6.6	6	茨城無煙炭鉱㈱	238	7.9	6	大倉鉱業㈱	88	3.8
7	山口無煙炭鉱(合)	62	2.8	7	茨城無煙炭鉱㈱	233	5.9	7	小田炭鉱㈱	127	4.2	7	倉田亀之助	58	2.5
8	玉城炭鉱㈱	59	2.7	8	常磐採炭㈱	223	5.7	8	福島炭鉱㈱	104	3.5	8	福島炭鉱㈱	56	2.4
9	古賀春一	37	1.7	9	王城炭鉱㈱	203	5.2	9	三井鉱山㈱	102	3.4	9	日支炭鉱汽船㈱	43	1.8
10	清田炭鉱㈱	33	1.5	10	広部鉱業㈱	95	2.4	10	玉城炭鉱㈱	47	1.6	10	五十嵐栄次郎	28	1.2
11	山崎藤太郎	33	1.5	11	山口無煙炭鉱(合)	66	1.7	11	山口無煙炭鉱(合)	38	1.3	11	慎武	14	0.6
12	隅田川炭鉱㈱	28	1.3	12	朝鮮炭鉱㈱	50	1.3	12	不動澤炭鉱㈱	27	0.9	12	木村康一郎	13	0.6
13	中野喜三郎	26	1.2	13	中央石炭㈱	42	1.1	13	朝鮮炭鉱㈱	22	0.7	13	鳳城炭鉱㈱	12	0.5
14	頼尊淵之助	22	1.0	14	河野英良	41	1.1	14	中央石炭㈱	21	0.7	14	関又一	11	0.5
15	石山幾三郎	22	1.0	15	東日本炭鉱㈱	34	0.9	15	広部鉱業㈱	21	0.7	15	山口一良	11	0.5
16	豊島駒吉	17	0.8	16	小田炭鉱㈱	30	0.8	16	鳳城炭鉱㈱	17	0.6	16	斎藤惣一郎	5	0.2
17	(合)高田商会	15	0.7	17	宝山炭鉱㈱	28	0.7	17	松原炭鉱㈱	16	0.5	17	不動澤炭鉱㈱	4	0.2
18	柳内兵右衛門	14	0.7	18	日本公債㈱	24	0.6	18	小田吉治	15	0.5	18	川瀬幸治	2	0.1
19	常磐炭鉱(合)	12	0.5	19	華川無煙炭鉱㈱	23	0.6	19	槇武	13	0.4	19	今幡西衛	2	0.1
20	山崎藤太郎	11	0.5	20	炭鉱商船㈱	18	0.5	20	品川白煉瓦㈱	11	0.4	20	坂田順治	1	0.1
21	大塚寅寿郎	9	0.4	21	品川白煉瓦㈱	17	0.4	21	伊藤保一	11	0.4	21	箕田長三郎	1	0.03
22	品川白煉瓦㈱	7	0.3	22	不動澤炭鉱㈱	15	0.4	22	中野炭鉱㈱	10	0.3	22	北村民也	1	0.02
23	鳥居半次郎	7	0.3	23	八幡鉱業㈱	13	0.3	23	帝国鉱業㈱	9	0.3	23	東日本炭鉱㈱	0.3	0.01
24	越賀幸治郎	5	0.2	24	中野炭鉱㈱	13	0.3	24	橋本謹爾	8	0.3	24	品川白煉瓦㈱	0.2	0.01
25	(合)鈴木炭鉱	5	0.2	25	伊澤良立	11	0.3	25	有馬浅雄	8	0.3	25	井上武八	0.2	0.01
26	二葉鉱業㈱	5	0.2	26	槇武	9	0.2	26	㈱精養軒	7	0.2	26	玉城炭鉱㈱	0.1	0.00
27	木村勝蔵	4	0.2	27	三木キソ	6	0.2	27	三木キソ	6	0.2	27	田野元次	0.0	0.00
総計	38	2,176	100	総計	47	3,932	100	総計	41	3,002	100	総計	27	2,325	100.0

出所）仙台鉱務署（鉱山監督局）『管内鉱区一覧』各年。東京鉱務署（鉱山監督局）『管内鉱区一覧』各年。

注）(合)は、合資会社、㈱は株式会社の略。1925年に磐城炭鉱は茨城採炭を合併するが資料には、同企業の名前がみられる。

表 4-3　常磐主要大炭鉱企業の経営動向

（千円）

企業名		大日本炭鉱㈱			入山採炭㈱		磐城炭鉱㈱		
年次		1922	1926	1930	1925	1930	1923	1925	1930
負債・資本＝資産		15,786	14,225	14,964	7,898	8,138	13,705	14,336	17,954
負債・資本	流動負債	2,453	307	482	340	464	774	1,106	2,400
	固定負債	2,703	3,418	3,982	213	410	864	729	2,221
	資本	10,603	10,500	10,500	7,052	7,099	11,128	11,757	13,012
	前期繰越金	0	0	0	65	61	0	0	0
	当期利益金	0	0	0	228	104	939	745	320
資産	流動資産	1,339	606	924	1,709	1,421	2,323	2,190	2,047
	固定資産	14,108	10,912	11,183	6,189	6,717	11,382	12,146	15,906
	前期繰越金	18	2,657	2,814	0	0	0	0	0
	当期損失金	320	49	43	0	0	0	0	0
自己資本比率（%）		67.2	73.8	70.2	89.3	87.2	81.2	82.0	72.5
利益率（%）		0	0	0	2.9	1.3	6.9	5.2	1.8

出所）大日本炭鉱・入山採炭・磐城炭鉱『営業報告書』各年各期。
注）自己資本率＝資本／負債・資本。収益率＝当期利益／負債・資本。各年の上期の数値。

ト能ハザリシ」という状態であり、[12]この復旧の遅れから純益を得ることが不可能になったと思われる。また、一九二〇年代における古河好間炭鉱は、自社火力発電所の余剰電力販売を除くと、ほとんど純益がなかった[13]。さらに、一九一四年に一六円であった入山のトン当たり利益金は、一九年に同社の創業以来の最高額となる六・七円に到達したものの、二一年に二・九円、二五年に一・二円、三〇年に〇・四円に下落した[14]。

図4-2によって各産炭地の主要大炭鉱企業の炭価と生産費用についてみてみよう。筑豊の貝島鉱業の炭価と常磐の入山の炭価を比較すれば、一九二〇年代前半には両者にほとんど差はないが、一九二〇年代後半には貝島炭価よりも入山炭価のほうが低くなっている。だが、常磐の市場を侵食した北海道炭の推移を三井鉱山の太平洋炭に代表させてみれば、同炭の価格は一九二七年まで常磐炭よりも低い。太平洋炭は、輸送費が考慮されていない坑所価格であると思われるが、室蘭から京浜までの輸送費が一九二〇年代に低下していたから（図4-1）、低価格での北海道炭の流入は常磐炭の販売に大きな影響を与えたといえよう。同様に、北海道の三井鉱山砂川鉱業所のトン当たり坑所炭価は、一九二一〜二五年に平均七・一円、一九二六〜三〇年に六・五円であった[15]。このことからみて、常磐炭よりも品質が優良な北海道炭が低価格で京浜市場に流入したことによって、常磐炭の市場競争力は低下したといえる。

図 4-2　各企業の炭価と生産費

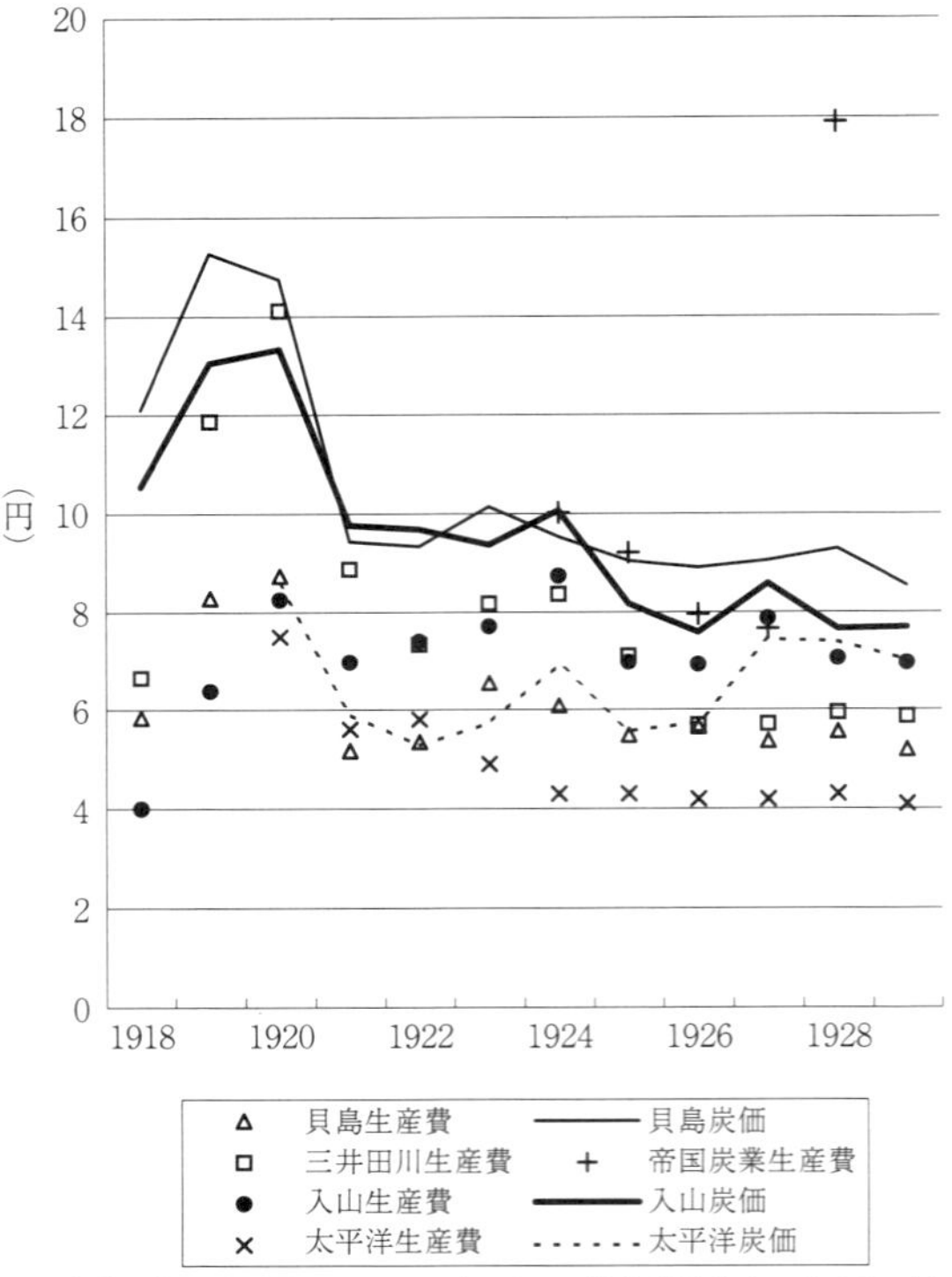

出所）「貝島史料」（表 2-5 に同じ）。『田川鉱業所沿革史』第 1 巻（表 5-1 に同じ）。
帝国炭業株式会社『営業報告書』各年。入山採炭株式会社「従創立至昭和五年下期原価並純益金調」「調査書」、「大倉財閥資料」、No. 6I2/3。『太平洋炭鉱沿革史』第 1 巻、「創業以来生産高販売高及販売価額」、「営業費決算表」。

注）炭価、生産費は坑所のもの。ただし、太平洋炭鉱の炭価は販売価額／販売高で計算。帝国炭業のものは推計。

生産費についてみれば、常磐炭の不振は鮮明になる。図4-2が示すように、鈴木商店が筑豊において所有し、一九二九年に破産した帝国炭業のコストは、どの企業の生産費よりも高い。他方で、これら企業のうち最も生産費が低いのは、北海道炭田の太平洋炭鉱である。注目すべきは、各社の炭価と生産費の関係である。入山の生産費は、一九二四年以降に低下しているものの、一九二〇年代後半に貝島、三井田川、太平洋と大きな格差が開いている。したがって、入山のトン当たり炭価と生産費の差が小さくなることによって、他炭鉱よりもトン当たり利益は低下した。

ただし、常磐大企業は、一九二〇年代に採炭方法の改善を図っていた。石炭採掘において最も重要な切羽採炭部門の動向をみると、古河好間炭鉱は、第一次大戦ブーム期に「旧ノ施設ヲ改良セシ所少ナク」、「一塊ノ石炭ト雖モ多ク」出炭させるため「ボロ山ヨリ月出炭千三百噸」を採掘し、「施設ノ見ル可キモノ殆ンドナ」い状態であったものの、一九二九年までに採炭法を残柱式から長壁法に変え、コールカッター、ピックを導入していた。(16)一九二〇年代はじめに残柱式採炭法を採用していた入山採炭は、採算の見合わない第一～第三坑を休止し、一九二〇年代後半から第四坑をはじめとする優良坑に長壁法を導入した。(17)さらに、同炭鉱は長壁法を導入した諸坑に機械を導入し、一九三〇年にはコールカッター三台、電気ドリル八台、圧気ドリル四〇台を備えていた。ただし、入山の切羽で採掘された石炭は、鉱夫の人力によって木製炭車まで運ばれていた。このように切羽運搬機が導入されていなかったものの、一九二六年に五七トンであった入山の全鉱夫一人一年当たり出炭量は、二八年六八トン、二八年八九トン、三〇年一〇六トンと上昇した。(18)だが、太平洋の生産性は、一九二二年一二八トン、二五年一六〇トン、三〇年二〇六トンであり、(19)入山とは大きな差があった。

こうした技術導入にもかかわらず、他産炭地と比較すると相対的に高い常磐大炭鉱の生産費には、常磐炭田独自の自然・地質的要因があった。(20)第一に、常磐炭田はトン当たり揚水量が他炭田の三倍に昇り、採掘中に坑内出水が頻繁に起こっていた。第二に、地上から炭層までの距離が平均一〇〇〇メートルに達するという坑内深度によって常磐は、他産炭地と比べると経営上不利であった。とくに、常磐のなかでも優良な炭質を生み出す湯本地域では、地表から炭層までの距離が六六〇〇メートルに及んだ。(21)

このうち坑内出水は、常磐炭鉱企業の生産性の回復の障壁となっていた。入山では、「湧水盛ンニシテ作業上ノ一大難物」であり、「湯本断層ヨリ来ル温泉」によって「非常ナル努力ヲ」必要とし、「作業ノ機械化ヲ促進シテ経費ノ節約」の阻害要因となっていた。(22)入山の揚水費は、総費用の三〇パーセントを占めており、出水対策に必要とする費用が多額に上った。同様に、古河好間炭鉱は、一九二四年に竪坑掘進中に「断層ニ出会シ水没」し、この復旧のために生産性が伸び悩んでいた。(23)

(2)　中小炭鉱の動向

こうした常磐内で出炭規模の大きな大炭鉱企業に対して、中小炭鉱の動向についてみてみたい。前掲表4-2によれば、一九一四年に上位三社の集中度は六三・六パーセントであったが、二〇年に四二・六パーセントに低下している。しかし、上位三社集中度は、一九二五年に五一・九パーセントへ上昇し、三二年に七〇・三パーセントへ増加している。このことから、常磐炭田では、大炭鉱企業による寡占化が進んでいたといえよう。

常磐炭田の炭鉱数をみれば、第一次世界大戦ブーム期の一九一四～二〇年に四四坑から六八坑に増えたが、一九二〇年恐慌を経た二五年に五四坑、昭和恐慌を経た三二年に三九坑に減少していることからみて[24]、常磐の炭鉱数は、景気順応的な変化を示していたといえる。

前掲表4-2によれば、一九三二年の上位企業である磐城炭鉱、入山採炭、大日本炭鉱（古賀春一）、および古河鉱業は、経営に連続性のある企業を含めて一九一四～三二年に存続している。上位企業の変化としては、磐城が一九二五年に茨城採炭を合併したこと、二〇年に入山採炭の経営権を得た大倉が二六年に茨城無煙の所有炭鉱の経営を引き継いだ（大倉鉱業無煙炭鉱と改称）ことが挙げられる[25]。したがって、茨城採炭を合併した磐城のシェアは、一九二五年に常磐内で四二・三パーセントとなった。他方で、これら上位企業を除く中小炭鉱をみれば、一九一四～三二年で比較的長く操業していたのは、王城炭鉱、小田炭鉱（小田吉治）、品川白煉瓦（以上、一九一四～三二年）、山口無煙炭鉱（一九一四～二五年）、東日本炭鉱（一九二〇～三二年）が挙げられるものの、この他の中小鉱業権者の存続期間は短い（表4-2）。

中小炭鉱の事例として、王城炭鉱をみてみたい。王城の出炭量は、一九一四年の六万トンから二〇年の二〇万トンへ増加した。王城は、好況下の三・三倍に及ぶ経営規模の拡大によって、常磐炭田内での順位を伸ばした。第一次世界

表4-4　常磐中小炭鉱企業の経営動向

（千円）

企業名		王城炭鉱㈱		中野炭鉱㈱		
年次		1927	1929	1920	1924	1928
負債・資本＝資産		1,492	1,567	1,066	616	638
負債・資本	流動負債	374	455	58	84	107
	固定負債	0	0	0	30	29
	資本	1,118	1,112	1,002	502	502
	前期繰越金	0	0	0	0	0
	当期利益金	0	0	6	0	0
資産	流動資産	152	115	41	13	0
	固定資産	1,095	1,189	964	477	475
	前期繰越金	245	263	60	122	161
	当期損失金	0	0	0	4	1
自己資本比率(%)		75.0	71.0	94.0	81.5	78.7

出所）王城炭礦株式会社『営業報告書』各年。中野炭鉱株式会社『営業報告書』各年。
注）各年の上期の数値。自己資本率＝資本／負債・資本。

大戦期の王城の経営をみれば、機械設備は巻揚機を有するのみで、出水も自然排水であり、薄層のため鉱夫は「一日中真直に立つことができない」状態で採掘していた[26]。さらに、王城は、「上層炭を採掘して売った金で本層の創業費に充てる」という方法で第二坑を開鑿していた。こうした大戦ブーム下の急激な拡大に対して、一九二〇年代の王城の出炭は、二五年に五万トンに減少し、三二年にほとんどなくなり、常磐内での地位は大きく下がった。表4-4が示すように、王城は一九二〇年代後半に利益を出していない。このように王城は、大戦ブーム期に経営規模を拡大し、不況下に経営を縮小した。同社が景気動向に順応した経営を行っていたことは、好景気となった一九三五年に同鉱が出炭を再び増大させ、常磐炭田内で第七位の出炭規模となった事実からも明らかになろう。

中野喜三郎によって創業された中野炭鉱は、第一次世界大戦ブーム期に出炭量を三倍に増やす事業拡大を試み、一九一九年に株式会社化した。しかし、表4-4が示すように、一九二〇年代に同社の経営は悪化している。一九一九年の中野炭鉱のトン当たり生産費は五・三円であり、五・八円の磐城炭鉱の生産費を下回っていた。しかし、一九二〇年に中野の生産費は八・四円に上昇し、七・〇円の磐城と格差が生じた[27]。これは中野炭鉱が「低層ナルニ加ヘ夾雑物多ク、品質亦良好ナラザルノミナラズ、労銀材料ノ暴騰」によって「生産費ヲ膨張セシメ」たため、「採炭作業を休止」したからであった。この不況によって中野は操業を中止したものの、解散には至らず、一九二三年から所有炭鉱を斤先掘りに回した。(28)

ただし、例外的に小田炭鉱は、不況下に出炭規模を拡大している（表4-2）。小田炭鉱は、一九一九年に斤先掘りをしていた小田吉次が古河好間炭鉱の鉱区一八万坪を買収して設立された。(29) さらに同社は、一九二一年に経営不振となった好間炭鉱から鉱区を買収して小田第二坑内を開坑したとともに、隅田川炭鉱を所有した。

(3)　三井と常磐炭田

複数の産炭地に炭鉱を所有していた三井鉱山は、一九二〇年代に明治期より開発に従事してきた三池、筑豊の両炭田とともに北海道の砂川、美唄などの炭鉱を開発した。ここでは、三井鉱山と三井物産の常磐炭田での活動について検討したい。常磐における三井財閥の活動には、第一に三井物産による一手販売取引を主とした常磐炭の販売、第二に三井鉱山と三井物産の常磐への炭鉱投資、第三に三井鉱山による炭鉱経営があった。

三井物産は、第一次世界大戦期に常磐炭田の茨城炭鉱（一九一四年）、常磐炭鉱（一七年）、大日本炭鉱（一八年）、磯原炭鉱（一八年）、中央炭鉱（一九年）と一手販売契約を結んだ。(30) 三井物産と茨城炭鉱との契約は、二〇万円を茨城へ貸与した三井物産が茨城社炭の独占的販売権を手にするというものであった。(31) だが、一九二〇年代に三井物産が一手販売を締結した炭鉱は、大日本炭鉱と二九年に契約した不動沢炭鉱のみとなり、一九三〇年代においても常磐炭田の炭鉱との新規取引はなかった。こうした一手販売取引の縮小の結果、三井物産の常磐炭販売量は、一九二三年に三四万トン、二六年三一万トン、二九年二〇万トン、三二年五万トンとなり、(32) 一九二〇年代の同社の常磐炭取引は縮小傾向にあった。日本経済の景気が回復した一九三四年にもこの傾向は続き、三井物産の常磐炭販売は五万トンであった。このことから、戦間期に三井が常磐から撤退したことをまずは確認できよう。

三井鉱山の常磐投資の動向をみれば、一九一九年にはじまった磐城炭鉱への投資額は五一万円であったが、二五年三一万円、二七年一一万円、三〇年五万円と減少し、三三年に同社は常磐炭田への投資を打ち切った[33]。同社の常磐炭田への投資は、一九三〇年に六〇〇〇万円を投資していた北海道炭礦汽船と対照的に消極化した。

三井鉱山・三井物産と大日本炭鉱との関係をみてみたい。大日本を創業した古賀春一は、一八八二年に佐賀県で生まれ、古賀銀行頭取の古賀善兵衛家に養子縁組した。一九一三年に佐賀県の松島炭鉱を設立する際、三井鉱山と三井物産が資本参加したことから、三井と古賀の関係は深まった[34]。古賀が常磐へ進出する際も、三井は大日本へ資本参加と資金供与を行った。

一九二〇年代の大日本の株主構成をみれば、筆頭株主は総株式二一万株のうち四・二万株をもつ古賀春一であり、三井守之助名義で一・五万株を所有した三井物産がこれに続いた[35]。一九二〇年代の大日本の重役構成は、代表取締役会長の古賀春一と松本孫三郎、原安三郎、館香緑の三名の取締役からなった[36]。例外的に、一九二二年に三井物産元社員の山本条太郎が大日本の相談役となり、一九二四年のみ三井鉱山の常務取締役の地位にあった藤岡浄吉が同社の取締役会長になった。三井関係者が経営陣に入った期間が少ないことからみて、三井鉱山と三井物産が、大日本への経営参加を積極的に行っていなかったことが分かろう[37]。そして、一九三〇年に三井物産は、大日本株の全てを売却して、同社への資本参加から撤退した。

三井鉱山と三井物産との大日本への資金供与の動向について考察したい。大日本の自己資本比率は、入山、磐城よりも低いものの、高い値を示している（表4-3）。同社の固定負債のうち三井鉱山と三井物産からの借入金は、一九二三年に二九万円であったが、二六年、三〇年には八〇万円に増加した。一九二〇年代後半における三井の資金供与の増加は、三井物産が一手販売権をもつ大日本無煙炭の立替融通金が増額されたためであった[38]。しかし、一九二六年、三〇年に両社の貸付金額は、大日本の固定負債の二〇パーセントにすぎなかった。

ただし、経営不振にあった大日本の三井への返済は滞っていた。最終的には、一九二七年に三井物産の大日本への貸付元利金を六四万円に留め、二八年から毎月五〇〇〇円であった利息金を一〇〇〇円に軽減し[39]、大日本との資金的つながりを解消しようとした。また、三井は、一九二五年に大日本が借入金の担保としていた湯本鉱業所を差し押さえ、自ら経営に着手した[40]。しかし、湯本鉱業所の一人一年当たり出炭量は、一九二六～二九年に平均一〇九トンにすぎず、同時期に三井鉱山の経営する三池鉱業所が一九一トン、砂川鉱業所が三九七トンであったことと比べれば、低水準であった。そして、一九三〇年に湯本鉱業所は、掘進中に出水に見舞われ、三井鉱山は同鉱の経営を中止した[41]。

第4節　企業間関係

ここでは、常磐炭の不振が顕在化した一九二〇年代後半を中心に常磐炭田における大炭鉱の企業間関係について検討してみたい。

(1) 常磐炭鉱企業のカルテル活動

一九二一年の全国的な送炭制限は、筑豊石炭鉱業組合が主導し、北海道石炭鉱業会、常磐石炭鉱業会などの賛同を得るという形で進んだ[42]。国内二大業者の三井、三菱は、「供給過剰を制限して炭価を採算見当に置く」ことを適当と判断し、筑豊石炭鉱業組合に送炭制限に賛成の意を表した。このことによって、両企業の支配力が大きい「北海道は三井三菱の賛成ある以上大略賛同と見て差支えなし」となった。ただし、常磐石炭鉱業会は、「制限方法について杞憂」していたものの、「供給過剰の実情を見て制限は当然の策」とし、送炭制限を容認した。

表 4-5　大倉鉱業と石炭店との無煙炭販売協定値段

（円）

商店名	炭種	1926年9月	1927年1月	1927年6月	1927年7月	1927年12月	平均
清田商店	特一	28.0	28.0	26.0	24.0	28.0	26.8
	一坑塊	18.0	18.0	16.0	14.0	17.0	16.6
	特二	15.0	15.5	13.5	11.5	14.5	14.0
	精中	14.0	14.5	12.5	10.5	13.5	13.0
	上粉	5.8	6.1	6.1	6.1	6.1	6.0
	一坑粉	4.8	5.1	5.1	5.1	5.1	5.0
大川石炭店	特一	28.0	28.0		26.0	28.0	27.5
	一坑塊	19.0	20.0		18.0	20.0	19.3
	特二	15.0	15.5		13.5	15.5	14.9
	精中	14.0	14.5		12.5	14.5	13.9
	上粉	6.2	6.7		6.7	6.7	6.6
	一坑粉	5.0	5.5		5.5	5.5	5.4
上記石炭店他11店	特一	28.0	28.0	28.0	26.0	28.0	27.6
	一坑塊	19.0	20.0	20.0	18.0	20.0	19.4
	特二	15.0	16.0	16.0	14.0	16.5	15.5
	精中	14.0	15.0	15.0	13.0	15.0	14.4
	上粉	6.5	7.5	8.0	8.0	8.0	7.6

出所）「無煙炭炭価一覧表」「大倉財閥資料」No. 46. 2-7。
注）1927年12月の石炭店他11店のうち、8店のみの上粉価格は8.3円。空欄は不明。

さらに、常磐では、一九二六年に販売・価格協定を目的とする磐城炭鉱、大倉鉱業、大日本炭鉱、三井物産、古河鉱業、山下汽船からなる木曜会が結成された[43]。表4-5が示すように、入山、大日本、古河などの石炭を販売していた大倉の炭価は、石炭商と協定価格を維持することで、一九二六〜二七年に変動幅を低く保っていた。

しかし、常磐炭田において大規模に経営をする磐城がカルテル協定を無視したため[44]、常磐炭価は常に下落傾向にあった。磐城がこうした行動をとったのは、同社の親企業である浅野同族会社との内紛にあった[45]。一九二七年に浅野総一郎は、福島県議会において小名浜築港に百万円を寄付するよう建議したものの、磐城炭鉱重役会でこれが否決された。そのため、浅野同族会社は、磐城の経営陣を入れ替え、浅野石炭部が磐城炭を一手に取り扱うことで寄付金を埋め合わせようとした。さらに、磐城炭の販売を手がけていた関東燃料が乱売したため、木曜会の常磐炭協定は崩壊の危機に瀕した。

木曜会は「無謀ナル増産ヲ慎マレ度キ旨ヲ交渉」したものの、磐城の幹部は「単価維持及出炭ノ調節ニ対シテ

図4-3　磐城炭鉱の販売炭価と生産費

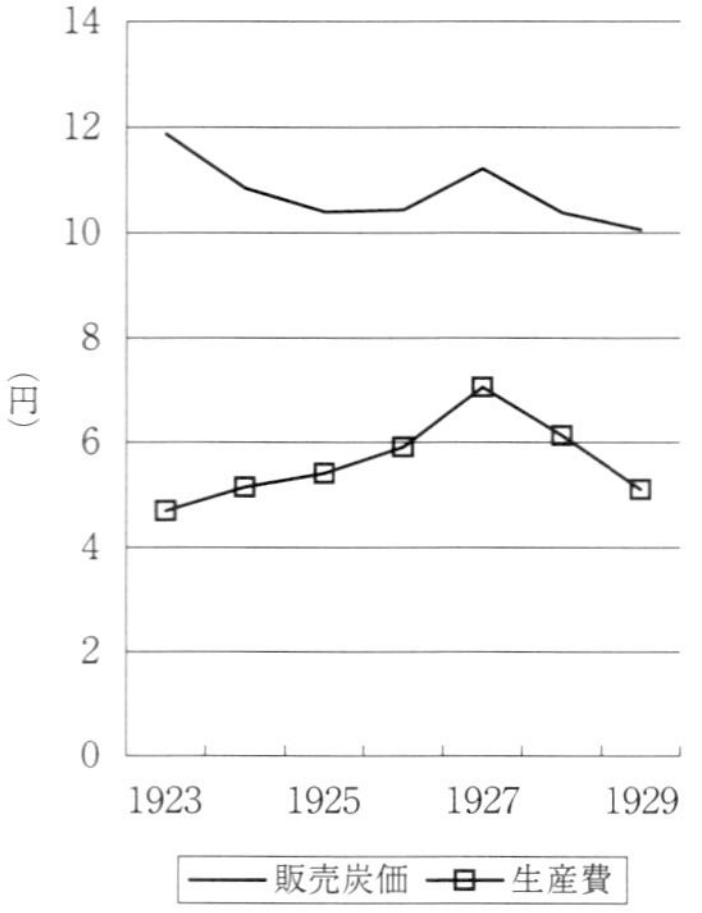

出所）磐城炭鉱株式会社『営業報告書』、各年。
注）炭価、生産費は、トン当たりの数値。炭価は、市場販売価格で、販売額を販売量で割ったもの。生産費は、坑所費用で、採炭諸費、修繕費、諸雑費、発電費、製作工場費を採炭量で割ったもの。

ハ極力努メ居ルモ、浅野社長ノ意見ニ対シテハ、何等表明反対シ得ザルヲ以テ、出炭及乱売ニ関シテ制止シ得」ないとした[46]。浅野の意見とは、「出来得ル限リノ多量採掘ヲ為シ、充分安値ニ売捌」いて、「協定ニ就テハ別ニ考慮ニ入レ居ラズ」というものであった[47]。

図4-3によって磐城炭価格を確認すれば、一九二七年以降に低下している。さらに磐城の生産費は一九二七年に七・〇円であったのに対して、入山の生産費は七・九円であった[48]。磐城が価格カルテルに非協調的であったのは、このように常磐炭田内における安い生産費による石炭供給を可能としたからであった。こうした磐城の多量採掘安値販売方針に対して、木曜会は、磐城炭を乱売する石炭店への納入を止めて、磐城に対して販売協定を遵守するのか、それとも木曜会を離脱した自由販売をとるのかの二者択一を求めた[49]。また、大倉は、関東燃料系の販売人が協定値を破っていたため、清田商店などの無煙炭販売店に対して炭価を据えおくように求めて、炭価低落を防止しようとしていた[50]。なお、一九二〇年代後半のこうした磐城の多量採掘安値販売方針は、第2章でみた筑豊大炭鉱の動向とは対照的である。

磐城の重役はカルテル活動に協調的であったが、問題は浅野総一郎の乱売を認める方針であった。大日本の古賀春一は、磐城の重役を三井物産の小林正直常務取締役と引き合わせて、小林が浅野と交渉するように図った[51]。その結果、三井物産が「九州北海道炭ノ常磐市場ニ侵入スル事ヲ遠慮」することを条件に[52]、浅野は「生産費ノ低下モ思フ様ニ行ハレズ、販売価格モ現行ヨリ以下ニ為ス時ハ、直ニ欠損トナル事ヲ了解」し、木曜会の活動をひとまずは容認した。

しかし、磐城はカルテル容認後直ちに送炭を減らすことはできなかった。さらに、前述した炭価、生産費の関係は、他産炭地と比較して劣る常磐炭鉱企業の不振に拍車をかけた。そこで一九二八年に大日本、大倉、磐城は、「全国出炭制限率以外、別ニ出炭ノ制限ヲ協定」した[53]。この採炭協定は、一九二八年に常磐大企業（磐城、入山、大倉、大日本、山下、古河、三井物産）全てが合意するに至った[54]。一九二九年には、石炭鉱業連合会が「全国一斉送炭五分制限ヲ協定実行」していたが、「何等其効ヲ奏セス」、「貯炭増加ノ傾向」が続いたため、常磐炭鉱企業は「制限率ヲ更ニ五分制限」したが、結局、「出炭送炭共ニ一割五分」に強化することとなった。こうした常磐石炭鉱業会の独自の送炭制限率の引上げは維持され、昭和恐慌期に制限協定は「益々徹底」された。

常磐炭鉱企業間の制限協定は、史料1が示す通り、査定委員によって各炭鉱の送炭量が査定された[55]。

【史料1】

査定委員ハ各社共本社及坑所各一宛ヲ定メ、実施当初ニ於ケル各坑手持貯炭ノ内、商品炭トシテ認メ得可キモノノ数量及置場所ヲ確定シ、其後毎月二回宛現場ニ於テ立会ノ上現品移動ニ就テ調査シ、之レニ鉱務署届出書・貨車発送調書及各社ノ採炭日報ニ依リ出炭屯数ヲ査定ス

「貨車発送調書」によるカルテルのモニタリング方法は、第2章でみた筑豊石炭鉱業組合の方法と共通する。出炭制限量を超過した企業は、超過トン数に対してトン当たり三円の違約金を支払うものとされ、保証金として五カ月間分の一万円を事前に協定組合に納めた。一九二六年に石炭鉱業連合会が制限を違反した企業に課した特別賦課金は、トン当たり〇・五円であったから[56]、常磐の協定違反金は高額であったといえよう。

こうした常磐石炭鉱業の不振は、石炭政策に対する主張にも反映されていた。一九二八年の石炭鉱業連合会での

様な事を為す必要はない」と消極的であった。[58]

「産業合理化」に対する意見交換の席上で、常磐石炭鉱業会理事長の阿部吾一は、目下の石炭業界を「需要は減退したにも拘らず出炭は良好と云ふ正反対の状況」であると判断し、「運賃安の関係で」筑豊炭と北海道炭に「挟撃されて苦められ通しである」と述べ、「石炭鉱業を国家的見地から之をみるとき、燃料政策上当然国営にすべきものである」と言及した。[57] 阿部のこの発言は、「実行する事は暫時別問題」と留保されていたが、筑豊の鉱業家は「生産費の低減」のために「炭鉱の合同経営」を主張し、「炭鉱国有と言う様な論」については「日本全国の石炭鉱業の合同の様な事を為す必要はない」と消極的であった。[58]

(2)　無煙炭共同販売会社の設立動向

木曜会のカルテル活動の他に、常磐炭田では無煙炭の共同販売会社を設立する動きがあった。一九二一年に茨城採炭、大日本炭鉱、茨城無煙炭鉱を主体とする五鉱は、茨城無煙炭販売株式会社を設立した。[59] 販売会社の株式比率は、総計四万株のうち茨城採炭、大日本、茨城無煙がそれぞれ二九パーセントであった。これら出資企業は、茨城無煙炭販売会社に採掘した無煙炭を全て販売委託した。委託炭の販売値段は、出資企業が「協議ノ上各炭種販売標準値段ヲ定メ」た。表4-6によれば、出資企業の販売シェアは、一九二三年上期から大日本のシェアが増えている他は大きく変動していない。このことから、茨城無煙炭販売会社は、価格協定を定めた販売カルテルであったといえよう。設立当初、同社は、参加企業にトン当たり一五円の増収をもたらしていたが、[60] 磐城炭鉱、入山採炭などの大炭鉱が参加していなかった茨城無煙炭販売会社の取扱量は、常磐総出炭量に対して二〇パーセントにすぎなかった。それゆえ、炭価設定の支配権を握ることができなかった茨城無煙炭販売会社は、不況の影響を受けて、一九二五年に解散に至った。

ところで、一九二八年の木曜会による「出炭制限」に合意した磐城は、二九年に「協定炭価ヨリ一円乃至五十銭ノ値下」をしており[61]、すでに価格協定を無視していた。木曜会では「磐城炭礦ノ反省ヲ促シ」たものの、同社の「売値ヲ直チニ協定値ニ引戻ス事ハ不可能」であったため、木曜会加盟企業は「出来限リ単価引上ゲニ努力シ此上ノ値崩シヲ為サシメザル」こととした。この磐城協定違反問題に対して三井物産は、「従来本会ニ加盟セル目的ハ、常磐市場ノ単価ノ安定ヲ希望スルガ為メニシテ、此目的ヲ除キテハ何等加入ノ意義ヲ為サズ、寧ロ売先ヲ制限セラルルノミニシテ、苦痛ニ堪エザルニ付キ本会ヲ休止」するように求めた。ただし、先にみた通り、三井物産は常磐炭取引を縮小していたため、常磐炭田における発言力が小さかった。磐城の値下げ行為を食い止めるため、木曜会は、磐城の総出炭量の七〇パーセントを占める有煙炭を共同販売するよう磐城に求めたものの、同社からこれを拒否された。そのため、大日本の古賀春一が中心となって、量としては少ないものの無煙炭の共同販売会社を設立する案を磐城に提示し、同社の賛同を得たことによって、大倉を加えた三社による無煙炭販売会社の設立が実現した[62]。

表4-6　茨城無煙炭販売株式会社の動向

（千トン・%）

	企業名	1921年下期		1922年上期		1922年下期		1923年上期		1923年下期		1924年上期	
		販売量	割合	販売量	割合	販売量	割合	販売量	割合	販売量	割合	販売量	割合
加盟各社出炭量	茨城採炭（株）	153	38.0	137	37.8	129	36.5	125	34.9	101	37.3	126	35.0
	大日本炭鉱（株）	108	26.8	94	25.8	91	25.7	118	33.0	86	31.5	117	32.6
	茨城無煙炭鉱（株）	98	24.3	91	24.9	94	26.6	86	24.2	63	23.3	85	23.8
	東光採炭（株）	19	4.6	15	4.2	13	3.6	9	2.4	4	1.6	6	1.6
	山口無煙炭鉱（合）	26	6.4	24	6.7	21	6.0	20	5.6	15	5.6	18	4.9
	松原	0	0.0	2	0.5	5	1.4	0	0.0	2	0.7	7	2.0
	合　計	403	100	363	100	354	100	357	100	272	100	359	100
平均炭価（円）		8.71		9.78		10.31		9.57		10.15		10.15	

出所）岡部正樹「茨城無煙炭販売ニ関スル卑見」「無煙炭販売関係」，「大倉財閥資料」No. 46. 2-7.

こうして一九三〇年に設立された常磐無煙炭販売株式会社では、大日本と大倉がそれぞれ七五〇株をもち、磐城が五〇〇株を所有した(63)。磐城の持株数が他社と比べて低いのは、同社が販売会社の経営権を掌握しないようにするためであったと思われる。ただし、この販売会社の規約では、「無煙炭鉱ノ根本合同ノ前提トシテ計画セルモノナルヲ以テ、研究評価ノ上合同ヲ促進ス可キモノ」とされた。

史料2が示すように、三社は無煙炭の販売を常磐無煙炭販売株式会社へ移譲した。

【史料2(64)】

第二項　三社採掘ノ常磐無煙炭ハ、全部販売会社ニ一手販売ヲ為サシム可キモノトス

第十一項　販売会社ノ販売方針ハ、三社各炭種ヲ平均ニ販売シ、売上手取単価ヲ有利ニ維持スルヲ目的トスルモノナルニ就キ、販売ノ方法ニ対シテハ、三社ハ一切販売会社ニ一任スルモノトス

また、三社が販売していた消費者と特約店は、常磐無煙炭販売株式会社が引き継ぐこととされた。こうして三社の無煙炭を一手に引き受けた常磐無煙炭販売株式会社は、「木曜会協定単価」に基づくカルテルとして成立した。

このように販売会社設立の目的は、共同販売によって個々の企業から炭価を設定する手段を奪い、価格を維持することにあった。しかし、常磐無煙炭販売株式会社の活動は、昭和恐慌によって設立当初から深刻な打撃を与えられた。販売会社の設立に積極的であった大日本は、販売数量の激減と価格の急落によって磯原無煙炭鉱を委託経営させ、販売会社から脱退した(65)。大日本の離脱によって、制度的には完成していた常磐無煙炭販売株式会社は活動を停止し、期待されていた炭価の維持に貢献することはなかった(66)。

第5節　結語

常磐炭田の出炭量は、一九二〇年代に他産炭地と比べて減少傾向にあった。市場面では、輸送費の低下に伴い、北海道・山口炭が京浜市場へ流入したことによって常磐炭の需要が減少した。常磐炭は、低廉で高い発熱量をもつ北海道炭に大工場向け需要を奪われ、低カロリーの小工場、家庭向け需要を山口炭に浸食されたのであった。

生産面において、一九二〇年代に常磐大炭鉱企業は、他の産炭地と比較して競争面で劣位となった。常磐企業のトン当たり炭価と費用の差は、他の産炭地と比べて小さく、収益の減少をもたらした。こうした不振に対して常磐大炭鉱は、採炭法の改善によって費用の削減を図った。だが、坑内出水などの常磐炭田の劣悪な採掘条件は、炭鉱企業の生産上昇を阻んだ。さらに、一九二〇年代に大炭鉱の出炭の集中が進んだため、小田炭鉱のような例外もあったが、大炭鉱と比べて生産費が高い常磐中小炭鉱の経営存続は困難となった。王城炭鉱の例にみたように、好景気下で出炭を伸ばし、不況下において採掘を中止する炭鉱も存在した。

こうした市場、生産両面での不振によって常磐大炭鉱企業は、カルテルによる協調的企業間関係を保とうとはしていたものの、磐城炭鉱の協定違反によって炭価の下落が続いた。磐城の乱売は、生産費高に苦しむ炭鉱企業の経営状態を悪化させた。一九二八年に磐城を含む常磐大炭鉱は、全国水準を上回る送炭制限を決定したものの、この協定も磐城の炭価値下げによって成果が上がらなかった。この事態に対して設立された常磐無煙炭販売株式会社は、磐城無煙炭を三社で共同販売することによって、磐城の値下げを食い止める役割を期待されていたが、不況の深化によってこの試みは失敗に終わった。一旦は協定に合意しながらも磐城が木曜会の協定を無視した行動をとったのは、常磐全出炭の四〇パーセントを占める市場支配率の大きさに基づく価格支配力と多量生産安値販売によって生産費の引き下げを目指す経営方針にあった。こうした磐城の協定違反に対して、経営状態が悪化する他企業は、価格引き下げなどで磐城に報復できなかった。このことがさらなる磐城の協定違反行動を促していた。

加えて、三井が一九二〇年代に常磐炭田における投資と販売を縮小していたため、磐城の協定違反を制止する大企業が存在していなかった。したがって、スティグラーの逸脱のインセンティブによるカルテルの潜在的な不安定性論を念頭におけば、モニタリングの不在が常磐カルテルの不安定性の要因ではなかったといえよう。高い市場支配率を誇る磐城の乱売によって常磐炭価が下落したことは、常磐炭鉱企業の不振を加速させていたといえる。

大倉鉱業が提携石炭店と炭価の販売協定を結び、その維持に努めていたように、常磐炭鉱企業は石炭鉱業連合会の活動と歩調を合わせていた。しかし、磐城の非協調的行動とともに諸企業の経営不振によって、一九二〇年代後半における常磐炭鉱企業のカルテル活動には限界があった。

注

（1）いわき市史編さん委員会『常磐炭田史』いわき市、一九八九年、三一一～四四七頁。
（2）松尾［一九八五b］二七一頁。
（3）前掲『常磐炭田史』三二〇～三二一頁。
（4）石炭鉱業連合会『北海道炭鉱港湾調査資料』一九三一年、付表。
（5）「東京鉄道局管内の鉄道輸送上より観たる常磐炭と九州、北海道其他の石炭分野に就いて」筑豊石炭鉱業組合『筑豊石炭鉱業組合月報』第二四巻第二九三号、一九二八年。
（6）鉄道省経理局購買二課『石炭市況ノ研究』一九二七年。括弧内は全体に占める割合。
（7）商工省商務局『商品取引及系統ニ関スル調査（石炭）』一九二九年、五二～五八頁。
（8）入山採炭株式会社『営業報告書』一九二七年上下期。なお、本書で使用する『営業報告書』類は、断りのない限り、『営業報告書集成』雄松堂、第一集～第九集（マイクロフィルム版）による。
(9) 岡部正樹「茨木無煙炭販売ニ関スル卑見」「無煙炭販売関係」、「大倉財閥関係資料」（東京経済大学所蔵）、四六・二―七。なお、本章で引用する「大倉財閥関係資料」は東京経済大学所蔵のもの。
(10) 農商務（商工）省鉱山局『本邦鉱業ノ趨勢』各年による。
(11) 清宮一郎『常磐炭田史』尼子会計事務局、一九七五年、八九～九七頁。
(12) 大日本炭礦株式会社『第拾一回営業報告書』一九二一年上期、五頁。
(13) 前掲『常磐炭田史』三二四頁。
(14) 「入山採炭会社期別成績表」「調査書」、「大倉財閥関係資料」、六一二／三。
(15) 『砂川鉱業所沿革史』（三井鉱山所蔵三井文庫保管）、第一六巻、「季別販売高及山焚料調」。なお、図4-2の『太平洋炭鉱沿革史』についても三井鉱山所蔵三井文庫保管のもの。
(16) 宮崎猛「古河鉱業所好間炭坑報分」（京都帝国大学実習報告）、一九一八年、一頁。内田成美「古河好間炭坑実習報文」（京都帝国大学実習報告）、一九三三年、四一頁。
(17) 伊藤三郎「入山採炭株式会社調査報文」（京都帝国大学実習報告）、五五頁。松井堯改「福島県入山炭坑報告書」（東京帝国大学実習報告）、一九三〇年、一〇、二一頁。『入山採炭鉱業概要』一九三〇年。
(18) 前掲「入山採炭会社期別成績表」。
(19) 『三井鉱山五十年史稿』（三井鉱山所蔵三井文庫保管）第一六巻、「在籍一人一年出炭高並全国トノ対比表」。
(20) 「採炭上より観たる常磐炭田の坑内浸水と其対策（其七）」石炭鉱業連合会『石炭時報』第三巻第九号、一九二八年。
(21) 前掲伊藤「入山採炭株式会社調査報文」七頁。
(22) 松井尭改「入山炭山報告書」（東京帝国大学実習報告）、一九二三年、二五頁。
(23) 石田勝利「相知炭坑報文（附好間炭坑報文）」（京都帝国大学実習報告）、一九三一年、三頁。
(24) 仙台鉱務署（鉱山監督局）『管内鉱区一覧』各年。東京鉱務署（鉱山監督局）『管内鉱区一覧』各年。
(25) 前掲『常磐炭田史』一二九頁。茂尻炭鉱五十年史編纂委員会編『茂尻炭鉱五十年史』雄別炭鉱㈱茂尻鉱業所、一九六七年、二八頁。

(26) 里見敬二・清宮一郎『日本炭鉱行脚』帝国新報社出版部、一九一九年、七〇〜七四頁、二一三〜二一八頁。
(27) 中野炭鉱株式会社『営業報告書』一九一九〜二〇年上下期。磐城炭礦株式会社『営業報告書』一九一九年〜二〇年上下期。
(28) 中野炭鉱株式会社『営業報告書』一九二三年下期。
(29) 前掲『日本炭鉱行脚』四一二〜四一三頁。商工省鉱山局『本邦重要鉱山要覧』一九二五・二六年、復刻：藤原正人編『明治前期産業発達史資料』明治文献資料刊行会、別冊(90)、一九七〇年、六七七頁。なお、本書で使用する一九二五年・二六年版の『本邦重要鉱山要覧』は全て復刻版を使用。
(30) 三井物産株式会社『事業報告』、『業務総誌』、各年の記述内容に基づくとともに、「契約書類」（三井文庫所蔵）の内容で判断した。なお、三井物産の中小炭鉱を中心とする一手販売取引については、第9章を参照。
(31) 「茨城炭鉱株式会社契約書」（三井文庫所蔵）、物産二三五四-一〇二。なお、本章において「物産」とある資料は全て三井文庫所蔵のもの。
(32) 三井物産株式会社『事業報告』各年。
(33) 前掲『三井鉱山五十年史稿』第五巻、「社外投資額一覧表」。
(34) 松島炭鉱株式会社社史編纂委員『五〇年史（概史）』松島炭鉱株式会社、一九六二年、二六頁。なお、設立当初の株式数は、三井鉱山と三井物産が合計二・四万株、古賀一族が一・六万株であった。
(35) 大日本炭礦株式会社『営業報告書』各期。
(36) 前掲大日本炭礦『営業報告書』各期。なお、松本孫三郎は、大日本が買収した三星炭鉱の経営者であった（前掲『常磐炭田史』六五〜六六頁）。
(37) 清宮一郎は、「古賀は平取締役になった」と記述している（前掲『常磐炭田史』九四頁）が、これは一時期にすぎなかった。
(38) 「大日本炭礦契約書」、物産二三五九-四九。
(39) 前掲「大日本炭礦契約書」。
(40) 前掲「大日本炭礦契約書」。
(41) 湯本鉱業所は、一九三四年に磐城炭礦が設立した傍系会社第二磐城炭礦へ譲渡された。

(42) 「採炭同盟曙光」『中外商業新報』一九二一年三月一七日。「採炭制限成立曙光」『大正日日新聞』一九二一年三月一八日。「採炭制限と各地」『福岡日日新聞』一九二一年三月三一日。
(43) 「常磐炭協定問題ニ就テ」前掲「無煙炭販売関係」。入山は、大倉と一手販売契約を取り結んでいた。
(44) 一九二六年度の磐城の送炭制限量は一〇六万トンであったが、同社の販売量は一〇九万トンであった。また、一九二六年度の木曜会の送炭制限の指標となる各社の「出炭希望」は、入山採炭が四七万トンの希望に対して四三万トンの出炭にすぎなかったが、磐城は一一五万トンの希望に対して一三三万トンを出炭していた（三井物産株式会社「支店長会議石炭部報告」、物産三六七。磐城炭鉱株式会社『営業報告書』各期。「入山採炭株式会社出炭表」『東北経済』第六四号、一九七八年。
(45) 前掲「常磐炭協定問題ニ就テ」。
(46) 前掲「常磐炭協定問題ニ就テ」。
(47) 「薄利多売ノ方針ニ依リ極力出炭ノ増加ト共ニ販路ノ拡張ヲ図」る方針は、一九二三年から行われていた（磐城炭礦株式会社『営業報告書』一九二三年上期）。
(48) 入山の生産費は図4-2による。
(49) 前掲「常磐炭販売協調ニ就テ」。
(50) 「無煙炭販売ニ就キ」前掲「無煙炭販売関係」。
(51) 前掲「常磐炭販売協定ニ就テ」。
(52) ただし、この三井物産の発案は、実行された可能性が低い。そのため、後述するように、磐城は再び値下げ販売をした。
(53) 前掲大日本炭礦『営業報告書』一九二八年上期～二九年上期。
(54) 「磐城炭礦㈱規約」、物産二三五九-五六。
(55) 「協定書」前掲「無煙炭販売関係」。
(56) 前掲『石炭鉱業連合会創立拾五年誌』九頁。
(57) KK生「産業の合理化と炭鉱業」前掲『筑豊石炭鉱業組合月報』第二四巻第二八七号、一九二八年。
(58) 石渡信太郎「我国将来の石炭問題」前掲『筑豊石炭鉱業組合月報』第二〇巻第二三九号、一九二四年。
(59) 前掲「協定書」。

(60) 前掲「茨木無煙炭販売ニ関スル卑見」。
(61) 「木曜会委員会ノ経過ニ就テ」「無煙炭鉱関係書類」、「大倉財閥関係資料」、四六・一一‐一。
(62) 「常磐無煙炭販売合同経過」前掲「無煙炭鉱関係書類」。
(63) 「覚書」前掲「無煙炭鉱関係書類」。
(64) 前掲「覚書」。
(65) 前掲大日本炭礦『営業報告書』一九三二年下期。
(66) 昭和恐慌期に活動を停止していた常磐無煙炭販売株式会社は、一九三二年に設立された常磐石炭販売株式会社に引き継がれ、全国的販売組織昭和石炭株式会社の活動に組み込まれた。

補論A　大炭鉱企業間の技術情報の交換

第1節　課題

技術革新は、個々の企業の開発した技術情報が他の企業に普及することで大きく進展すると考えられる。技術普及には様々な形態があるが、ここでは同業者組織における技術情報の交換について考察してみたい。先行研究は、大炭鉱の採炭技術が変化したことを指摘しているもの(1)、大企業が主に活動する諸団体とこれらが果たした技術革新への役割については、未だ検討されるに至っていない。ここでは、日本鉱業会と筑豊石炭鉱業組合の技術普及に関連する活動を検討してみる。とりわけ、第2章でみた一九二〇年代後半に「能率増進」体制に転換した筑豊大炭鉱における技術情報の交換のあり方について考察する。

ここでは、第2節で鉱業系技術者の全国的組織である日本鉱業会の活動を検討し、第3節で筑豊石炭鉱業組合の動向をみる。

第2節　日本鉱業会の活動

(1)　設立の経緯と機関誌記事

日本鉱業会は、「鉱業の進歩改良を謀り鉱業上の智識を交換し、採鉱、冶金、地質、金石の講究をする」ことを掲げて一八八五年に設立された[2]。初代副会長には、当時工部省に勤務し、後に鉱山局長となった伊藤弥次郎、准副会長には、東京帝国大学教授の岩佐巖が推された。

設立当初一八八五年に二七八人であった日本鉱業会の会員数は、九八年に一三〇〇人へ増え、一九一三年に一〇〇〇人へ減少したものの、一九二〇年には再び一五〇〇人へ増大した[3]。不況の影響から脱会者が現れたため、一九二五年の会員数は、一三〇〇人となったが、一九二五～三五年にかけて会員数の増加がみられ、三〇年一六五〇人、三四年二〇〇〇人となった。この一九二〇年代後半からの会員数の増加は、表A-1に示されているように、各年に学校卒業後一〇～二〇年を経て入会している者が多数いたためであった。

日本鉱業会の会員構成を知るため、新入会員の卒業（在学）学校と就業先についてみてみよう。表A-2によれば、一九二五～三一年には東京帝国大学出身者の割合（平均三二・九パーセント）が多いものの、一九三二～三五年にその割合（一六・九パーセント）は下がっている。これは、一九三〇年代にも東京帝国大学出身の入会者の絶対数は多いものの、明治専門学校、熊本高等工業学校、秋田鉱山専門学校、早稲田工手学校などの入会者が三二年以降に増加したことによる。他方で、表A-3に示されているように、炭山と銅山を所有する住友、古河、三井、三菱所属の新入会員の全体に占める割合は、一九二五～三一年に二七・二パーセントであったが、一九三二～三五年には二一・五パーセ

表 A-1　日本鉱業会における学校卒業年別新入会員数

（人）

		入会年										
		1925	1926	1927	1928	1929	1930	1931	1932	1933	1934	1935
卒業年	1889～99		3							1	2	
	1900～10	7	18	8	4	3	11	3	5	3	13	12
	1911～20	38	46	61	33	14	20	14	24	26	53	44
	1921～30	7	26	39	26	12	23	23	30	46	72	45
	1931～35							7	17	47	116	103

出所）「日本鉱業会記事　新入会員」日本鉱業会『日本鉱業会誌』各年。
注）学校在学中の者、卒業年不明の者を除く。

ントに低下している。日本鉱業会会員は、総計二五〇社以上の石炭、産銅、石油企業就業者、機械製造・販売業者などからなっていたが、炭鉱部門のみをみれば、一九三二年以降に撫順炭鉱、磐城炭鉱、明治鉱業などからの新規会員が増えていた。また、一九三四年に四二名が加入した撫順炭鉱の会員の出身学校をみれば、旅順工科大学六名、東京帝国大学五名、南満州工業学校四名、九州帝国大学と秋田鉱山専門学校三名、京都帝国大学と明治専門学校、熊本高等工業学校、京城高等工業学校が各二名であり、多様な学歴をもつ者が入会していた。このように一九三二年以降の日本鉱業会の会員構成が学歴、就業先ともに多様化していたことは、企業内の職階についても同様であった。例えば、一九三〇年代の三井鉱山では、工手、技師、主任などの職階の会員からなっていた[4]。

さて、具体的な日本鉱業会の活動は、「鉱業上有益なる事項を編纂して、日本鉱業会誌と名付けた雑誌」を発行することであった。『日本鉱業会誌』は、学術研究論文が掲載された「論説及報告」、海外の鉱山の概況、最新の研究動向、政策提言などが解説された「摘録」と「雑録」からなり、これらとともに鉱山監督局の収集した鉱山産出額などの統計資料と法令が記載されていた[5]。だが、基本的に同誌は、六名の編集委員会からなる学術雑誌であった。一九三四年までの執筆者を東京帝国大学の教授陣でみれば、渡辺渡が四九編、俵田一が一六編、佐野秀之助が一四編、青山秀三郎が一二編掲載していた。また、私立明治専門学校初代校長の的場中と九州工科大学教授の岡田陽一がそれぞれ七編の論文を掲載していた。論題は、渡辺

表 A-2　日本鉱業会新入会員の卒業（在学）学校

（人）

	1925年	1926年	1927年	1928年	1929年	1930年	1931年	1932年	1933年	1934年	1935年
東京帝国大学	17	44	73	35	10	23	29	24	44	43	32
京都帝国大学	6	4	14	9	5	9	3	23	10	16	13
九州帝国大学	1	3	8	8	1	9	2	4	3	14	21
東北帝国大学	1	3	3	5	1	1	1	1	7	6	9
北海道帝国大学							3	2	3	13	11
旅順工科大学							1	3	2	17	14
明治専門学校	5	4	1	1	1	4	4	5	12	21	11
早稲田大学	3	5	1	7	7	3	1	1	9	12	27
東京工業大学										2	1
東京高等工業学校	1	5		1	1	2		1	1		5
大阪高等工業学校	7	5	4	5	2	2	2	4	4	13	12
熊本高等工業学校	3	4	3	4	4	2	1	5	19	22	29
京城高等工業学校		1	1				1	2	3	4	5
秋田鉱山専門学校	5	11	6	5	2	10	8	11	27	51	29
南満州工業専門学校										7	1
三井工業学校					2	1		1	1	5	4
札幌工業学校							2		1	2	7
筑豊鉱山学校									1	1	1
福岡工業学校										6	4
東京工科学校	1	1	1		2		1	2	4	4	3
工手学校（工学院）		4	5	4	1		4	3	2	9	7
早稲田工手学校		4	4	1	1	3		2	1	11	10
仙台高等工業学校（東北大専門部を含む）	5	3	3		1				4	2	3
旅順工科学童	1	4	2	1				2	6		1
撫順炭鉱坑内係員養成所										4	
その他・不明	4	37	12	15	15	11	13	16	29	50	42
合　計	60	142	141	101	56	80	76	112	193	335	302
全体に占める東京帝大の割合（%）	28.3	31.0	51.8	34.7	17.9	28.8	38.2	21.4	22.8	12.8	10.6

出所）表 A-1 に同じ。
注）正会員と准会員を含む。学校在学中の者を含む（人数については表 A-3）。

表 A-3　日本鉱業会新入会員の就業先

（人）

	1925年	1926年	1927年	1928年	1929年	1930年	1931年	1932年	1933年	1934年	1935年
(1)学術研究者・教員											
東京帝国大学	2		6								
京都帝国大学	1		2	1		1			2		1
東北帝国大学	1	1	1	1							
北海道帝国大学		1	3	1			1	1	1		3
九州帝国大学					1	1	1		1		
大阪高等工業学校	1		1		1						
秋田鉱山専門学校			1			2		3	6	1	
早稲田大学理工科						2				1	
旅順工科学童			3	1						1	
その他	2	2	2		1			1			
小計	7	4	19	4	3	6	2	5	10	3	4
(2)官庁・国策企業											
鉱山監督局	1	2				4				4	2
商工省			1	3	1	3	2	5	1		1
撫順炭鉱		1	1	1						42	1
その他		1	6	7		2	6	4	6	4	11
小計	1	4	8	11	1	9	8	9	7	50	15
(3)民間企業											
浅野セメント他		2	1	2	2					1	
麻生商店						1					
貝島鉱業				2		1	1				1
沖ノ山炭鉱							1				
住友	8	3	4	1	1		12	3	6	19	4
大正鉱業			1								
朝鮮無煙炭鉱			1						1		1
磐城炭鉱	1								10	1	
古河鉱業		8	7	1	3	2	3	3	3	16	8
明治鉱業			1			2		2	1	2	2
北海道炭鉱汽船		2	2			2				1	1
三井鉱山	4	14	8	8	2	3	4	8	10	2	25
三菱鉱業	9	45	18	3	6	6	4	18	16	39	25
入山炭鉱								2			
山陽無煙炭鉱							2				
その他	21	41	43	39	23	29	26	31	81	130	144
小計	43	115	86	56	37	46	53	67	128	211	211
(4)学生											
学生	9	19	28	30	15	19	13	31	48	71	72
合計	60	142	141	101	56	80	76	112	193	335	302

出所）表 A-1 に同じ。
注）民間企業は、石炭鉱を有するもののみ列挙した。

「新式塩化製錬法について」、青山「弾性波深鉱法の原理と其応用」、俵田「鉄中の窒素分定量法」、佐野「炭車の摩擦抵抗」、的場「通気壓の選定」、岡田「土砂灌填用鉄管裏装磁管の摩滅」などであった。

これら研究者が『日本鉱業会誌』に掲載した記事は、数式を用いた採鉱・冶金学の研究論文であった。これに対して、次にみる日本鉱業会によって創設された採鉱研究会では、個々の企業の技術者が技術情報を交換した。

(2)　「採鉱研究会」の開設

一九二四年、日本鉱業会は、「鉱業が頗る不振となったので、其の救済を講ずる必要を感じ、鉱業新興策の協議会を開」き、重松養二、俵田一、熊見愛太郎など五名がその協議委員に任じられた[(6)]。同協議会によって検討された事項のうち、実行に移されたものの一つが、一九二六年から日本鉱業会会長となった俵田が主導した採鉱研究会と冶金研究会である[(7)]。炭鉱技術者が参加した採鉱研究会では、コールカッターなどの新技術と規格制定について討議された。以下、採鉱研究会の実施過程についてみてみよう。

一九二六年九月にはじめて開催された採鉱研究会は、二七年四月に開かれた第二回研究会において、今後の研究事項が提起された。表A-4によれば、研究事項は、同会の座長に就いた佐野秀之助を中心とした東京帝国大学の研究者によって提起されている。これは、採鉱研究会を組織した俵田が同じく東京帝大教授であったため、ここからの人的つながりが大きく影響していたものと思われる。これら採鉱学研究者とともに、三井鉱山、古河鉱業の民間企業からの研究事項の提案もあることから、同会は、大学と民間企業との共同研究会であったといえる。このことは、研究事項提出者を含む出席者二七名のうち、大学研究者が東京帝国大学工学部から七名、京都帝国大学工学部から一名、民間企業が三菱鉱業から三名、古河鉱業から四名（古河からは好間炭鉱より一名出席）、住友（忠隈炭鉱）から一名が参加していたことによって、明らかとなる。また、例えば、表A-4の厚見利作が三井鉱山の職階のうち、所長、主事、

表 A-4　第2回採鉱研究会における研究事項

事項数	提出者	研究事項	現職
1	厚見利作	機械採炭による能率増進に就いて	三井鉱山
2	厚見利作	機械運搬による能率増進に就いて	
3	久保孚	各国比較一人当出炭噸数と撫順炭鉱に於ける千噸当就業者数	撫順炭鉱
4	小島庸一	足尾式鑿岩機の使用普及に依る能率増進	古河足尾銅山
5	小島庸一	鉱車改良による能率増進	
6	小島庸一	鉄策の軌策給油装置の改良	
7	小島庸一	鉄素「クリップ」の半喰止め装置に就いて	
8	佐野秀之助	採炭用鶴嘴の調査報告	東京帝国大学工学部
9	佐野秀之助	炭鉱の摩擦係数に就いて	
10	佐野秀之助・青山秀三郎	鑿岩機の試験に就いて	
11	佐野秀之助・富山太郎	酸による石炭の破砕に就いて	
12	渡邊浩一	鉱山動力の貯蔵に就いて	
13	佐野秀之助	炭塵爆発の伝播に及ぼす坑道曲屈の影響	
14	佐野秀之助・田寺茂實	石炭の耐圧試験に就いて	
15	青山秀三郎	岩石爆発の研究	

出所)「採鉱研究会、冶金研究会議事録」日本鉱業会『日本鉱業会誌』第505号、1927年。

主任、技師に続く技師心得の地位にあったことからみて、[8]採鉱研究会の企業からの出席者は、所属会社の代表として参加していたものと思われる。

採鉱研究会の研究事項の内容は、各報告者が以前に『日本鉱業会誌』などに発表していた論文が基礎になっており、学術研究者が高度な学術的議論を提起していたのに対して、民間企業の報告者は鉱山の現況を説明していた[9]。例えば、東京帝国大学の佐野が提出した「炭車の摩擦係数」に関する議題では、九州地方の炭鉱をサンプルにした摩擦係数を計測した佐野に対して、他の鉱山の事例を取りあげた京都帝国大学の小田川達朗から「説明の値は大に過ぎざる」という質問がだされるなどしていた。他方、小島庸一の「足尾式鑿岩機の使用普及に依る能率増進」では、三菱鉱業の名井清から「足尾式鑿岩機にて採掘可能なる切羽の巾如何」などの実務的な質問が多くだされていた。

一九二七年一一月に開催された第三回採鉱研究会においては、大学研究者がオーガナイザーを務め、実務的内容の濃いものとなった[10]。同研究会の四つの議題のうち鑿岩機、坑内高圧防水堰堤については東京帝国大学が、截炭機（コールカッター)、鉱山保安については京都帝国大学が資料収集などの準備をした。同会は、大学と専門学校に勤める研究者一七名(大学生を含めると二八名)、鉱山監督局六名、民間企業五八名、総計九二名の出席者からなっていた。民間企業からの参加者についてみれば、最も多いのは古河鉱業の一五名であり、続いて三菱鉱業の八名、三井鉱山の三名の順であった。また、入山、磐城、鳳城、松島、明治豊国炭鉱、九州炭鉱汽船からは各一名が出席していた。研究会は東京帝国大学の佐野秀之助の司会によって進められ、各鉱山所属の技術者がそれぞれのテーマを口頭報告した後、その内容が参加者によって討議されるという形式をとった。

研究報告内容についてみてみると、鑿岩機については、足尾、別子、佐渡などの一二鉱の銅山技術者によって機械の使用成績が報告され、鑿岩機輸入会社である米国貿易会社とともに五鉱の技術者から機械の改良点が発表された(11)。截炭機については、満鉄の撫順炭鉱と官営八幡製鉄所の二瀬炭鉱とともに、古河鉱業の好間炭鉱、三菱系列の相知、崎戸の両炭鉱、三井鉱山の美唄、田川、山野各鉱業所の技術者から報告がなされた。報告内容は、各鉱で使用されている截炭機の種類、ピックの材料と形状、操業方法、透截の成績、截炭機を使用した場合の生産コスト、機械使用の利点と欠点であった。

このように第三回採鉱研究会においては、炭鉱間で実務的内容の濃い討論が繰り広げられていたものの、この会を境に同会は中止された。再開された一九三一年一一月の第四回採鉱研究会では、主な討議内容がこれまでの鉱山技術とは異なり、「日本鉱業会に於いて能率増進の一助として」、鉱山用品の標準規格の制定という明確な目的をもつようになった(12)。すでに日本鉱業会は工学会の提唱により一九一三年に標準規格の調査に乗り出していたものの、二一年の「工業品規格統一調査会官制」制定以後に鉱山用品の規格化は進んでいなかった(13)。こうしたなか、一九三〇年に「産業合理化」政策の一環として臨時産業合理局が設置され、標準規格制定の動きが加速化し、日本鉱業会は業界の意思調整機関となったのである。こうして再開された採鉱研究会では、民間企業および座長を務める東京帝国大学の教授陣から構成される小委員会が原案を作成し、出席した鉱山会社の代表に意見を求めるという方式がとられた。

第四回採鉱研究会では、原銅と石炭を主に坑外へ運ぶ鉱車と炭車について討議され、第一回採鉱研究会と同様に東京帝国大学の佐野秀之助が委員長を務め、同大学の青山秀三郎によって主導された。とりわけこの研究会では、戸畑鋳物に依頼した「標準鉱車及び炭車の設計の案」をもとに「鉱車及び炭車の規格を定める」ことを目的としていた。これを受けた同会の形式は、青山が事前に各鉱山の鉱車・炭車について調査した資料を報告し、戸畑鋳物により標準規格の鉱車・炭車の提案がなされた後、質疑応答に入るというものであった。青山に資料を提供した炭鉱は三六鉱であり、ほとんどの大炭鉱の協力を得られていた。調査内容は、炭車の車箱、車台、車軸、車輪、軸承の寸法、重量、材質、形状と、将来の改良案などであった。

しかし、鉱車・炭車の標準規格の制定は困難を極めた。「最も能率よく、且経済的なることを目標」として提出された戸畑鋳物の規格案は、三井鉱山の森本光太郎の「一種類の鉱車及び炭車に定める事は鉱山の条件が各々異なるので困難」であるいう意見に凝縮されるように、各鉱山で使用されている炭車に代替できるものではなかった。このように炭鉱技術者が炭車の規格統一に難色を示したのは、青山から参加者に配布された資料からも見当がつくように、各炭鉱で使用する炭車の容量が異なり、材質も鉄製、木製、松製など様々なものからなっていたことにあった。そのため、小委員会は、炭車の積載量規格を〇・五〜二・〇トンまでの範囲で五つに分け、「長さ及び幅員はレール、其他坑内の事情と相関連して決定」する案を提出し、柔軟に対応しようとした。(14)

一九三二年四月の第五回採鉱研究会から、鉱山用綱索（ワイヤーロープ）の標準規格の制定がはじまった。(15)鋼索が議題として提出されたのは、「船舶用のものは既に商工省で定められ」ているため、「陸上用の大部分を占めて居る鉱山用Ｒｏｐｅの規格を」を制定しようとしたからであった。規格制定を取りまとめる小委員会は、主導的役割を果たした東京帝国大学、鉱山会社の三井鉱山・三菱鉱業・古河鉱業・北海道炭鉱汽船、ワイヤーロープ製作企業の関西製鋼・東京製綱・戸畑鋳物が参加し、さらに商工省鉱山局が加わった。これらの構成員からなる小委員会が提出した標準鋼索案に基づき、採鉱研究会参加者による討議がなされたものの、炭車の規格制定と同様に、鋼索の個々の炭鉱、使用目的などの違いから、「あまり一種類にきめることは窮屈になる」などの意見がでた。これに対して、「ロープが現在のようにあまり不統一であっては如何かと思われる」と発言した委員長佐野の方針に従い、小委員会は、鋼索使用側と制作側の意見の調整を図った[16]。

なお、日本鉱業会が取り組んだ規格化については、ここでみた鉱車・炭車、鉱業用鋼索の他に鑿岩に対する岩石抵抗の基準設定や選炭における標準篩などが取りあげられた。

(3) 渡辺賞の創設

日本鉱業会は、一九〇七〜一九年に同会会長を務め、東京帝国大学の教授であった渡邊渡の寄付金に基づき、鉱業に関する学術、技術の進歩に貢献する人を奨励、表彰する目的で、一九二六年に渡邊賞を創設した[17]。この賞の受賞研究は、表A-5に示されているように、多くが実用的技術の成果である。このうち石炭鉱業における受賞者についてみてみると、明治鉱業の堀内、三菱鉱業の城と川浪を除く五人が三井鉱山に勤務する者であった。

これら受賞者の開発技術についてみてみよう。藤井暢七郎の受賞理由は、二四尺の厚層によって「採炭能率が著しく不良」であった北海道の夕張炭鉱に、総払長壁法と乾式充填法を導入して「著しく経費を節約し得た」ことにあった[18]。また、傾斜の急な北海道の炭層に対する採掘方法として、一般的に採用されていた留付採炭法から長壁式充填採炭を改良した砂川鉱業所の川島三郎が受賞した[19]。このように一九二〇年代に開発が進んだ北海道炭田では、新しい採炭技術が賞を受けたが、他方で、明治期より採掘されてきた九州の炭鉱については、薄層掘り技術の開発が評価された。すなわち、筑豊炭田の多くの炭鉱では「採掘漸次厚層より薄層に移」っていたため、落盤防止から「材料費

表 A-5　渡邊賞の受賞研究

年次	回期	氏名	論題	業種
1928	第 2 回	堀内敏堯	採炭及び支柱の改良に就いて	石炭
1929	第 3 回	城文司	相知炭鉱薄層採炭に就いて	
1931	第 5 回	川島三郎	砂川炭鉱急傾斜炭層の採炭法に就いて	
1932	第 6 回	安永五三二	三井川上鉱業所に於ける岩磐坑道の掘鑿と作業機械化に就いて	
1933	第 7 回	藤井暢七	夕張炭鉱採炭に就いて	
1934	第 8 回	川浪守三郎	崎戸鉱業所蠣浦坑に於ける集約的採炭法に就いて	
1934	第 8 回	丹羽陽	三井山野炭鉱に於ける落壓の研究	
1935	第 9 回	加藤要一郎	チェーンコンベアーの研究	
1927	第 1 回	下野十朗	足尾銅山製錬烟灰中より金属の回収に就いて	銅
1929	第 3 回	佐藤壽雄	神岡鉱山電解精鉛に就いて	
1929	第 3 回	鈴木富治	日立鉱山採鉱に就いて	
1930	第 4 回	鳥居愛已	神岡鉱山に於ける鉛、亜鉛鉱優先浮遊選鉱に就いて	
1932	第 6 回	高橋芳雄	土畑鉱山採鉱及び選鉱に就いて	
1933	第 7 回	小池賓三郎	鴻之舞鉱山に於ける深鉱採鉱並に精練に就いて	
1927	第 1 回	矢部兵之助	銅溶鉱炉に粉砕炭の利用に就いて	製錬
1928	第 2 回	落窪哲二	佐賀関製錬所に於ける銅溶鉱炉鍰の再処理による有価金属回収に就いて	
1928	第 2 回	龍野昌之	四阪島製錬所改造に就いて	
1931	第 5 回	木村善七	大阪製錬所電解精錫に就いて	
1927	第 1 回	梅津常三	鞍山貧鉄鉱の利用に就いて	鉄鉱
1932	第 6 回	久留島秀三	鞍山鉄山に於ける液体酸素爆薬材料並に同爆薬使用方法に就いて	
1927	第 1 回	西村小次	本邦亜鉛鉱業に就いて	その他
1930	第 4 回	木俣秦清	電解精金に就いて	
1930	第 4 回	後藤太郎	坑道開鑿に就いて	
1931	第 5 回	船越重男	路面及び床面舗装材料として銅鉱滓利用の研究に就いて	

出所）日本鉱業会『日本鉱業会の五十年』1935 年。日本鉱業会『日本鉱業会誌』第 51 巻、1935 年。

の大部分を占める」坑木の使用量が増加する傾向にあった。こうした状況に対して、明治鉱業の堀内敏堯は、「坑木及坑道硬壁の尺度に就いて合理的標準を定め」、坑木使用量の節約に成功し、さらにこのことから「坑木の節約が落盤変災の増加」を促さないことを経験的に明らかにした[20]。同様に、深部へ掘り進む度に炭層の高さが低くなっていた相知炭鉱の城文司は、カッター、空気ドリルなどを用いた「機械採炭」を進め、同鉱の岩石の風化作用を利用した「注水採炭」法を考案した[21]。

こうした各鉱山の採炭条件に対応して考案された渡邊賞受賞者の技術は、砂川鉱業所の開発技術が「急傾斜炭層採炭法」として普及したように、多くの炭鉱の採炭法改良に役立った。また、各開発技術が受賞者の口頭講演会とともに『日本鉱業会誌』に掲載されたことは、技術普及を促す一要因となったと思われる。

第3節　筑豊石炭鉱業組合の活動

(1)　筑豊石炭鉱業組合と採炭技術

全国的組織日本鉱業会よりも技術普及に積極的役割を果たした産炭地の同業者集団についてみてみたい。同会が一九二九年より開催した「講演会」は、採炭技術を普及させる上で大きな役割を果たした。ただし、一八九三年の筑豊石炭鉱業組合（以下、筑豊組合と略す）の規約によれば、「採炭事業ニ関スル諸般ノ改良進歩ヲ研究スル」こととあり、採炭技術の普及に関しては、同会の機関誌『筑豊石炭鉱業組合月報』（『月報』と略す）がその役割を担っていた[22]。一九〇四年から毎月発行された『月報』は、論説・調査と統計から主に構成されていた。同誌には、一九〇五年に仙石亮の「採炭法」などが掲載されていたが、一九一〇年代後半から技術関係の内容がいっそう増えた。これは、岩崎重三、熊見愛太郎、佐野秀之助などの日本鉱業会でも活躍した研究者が『月報』へ寄稿していたからであった。初期の『月報』記事で興味深いのは、「質疑応答」を通じ、組合会員の意思疎通が図られていたことである。例えば、その内容は、「KT生に御尋申す、貴坑の竪抗口に使用せらるる扇風機は如何なる『タイプ』なるや並びに大さ、実馬力等御教示を乞ふ」といったものであった[23]。しかし、この形式の記事は、『月報』発刊から二年後に再び登場することはなかった。

筑豊組合の活動を一九二九～三三年における「総歳出予算案」からみてみよう。この主な内訳は、筑豊鉱山学校の経営費が全体の三一・四パーセントを占め、第2章で見た石炭鉱業連合会への会費が一二・四パーセント、『筑豊石炭鉱業組合月報』印刷費が五・四パーセント、「講演会」費が〇・七パーセントを占めていた(24)。採炭技術の普及にとって重要な、「講演会」費の割合は、他の鉱業組合の活動と比べると小さかったが、以下で検討するように、その活動内容を見逃してはならない。

(2)「講演会」の創設

一九二九年に「是迄当筑豊炭鉱地方では、とくにこの地方の人々が集まって、炭鉱に関係ある技術上の問題に就いて、御互に攻究する様な機会がなかったが、時代の趨勢は自らがかかる必要を感ぜせしめる様になり、茲に筑豊組合はその主催の下に」、「講演会」を開催することになった(25)。また、筑豊組合は、「我国の技術者には自分の経験なり知識なり或は自分の處の施設なり等に就て、公会の場で発表する事を嫌ふ様な風習」があり、これは「会社の方針又は自己謙遜の為かも」知れないが、「あまり感心したものでも無」く、「差支ない限りは御互に発表し研究し合つて我炭業界の進歩発達を期すべき」ものであると明言していた。さらに、理想的には「一の炭坑のみが進歩を専にす可きでなく」、「研究会を開催して、各自が研究の結果を発表するのみならず、質疑応答親しく膝を交へてシンミリと互い討論研究」する必要があると説いていた。

講演会では、切羽運搬機、鑿岩機、切羽の長さなどが取りあげられ、炭鉱間で生産費削減をもたらす採炭技術に関する情報交換がなされた。また、これを契機に個別企業が自己の技術情報を開示するようになった。この動向は、表A-6に示されているように、石炭採掘の主要工程である切羽採炭→坑内運搬→坑外運搬→選炭部門のうち、切羽部門での論題が多数を占めている。すなわち、切羽部門での生産費削減をもたらす切羽の集約、チェーンコンベヤーなどの切羽運搬機、截炭機(コールカッター)などが取りあげられている。議題を提出した企業は、三井、三菱、貝島、明治の大企業が中心であり、例外的に小炭鉱である玄王炭鉱がみられる。講演会での報告者を三井鉱山の事例でみれ

表A-6　筑豊諸炭鉱の技術情報の開示

年次	論題	部門	企業名	炭鉱名	報告者
1929	切羽運搬機に就いて※	切羽採掘	三井鉱山	田川鉱業所	加藤要一郎
	「ゴムベルト、コンベヤー」に就いて※	切羽採掘	貝島鉱業	大辻炭鉱	中村勝鹿
	「アイコツフ、ボールフレーム、コンベヤー」に就いて※	切羽採掘	三菱鉱業	鯰田炭鉱	後藤雅喜
	「ローラーコンベヤー」に就いて※	切羽採掘	貝島鉱業	大之浦炭鉱	石田武雄
	「山野式チェーン、コンベヤー」※	切羽採掘	三井鉱山	山野鉱業所	小林治雄
	方城炭鉱の最近状況※	その他	三菱鉱業	方城炭鉱	蒔田三雄
	筑豊諸坑における鑿岩機	切羽採掘	筑豊主要炭鉱	—	—
1930	豊国鉱業所能率に関する状況※	その他	明治鉱業	豊国鉱業所	窪内石太郎
	嘉穂炭鉱の開坑と現況の概要	その他	飯塚鉱業	飯塚鉱業所	毛利大枝
	赤池三坑主要坑道仕繰※	坑内運搬	明治鉱業	赤池炭鉱	程島利三郎
	三井田川鉱業所第二坑主要坑道仕繰※	坑内運搬	三井鉱山	田川鉱業所	花井頼三
	坑道仕繰と払跡充填との関係一例に就いて※	坑内運搬	三菱鉱業	新入炭鉱	田村純二
	大辻炭鉱高江層坑道仕繰※	坑内運搬	貝島鉱業	大辻炭鉱	永田静省
1932	切羽集中に就いて※	切羽採掘	三菱鉱業	鯰田炭鉱	神谷新太郎
	飯塚鉱業所に於ける切羽鉄柱に就いて※	切羽採掘	飯塚鉱業	飯塚鉱業所	田代鉄太郎
	三井田川鉱業所に於ける切羽鉄柱に就いて※	切羽採掘	三井鉱山	田川鉱業所	小野善七
	過去に於ける飯塚坑の主なる操業に就いて※	その他	三菱鉱業	飯塚鉱業	川浪守三郎
	切羽用電気に関する座談会	切羽採掘	筑豊主要炭鉱	—	—
	玄王炭坑に於ける選炭機	選炭	玄王炭坑	玄王炭坑	赤司和太郎
	切羽長さ研究会※	切羽採掘	筑豊主要炭鉱	—	—
1933	截炭機の経験	切羽採掘	貝島鉱業	大之浦炭鉱	藤田勺三
	大型鉄製炭車※	坑内外運搬	筑豊主要炭鉱	—	—
	時間研究に依る坑内作業調査の実例二、三	その他	三井鉱山	田川鉱業所	小野善七
	軌條アーチ枠製作	坑内運搬	明治鉱業	赤池発電所	笠原寿三郎
	田川式「チェーンコンベヤー」	切羽採掘	三井鉱山	田川鉱業所	加藤要一郎
	飯塚炭坑に於ける通気	通気	三菱鉱業	飯塚鉱業所	河辺芳太郎
1934	鯰田炭坑第六抗薄層採掘に就いて	その他	三菱鉱業	鯰田炭鉱	井手筒一
	肩原動機式「チェーンコンベヤー」に就いて	切羽採掘	三井鉱山	山野鉱業所	野坂正夫

出所）筑豊石炭鉱業組合（会）『筑豊石炭鉱業組合（会）月報』各年。
注）※は、筑豊石炭鉱業組合主催の講演会での論題を示す。

ば、加藤陽一郎が技師、小林治雄と花井頼三が工手長、小野善七が鉱務技師心得であった[26]。このことからみて、講演会での報告者は、炭鉱を代表する技術者であったと思われる。

講演会について詳しくみてみよう。一九二九年に開催された「切羽運搬機」に関する講演では、「一通りの講演の後、質疑応答によつて十分に『デイスカス』する形式がとられた[27]。ここで講演した炭鉱は、三井田川鉱業所、三井山野鉱業所、貝島大辻炭鉱、大之浦炭鉱、三菱鯰田炭鉱の計五鉱であった。一九二〇年代後半から大炭鉱によって導入された切羽運搬機は、爆薬によって崩落させた石炭を炭車まで運ぶ装置であり、構造的には原動機によって桶ないしはトラフに運動を加え、その振動によって石炭を運搬するものとチェーンによって運搬するものがあった。この技術が導入される以前は鉱夫が石炭をスラ、エブなどによって炭車まで運んでいたため、切羽運搬機の導入は生産性の大きな上昇をもたらした。各炭鉱によって導入されていた切羽運搬機は様々であり、三井田川がハンギング式、三菱鯰田がアイコフ社式、貝島大之浦ローラー式、三井山野がチェーン式を採用していた。この講演会では、これら炭鉱の技術代表者によって各々の切羽運搬機の詳細が報告された。例えば、三井田川のハンギングコンベヤーについてみれば、桶のなかの石炭の速度、原動機の設置位置、運搬機の移転作業などが数値と設計図を用いて説明された。また、質疑応答では、原動機の動力を桶に伝達する方法、コンベヤーから石炭が落下する割合、コンベヤーの移転時間などが質問された。

こうした講演会の開催によって個々の炭鉱は、開発した技術を公開する基盤を得た。この事例として注目されるは、前述した一九三五年度の渡邊賞を受賞した三井鉱山の加藤要一郎が中心となって開発されたチェーンコンベヤーである[28]。チェーンコンベヤーは、表A-6に示されているように、一九三三年と三四年に公表されている。チェーンコンベヤーは、ハンギング式などのシェーカー式運搬機にとって代わり、一九三三年に全使用切羽運搬機の六五パーセントを占めていた。しかし、多くの炭鉱で採用されていたチェーンコンベヤーは、傾斜方向には運転できたが、水平、昇り向方向には使用することが困難であった。加藤が新たに開発した点は、トラフをV型にすることにより、石炭の摩擦を軽減し、水平、昇り向き方向にもこの技術の使用を可能にしたことにあった。

運搬機などの採炭機械の導入は、切羽の長さが十分に広いことが前提となった。一九三二年に開催された講演会のうち、三菱鯰田炭鉱より報告された「切羽集中に就いて」では、同鉱より切羽集中の経緯、払い面の長さ、採炭、充填、支柱、運搬などが報告された(29)。この報告において鯰田炭鉱の技術者は、「切羽の集中は一払の出炭量増加」をもたらすことを一九三一年の六～七月の数値を用いて説明した。また、一九三二年には、筑豊組合所属炭鉱の切羽運搬方法と切羽の長さ、全充填、退却式・後退式、保安管理と切羽の長さの関係についての調査が行われ、これに基づいて「切羽長さ研究会」が開かれた。

このように講演会の開催は、個々の炭鉱に蓄積されてきた技術を公開する場として機能していたといえよう。さらに強調すべきは、講演会を通して、炭鉱の採炭技術を把握する上級技術者の人的接触の機会が増えたことである。石炭鉱業の生産性向上の背後には、こうした筑豊組合の活動があった。

第4節　結語

鉱業技術者の全国的組織である日本鉱業会が開催した採鉱研究会は、採炭技術についてはごく短期間で終了し、代わって標準規格の制定が主な課題となった。これに対して、一九二九年から開催された筑豊組合の「講演会」では、採炭技術に関する企業間の技術情報の交換が制度化された。こうした筑豊組合の活動は、炭鉱企業の生産性上昇の一要因となったと思われる。

とりわけ、筑豊組合の「講演会」は、炭鉱の代表者が一堂に会して講演と質疑応答を行う形式をとっていた。個々の炭鉱の技術状況のみであるならば、商工省が毎年発行する『本邦鉱業ノ趨勢』などにも記載されていた。例えば、一九〇七年の同誌には、「採鉱冶金技術ノ進歩」として、「田川伊田炭坑」が「タルビン唧筒」を導入したことなど、[30]各炭鉱の技術情報が詳細に記載されている。口頭での報告、質疑応答からなる「講演会」は、技術者間の人的交流という意味において、公刊雑誌に記載された個別炭鉱の技術情報よりも技術普及に寄与したものと思われる。

ただし、日本鉱業会の場合、一九二〇年代後半から会員数が増大したものの、採鉱研究会に出席したのは、会社を代表する立場にある技術者に限られており、現業部門に属する中堅・下級技術者の交流は全くみられなかった。こうした意味において日本鉱業会の活動は、技術情報の交換に関しては限界があった。だが、日本鉱業会の開催した採鉱研究会によって、鉱山企業の意思疎通を図る機会が増えたことは、個々の企業に技術の情報を相互に交換する契機にはなったものと思われる。

注

(1) 田中［一九八四］、荻野［一九九三］、市原［一九九七］。
(2) 社団法人日本鉱業会『日本鉱業会の五十年』一九三五年、一〜三頁。
(3) 前掲『日本鉱業会の五十年』付表。
(4) 「日本鉱業会記事、新入会員」日本鉱業会『日本鉱業会誌』各年。なお、三井鉱山の「職員」の動向については第6章を参照。
(5) 日本鉱業会「日本鉱業会誌総目次」一九三五年。
(6) 「日本鉱業会の創立より今日まで」前掲『日本鉱業会誌』第五一巻第五九七号、一九三五年。
(7) 石炭鉱業の技術普及を検討する本研究では、製錬を主な対象とした冶金研究会の動向を割愛する。
(8) 三井鉱山株式会社『職員録』（三井文庫所蔵）一九二五年。

(9)「採鉱研究会、冶金研究会議事録」前掲『日本鉱業会誌』第四三巻第五〇五号、一九二七年、四八四～四八八頁。
(10)「採鉱研究会会議録」前掲『日本鉱業会誌』第四四巻第五一三号、一九二八年、一～四頁。
(11)「採鉱研究会会議録」前掲『日本鉱業会誌』第四四巻第五一三号、一九二八年、五～五七頁。
(12)「日本鉱業会第一九回鉱業大会　研究部会記事　第一部会（採鉱）　鉱車及び炭車に関する事項」前掲『日本鉱業会誌』第四八巻第五六一号、一九三一年、一～二一頁。
(13) 通商産業省『商工政策史』第九巻、一九六一年、一八九～二〇三頁。
(14)「第五回　採鉱研究会記録」前掲『日本鉱業会誌』第四八巻第五六七号、一九三二年、七〇〇頁。
(15) 前掲「第五回　採鉱研究会記録」七〇五～七二〇頁。「第六回　採鉱研究会記録」前掲『日本鉱業会誌』第四九巻第五八一号、一九三三年、六五五～六七二頁。
(16) 鉱山用鋼索については、一九三四年に規格が決定された（前掲『商工政策史』一九九頁）。
(17)「渡邊博士記念基金規則」前掲『日本鉱業会誌』第二五巻第五〇五号、一九二七年、五一八頁。
(18)「藤井暢七郎氏の夕張炭鉱採炭に関する功績」前掲『日本鉱業会誌』第四九巻第五七七号、一九三三年。
(19)「川島三郎氏の砂川炭鉱急傾斜炭層の採炭法に関する功績」前掲『日本鉱業会誌』第四七巻第五五三号、一九三一年。
(20)「堀内敏堯氏の採炭及支柱の改良に就ての功績」前掲『日本鉱業会誌』第四五巻第五一六号、一九二八年。
(21) 城文司「相知炭坑薄層採炭に就て」前掲『日本鉱業会誌』第四五巻第五三二号、一九二九年。
(22)「解題」、復刻：西日本文化協会『筑豊石炭鉱業組合』一九八七年、『福岡県史』近代史料編(1)、四一頁。
(23)「質疑応答」筑豊石炭鉱業組合『筑豊石炭鉱業組合月報』第二巻第二九号、一九〇六年。
(24) 筑豊石炭鉱業組合「総会決議録」前掲『福岡県史』(1)、各年から計算。
(25)「切羽運搬機講演録掲載に際して」前掲『筑豊石炭鉱業組合月報』第二五巻第三〇二号、一九二九年。
(26) 三井鉱山株式会社『職員録』（三井文庫所蔵）、一九三〇年。
(27)「講演　切羽運搬機に就いて」前掲『筑豊石炭鉱業組合月報』第二五巻第三〇二号、一九二九年。
(28)「肩原動機式『チェーンコンベヤー』に就いて」筑豊石炭鉱業会『筑豊石炭鉱業会月報』第三〇巻第三六三号、一九三四年。「チェーンコンベヤーの研究」前掲『日本鉱業会誌』第五一巻第六〇三号、一九三五年。

(29)「切羽集中に就いて」前掲『筑豊石炭鉱業組合月報』第二八巻第三二一号、一九三二年。

(30) 農商務省鉱山局『本邦鉱業ノ趨勢』一九〇七年、一四八頁。

第Ⅱ部　大炭鉱の経営動向

第5章　鉱夫の定着化

第1節　課題

第I部では産炭地と個別企業のカルテル活動を中心にみたが、第II部では労務管理を中心とした大炭鉱の経営動向について検討する。

戦間期の日本は規模別賃金、労働条件などをはじめとした大企業と中小企業との格差が顕著になる時期であった(1)。また、この時期のもう一つの重要な変化は、不況期の大量解雇とともにこれを規制する法的枠組みがなかったものの、第一次世界大戦期の激しい労働移動を経た一九二〇〜三〇年代半ばにおいて、労働者（職工、鉱夫など）の定着化が一部の大企業で進んだことであった。この章では、石炭鉱業において大企業として位置付けられる三井鉱山株式会社田川鉱業所（以下、田川と略す）と山野鉱業所（以下、山野と略す）の二つの事業所の事例を通して(2)、鉱夫定着化の要因を検討してみたい。

炭鉱労働に関しては、市原博、荻野喜弘、畠山秀樹などの先行研究が存在するものの(3)、鉱夫の定着化について深く考察した研究はない。確かに、ここで触れる鉱夫の生活水準上昇、企業内福利厚生の進展などは、市原、荻野によって指摘されているものの、これらが鉱夫定着化に与えた影響は十分に論じられているとはいえない。他方、一九一〇年代前後の新しい生産技術の導入によって間接的管理体制（内部請負制度）から直接的管理体制へ移行した重工業では、第一次世界大戦後に企業内特殊熟練の形成が必要とされたことによって、養成工制度を中心とした企業内教育が進展し、職工の長期勤続化が促されたことが指摘されている(4)。しかし、企業内特殊熟練形成の必要性が低い石炭鉱業では、重工業のような企業内特殊熟練の存在を前提にして鉱夫定着化を説明することが困難である。そこで本章では、両鉱業所において一九二〇～三〇年代半ばに鉱夫の定着化が進展したことに注目し、その要因を多面的に検討してみたい。

本章は、第2節で事例炭鉱の経営動向を考察し、第3節で鉱夫の定着化状況を確認し、第4節～第7節でその諸要因を検討し、第8節でその因果関係をまとめる構成になっている。

第2節　経営動向

石炭鉱業連合会の活動によって筑豊（九州）炭の価格が一九二〇年代に安定したことは第1章でみた。だが、実現した炭価の水準は、移輸入を防圧できなかったことに加え、カルテル活動が開始された一九二一年下期の水準を大きく超えることはなかった。この炭価の水準は、以下にみるように、相対的な生産費高をもたらし、炭鉱の収益を低下させた。表5-1によれば、一九二二年に低落した三井田川のトン当たり手取炭価は、二三年には上がるものの、二五年まで低落が続き、一九二六～二九年に七円台に落ち着いている。他方でトン当たり炭価から生産費を引いたトン当たり利益は、一九二一～二四年に大きく下落し、一九二五～二九年に回復している。昭和恐慌期においてトン当たり利益は下がるが、一九三二年から再び上がる。

表5-1によって、一九二一～二四年の各指標のトン当たり平均をみれば、①炭価九・〇九円、②生産費八・一九円、③利益〇・九〇円であるので、第一次大戦ブームからの炭価の下落と相対的に上がった生産費が利益を圧縮していた

といえる。他方で一九二五〜二九年の平均をみると、①炭価七・七〇円、②生産費六・〇五円、③利益一・六五円である。すなわち、一九二一〜二四年よりも炭価は下がったものの、生産費の低下によって利益は上がったと判断できる。昭和恐慌を経て景気が回復した一九三三〜三六年においては、①炭価六・三五円、②生産費四・一二円、③利益二・二三円である。炭価は一九二五〜二九年の水準よりも低いから、生産費の減少が収益の増加を導いていたといえる。

図5-1によって、田川の総生産費に対する各費用の占める割合の推移をみたい。一九一四〜三五年に渡る長期の趨勢をみれば、鉱夫賃金からなる工賃が低下し、鉱夫を除く現場係員などからなる係員費が増加し、一九二六年まで請負費が伸びており、坑木などの用品費はほぼ横ばいに推移している。各費用項目の特徴をみれば、係員費の割合が一九一九〜二一年に大きく伸び、以後緩やかに伸びるものの、一九三〇〜三三年に大きく増減している。したがって、趨勢的にみれば、一貫して減少していたのは、工賃のみであった。表5-2が示すように、田川の各期間における工賃の下落幅は、他の費用項目よりも大きい。先にみた田川の生産費低下は鉱夫賃金の低下にあったといえよう。

他方で、図5-2によれば、三井鉱山の筑豊所有炭

表5-1　田川鉱業所の炭価と生産費

(円)

年次	トン当たり手取炭価	トン当たり生産費	トン当たり利益
1910	2.91	2.15	0.76
1911	2.96	2.36	0.60
1912	3.01	2.70	0.31
1913	3.16	2.60	0.57
1914	3.78	2.93	0.85
1915	3.55	2.70	0.85
1916	3.3	2.61	0.69
1917	5.54	3.41	2.13
1918	10.19	6.65	3.54
1919	14.03	11.86	2.17
1920	16.57	14.11	2.46
1921	10.05	8.87	1.18
1922	8.49	7.34	1.15
1923	9.2	8.18	1.03
1924	8.61	8.36	0.25
1925	8.14	7.10	1.04
1926	7.47	5.68	1.79
1927	7.78	5.70	2.08
1928	7.74	5.93	1.81
1929	7.38	5.86	1.53
1930	6.51	5.33	1.18
1931	5.06	4.14	0.92
1932	4.6	3.59	1.01
1933	5.26	3.36	1.90
1934	6.49	3.95	2.54
1935	6.78	4.32	2.46
1936	6.85	4.85	2.00

出所)『田川鉱業所沿革史』第1巻、「営業費決算表」。『田川鉱業所沿革史』第12巻、「田川炭出炭推移表」。

注) 元資料には、1934年下期の合計値計算に明らかな誤りがあったので修正した。

図5-1　田川鉱業所のトン当たり生産費の内訳の推移

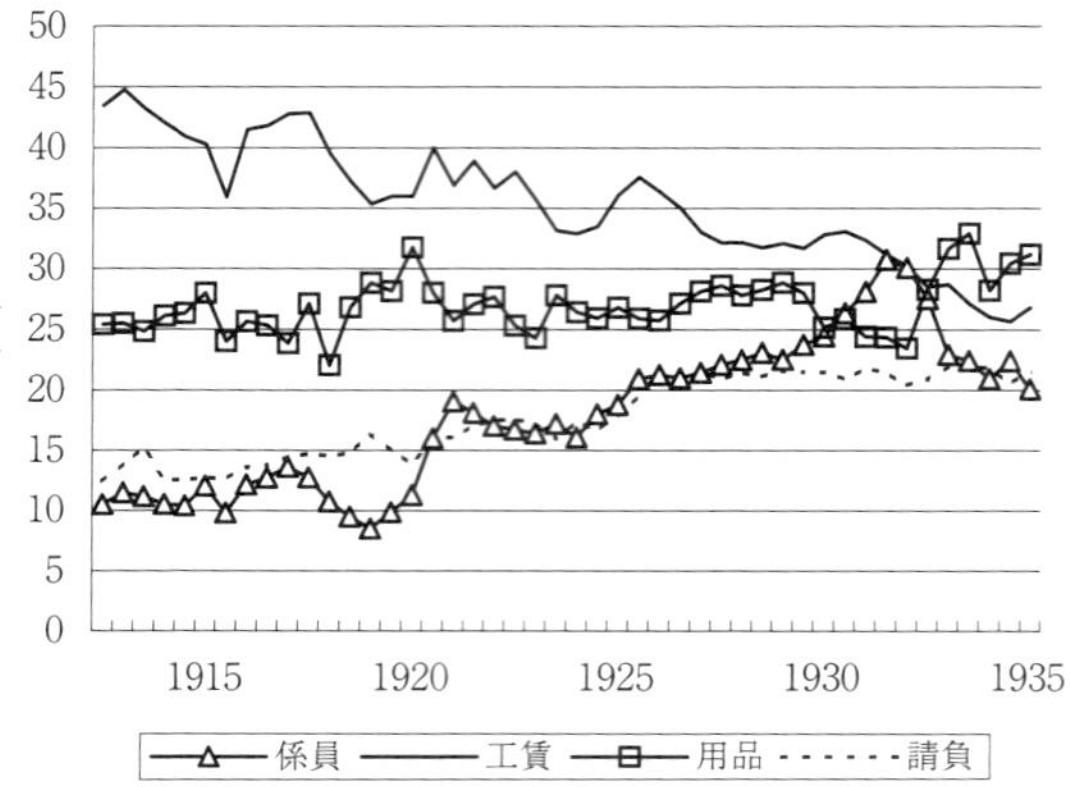

出所）表5-1に同じ。
注）雑収益、臨時費、改修費は除く。各トン当たり費用/トン当たり総生産費×100で計算。

表5-2　田川鉱業所のトン当たり費用の構成　（円）

期間	係員	工賃	用品	請負
1917～20	0.95	3.38	2.49	1.34
1921～25	1.38	2.89	2.11	1.35
1926～29	1.27	1.95	1.60	1.22
1930～35	1.01	1.21	1.13	0.87

出所）表5-1に同じ。
注）雑収益、臨時費、改修費は除く。数値は各期間の平均。

鉱である田川と山野の全鉱夫一人一年当たり出炭量は、北海道の砂川よりも低く、一九二六年から三池との差がでているが、緩やかに伸びている。田川の一人当たり出炭量は、①一九二一〜二五年に平均九六トンであったが、②一九二六〜三〇年に一五九トン、③一九三一〜三五年に二五二トンに伸びた。

このように田川では、一九二〇年代前半と後半とを比較すれば、生産費の低下と生産性の伸びがみられ、一九二〇年代後半と一九三〇年代前半を比較すれば、生産費低下とともに顕著な生産性の伸びがみられた。

表5-3によれば、三井鉱山の収益動向は、第一次世界大戦期の好景気に支えられた一九一七〜一九年に大きく伸び、一九二〇年恐慌を契機とした一九二〇〜二五年の不況期に減少し、一九三〇〜三一年の昭和恐慌期に大きく減少するものの、生産費の低下と生産性の伸びがみられた一九二六〜二九年、一九三二〜三五年に増加傾向にある。

ところで、塊炭から粉炭の比重が増えたことが知られている戦間期の市場面の動向をみれば(5)、山野炭の塊粉の比率は、一九一五〜二〇年に①塊炭三〇・二パーセント、②粉炭三三・八パーセント、一九二一〜二五年に①塊炭三三・三

図5-2　三井鉱山所有主要炭鉱の在籍鉱夫1人1年当たり出炭量

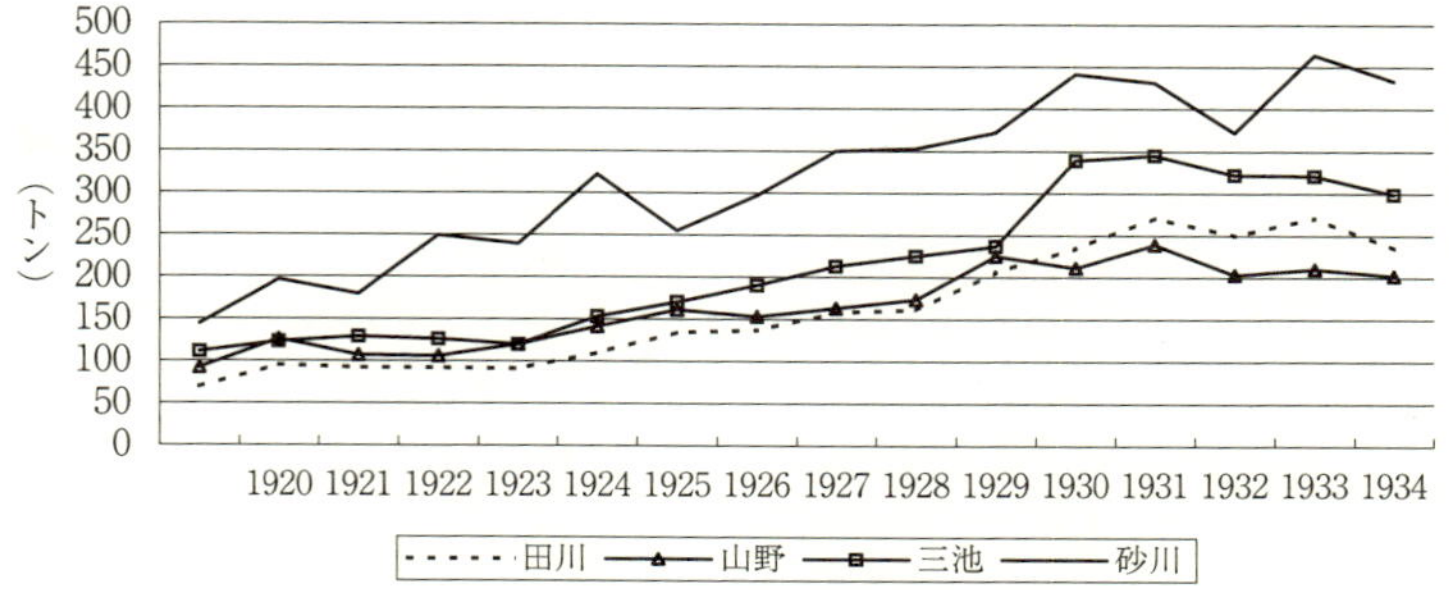

出所）『三井鉱山五十年史稿』第15巻、「在籍一人一年出炭高並全国トノ対比表」。

パーセント、②粉炭三七・六パーセント、一九二六～三〇年に①塊炭二七・四パーセント、②粉炭四六・三パーセントであった[6]。表5-4(1)にみられるように、一九一六～二〇年から販売割合が高い「粉炭」は、一九二一～二五年にその割合を伸ばしているとともに、一九二六～三〇年には「水洗粉」の割合が大きく伸びている。ただし、表5-4(2)が示すように、「粉炭」、「水洗炭」のトン当たり炭価は塊炭一般と比べて低い。また、一九二一～二五年に販売価格層の上位に位置する「洗小塊炭」の割合が上がるものの、一九二六～三〇年に下がっている。塊炭と比べて相対的に価格が低い粉炭販売の増加は、トン当たり収益の下落を促して、より一層のコスト引き下げを必要とした。

以下では、こうした戦間期の経営動向を前提として、田川と山野の事例によって鉱夫の定着化について検討してみたい。

表5-3　三井鉱山の利益金の推移

（千円）

年次	期末純利益
1917	4,042
1918	7,361
1919	7,757
1920	5,442
1921	2,885
1922	3,505
1923	3,847
1924	2,424
1925	1,945
1926	2,261
1927	3,053
1928	3,320
1929	3,416
1930	2,013
1931	1,903
1932	2,944
1933	4,824
1934	6,705
1935	6,631

出所）三井鉱山株式会社『三井鉱山営業報告書』各年。

表 5-4　山野鉱業所の炭種別の販売割合と炭価

(1) 販売割合　(%)

1916～20年		1921～25年		1926～30年	
切込炭	27.0	粉炭	28.7	粉炭	29.6
粉炭	26.7	洗小塊炭	22.3	切込炭	17.8
洗小塊炭	14.9	切込炭	17.8	水洗粉	12.2
塊炭	8.6	二号炭	10.4	洗小塊炭	11.5
二号炭	7.6	塊炭	8.1	二号炭	8.5
錆塊炭	6.7	乙粉炭	7.1	塊炭	8.2
乙粉炭	4.8	錆塊炭	2.9	洗中塊炭	5.8
水洗粉	2.3	水洗粉	1.7	特水洗粉	2.9
錆切炭	1.4	錆切炭	0.8	沈澱粉炭	1.7
沈澱粉炭	0.0	沈澱粉炭	0.2	錆小塊	1.1
				錆塊炭	0.7
				乙粉炭	0.0

(2) トン当たり炭価　(円)

1916～20年		1921～25年		1926～30年	
洗小塊炭	11.33	塊炭	9.87	塊炭	9.09
塊炭	10.75	洗小塊炭	9.70	洗中塊炭	8.65
錆塊炭	9.95	切込炭	9.10	洗小塊炭	8.43
切込炭	9.52	錆塊炭	9.03	錆塊炭	8.28
水洗粉	9.50	錆切炭	7.74	切込炭	7.92
錆切炭	8.91	水洗粉	6.61	特水洗粉	7.37
粉炭	6.50	粉炭	6.46	水洗粉	7.07
乙粉炭	6.08	二号炭	6.12	錆小塊	5.98
二号炭	5.17	乙粉炭	4.78	二号炭	5.92
沈澱粉炭	1.63	沈澱粉炭	2.83	粉炭	4.82
				乙粉炭	4.45
				沈澱粉炭	2.92

出所）『山野鉱業所沿革史』第2巻、「年度別炭種別石炭売上決算表」。

注）販売割合は、消費炭を除く販売炭合計を分母とする。元資料記載の合計値に明らかな誤りがある場合は修正した。

表5-5　福岡県の鉱夫の入職率と離職率

(%)

年次	入職率(男)	入職率(女)	入職率(男女)	離職率(男)	離職率(女)	離職率(男女)
1922	114.0	130.1	137.2	107.3	114.7	115.7
1924	101.1	93.4	98.7	101.1	95.8	99.5
1925	91.1	83.5	88.8	94.3	89.0	92.8
1926	75.9	74.1	75.4	84.1	81.6	83.3
1927	79.8	64.5	75.4	74.1	63.4	71.0
1928	87.1	65.1	80.9	87.6	72.2	83.3
1929	79.3	52.4	72.2	82.7	71.0	79.6
1930	58.1	34.2	52.7	74.2	78.9	75.2
1931	45.9	37.5	44.5	57.9	79.0	61.4
1932	57.6	54.4	69.4	64.0	69.0	64.6
1933	113.1	83.8	109.9	87.7	87.8	87.7
1934	83.8	79.8	83.4	79.8	78.9	79.7

出所）筑豊石炭鉱業組合（会）『筑豊石炭鉱業組合（会）月報』各年。調査は、福岡鉱務署（鉱山監督局）のもの。

注）入職率＝1～12月雇入者数/1月在籍鉱夫数。離職率＝1～12月解雇者数/1月在籍鉱夫数。1927年までは鉱夫10名以上雇用の鉱山が対象で、1927年からは50名以上雇用の鉱山が対象。

第3節　鉱夫の定着化状況

(1)　概観

まずは表5-5によって福岡県の鉱夫の入職率と離職率の推移をみてみたい。ただし、この入職率と離職率の数値は、鉱夫数一〇名以上の炭鉱が調査対象とされている。また、雇入、解雇、在籍鉱夫数の調査炭鉱数が各年で異なっており、正確な入職率と離職率が示されているとは限らない。この制約を前提として表5-5をみれば、男女合わせた入職率は一九二二年から低下しており、一九三〇～三一年の昭和恐慌期にとりわけ下がっているものの、三二年以降に増加している。だが、入職率と同様に離職率は高い水準にあり、福岡県の石炭鉱業全体でみれば、戦間期に鉱夫の定着化が進展したとはいい難い。

表5-6が示すように、帝国炭業の所有鉱を除けば、一九二三年五月の主要炭鉱の離職率は、三井、三菱などの大炭鉱と同じく、室木、第二旭などの中小炭鉱の数値も高い。表5-7によって一九二六年一月と三五年一月の数値を比較すれば、撤退した帝国炭業から

再組織された九州鉱業の起業小松の離職率は二時点とも高く、山内・赤坂・綱分・吉隈・豆田（以上、麻生）の離職率が伸びている。他方で、二時点間を比較すれば、目尾第二（古河）、上山田・新入・飯塚・方城・鯰田（三菱）、豊国（明治）、山野・田川（三井）の離職率は低下しており、この他に大辻・大之浦（貝島）などの離職率は麻生の水準ほど上がってない。九州鉱業、麻生を除けば、離職率の数値の変化に高低があるものの、一九二六年から三五年にか

表5-6　筑豊主要炭鉱の入職率と離職率（1923年5月）

炭鉱名		全鉱夫数（人）	雇入数（人）	解雇数（人）	入職率（%）	離職率（%）
貝島	菅牟田	3,711	145	147	3.9	4.0
	萬之浦	3,315	101	150	3.0	4.5
	大辻	3,026	95	156	3.1	5.2
蔵内	大峰	1,976	287	220	14.5	11.1
大正	新手	639	11	25	1.7	3.9
	中鶴	2,272	306	196	13.5	8.6
三井	田川	10,288	906	1,079	8.8	10.5
三菱	金田	2,088	96	100	4.6	4.8
	方城	2,044	181	209	8.9	10.2
	新入	4,560	725	716	15.9	15.7
明治	赤池	1,935	189	152	9.8	7.9
	豊国	3,124	268	201	8.6	6.4
	明治	2,015	74	64	3.7	3.2
古河	第二目尾	1,745	191	102	10.9	5.8
	新目尾	1,311	82	125	6.3	9.5
三好	高松	616	22	41	3.6	6.7
	三好	812	108	133	13.3	16.4
	高松二坑	786	132	114	16.8	14.5
岩崎	岩崎	854	89	80	10.4	9.4
帝国炭業	鴻ノ巣	173	151	146	87.3	84.4
	木屋瀬	3,253	638	653	19.6	20.1
	垣生	344	53	23	15.4	6.7
	旭	664	76	66	11.4	9.9
	島廻	624	43	45	6.9	7.2
	宮尾	1,121	108	88	9.6	7.9
	第二旭	673	38	108	5.6	16.0
	桐野	2,388	113	134	4.7	5.6
	室木	402	9	54	2.2	13.4
	三笠	312	9	3	2.9	1.0
	佐藤	1,349	73	65	5.4	4.8
	大隈	835	15	2	1.8	0.2

出所）「筑豊各坑鉱夫ニ関スル統計表」筑豊石炭鉱業組合「常議員会決議録」、復刻：西日本文化協会『筑豊石炭鉱業組合』1987年、『福岡県史』近代史料編(2)、368～369頁折込表。


注）田川、鞍手、遠賀郡の主要炭鉱。炭鉱名は原則として資料のまま。入職率、離職率が算出できないものは除く。岩崎については、田川郡所在の炭鉱。

入職率＝雇入数／月末現在鉱夫数。

離職率＝解雇数／月末現在鉱夫数。

けて筑豊大炭鉱では、鉱夫の定着化の進展が示唆される。

このことは、表5-7の一九三五年一月の数値と表5-8の中小炭鉱の離職率の数値を比較すれば明瞭になる。(7) 一九三四年八月と三六年二月の多くの中小炭鉱の離職率の数値は、三五年一月の大炭鉱の数値よりも高い。このように一九三五年には、大炭鉱の鉱夫の移動は中小炭鉱と比べて下がった。

(2) 三井鉱山の動向

表5-7において一九三五年一月に離職率が低い水準にある田川と山野を含んだ三井鉱山所属炭鉱の鉱夫の定着化

表5-7　筑豊大炭鉱の入職率と離職率

(%)

炭鉱名	1926年1月		1935年1月	
	入職率	離職率	入職率	離職率
起業小松	10.4	18.5	10.1	21.4
山内	3.3	3.1	6.6	13.1
赤坂	4.1	5.3	8.8	8.9
綱分	6.0	5.7	8.0	8.7
吉隈	1.0	2.1	10.8	8.5
豆田	1.2	0.0	6.7	7.4
忠隈	4.2	4.1	7.9	5.7
目尾第2	11.6	9.0	3.6	5.0
大辻	3.1	4.1	5.9	4.9
下山田	5.9	3.2	8.0	4.9
赤池	4.4	4.4	5.4	4.8
大之浦	3.6	3.1	5.4	4.3
平山	3.3	0.9	2.4	4.2
大峰2	13.9	5.2	5.0	4.0
上三緒	2.6	3.5	2.3	3.8
上山田	13.4	13.7	5.7	3.5
新入	11.6	10.2	1.2	3.2
飯塚	15.4	16.1	0.7	3.1
豊国	3.3	3.8	4.5	3.0
方城	5.6	5.6	2.5	2.8
鯰田	7.1	7.2	2.4	2.6
明治	1.8	1.7	8.8	2.1
山野	6.2	5.6	4.3	1.0
田川	0.3	3.7	1.9	0.8

出所)「大正十三年九月大正十五年八月　嘉穂鉱業会関係」「中野家文書」No. 23。筑豊石炭鉱業会「筑豊主要炭鉱現況調査票」、1935年1月、『職業紹介文書』所収。

注) (1)の方城は12月、上山田、山野、鯰田、飯塚、下山田、平山、忠隈、山内、豆田、吉隈、綱分、赤坂は1926年2月の数値。大之浦、田川、新入などの坑別の数値は合計した上で再計算した。炭鉱名は原則として資料のまま。1926年、35年の両資料に同一炭鉱名で掲載されているもののみ掲載。1935年1月の明治は「明治新一」、大峰2は「大峰」であり、経営に連続性が低いため参考値として掲載した。
入職率＝採用/鉱夫数。離職率＝解雇/鉱夫数。

表5-8　筑豊中小炭鉱の入職率と離職率

(1) 1934年8月　(%)

炭鉱名	入職率	離職率
高松	17.5	31.7
木戸	2.4	1.8
新手	26.7	34.1
木屋瀬・緑	4.3	8.4
大谷・海老津	17.8	14.5
藤井	17.8	17.6
宮尾	8.4	13.8
岩崎	9.0	7.7
相田	24.2	25.6
深坂	12.5	15.6
漆生	4.6	8.2
高尾	1.7	9.8
玄王	3.7	10.2
秋山椎森	6.0	9.6
豊州	5.2	5.8
麻倉・筑紫	15.3	23.0
上山	17.1	25.3
猪ノ鼻	17.6	25.8
大隈	20.0	21.4
計33鉱合計	12.5	16.5

(2) 1936年2月　(%)

炭鉱名	入職率	離職率
高松	12.7	12.9
新手	14.6	16.3
木戸	5.9	6.8
深坂	24.9	15.3
金丸高谷緑	9.9	9.1
岩崎	5.5	9.1
藤井	20.7	16.7
海老津	12.2	13.1
宮尾	4.3	6.9
相田	23.1	21.2
漆生	8.7	6.2
梅ノ木	7.7	7.7
筑紫麻倉	15.9	16.7
玄王	8.5	6.0
豊州	10.7	0.6
上山	10.8	24.0
秋山椎森	9.3	11.3
大隈	10.4	8.9
高尾	4.4	4.9
猪ノ鼻	12.2	18.3
計36鉱合計	11.8	11.4

出所）筑豊石炭鉱業互助会「筑豊石炭鉱業互助会炭鉱現況調査表」1934年8月、「小林鉱業文書」No. 954。筑豊石炭鉱業互助会「筑豊石炭鉱業互助会炭鉱現況調査表」、1936年2月、『職業紹介文書』所収。

注）(1)、(2)ともに月末在籍鉱夫400人以上の炭鉱のもので、合計数には400人以下のものが含まれる。炭鉱名は原則として資料のまま。入職率、離職率が算出できないものは除く。
入職率＝雇入数／月末現在鉱夫数。離職率＝解雇数/月末現在鉱夫数。

状況を表5‐9によってみてみたい[8]。入職率は一九二三年の水準からランダムな増減を繰り返しながら三二年まで減少傾向にあり、とりわけ一九三〇～三二年の減少が顕著であるが、景気が回復する一九三三年に再び上昇し、戦時統制が進展する一九三〇年代後半になると大きく上昇している。他方、離職率は一九二三～三二年にほぼ一貫して低下しており、景気が上向きになる一九三三～三五年に横ばいに推移し、三七年から伸びている。このように三井鉱山所属炭鉱では、一九二五～三二年に入職率と離職率が減少し、その後三五年まで入職率が上昇するものの、離職率が低水準にあり、一九二五～三五年に鉱夫の定着化が進んだ。

また、表5‐10に示されているよ

表 5-9　三井鉱山所属炭鉱における鉱夫の定着化状況

年次	採用（人）	解雇（人）	前年末数（人）	入職率（%）	離職率（%）
1923	29,610	26,824	58,520	50.6	45.8
1924	19,934	20,595	63,128	31.6	32.6
1925	14,498	16,526	60,977	23.8	27.1
1926	10,128	12,752	59,739	17.0	21.3
1927	15,791	14,680	53,118	29.7	27.6
1928	10,139	12,331	56,683	17.9	21.8
1929	11,450	11,451	51,627	22.2	22.2
1930	5,649	11,177	51,552	11.0	21.7
1931	406	6,373	44,129	0.9	14.4
1932	1,382	2,606	29,288	4.7	8.9
1933	7,042	2,916	26,114	27.0	11.2
1934	4,122	3,572	31,251	13.2	11.4
1935	6,440	3,923	34,712	18.6	11.3
1936	7,688	4,935	38,031	20.2	13.0
1937	14,577	8,115	43,086	33.8	18.8
1938	20,170	13,622	55,017	36.7	24.8
1939	27,243	18,377	68,712	39.6	26.7
1940	38,715	32,205	85,355	45.4	37.7

出所）『三井鉱山五十年史稿』第 16 巻、「移動一覧」。
注）入職率＝当該年採用鉱夫数／前年末鉱夫数。離職率＝当該年離職鉱夫数／前年末鉱夫数。系列炭鉱内の転入・転出を含む。

表 5-10　田川鉱業所における鉱夫の勤続者数

（人）

年次	1 年以下	4 年	7 年	10 年	15 年	20 年	25 年
1921	3,815	585	293	103	55	17	1
1922	3,761	680	271	144	45	15	1
1923	4,809	690	326	184	39	13	1
1924	3,387	508	376	209	35	12	1
1925	2,525	435	370	188	53	22	20
1926	1,544	539	377	197	66	42	22
1927	2,282	672	270	237	94	34	24
1928	1,054	532	324	358	94	28	30
1929	1,403	399	326	352	121	27	32
1930	269	397	228	159	99	36	40
1931	47	340	243	126	102	46	39
1932	118	319	197	125	76	37	28
1933	1,412	380	152	206	121	24	14
1934	526	166	325	187	142	38	32
1935	1,268	137	247	161	99	37	23

出所）『田川鉱業所沿革史』第 7 巻、「毎期別年令職別従業員数調」。

うに、一九二〇年代後半から田川鉱業所の勤続一年、四年以下の鉱夫数が減少し、他方で、勤続一五年、二〇年、二五年の鉱夫数がほぼ増加していることから、鉱夫の定着化傾向が明らかとなろう(9)。

以上みてきたように、三井鉱山所属炭鉱では、福岡県の炭鉱全体との趨勢とは異なり、一九二〇年代後半、一九三〇年代前半に鉱夫が定着化していた。以下ではこの時期の田川、山野の動向を追うことで、その諸要因を検討してみよう。

第4節　一九二〇年代の不況下における生産性上昇と相対的高賃金化

この節では、鉱夫定着化要因の一つとして、一九二〇年代の不況下において生産性の上昇によって収益の改善を図ろうとした経営側が、その一環として職場環境の改善を促したことをみる。また、両鉱業所では鉱夫賃金が他の炭鉱よりも相対的に高くなり、鉱夫が積極的に移動する要因をなくしたことを明らかにする。

(1)　一九二〇年代の不況下における生産性上昇

先行研究で指摘されている通り(10)、両鉱業所における資本集約化は、採炭・切羽運搬部門での技術導入にある。これは、第一に長壁法の普及による切羽の拡張、第二に切羽へのコールドリル、コールカッターの導入、第三に切羽運搬機の導入からなっていた。創業期から一九二〇年代半ばまで切羽の長さ一八～五四メートルの残柱式長壁法を採用していた両鉱業所は、一九二〇年代後半に長さ九〇～一四四メートルの総払長壁法を本格的に導入した(11)。切羽の長さの延長は、機械導入を促すことになる。一九二三年にはじめてドリルを切羽採炭に採用した山野は、一九二〇年代後半にこれを本格的に導入した(12)。両鉱業所におけるカッターの利用は、一九二〇年代後半から普及し、二六年に田川一四台、山野二台であったのに対して、三五年に田川一九台、山野一一台へと増加した(13)。さらに両鉱業所は、一九二〇年代後半から一九三〇年代前半にかけて切羽運搬機を積極的に導入した(14)。一九一〇年代前半に一部の切羽へ設置されたにすぎなかった田川の運搬機使用台数は、二七年の八台から三二年の二三台へと増加し、一九二〇年代前半に運搬機をほとんど導入していなかった山野では、二七年の五台から三一年の一七台へと増加した。加えて、両鉱業所では、一九二一年から片盤・主要坑道に電気力で炭車を運搬するエンドレスを導入して、人力・馬力運搬を削減していった(15)。こうした機械導入による資本集約化は、先にみた両鉱業所の一人当たり出炭量増加をもたらしていた。

図5-3　両鉱業所における稼動千人当たり死傷者数

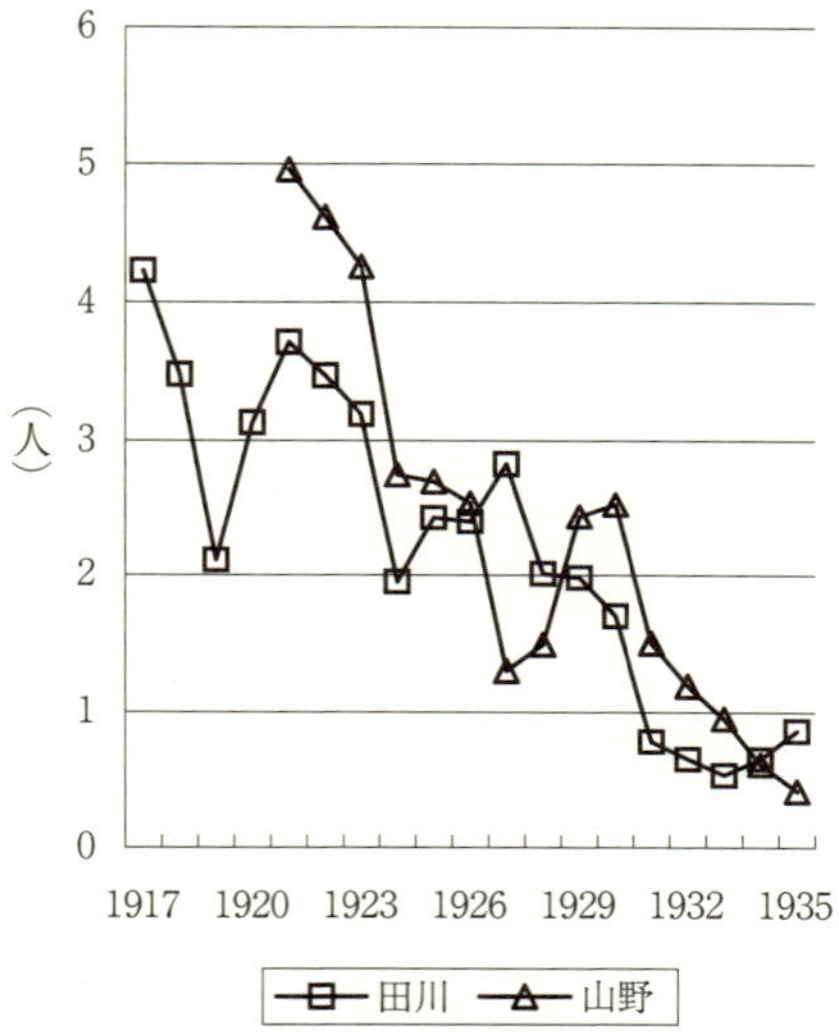

出所）『三井鉱山五十年史稿』第15巻、付表。
注）稼動千人当たり死傷者数＝（死亡＋負傷者数）／全鉱夫延稼動人員÷1／1000。

(2)　職場環境の改善

生産性上昇の一環として両鉱業所は、一九二〇～三五年に職場環境の改善を進めた。両鉱業所では一九二〇～三五年に大きな水害やガス爆発も起こるが(16)、図5-3に示されているように、一九二〇年代後半、とりわけ一九三〇年代前半に「稼動千人当り死傷者数」が減少している。鉱夫の離職要因として「変災や負傷を目撃したため、恐怖と不安を感じて他に移動」することがあったため(17)、職場環境の改善は鉱夫の定着化を促すこととなった。

両鉱業所における死傷者数の減少要因としては、第一に鉱夫の疲労低下や負傷減少につながる技術導入が挙げられる。田川では一九二七年から鉱夫にエジソン帽子型安全燈の携帯を義務付け、同様にこれが山野でも普及し、それによる坑内照明が死傷者数の増加を食い止める一因となった(18)。また、一九二〇年代前半には、坑口から主要坑道までを結ぶ坑内電車の実用化によって、徒歩移動時間が減少したため鉱夫の疲労度が低下した。さらに、一九二〇年代の大型扇風機の導入によって坑内通気が改善され、「新鮮ナル空気ノ下ニ意ヲ案ンジテ作業ヲ得ル」ようになったとともに、坑内温度が低下し、作業環境が改善した(19)。この他にも、保菌動物の排泄物から感染するワイル氏病の防止のため、一九二四年から坑内鉱夫にゴム靴の着用を徹底した(20)。

第二に災害に対する調査研究・予防規定の整備が死傷者数を減少させる要因となった。田川では、一九二五年から現場係員を集め防災研究会を開催するとともに、鉱夫への安全教育をはじめた(21)。山野では、一九二〇年代後半に保安委員会を最高機関とし、その傘下に坑別職種別に現場保安会が組織され、災害防止に関する連絡系統が整備された(22)。また、同時期に山野では、工手長主催の防災研究会が開かれ、様々な災害調査研究に基づき落盤や発破、坑内照明などの事故予防規定が作成され、上述した連絡系統を通して鉱夫へ伝えられた。

第三に安全運動が進展したことも死傷者数の減少に寄与した。一九二九～三一年に安全運動を開始した両鉱業所では、一九三〇年代の死傷者数が大きく減少した。これを山野の事例でみてみよう(23)。山野では、第一～三坑の各坑ごとに職種によって坑内、坑外、電気の三部門に鉱夫を分け、さらにそれを二〇～三〇人の班単位に区切り、現場技術監督者あるいは各班の鉱夫のなかから選ばれた班長のもとで安全運動を進めた。さらに、一九三二～三四年には、各坑で鉱夫から会長、副会長、書記を選任し、災害防止への対策を協議する保安自治組織が結成され、安全運動に対する鉱夫の自主性が強まった。また経営側は、鉱夫への防災知識の普及を目的とした安全研究会を開き、保安自治組織を支援した。安全運動は、鉱夫が災害減少に対する賞与を目指し、各坑各班が自主的に災害防止を行う仕組みになっていた。例えば、一九三五年の山野第三坑では、各班で災害死亡者が六カ月間出なかった場合に鉱夫一人当たりに一円

表5-11　田川・山野鉱業所の相対的高賃金化

（円）

炭鉱名	所属企業	1917年		1925～26年		1935年	
		賃金	平均賃金との差	賃金	平均賃金との差	賃金	平均賃金との差
田川	三井鉱山	1.19	0.07	2.29	0.38	2.60	0.96
山野	三井鉱山	1.25	0.13	2.27	0.36	2.28	0.64
大之浦	貝島鉱業	0.70	−0.42	1.93	0.02	2.03	0.39
豊国	明治鉱業	1.19	0.07	2.17	0.26	2.14	0.50
筑豊平均賃金		1.12		1.91		1.64	

出所）農商務（商工）省鉱山局『本邦重要鉱山要覧』1917、1925・26年。筑豊石炭鉱業会「筑豊主要炭鉱現況調査表」、筑豊石炭鉱業互助会「筑豊石炭鉱業互助会炭鉱現況調査表」、『職業紹介文書』所収。
注）賃金は採炭夫１人１日当たり平均賃金。採炭夫１カ月総賃金／採炭夫実働延人員数で計算。平均賃金との差＝各年度各企業の賃金−各年度平均賃金。平均賃金は資料に掲載された筑豊所属炭鉱に限る。なお、各年の炭鉱数は以下の通り。1917年：47坑、1925～26年：54坑、1935年：78坑。1935年は８月の数値。炭鉱名、所属企業名は代表的名称に簡略化した。

を賞与し、各班に傷病休業で二週間以上欠勤する者が二人以内の場合には三三〇円、六人以内の場合には一三〇円が支払われた(24)。この賞与とともに成績優秀な班は、所長から表彰されることになっていたため、各坑各班の競争心を呼び起こし、よりいっそう死傷者数の減少を促した。

(3)　相対的高賃金化

表5-11に示されているように、両鉱業所の鉱夫賃金と筑豊の平均賃金との差は、一九一七年にはほとんどみられないが、三五年には顕著に現れている(25)。同様に両鉱業所は、筑豊の大炭鉱である貝島鉱業大之浦炭鉱と明治鉱業豊国炭鉱の鉱夫賃金を一九二五～二六年、一九三五年に上回っている。これは、鉱夫にとって相対的高賃金を支払う両鉱業所から移動する誘因が減少し、高い賃金払いが鉱夫の定着を進める一要因となったことを意味していよう。こうした相対的高賃金化は、一九二〇年代後半に収益が好転したことと結びついていたものと思われる（表5-3）。

鉱夫の生活水準は良好であったことが窺える(26)。山野における一九二八年の一カ月鉱夫生活家計調査によれば、鉱夫の一世帯当たり平均収入は、五二・四九円、支出は四七・五九円であり四・九円の黒字となっていた。支出のうち飲食費三一・〇五円（六五・二パーセント）、交際・娯楽費三・九三円（八・二パーセント）、被服費三・五二円（七・七パーセント）、薪炭・燈火費一・四二円（三・〇パーセント）、住宅費〇・六六円（一・四パーセント）、その他七・〇一円（一四・七パーセント）であった。注目すべきは、同時期の労働者世帯当たり平均光熱費が四・一七円、家賃が一一・一四円であったのに対して、[27]鉱夫世帯の光熱費（薪炭・燈火費）はその三分の一、住宅費はこの一七分の一であったことである。炭鉱からの燃料炭支給や、鉱夫住宅の無償提供は、他の労働者と比べて優遇されていたことを窺い知ることができる。また、交際・娯楽費が支出の八パーセントほどを占めることからも、鉱夫の生活水準は低くなかった。

第5節　機械導入と「優良労働者」の確保

前節では、一九二〇年代後半における両鉱業所の機械導入が生産性上昇を導いたことをみた。しかし、生産性上昇は、単純に機械を導入するだけでは達成されず、新しい生産方法に対応できる「優良労働者」の確保が必要であった。本節では経営側が機械化によって鉱夫の作業を単純化させたものの、組織的・集団的に労働する「優良労働者」を確保する必要があったことをみる。また、機械の導入後においても、鉱夫がＯＪＴや企業内養成などによって他炭鉱に移ると価値を失ってしまう企業内特殊熟練形成の必要性が小さく、内部労働市場も機能していなかったため、鉱夫に離職の誘因が残されていたことをみる。

(1)　機械導入と「優良労働者」の確保

両鉱業所における一九二〇年代の機械導入は、鉱夫の作業を単純化させた。[28]技術導入によって最も大きな影響を受けた採炭夫は、一九一〇年代において先山が鶴嘴によって採掘し、後山がそれを炭車に収めて運搬する「一先採炭」を行っていた。[29]また、こうした「手掘り」労働を行っていた採炭夫は、「その切羽を愛し、完全に自己の技術を

れ、ドリルで発破孔を穿いてダイナマイトを爆破させ、炭壁を崩し落とす方法へと採炭方法を変化させた[31]。そのため、採炭夫の主な仕事は、崩れ落ちた石炭をスコップで切羽運搬機のトラフに拾い集める単純な集団作業となった。

このような鉱夫の作業の単純化は、鉱夫の「手掘り」技術形成の必要性が低くなり、企業内定着化というよりも労働市場におけるスポット的取引ないしは納屋頭制度による間接的管理方式でも対応できるかのようにみえる。だが、経営側は「機械力の応用、能率の増進、災害防止その他の合理的経営施行のため、優良労働者の採用を必要とするやうになつたが、これを納屋頭に一任しても、到底目的を達し得ないことが明らかである」というように[32]、「合理的経営」のために「優良労働者」を用いた直接的管理を必要としていた。この方針へと転化したのは、「関東大震災の影響もあつて、不況はその極に達し」たため、「稼動者の募集を消極的とし、専ら質の選択に留意」しようとした一九二四年からであった[33]。

経営側が求めた「優良労働者」は、各作業現場を管轄する現場係員（現場技術者）の指示に従って組織的・集団的に労働し得る鉱夫を意味していた[34]。こうした「優良労働者」が求められたのは、採炭―運搬―選炭の各工程が連続化したという坑内組織の変化に大きく起因していた。つまり、一九二〇年代後半の田川では、採掘された石炭を切羽運搬機によって炭車に積み込み、それを人力ないしはエンドレスによって竪坑巻揚口まで運搬し、捲揚機で坑外に搬出し、さらに坑外エンドレスによって選炭口まで運ぶという体制が構築されていたのであった[35]。このような各工程の連続化は、どこか一つの工程に支障が出ると全工程に影響が生じてしまうことを意味する。例えば、採炭部門での機械の故障によって出炭が止まると、片盤エンドレスによる運搬作業を休止することになり、それが波及すると選炭部門での作業も停滞する。このような各工程の連続化は、同坑の技術管理者がいうように「機械類を多数使用するに伴ひ、機械の故障が直ちに出炭に大なる影響を与ふるが為に、之を運転する係員（現場係員、現場技術者）や鉱夫の技量の巧拙が大変重大な事とな」ったため、両鉱業所では「係員」の養成に努めるとともに「相当の移動も免れざる為一般従業員（鉱夫）の素質を向上せしむる事」が必要となった(36)。現場係員は、主に採炭、運搬、修繕及車道、仕繰充填、人道修繕、人車係からなっており(37)、鉱夫を各切羽に配置し発破や出炭作業を指示・監督した。例えば、落盤を発見した場合、鉱夫は直ちに現場係員へ連絡し、その指示によって各切羽で作業する採炭夫が集まって落石を拾う「硬取《ぼた》り」を行い、仕繰夫が天井の補強するようになった(38)。

「稼動者ヲシテ組織的作業を習熟」させる必要が生じた採炭部門では(39)、現場係員の指示に従い鉱夫が組織的・集団的に作業することが要請された。現場係員は、採炭夫の就業三時間前に坑内の担当区域に入り「爆発瓦斯ノ存在其他危険ノ有無ヲ検査」し、鉱夫の配置を決めた(40)。鉱夫の就業形態は、機械の稼働率を維持するため一九二〇年代後半に三交代制（各々を一番方、二番方、三番方という）が定着した。一般的な採炭作業の流れは、まず二番方の一部がコールカッターで切羽の下部に切込みを入れ、現場係員が発破して石炭層を崩落させた後、二番方採炭夫によって切羽運搬機が移転され、一切羽当たり一五〜二〇人からなる三番方と翌日の一番方によって崩落した石炭をスコップで運搬機に拾い集めるというものであった。また、掘り進むたびに採炭夫が設置することになっていた運搬機は、「釣チェーン落成木ノ折損」、「トラフノ横辰又ハ飛上リ」などの「架設時ニ於ケル注意不足ノタメ」に故障することがあり、とくに電動機の「エンジン」にまで故障が及ぶと「長時間ノ修繕ヲ要」したため、現場係員の指揮に従い移転・設置することが求められた(41)。

このように経営側は、機械導入による作業の単純化によって鶴嘴やノミを操る熟練が希薄化したものの、各工程の連続化によって現場係員の繰込み、作業変更の指示などに敏感に対応し、組織的・集団的に採炭を行う鉱夫を必要とするようになった。しかし機械の導入は、両鉱業所に限って進展していたとはいえず、当時の大炭鉱で一斉に導入されていたのであった。両鉱業所の位置する筑豊をとりあげてみても、三菱、住友、貝島、明治などの大炭鉱が切羽運搬機、コールカッターを導入していた。一例を示すと、三菱方城炭鉱では、一切羽に八～九人の採炭夫が配置され「天井低キタメ石炭ヲ桶（揺桶式運搬機）ニ移スニ当リ、スコツプヲ用イル能ワズ、『えぶ』、カキ板ニテ戸桶ニ移シ入レテ流シ落ト」していた。[42] つまり、方城炭鉱の「えぶ」などを用いて石炭を運搬機に入れる採炭夫の作業は、スコップを用いる田川とほとんど等しいものであった。また、仕繰夫（支柱夫）、棹取夫（坑内外運搬夫）、選炭夫の作業は、どの炭鉱にも共通するものであった。[43] 坑内に坑木を運び落盤防止のために木枠を設置する仕繰夫の作業は、一定度の技術が修得されれば、どの炭鉱においても通用した。機械力を利用できない箇所においてレール上の炭車を手押しする棹取夫、掘り出された石炭から商品とならない硬を取り除く選炭夫の作業は、いずれも単純であることに加え企業特殊的要素がなかった。

このように機械導入後の石炭労働は、同じ動作を反復する単純労働からなり、産業内の特殊熟練が存在するものの、短期間で技術が身につくため、ＯＪＴによって企業内で特殊熟練を養成する必要性が低かったといえる。また、現場係員の指示通りに組織的・集団的に働く鉱夫は、他炭鉱でも通用する能力を備えており、企業内で養成されるような熟練ではなかったと考えられる。したがって、両鉱業所で就業する鉱夫には、常に他炭鉱へと移動する誘因が残されていた。

(2)　内部労働市場の構造

この誘因の制御については後述することにし、ここでは両鉱業所の内部労働市場の構造についてみてみたい。同時期の重工業（造船業）では、見習職工・養成工制度が定着化し「現場に配置された労働者は、見よう見まねで作業に従事しながら、易しい仕事から難しい仕事へと移り、約一〇年の経験を経て一人前の熟練工へと育って」いった。[44] 他方、両鉱業所では、機械の導入後においても内部労働市場が機能していなかった。鉱夫の企業内労働移動には、鉱夫

表5-12　鉱夫から「職員」への昇進者数

（人）

期間	田川	山野（A）	山野の全採用職員（B）	A／B（%）
1900～09	48	131	521	25.1
1910～16	76	47	699	6.7
1917～20	192	111	990	11.2
1921～25	105	43	1,475	2.9
1926～34	60	75	1,939	3.9

出所）『田川鉱業所沿革史』第8巻、690頁。『山野鉱業所鉱業所沿革史』第13巻、345～347頁。
注）山野の全採用職員数は技術系のみ。

から現場係員などへ昇進する縦の移動と、異なる職種に就く横の移動が想定される。

まずは、鉱夫の昇進構造についてみたいが、この制度は第6章で検討するため、ここでは量的概観に留めておく。一八九七年に三井鉱山が制定した「雇員採用規則」によって、三五歳未満の者で「名誉アル者ノ紹介」を受けた鉱夫は、筆記試験と口述試験に合格することで「職員」に登用された[45]。鉱夫から「職員」への昇進者数は、表5-12に示されている。昇進者数が最も多いのは、大戦ブーム期を含む一九一七～二〇年であり、「在勤八年以上とあるを四年以上と」し「非常なる優遇」が行われた時期であった[46]。恐らくは、大戦ブーム期による学卒職員の供給逼迫によって鉱夫から職員への採用が進んだものと思われる。しかし両鉱業所ではこれをピークに、機械導入が進む一九二〇年代後半においても鉱夫が「職員」となる機会が減少した。また、一九一七～三九年で夜学会卒業者二五六人のうち、「職員」に採用された者は六四人にすぎなかった[47]。こうしてみると、戦間期の両鉱業所では鉱夫から「職員」への採用制度が存在していたものの、一九二〇年代から三〇年代前半において鉱夫を「職員」の主な供給源としておらず、鉱夫にとって「職員」への昇進は、狭き門であったといえよう。

鉱夫から助手への昇進に関してもほぼ同様の事態が窺える。鉱夫の助手への採用は、「職員」（とくに工手）を補助する目的で設けられたばかりではなく、「人物技量ともに優秀」ではあるものの、「（「職員」）採用の学術試験には到底通過困難の者」や年齢的に「職員」への採用が困難な者を優遇する意味があった[48]。表5-13に示されているように、全体的にみれば最も大きく増加しているのは労務系助手であり、とくに一九二一～三四年の増加が著しい。労務系助手の職務は、鉱夫住宅に住み鉱夫の「日常の表裏を察知」することにあり[49]、後述する労働争議・組合運動への対処の一つであったことが窺い知れる。しかし、技術系助手の採用は、技術導入が進む一九二六～三四年に増加するが、一九〇〇～〇九年とほぼ同数であり、職員採用者数よりも少ない。このことも、技術導入による生産組織の変化に対応する人材を鉱夫のなかから求められていなかったことの裏付けとなろう。

鉱夫の職種間移動を勤続二〇年以上の者の職歴の変遷からみてみよう。表5-14に示されているように、二七人のうち半分が同じ職種であることから、鉱夫は異なる職種に頻繁に転じていなかったといえる。表中の「採炭夫」、「棹取夫」から「仕繰・棹取夫」、「その他」、「請負夫」に移動した計九人の鉱夫は、高齢のため体力が最も必要な採炭夫からこれら職種に移動したと推測することもできる。ところで、技術導入によってカッターを操縦するカッターマン、ドリルをもつドリルマンという新しい職種（これら職種は採炭夫に含まれることもある）が生まれ、採炭夫と支柱夫のなかから志願者を募り養成されることがあった[50]。志願者は約五〇日の機械・電気な

表5-13　田川鉱業所における鉱夫から助手への採用者数

（人）

期間	技術系	労務系	事務系	不明	合計
1900～09	31	10	15	2	58
1910～16	2	0	4	0	6
1917～20	2	11	6	0	19
1921～25	0	21	2	0	23
1926～34	39	51	13	1	104

出所）『田川鉱業所沿革史』第8巻、「年度別助手登用者数調」。

表5-14　三井田川鉱業所における鉱夫の企業内職種移動

移動回数	職歴	人数（人）	割合（%）
0	採炭夫	9	33.3
0	雑夫	2	7.4
0	運転手	2	7.4
0	工作夫	1	3.7
（小計）		(14)	(51.9)
2	採炭夫→仕繰・棹取夫	6	22.2
2	採炭夫→その他	2	7.4
2	棹取夫→請負夫	1	3.7
2	坑外大工→坑外運転手	1	3.7
2	坑内請負夫→鉱夫事務世話役	1	3.7
（小計）		(11)	(40.7)
3	少使→支柱夫→請負夫	1	3.7
3	石工→請負名義人→鉱夫事務世話役	1	3.7
（小計）		(2)	(7.4)
総計		27	100

出所）『養老手当受賞鉱夫略伝』田川鉱業所、1927年。
注）職歴は1927年時点のもの。

どの学科講習と実習を受けてこれら職種に採用されたが、学科については「中学卒業程度ノモノニシテ」、鉱夫がこれを理解することは「甚ダ困難」であったといわれた。また、第3節でみたように、両鉱業所で使用されたカッターの台数は一〇～二〇台ほどであり、一日三交代一台当たり二名の運転手を必要としていたとしても、それほど多くの人員を養成する必要はなく、鉱夫からの養成は少なかったと思われる。

このように両鉱業所では、鉱夫の職種間移動は小さく、職種の転換を通して、簡単な仕事から難しい仕事へ経験を積み重ねることがほとんどなかった[51]。

第6節　労働争議・組合運動の影響と企業内福利厚生の進展

前節でみたように、不況対応策として機械の導入による生産性上昇を図った両鉱業所では、「優良労働者」の定着化が望まれていた。しかし、機械導入によって熟練が希薄化した鉱夫の技術は、どの炭鉱でも通用するものとなった。それゆえ、常に離職の可能性を孕んでいた鉱夫の定着化の要因は、企業内特殊熟練形成とは異なる方向で検討する必要がある。この節では、その一要因となる企業内福利厚生の進展についてみてみたい。

(1)　労働争議・組合運動の激化

労働争議・組合運動は、第一次世界大戦下に激化した。筑豊において賃上げや待遇改善を求めた労働争議が、一九一七年一月～二〇年三月に三三件起こり、このなかには、一九一八年八～九月上旬にかけて多発した炭鉱米騒動一四件が含まれていた[52]。田川では、一九二〇年九月に鉱夫二一名が、強制貯金の廃止、米の品質改良と値下げを求める密談を行っていたが、経営側の説得により争議には至らなかった[53]。労働組合運動で田川にインパクトを与えたのは、同鉱第二坑の坑内機械鉱夫光吉悦心が筑豊ではじめて友愛会の支部を結成したことであった[54]。友愛会の機関紙に共鳴した光吉は、一九一八年一〇月に友愛会後藤寺支部を組織し、同会に田川の鉱夫一二〇～一三〇人が加盟した。また、一九一九年七月に田川第三坑の坑外工作夫藤岡文六は、新聞で友愛会の存在を知り、同年に加盟者七三人からなる伊田支部を組織した。炭鉱側は、当初友愛会会長鈴木文治の講演を手助けするなど対応にあいまいな点をみせたが、一九一九年三月に光吉を解雇し、会員に対して脱退を勧告した。伊田支部会員に対しては、「当会社は労働問題に関して一定の主義を有し、平素これを実行し居れるも、友愛会の主義とは相違するところあり。故に会社は友愛会会員を使用すること能はず。会社に不満あるものは会社を離れて自由に行動を採るべし」と言明した[55]。その結果、全員が離職し、藤岡も一九一九年八月に辞職することとなった。こうして田川の友愛会支部は、設立一年に満たないまま解散することになった。

(2)　共愛組合の設立とその事業

このように両鉱業所では、大きな労働争議・組合運動が起こらなかった。しかし、これに大きな影響を受けた両鉱業所は、賃金支払い外の労働費用である企業内福利厚生費への支出額を増加させた。これを田川の事例でみてみよう。

田川では、明治期から鉱夫たちが独自に組織した共済組合があった[56]。一九一八年の調査では存在する一七組合のうち一五組合が活動しており、創立年が判明する最も古いものは、一九〇二年に設立された第三坑義救会であった。組合員数は、最も多い第三坑慈善救助会で三六〇人、最も少ない第一坑電友会で二五人、一組合当たり平均一〇〇人、総計一五〇〇人が加盟していた。これらの組織は、「退職餞別」、「傷病見舞」、「父母妻子死亡忌慰」などの共済を中心とし、なかには生活困窮時の「救助貸付」を行う組合もあった。田川は、一九一七年に「退職従業員の救済を主とすると共に、その移動を防止して勤続を奨励、且つ労働能率の増進を図る」ため[57]、本社から通達された「鉱夫職工救済内規」に従い、これらの組織にかわって鉱夫扶助へ乗り出した。[58] 具体的には、「当社の直轄鉱夫ノ鉱夫職工に適用」し、傷病のための休業、解雇、年齢五五歳以上、勤続満二五年以上の退役、家族の災害、結婚、死亡に対して一定額の扶助が支給されることになった。

このような第一次世界大戦期に設けられた共済制度は、一九二〇年に設立された共愛組合によって本格的に進展した。同年、本社からの「労資協調ノ主義」を掲げる共愛組合設立の指示を受けた田川は、鉱夫から「主なる人物三九二人」を召集し、この設立趣旨を説明した。[59] これは、「近来世間には、労働に関する種々の運動が行われ」ているため、「職員を賛助員とし、常に懇談熟議」して、「田川鉱業所の職員と一致団結の精神で、互いに和合団結して努力」することが必要であり、「この組合に於いては、諸君並びに賛助員の掛金と同額の金高を会社から補給して、共済を増加し、一層共済の実績をあげ」るというものであった。同年、鉱夫のなかから「総代」一名と事業場、職別に「相談役」五〇名ほどが選挙された。[60] これら鉱夫の代表と各坑の鉱夫主任五名、および「職員」から選出された「賛助員」四四名によって第一回「共愛組合創立総会」が開かれた。この総会では、「組合員ニシテ他ノ組合ニ加入スルコトハ、本組合ノ主旨ニアラザルヲ以テ、絶対ニ他ノ労働組合ニ加入セザルコト」が申し合わされ、これが発覚すれば「相当ノ措置ヲ取ル」ことが決まった。つまり、共愛組合の設立とともに鉱夫は、労働組合への加入を禁止されたのであった。

共愛組合の資金は、組合員の掛金と会社助成金からなっていた。[61] 当初毎月男性鉱夫三〇銭、女性鉱夫一五銭、職員が給料の二〇〇分の一（最低一五銭）であった掛金は、一九二七年から健康保険組合の設立で医税費が徴収されたため、男性鉱夫二〇銭、女性鉱夫一〇銭、職員給料の三〇〇分の一となった。会社助成金は、「社長下附金」、「共愛組合事業助成金」、「共愛保険資金」、「稼動者福利施設資金」からなっていた。一九二一年から支給された「社長下附金」は、本社から毎年組合員へ一人当たり一五銭を支払い、主に演芸、音楽、文芸などの娯楽費にあてるものとされ、翌年から三井田川尋常小学校の児童へ同額が助成されることになった。一九二七年に「共愛組合事業助成金」と「稼動者福利施設資金」、一九三一年に「共愛保険資金」が設置され、運動場や社宅防災などの福利厚生施設の建設にあてられた。また、「共愛組合事業助成金」では、毎月組合員へ一人当たり一五銭が支給されるようになった。

共愛組合の具体的活動をみてみたい。一九一七年制定の「鉱夫職工救済内規」の共済項目を改訂して設けられた共済事業は、「一、死亡忌慰金」、「二、退職餞別金」、「三、病気見舞金」、「四、家族死亡忌慰金」、「五、災害見舞金」、「六、出産祝金」、「七、結婚祝儀」、「八、入営者餞別」、「九、廃疾見舞金」、「十、其ノ他必要ナル事項ニ関スル贈与金」からなっていた(62)。このうち「死亡忌慰金」と「退職餞別金」は、勤続年数に応じて支払われた。前者は勤続三年未満、後者は勤続一年未満の者にそれぞれ五円が支払われ、ともに一年勤続するごとに五円が加算された。

注目すべきは、鉱夫と経営側の代表者の協議によって種々の改善が行われたことである。これは、「一、風紀衛生ニ関スル事」、「二、子弟ノ教育各自ノ修業ニ関スル事」、「三、業務上ノ熟知ヲ推奨シ、怠慢ヲ戒メ、出勤ヲ推奨スル事」、「四、会社施設ノ改良、其他諸般ノ事項ニ関スル希望ノ進達」を協議するように決められた(63)。第一回の協議では、「共愛組合ノ事業ニ就テ希望事項」が提出された。これは、第一に購買会をはじめとする生活必要品販売施設の設立、第二に病院などの保険衛生・防免施設の建設、第三に裁縫教授所や夜学会、青年団などの教育施設の設立、第四に共愛組合の墓地経営を含む神事祭典・供養の主催、第五に劇場や活動写真などの娯楽慰安施設の建設、第六に運動場などの体育施設の建設と運動クラブの設立からなっていた。

これらの施設・団体の設立は、表5-15に示されている。田川では、一九〇二年から炭鉱直営の生活必需品販売所である「売勘場」が設けられていたが、米や麦など一〇種類ほどの商品が販売されていたにすぎず、他の生活必需品は近隣の市場で購入する必要があり、そこで売られる商品は、鉱夫に割高という印象を与えていた(64)。そのため「購買会」は、できるだけ多くの商品を生産者から直接購入し、市価より二割安く鉱夫へ販売した。「医局」は本院、分院

表5-15　三井田川鉱業所における諸施設・諸団体の設立（1920～35年）

設置年	施設・団体名
1921	青年団 禁酒会
1922	女子青年団 三井修道会 三井仏教団 医局伊田分院
1923	少年少女義勇団 テニスコート 倶楽部（工作）
1924	第三坑運動場
1926	立正会
1928	主婦会 工作運動場 第四坑運動場 共愛館
1931	第一坑運動場 武道場 倶楽部（第四坑）
1932	第二坑運動場
1934	中央グランド

出所）『田川鉱業所沿革史』第8巻、741～941頁。筑豊石炭鉱業史年表編纂委員会編『筑豊石炭鉱業史年表』西日本文化協会、1973年、304～385頁。

と三つの出張所からなり、鉱夫とその家族にほとんど無料で提供され、予防注射や水質検査なども行った(65)。明治期から「青年会」などと称していたいくつかの非公式団体を公認して一九二一年に設立された「青年団」は、一四～二五歳までの男性鉱夫によって構成され、修身・国語・算術などの教育を行う講習会、夜学会の開催、風紀改善、保安警備・防災活動、各種意思疎通などの活動を行った(66)。また、「倶楽部」と「共愛館」では映画上映や将棋大会、演奏会が催され、「登山」、「銃剣術」、「硬式軟式野球」、「相撲」、「陸上」などの「運動クラブ」が一九二〇年代に相次いで設けられた(67)。さらに、共愛組合は、鉱夫を経済的に援助する諸策をとった。一九二八年の「共愛組合別途貸金申合」は、病気などで生活困難な者に対して一五円を無利子で貸し付けることが決まり、三一年に共愛組合内に設けられた「高利債整理委員会」では、高利債務に苦しむ鉱夫の借金を肩代わりした(68)。

　しかし、共愛組合による決定事項には、炭鉱業務に関するものが少なく、そのほとんどが福利厚生に関係するものであった。唯一の例外は、一九二三年の「検炭立会申合」である(69)。これは、採炭夫の賃金を決める際、粗採炭量から商品とならない硬を取り除いて実質採炭量を決める検炭係が、採炭夫から疑惑をもたれていたため、共愛組合が鉱夫から選んだ立会人を検炭に参加させるというものであった。

(3)　企業内施設の設置と諸手当

共愛組合とは別に、会社によって設けられた企業内施設と災害扶助、退職手当などについてみてみよう。

鉱夫住宅は一九二〇年代に改善されていった[70]。一九二四年の調査によれば、「九州三山（三池・田川・山野）の鉱夫住宅は此数年の間に改善せること甚だ多し、新式六畳社宅が数多く建てられたる外に、二階式又は平屋二室式の優良社宅も建てられ」た。鉱夫住宅は、二部屋ある「優良社宅」、六畳一室の「上等社宅」とこれより土間の狭い「中等社宅」、三～四畳で土間のない「下等社宅」の四つに分かれており、便所と風呂は共同であった。単身鉱夫のほとんどは「下等社宅」か世帯をもつ家族に居候し、夫婦二人の平均的世帯は「上等」、「中等社宅」に住居し、家族四～七人の世帯は「優良社宅」に住んでいた。また社宅料は、三部屋付きの「特等社宅」を除き、徴収されていなかった[71]。

鉱夫住宅とともに浴場が一九二〇年代に増設された[72]。明治期には「一番酷かったのは風呂」であるといわれたように、坑内水を汲み上げて利用していたため「沈殿水みたいに醤油色」をしていることがあった。この状況は一九〇七年に第三坑に建設された浴場で改善されたが、本格的に入浴環境が良好になったのは、一度に一〇〇人以上が入浴できる「ルネサンス式建築様式の浴場」などが各坑に設けられた一九二〇年代のことであった。

共愛組合によって設立された「青年団」や「夜学会」などの教育施設とともに重要なのが、「三井田川尋常小学校」である[73]。これへの入学者は、一九〇二年の設立当初にはほとんどいなかったが、一三年に六五〇人となり、一九二〇年代には二〇〇〇人を超えるまでになった。教育活動は一九二六年に「福岡日々新聞」に「伸々した学習と、巧妙な教授」と「賞賛」され、また在学者が無料で利用できる医療施設が学内に完備されていた。

一九一七年に本社より通達された「鉱夫扶助規則」の改正をもってはじまった災害扶助は、一九二〇年代に本格化に制度化された[74]。田川の一人当たり扶助額は、一九一七年に五・六六円にすぎなかったが、三〇年に一八三・五七円へと大きく増加した。[75] 扶助の対象は、主に仕事中に傷病を負う「障害扶助」、それによる「休業扶助」、死亡した場合の「遺族扶助」、家族への「葬祭扶助」からなっていた。「障害扶助」は「終身自用ヲ弁スルコト能ハサルモノ」が最高の「一等症」とされ、「引続キ従来ノ労役ニ従事スルコトヲ得ルモノ」が最低の「四等症」とされる四等級からなっていた。一九一七年に「一等症」者には一日当たり平均賃金の一七〇日分を、「四等症」者にはこの三〇～一〇〇日分が支払われていたが、二五年の改正で「一等症」者が一日当たり平均賃金の五四〇～八一〇日分、「四等症」者がこの四〇～一八〇日分へと増額された。同様に、一九一七年に一日当たり平均賃金の二〇〇～三〇〇日分であった「遺族扶助」額は、二五年の改正によって五四〇～八一〇日分へと増加した。

さらに注目すべきは、「退職手当」と「養老手当」において勤続者が優遇されたことである。[76] 一九一七年に本社の指示によって開始された退職金制度は、二一年の「稼動者恩給内規」によって本格的にはじまった。この「恩給内規」では、「退職手当」が勤続年数に一日当たりの平均賃金を掛け合わせた額が支給され、「養老手当」が「養老金」と土地・住宅を提供されるように定められていた。この方法は、基本的にはその後も踏襲される。しかし一九二五年に「退職手当」は、「恩給内規」によって定められていた「勤続二五年以上の者」などへの支給という条件が緩和された。すなわちこの改正では、一～五年、五～一〇年、一〇～二五年に分けられた勤続年数に応じて、それぞれ異なるランクの「基準退職金」が設けられたのであった。また一九二七年には、それまで勤続二五年以上の者に支給されていた「養老手当」の支給対象者が勤続二〇～二五年の者までに拡げられ、長期勤続者ほど高い退職金が支払われるようになった。ところで、一九二一年に九〇〇〇円であった田川の退職金支出額が二九年には一七万円に増加し、一人当たり支出額も二一年の三〇〇〇円から二九年の一万五〇〇〇円に増加していたことは、[77] この制度の一九二〇年代の普及を物語っている。こうした勤続年数に応じて支払われる「退職手当」、「期末手当」の普及は、鉱夫に勤続を促す効果を与えたといえる。

退職金制度と同様のことが、「上期・下期手当」にも当てはまる。一九二〇年代に制度化された「上期・下期末手当」は、各鉱夫の各期末賃金支払額に勤続年数に応じた一定の比率を加算して支払われていた(78)。この比率は五つの階級に分けられ、勤続年数一～三年の者が〇・〇五パーセント、三～五年が〇・〇六パーセント、五～一〇年が〇・〇八パーセント、一〇～二〇年が〇・一パーセント、二〇年以上が〇・一二パーセントであった。

共愛組合、企業内施設、「退職手当」などの企業内福利厚生は、大戦期に激化した労働争議・組合運動に対する鉱夫の関与を防止し、「田川山野の如きは、近隣の炭山が労働運動に包囲攻撃に遭ひ、大小の痛手を蒙らざるなき中にあって、創業以来四十年、無争議の誇りを持し来」ることになった(79)。しかし重要なのは、経営側が福利厚生事業を労働争議・組合運動への対策としてのみ判断していなかったことである。すなわち、「移動防止は極めて重大な問題として、その対策に腐心し」、「共愛館、（中略）、整備した病院と、大規模な家族風呂を設備した如きであって、すべて永住の念を喚起する点に考慮を払」っていたのであった(80)。山野における鉱夫の出身地は多岐に渡り、一九二三～三五年平均でみると最も大きい福岡が二九・一パーセントであり、広島一六・三パーセント、熊本一〇・六パーセント、宮崎一〇・三パーセント、「四国地方」七・八パーセント、島根四・九パーセントの順に続いた(81)。故郷を離れて働く鉱夫にとって、企業内福利厚生が充実している炭鉱では「永住の念」がよりいっそう増すことになろう。

第7節　入職の困難化

生産性の上昇、職場環境の改善、相対的高賃金化、企業内福利厚生の進展は、両鉱業所のみならず筑豊大炭鉱で展開していた(82)。したがって、両鉱業所の鉱夫には、よりよい条件を求めて他の大炭鉱に移動する可能性が残されていたことになる。しかし一九二〇年代、および昭和恐慌期には、鉱夫需要の減少、鉱夫の選別強化、雇用制度の変化によって、鉱夫の入職は困難となり自由な移動が制限された。このことは、第5節でみた企業内特殊熟練形成の必要がなかった石炭鉱業において鉱夫が積極的に移動できなくなることを意味する。

(1)　鉱夫需要の減少

大戦期ブーム期に急激に増大した鉱夫需要は、一九二〇年代から昭和恐慌期にかけて大きく減少した。全国鉱夫数は、一九一四年に一八万人であったが、二〇年に三四万人に増大したものの、二五年に二五万人に減少し、ボトムの三二年には一三万人に激減した。[83] 一九二〇年に一万四〇〇〇人であった田川では、三二年に三七〇〇人へ、二〇年に四七〇〇人であった山野では、三二年に一九〇〇人へと激減した。また第5節でみた機械の導入は、鉱夫需要の減少をさらに促した。[84] 例えば、切羽運搬機の導入によって田川では、「一日二方採炭シ一方一台ニ付キ八人節約シ得ルモノトシテ全体ニテ一四四減員」することが可能となった。[85] このような一九二〇年代の鉱夫需要の減少は、一旦入職した鉱夫の離職を防止する効果をもたらした。

(2)　採用鉱夫の選別強化と鉱夫採用制度の変化

加えて、一九二〇年代には採用鉱夫の選別が厳格に行われるようになった。採用条件のうち年齢は「満一六才以上五〇才未満のものを採用」し、教育程度は「小学校卒業程度を最も歓迎」し、「中学校卒業者は、将来当鉱業所の職員となることを目的とする場合に限り採用」した。[86] また、「単身者は移動性のある関係上、家族もちに比較して在付歩合が非常に悪」いため、家族所帯の鉱夫を好んで採用した。[87] さらに、田川では一九二〇年から身体検査の明確な基準が設けられ、最終的な採用可否の判断を鉱夫主任が行うように定められ、山野では二四年に改定された「稼動者採用解雇手続」によってこれが明確化された。[88]

労働争議・組合運動の激化への対策として、両鉱業所は入職する鉱夫の身辺調査を厳格にした。田川は志願者の「思想関係を調べ、異状がなければ採用」[89]し、山野は、「労働組合関係者が多数検挙せられし実例の徴し深刻に厳重なる素質調査」を行い、具体的には、前科の有無、家族の状態、教育程度、前稼動地並に職歴、転職の理由、労働組合加入の有無などを調査し、戸籍謄本の提出を求めた。[90]

このような鉱夫の選別強化は、雇用制度にも変化をもたらした。第一次世界大戦期における両鉱業所の鉱夫の募集方法は、「周旋人募集」が中心であった。[91] これは、炭鉱が各地方に周旋人を指定し、炭鉱の必要に応じて周旋人が鉱夫を炭鉱へ連れてくるか、周旋人の通知に基づき炭鉱から係員が現地に赴く委託募集制度であった。[92] 一九二〇年代に入るとこれに反して縁故募集制度の比重が高まった。この理由は、周旋人募集が「経費効果の点より言ふも応募者の素質選択上よりいうも遺憾の点多」[93]く、「募集料目当て悪ブローカーが介在して、無責任な周旋をする結果、鉱夫の居付が悪く」なったためであった。[94] それゆえ「稼動者をして募集せしむる方法（縁故募集）を得策とし、大正、昭和に於いても鉱夫払底の場合には勿論不足の憂あるときにも稼動者の帰郷を利用し、若しくは特に帰郷せしめて各地より誘引せしむる方法を採」るようになった。[95] 田川では縁故募集が「大正十年頃から当鉱業所が専ら行なっている方法」となり、[96] 一九二五年には多くの炭鉱で「最近に於ける状態は積極的に募集人を派して募集するといふ事は極めて稀なこと」となった。[97] そして、表5-16に示されているように、縁故募集は、一九三〇年代には山野のみならず多くの炭鉱で主要な鉱夫募集方法となっている。

縁故募集について詳しくみてみよう。炭鉱に所属する「紹介者」は知己のある者に「志願者」がいる場合、日時と地域を指定して出張した。[98] 「紹介者」には出張費・旅費の他に炭鉱から手数料と賞与が支給された。また定まった賃金のある者にはその分が給与され、前貸金が支払われる場合もあった。ただし手数料と賞与は、「志願者」が規定期間働いた後に支払われた。一九二〇年の山野では、「紹介者」へ「志願者」が五方就業後一円、三〇方就業後三円が

表5-16　1930年代の鉱夫の募集方法

(1)　福岡県における鉱夫の募集方法（1933年）

募集形態	募集数（人）	割合（%）
係員出張	2,864	4.9
門前募集	7,496	12.8
募集従業者	368	0.6
営利職業紹介所	211	0.4
公設職業紹介所	502	0.9
縁故	47,182	80.5
合計	58,623	100

出所）越田久松「福岡県に於ける炭鉱稼動者の種々相」1936年、41～42頁。

(2)　山野鉱業所の募集方法（1933年）

募集形態	坑内夫（人）	坑外夫（人）	合計（人）	割合（%）
募集従事者	242	0	242	18.6
縁故	827	229	1,056	81.4
合計	1,069	229	1,298	100

出所）『山野鉱業所沿革史』第11巻、129頁。

支払われ（なお、この時「志願者」へも三〇円が賞与された）、翌年「予想人員に不足を告げ」たため、「紹介者」への賞与が五円（三〇方就業後）に引き上げられた(99)。他方一九二六年、「炭鉱益々不振に向かい当所に於いても緊縮方針」をとったため、手数料は一円に引き下げられたが、新たに「遠地募集」の紹介料規定が定められた。この規定は、一九二〇年と同水準の紹介料に加え、六カ月間に「志願者」が一方就業する度に炭鉱が「紹介者」へ一〇銭を支払うものであった。また、一九三一年には、「志願者」が世帯主である場合には三円、そうではない場合には二円の賞与を支払う（いずれも三〇方就業後）ように改定され、家族をもつ男性鉱夫の雇用が促された。

縁故募集制度では、周旋人委託募集に比べて経営側が信頼できる鉱夫を雇用することが可能であった。つまり周旋人は、不特定の鉱夫を募集して炭鉱に紹介するのみであったため、機会主義的行動をとることもあった。だが、縁故募集制度における「紹介者」は、知己のある鉱夫を炭鉱に呼び寄せ、その鉱夫が一定期間就業した後紹介料が支払われる仕組みになっていたため、より信頼できる鉱夫を炭鉱に紹介しようとした。それゆえ両鉱業所では、「専ら縁故募集に止めつゝあるため」、労働組合に関与する「不良鉱夫の潜入を取締り得」たのであった。[100] このように一九二〇年代に多くの炭鉱の鉱夫募集方法となった縁故募集制度は、鉱夫の自由な移動を制限するものであったといえよう。

以上みてきたように、一九二〇年代および昭和恐慌期における鉱夫需要の減少、選別強化、縁故募集制度は、鉱夫の入職を困難にさせたとともに自由な移動を制限したため、鉱夫の離職を減少させる一要因となったといえよう。しかし鉱夫需要の増加により入職が一九二〇年代よりも容易になった景気回復期には、資本集約的な大企業では鉱夫需要の伸縮性が低かったことに加え、縁故募集制度がこの時期も続いていたため、鉱夫が容易に入職することが困難であったと考えられよう。

第8節　結語

一九二〇年代の不況に際して、三井鉱山が筑豊で所有する二つの炭鉱は、資本集約化による鉱夫労働力削減によって、トン当たり生産費に占める鉱夫賃金の割合を下げながら、生産性上昇をもたらす「優良」な鉱夫を炭鉱内に留める戦略をとった。両鉱業所において一九二〇年代後半に進展した鉱夫の定着化は、一九二〇年恐慌、昭和恐慌期という不況、労働争議・組合運動の激化という時代背景に大きな影響を与えられていた。両鉱業所における鉱夫の定着化の要因を、まとめると次のようになる。

一九二〇年からはじまる不況に大きな影響を受けた経営側は、収益改善の必要に迫られたため、機械導入によって生産性の上昇を図った。機械の導入によって鉱夫の熟練が希薄化したため、経営側は現場係員の指示に従い組織的・集団的に働く鉱夫を求めるようになった。こうした「優良労働者」を雇用し、炭鉱内に留めておきたいという経営側の願望とは反対に、鉱夫には常に他炭鉱へ移動する誘因が残されていた。これは、重工業のように企業特殊的熟練が不要な石炭鉱業において、一九二〇年代の多くの大炭鉱で両鉱業所と同じような技術が導入されたからであった。そのため経営側は、激化した労働組合運動への対処を契機に企業内福利厚生を進展させて、鉱夫を定着化させようとした。もう一つ重要なのは、生産性上昇を図った経営側が坑内環境を整備し、労働条件を改善したことであった。同時にこれは、災害が大きな移動要因の一つになっていた鉱夫が、他炭鉱へ移動する誘因を失うことを意味していた。

他炭鉱よりも相対的に高い賃金を支払われた鉱夫は、他炭鉱へ移動する積極的理由は消滅した。生産性の上昇により高収益を得た経営側は、鉱夫に利益上昇分の一部を賃金として配分していたものと思われる。さらに、こうして進展した鉱夫の定着化には、鉱夫の自由な移動の制約が重要な意味をもった。すなわち、労働需要の減少、鉱夫の選別強化、縁故募集制度は、鉱夫が炭鉱へ入職することを困難にさせ、一旦入職した鉱夫に他炭鉱への移動を妨げる効果をもたらした。

このように、両鉱業所の鉱夫が他の炭鉱に移動する誘因を失った理由には、職場環境の改善、企業内福利厚生の進展、相対的高賃金化、入職の困難化が挙げられる。企業内特殊熟練が職工定着化の重要な要因となっていた重工業に対して、石炭鉱業では企業内福利厚生が鉱夫定着化に大きく寄与していたと考えられる。

注

（1）例えば、尾高［一九八四］、中村・尾高［一九八九］。

（2）両鉱業所は、産炭地筑豊に位置し、三井鉱山内で三池炭鉱、砂川鉱業所と並ぶ大炭鉱であり、全国炭鉱出炭規模別ランキングでは一九二五年に田川が第三位、山野が第一三位であった（各鉱業務署〈鉱山監督局〉『管内鉱区一覧』一九二五年より作成したランキング表に基づく）。なお、両鉱業所の沿革は以下の通りである。田川鉱業所は、田川採炭会社を一九〇〇年に三井（合名会社）が買収して設立し、山野鉱業所は、政治団体玄洋社などの手を経て一八九六年に三井が買収した（福岡県鉱工連合会『福岡県工場鉱山大観』一九三四年、三七三〜三七四頁）。また、間接的管理方式である納屋頭制度は、買収とほぼ同時に撤廃された。つまり、納屋制度の「完了時期は記録がないので不明である」が、「明治三十三年九月（中略）の頃には既に廃止されていた」（『田川鉱業所沿革史』〈三井鉱山所蔵三井文庫保管〉、第七巻、二二三〜二二四頁）。以下、本章では『田川鉱業所沿革史』は『田川』と略す。

(3) 市原［一九九七］、荻野［一九九三］、畠山［一九七八］、畠山［一九七九］。

(4) 兵藤［一九七一］、橋本［一九八四］一三三〜一四八頁、菅山［一九八五］、菅山［一九九〇］、尾高［一九九三ａ］、尾高［一九九三ｂ］、岡崎［一九九七］一五七〜一六〇頁。また、技術革新と特殊熟練が女工定着化の要因とはならない製糸業において、離職率の減少要因を理論モデルによって分析した研究に、神林［二〇〇〇］。なお、岡崎［一九九七］では戦間期の長期勤続化の限界が指摘されており、戦後と比較すると戦前期の離職率の高さを指摘する研究（中馬・樋口［一九九九］二三頁）がある。また、両鉱業所に存在した社外工（石炭鉱業においては、掘進請負、臨時夫）については、資料的制約によって実態が把握できず、別の機会に検討を加えたい。

(5) 新鞍［二〇〇〇］、北澤［二〇〇二］。

(6) 表5-4(1)。なお、三期間の切込炭の割合は、順に二八・四パーセント、一八・六パーセント、一七・八パーセント。

(7) 表5-7の「中野家文書」は、九州大学附属図書館付設記録資料館産業経済資料部門所蔵のもの。

(8) ここでいう鉱夫とは、坑内夫（採炭・仕繰・運搬・機械・工作・雑夫）、坑外夫（選炭・運搬・機械・雑夫）をいう。

(9) 「筑豊では、炭山が密集しているから、特にこの傾向（鉱夫の移動）が強」かったが、「大正、昭和と時代の経過するにつれて、漸次定住性を帯びるやうに」なった（前掲『田川』第七巻、二〇五頁）という叙述からも、戦間期の鉱夫の定着化が裏付けられる。

(10) この時期の石炭鉱業における技術革新については、荻野［一九九三］二九六〜二九八頁、市原［一九九七］一四三〜一四六頁を参照。

(11) 『三井鉱山五十年史稿』（三井鉱山所蔵三井文庫保管）、第七巻、第五表。以下、同資料は、『五十年史』と略す。

(12) 前掲『五十年史』第七巻、一七頁。

(13) 前掲『五十年史』第七巻、第六表。

(14) 前掲『五十年史』第七巻、第七表。

(15) 前掲『五十年史』第七巻、六九～七〇頁。
(16) 一九二〇年代、一九三〇年代前半を通して最も大きな変災は、三五年に六七名の死者をだした田川第三坑八尺坑のガス爆発であった（前掲『五十年史』第一五巻、二一頁）。
(17) 前掲『田川』第七巻、二〇六頁。
(18) 鉱山懇話会『日本鉱業発達史』中巻、一九三二年、四四〇頁。
(19) 岡本裕規知「三井田川炭鉱第三坑報告」（九州帝国大学実習報告）、一九三四年、九八、一〇三頁。
(20) 筑豊石炭鉱業史年表編纂委員会『筑豊石炭鉱業史年表』西日本文化協会、一九七三年、三二五頁。
(21) 前掲『日本鉱業発達史』四三八頁。
(22) 『山野鉱業所沿革史』（九州大学附属図書館付設記録資料館産業経済資料部門所蔵）、第一〇巻、一三八～一三九頁。以下、本章で引用する『山野鉱業所沿革史』は『山野』と略す。
(23) 前掲『山野』第一〇巻、一二五～一三四頁。
(24) 寺島一光「三井山野炭鉱第三坑実習報告」（九州帝国大学実習報告）、一九三五年、六四頁。
(25) 筑豊における規模別賃金格差については、第8章を参照。
(26) 前掲『山野』第一一巻、「表従業員家計調査」。
(27) 日本統計協会『日本長期統計総覧』第四巻、一九八七年、四七六頁。
(28) なお、ウエスト・バージニアの事例によって炭鉱の機械化と鉱夫の対応について分析した研究としては、Dix［1988］が興味深い。
(29) 古谷金一郎「三井田川炭鉱本坑報告文」（東京帝国大学実習報告）、一九一〇年、三二頁。
(30) 前掲『田川』第七巻、二九四頁。
(31) 臼井清丈「三井田川炭鉱報告」（東京帝国大学実習報告）、一九二八年、二一頁。
(32) 前掲『田川』第七巻、二一六頁。
(33) 前掲『田川』第七巻、一八頁。
(34) なお、労働組合に関与し「思想過激」な労働者は、「悪性鉱夫」、「不良労働者」と呼ばれることがあった（筑豊石炭鉱業

組合「常議員会決議録」、復刻：西日本文化協会『筑豊石炭鉱業組合』一九八七年、『福岡県史』近代史料編(2)、二五九頁）。

(35)「炭山概況　三井田川鉱業所第三坑」筑豊石炭鉱業組合『筑豊石炭鉱業組合月報』第二五巻第三〇五号（一九二九年）、一二六〇～一二六一頁。なお、このような採炭方式は「インテンジフ・マイニング」と呼ばれていた（中久木潔『鉱山機械』修教社、一九四一年、一八頁）。

(36)「炭山概況　三井田川鉱業所第三坑」一二六三～一二六四頁。

(37) 前掲岡本「三井田川炭鉱第三坑報告」一三六頁。

(38) 天野上武「三井田川鉱業所第三坑及ビ伊田斜坑報告」（東京帝国大学実習報告）、一九三三年、七二頁。なお、この点については、第6章で再論する。

(39) 前掲天野「三井田川鉱業所第三坑及ビ伊田斜坑報告」八二頁。

(40) 前掲天野「三井田川鉱業所第三坑及ビ伊田斜坑報告」六七頁。牧坂信夫「三井田川鉱業所伊田竪坑実習報告」（九州帝国大学実習報告）、一九三三年（実習は三一年）、一四～一五頁。

(41) 前掲天野「三井田川鉱業所第三坑及ビ伊田斜坑報告」七二頁。

(42) 玉置喜雄「方城炭鉱実習報告」（九州帝国大学実習報告）、一九三〇年、五五頁。

(43) 筑豊石炭鉱業会『炭鉱読本』一九三六年、一四七～一五八頁。

(44) 山本潔［一九九四年］二〇六頁。

(45) 前掲『山野』第一三巻、三二一～三二六頁。

(46) 前掲『田川』第八巻、六八九頁。

(47) 前掲『田川』第八巻、七八四頁。

(48) 前掲『田川』第八巻、六七九～六八〇頁。

(49) 前掲『田川』第八巻、六八一～六八二頁。

(50) 前掲臼井「田川炭鉱報告」一五～一六頁。

(51) なお、ＯＪＴは年功的賃金制度とともに論じられることが多いが、資料的制約のために両鉱業所における鉱夫の賃金プロファイルが明らかにならない。全鉱山における鉱夫の経験年数に対する賃金プロファイル（男性一人一日当たり賃金）をみれば、「鉱山」は二〇～二四歳をすぎれば五〇歳までほとんど横ばい（一・五六円）になっているのに対して、「工場」は二〇～五四歳まで大きく伸びている（一・五七～二・八四円）。それゆえ「鉱山」では非年功的賃金であったといえよう（内閣統計局『労働統計実地調査』一九三三年）。
(52) 荻野［一九九三］二〇一、二〇六～二一五頁。
(53) 前掲『田川』第七巻、一四七頁。
(54) 前掲『田川』第七巻、三三～四三頁。なお、光吉悦心の田川における友愛会設立から挫折までは、光吉悦心『火の鎖』河出書房新社、一九七一年、一一～四一頁を参照。
(55) 前掲『田川』第七巻、四二～四三頁。
(56) 前掲『田川』第八巻、八八二～八八三頁。
(57) 前掲『田川』第八巻、五六八頁。
(58) 前掲『田川』第八巻、八七七～八八三頁。
(59) 前掲『田川』第九巻、一三九七、一四〇三～一四〇四頁。
(60) 前掲『田川』第九巻、一四一二～一四一八頁。
(61) 前掲『田川』第八巻、七〇七～七二一頁。
(62) 前掲『田川』第九巻、一四〇六頁。
(63) 前掲『田川』第九巻、一四〇六頁。
(64) 前掲『田川』第九巻、九〇〇～九〇六頁。
(65) 前掲牧坂「三井伊田竪坑実習報告」一〇八頁。
(66) 前掲『田川』第八巻、七九二～七九六頁。
(67) 前掲『田川』第八巻、八五九～八七六頁。
(68) 前掲『田川』第九巻、一四六五～一四六六、一四七〇～一四七一頁。
(69) 前掲『田川』第九巻、一四五六頁。
(70) 前掲『五十年史』第一六巻、一九〇～一九七頁。

(71) 前掲『五十年史』第一六巻、二一四頁。
(72) 前掲『田川』第九巻、一三五五～一三六四頁。
(73) 前掲『田川』第八巻、七四五～七五六頁。
(74) 前掲『田川』第七巻、四〇二頁。
(75) 前掲『田川』第七巻、「年度別扶助料調」。
(76) 前掲『田川』第八巻、六四二～六四八頁。前掲『山野』第一三巻、一五八～一六四頁。なお、退職金制度が勤続を促す効果については、猪木［一九九八］を参照。
(77) 前掲『田川』第八巻、六一六頁。
(78) 前掲『田川』第七巻、三六三～三六九頁。なお前掲『山野』第一一巻、三八一～三九三頁も参照。
(79) 前掲『五十年史』第一六巻、九一頁。
(80) 前掲『田川』第七巻、二二二頁。
(81) 前掲『山野』第一二巻、一一六～一三九頁より計算。
(82) この点については、荻野［一九九三］四二〇～四三〇頁を参照。
(83) 日本石炭協会『石炭統計総観』一九五一年、一四六頁。
(84) この点については、当時福岡県庁に在勤していた越田久松の興味深い指摘がある（越田久松「福岡県に於ける炭鉱稼動者の種々相」一九三六年、二〇～二一頁）。「私が内務省社会局に勤務していた当時、健康保険組合の設立認可のあつた日本製鉄二瀬健康保険組合（中略）などの被保険者数は、設立当時たる昭和初年には孰れも一萬人以上のものであったが、それが今日（一九三〇年代半ば頃）ではどれも四千人から六千人に下っている。然るに一方石炭産出高は当時よりも遙かに多きを加えているといふことである。即ち、この例に依っても作業の機械化といふことは、如何に労働者数の減少を如実に表すものであるかといふことがわかる」。
(85) 社会局「鉱業労働事情調査」、公刊年不詳、復刻：九州大学石炭資料研究センター『石炭研究資料叢書』二一、二〇〇〇年、八〇頁。
(86) 前掲『田川』第七巻、一八七～一八八頁。

(87) 前掲『山野』第一一巻、六一頁。引用文中の「在付歩合」とは就業率（稼動鉱夫数／在籍鉱夫数×一〇〇）を意味する。なお山野では、配偶者をもつ鉱夫の割合が、一九三四年に全鉱夫の六五・七パーセントを占め（前掲『山野』第一一巻、七六頁より計算）、この頃までに多くの鉱夫は家族を有していた。

(88) 前掲『田川』第七巻、一八五頁。前掲『山野』第一二巻、五八頁。身体検査による入職基準は、視力が「二〇／四〇以上」、身長が「一定の制限なし」、聴力が「一米以上の距離に於て尋常の会話を解し得ること」、握力が「女一五以上、男二〇以上」、胸囲が「身長の半以上」、文身（刺青）が「除去し得る程度のものであること」、肩力がスラ（石炭を運ぶソリ状の木箱）またはテボ（石炭を入れる背負い籠）に鉄板を入れて試験し、「スラ男一五〇斤以上、女一二〇斤以上、テボ男一二〇斤以上、女九〇斤以上になること」であった。

(89) 前掲『田川』第七巻、一八五頁。

(90) 前掲『山野』第一二巻、六〇～六一頁。

(91) 石炭鉱業における鉱夫募集方法は、主に直接募集、委託募集、縁故募集、職業紹介所利用の四つに分けられる（福岡地方職業紹介事務局『坑夫雇用状態に関する調査』一九二九年、二頁）。直接募集とは、定められた募集地に炭鉱から派遣された係員が鉱夫募集を直接行う方法であり、委託募集とは職業紹介事業者に募集料を支払い間接的に鉱夫を募集する方法である（縁故募集については本文中を参照）。

(92) 前掲『山野』第一二巻、三頁。

(93) 前掲『山野』第一二巻、二一頁。

(94) 前掲『田川』第七巻、二〇七～二〇八頁。

(95) 前掲『山野』第一二巻、二一～二二頁。

(96) 前掲『田川』第七巻、一七一頁。

(97) 大阪職業紹介事務局『筑豊炭山労働事情』一九二六年、復刻：九州大学石炭資料センター『石炭研究資料叢書』一四、一九九三年、一〇七頁。

(98) 前掲『山野』第一二巻、二〇頁。

(99) 前掲『山野』第一二巻、四〇～四六頁。なお、入坑から出坑までの一日の勤務を一方という。

(100)　前掲『田川』第七巻、一四九頁。また、両鉱業所が「創業以来四十年、無争議の誇りを持し来った」理由の一つには、「大正十一年から所謂募集（周旋人募集）を行わず、縁故募集のみに拠れるため、不良鉱夫潜入の余地」がなかったことが挙げられている（前掲『五十年史』第一六巻、九一～九二頁）。

第6章　職員の昇進構造

第1節　課題

第5章では三井鉱山の田川・山野鉱業所の事例を通して鉱夫（ブルーカラー）の動向をみたが、この章では三井鉱山の「職員」（ホワイトカラー）についてみてみたい。(1)

とりわけ、本章では職員の昇進構造に焦点を絞る。第5章でみた一九二〇年代後半および一九三〇年代前半の一人当たり出炭量の上昇は、技術導入をはじめとした複合的な要因があったと思われるが、この章が注目するのは、生産性の上昇と職員の昇進構造との関連である。(2) 理論の上では、職員に働くモチベーションが与えられれば、企業の生産性が高まることが想定される。とりわけ、同期入職者よりもより高い企業内での地位を目指す昇進は、職員の働くインセンティブを高める可能性が高い。

田川鉱業所のトン当たり総費用に占める係員費の割合が鉱夫賃金の割合低下に反して伸びていたように、職員は、機械の導入によって坑内外の作業が複雑化するとともに、専門知識が要求されるようになった戦間期の鉱山業における技術変化に対応していた。すなわち、現場で労働する鉱夫の指揮・監督、坑内外作業の調査、点検などの職員の職務は、技術変化とともに重要性が高まっていた。だが、先行研究において石炭鉱業における職員の動向に関しては、ほとんど知られていない[3]。

本章の構成は次の通りである。まずは第2節において分析方法について説明する。第3節では三井鉱山の職員数を概観する。第4節では昇進構造をみる上で重要な離職と移動の状況をみる。具体的には、企業内で労働の配分がなされる内部労働市場、すなわち事業所間での移動と部署内での移動を検討する。第5節において昇進ルートを概観した後、第6節では昇進と賃金との関係を考察する。その上で第7節においてキャリアツリー法を用いて昇進構造を分析する。第8節では、戦間期三井鉱山の生産性の上昇と昇進構造との関連を探る。

第2節　分析方法

『三井鉱山合名会社（株式会社）職員録』には、職員の氏名、職階、所属事業所、所属部署が記載されている[4]。本章では、一九〇〇年、〇五年、一二年、二〇年、二五年、三〇年、三五年、四〇年のほぼ五年おきにこの名簿を分析する。一九一二年の『職員録』を採用したのは、一九一〇年の資料が利用できないという制約に基づく。

まずは各年の『職員録』に記載されている氏名を相互に検討する。表6-1には、この結果が示されている。A年とB年の資料を照合することで、①A年とB年ともに氏名が記載されている者、②A年にのみ名前が記載されている者、③B年にのみ名前が記載されている者の三つに区分できる。表中の①は、一つ以上の事業所、部署に所属し、複数の職階をもつ兼任者を含んだ延べ人数である。名前を照合する際に注意を要することは、同姓同名の存在である。氏名照合作業では、所属部署、事業所、職階などの情報を考慮した上で同姓同名の可能性がある者は表中①から除外した。また、『職員録』には、各々の年で名前の表記が異なる者が存在する[5]。人名の一部の漢字表記が各年で異なる可能性のある者は、職階、部署、事業所、昇進の状況から同一人物であるか否かを判断し、判断つかない場合は①か

ら除外した。(6)

ここでは、名簿に名前が連続して記載されている状態を残存、連続した名前の記載がみられない状態を離職と捉える。表6-1にはA年には名前が記載されていないが、B年には名前が記載されている者がいる（表中③）。これらの者は少なくともA＋1年に入職し、B年まで残存していることになるから、A＋1年～B年入職者であるといえる。ただし、少なくともA＋1年に入職しB－1年に離職した者は、表中③には加えられないことになる。

こうした作業を通して得られた表中③の新規入職者を分析サンプルとする。この各々の期間に入職したサンプル者の氏名をさらに五年ごと（一九一〇年は一二年に代替）、最長で一九四〇年までの『職員録』に記載されている氏名と照らし合わせることで残存状況、所属事業所と部署の移動が分かる。それぞれの資料には、氏名と合わせて所属事業所、所属部署、職階が記載されている。(7)ここでは職階の変化に注目して昇進構造を分析する。(8)なお、残存状況と所属事業所と部署の移動に関しては第4節、職階の変化については第7節で検討する。

表6-1　「職員録」の分析

「職員録」の年次 A	「職員録」の年次 B	① ABともに氏名が記載（残存）	② Aにのみ記載（離職）	③ Bにのみ記載（入職）
1900	1905	711	335	485
1905	1912	910	391	635
1912	1915	1,637	284	1,170
1915	1920	2,481	787	2,200
1920	1925	4,065	1,431	1,196
1925	1930	4,272	1,135	1,553
1930	1935	4,726	1,400	1,359
1935	1940	5,837	950	5,009

出所・注）本文を参照。

第3節　職員数の概観

一八九五年の三井鉱山では、一等から一五等までの職階が設けられていたが、一九〇〇年には表6-2にみられる職階がおかれていた。一九〇〇年には会計方、採鉱方などに代表される「方」が全職員の大きな割を占めており、その「方」の下に置かれた助手が次に大きな割合にある。一九〇五年には、会計方、倉庫方などの事務系職員の職階が書記とされ、採鉱方、器械方などの技術系職

表 6-2　三井鉱山の職階別職員数

職階名	実数（人）1900 年	割合（%）1900 年
重役	4	0.6
事業所長・部署長	116	17.2
秘書・補佐員		
技士	3	0.4
方	240	35.6
書記	2	0.3
監督	1	0.1
係	7	1.0
助手	189	28.0
補助	11	1.6
付属	10	1.5
機関手	5	0.7
機関助手	4	0.6
船員・船長	70	10.4
その他	12	1.8
合計（A）	674	100
医院（B）	8	
尋常小学校（C）		
三井工業学校（D）		
兼任者（E）	40	
総計（F）	642	

職階名		実数（人）						割合（%）					
		1905 年	1915 年	1920 年	1925 年	1930 年	1935 年	1905 年	1915 年	1920 年	1925 年	1930 年	1935 年
重役		9	9	12	15	74	136	1.1	0.5	0.4	0.5	2.1	3.7
使用人	事業所長・部署長	60	74	112	115	196	199	7.4	3.8	3.3	3.6	5.5	5.4
	秘書・補佐員	10	105	32	20	15	15	1.2	5.4	0.9	0.6	0.4	0.4
	技士	1	7	18	37	75	62	0.1	0.4	0.5	1.2	2.1	1.7
	技士心得		3	8	30	31	53		0.2	0.2	0.9	0.9	1.4
	工手長	24	29	32	18	85	52	3.0	1.5	0.9	0.6	2.4	1.4
	工手長待遇				10	11	8				0.3	0.3	0.2
	工手長心得	19	41	80	83	73	66	2.4	2.1	2.4	2.6	2.0	1.8
	工手	132	419	934	1,046	1,081	1,014	16.3	21.5	27.5	32.8	30.1	27.4
	書記長	8		15	23	35	38	1.0		0.4	0.7	1.0	1.0
	書記長待遇				17	11	11				0.5	0.3	0.3
	書記長心得			18	29	27	60			0.5	0.9	0.8	1.6
	書記	129	311	604	784	848	774	16.0	16.0	17.8	24.6	23.6	20.9
	方	40	84					5.0	4.3				
	使用人	37						4.6					
	小計	460	1,073	1,853	2,212	2,488	2,352	56.9	55.1	54.6	69.4	69.2	63.5
雇員	船員・船長	87	59	39	28	31	17	10.8	3.0	1.1	0.9	0.9	0.5
	夫頭		72	69	39	9	12		3.7	2.0	1.2	0.3	0.3
	夫頭心得		1						0.1				
	小頭		362	611	466	483	325		18.6	18.0	14.6	13.4	8.8
	小頭心得		102	177	129	21	25		5.2	5.2	4.0	0.6	0.7
	雇	212	175	378	180	146	256	26.2	9.0	11.1	5.6	4.1	6.9
	雇員					53	10					1.5	0.3
	助手			4	3	45	13			0.1	0.1	1.3	0.4
	見習			136	18	66	242			4.0	0.6	1.8	6.5
	小計	299	771	1,414	863	854	900	37.0	39.6	41.6	27.1	23.8	24.3
実習員					2	48	68				0.1	1.3	1.8
その他		40	93	117	96	129	247	5.0	4.8	3.4	3.0	3.6	6.7
合計（A）		808	1,946	3,396	3,188	3,593	3,703	100.0	100.0	100.0	100.0	100.0	100.0
医院（B）		33	114	198	296	349	118						
尋常小学校（C）			55	81	77	82	90						
三井工業学校（D）			15	32	34	42	51						
兼任者（E）		31	36	115	65	96	151						
総計（F）		810	2,094	3,592	3,530	3,970	3,811						

出所）『三井鉱山合名会社（株式会社）職員録』各年。

注）「事業所長・部署長」には、所長、鉱長などの事業所長、主任、主管、取締などの部署長、主任心得、事務員などの事業所、部署長に付属する者が含まれる。「その他」に含まれる主な者は、嘱託、使用人待遇、罷役員、調査員、電話交換手、詰員、出張員、各鉱区在勤者、職種未定者、職階不明者である。F＝A＋B＋C＋D－E。A には複数の職階に就く兼任者が含まれ、B、C、D には兼任者が含まれない。割合は A を分母としたもの。

員のそれが工手となっている。[9] 工手、書記をはじめとした職員は、三井鉱山の使用人と呼ばれた正規職員に分類され、船員、雇などの雇員とは区別された。

一九〇五〜三五年の職員数の推移について表6-2をみれば、全職員数（表中F）は一九〇五〜二〇年に大きく増えているが、一九二〇〜三五年には緩やかに推移している。職階別にみると、使用人の総数は、一九〇五〜二〇年に大きく増えるものの、これと比べて一九二五〜三五年の変は小さい。他方で、雇員の総数は、一九〇五〜二〇年に大きな伸びを示し、一九二〇〜二五年に減少し、これ以後には大きな変化がみられない。なお、ホワイトカラー（職員）数に対してブルーカラー（鉱夫）数を三井鉱山の主要石炭鉱山に限定してみれば、一九二〇年に一万六三〇〇人、二五年に一万一五〇〇人、三〇年に八三〇〇人、三五年に六五〇〇人が就業していた。[10]

一九二〇〜三五年の特記すべき変化は、一九〇五〜一五年と比べて、実数レベルでみると工手と書記の数が増えていることである。同様に一九〇五〜一五年と比較して、工手と書記の割合は一九二〇〜三五年のほうが多い。他方で、一九一五年に小頭をはじめとして新しい職階が設けられている雇員は、一九二〇年を境としてその割合を減らしているものの、使用人の割合は増えている。

表6-3によって、三井鉱山の炭鉱事業所の職員数についてみても、一九二五年にはそれ以前と比べて、三炭鉱ともに工手と書記の割合増加がみられ、一九二〇年を境とする雇員の割合の減少がみられる。

ここで戦間期に重要性が増した「現場係員」ともいわれた坑内外で鉱夫の監督、業務調査などを行う職種をみておこう。三井鉱山における「現場係員」には、主として工手と小頭が就いていた。九州を主とした三井鉱山の炭鉱事業所では、一九二〇年代後半からの採炭方法の変化によって、鉱夫労働は単純化・専門化するものの（第5章参照）、鉱夫を監督する職員の業務が重要となった。[11] 田川鉱業所における坑内労働の事例をみれば、一日の「採鉱現場係員」の職務は、当日最も注意すべき箇所に作業上の危険を検査して平均二〇〜四〇人鉱夫を配置し、受持区域を一巡した後、

表 6-3　三井鉱山主要炭鉱の職員数

炭鉱名	職階	職員数（人）					割合（%）				
		1915 年	1920 年	1925 年	1930 年	1935 年	1915 年	1920 年	1925 年	1930 年	1935 年
三池	工手・書記以上	38	72	84	75	63	7.2	7.5	9.1	10.4	12.7
	工手	148	341	390	316	229	28.0	35.4	42.1	43.6	46.3
	書記	70	126	190	192	122	13.3	13.1	20.5	26.5	24.6
	雇員	267	410	252	141	81	50.6	42.5	27.2	19.5	16.4
	その他	5	15	10			0.9	1.6	1.1		
	合計	528	964	926	724	495	100.0	100.0	100.0	100.0	100.0
田川	工手・書記以上	32	58	60	47	53	11.1	9.3	12.3	13.4	18.1
	工手	91	170	176	120	103	31.6	27.2	36.0	34.3	35.2
	書記	42	91	117	80	69	14.6	14.6	23.9	22.9	23.5
	雇員	123	303	128	98	67	42.7	48.5	26.2	28.0	22.9
	その他		3	8	5	1		0.5	1.6	1.4	0.3
	合計	288	625	489	350	293	100.0	100.0	100.0	100.0	100.0
山野	工手・書記以上	10	13	23	21	25	10.0	5.3	10.8	11.7	15.5
	工手	27	66	85	69	62	27.0	27.0	39.9	38.5	38.5
	書記	21	45	57	54	36	21.0	18.4	26.8	30.2	22.4
	雇員	41	120	48	35	38	41.0	49.2	22.5	19.6	23.6
	その他	1					1.0				
	合計	100	244	213	179	161	100.0	100.0	100.0	100.0	100.0

出所）表 6-2 に同じ。

保安上の重要箇所を巡回し、次に配置される鉱夫繰込の準備をするというものであった[12]。さらに、一九三二年の三井田川第三坑における切羽作業を監督する職員の主な職務についてみれば、①人員と技量を適切に判断して鉱夫を配置すること、②コンベヤー運転不良の場合には修繕に全力を注ぐこと、③コールカッターを使用しない場合、コールドリルによって穿孔し、発破すること、④支柱が遅れている場合、支柱運搬を助勢すること、⑤釣岩には規定の打柱を使用し安全を保持すること、⑥ガス量一パーセント以上の箇所では発破時に注意すること、⑥電気ドリルの使用時にはガス量を厳密に検査すること、⑦切羽面に凹凸が生じた場合、遅れた箇所の採掘を鉱夫に命じるだけでなく、切羽の状態が復旧するまで監督することが求められていた[13]。また、コールカッターに関しては、①運転開始前に各部の検査と注油を欠かさないこと、②モーターが完全に起動してから透掘すること、③ピックの刃先を揃えること、④透掘り後の炭壁崩落を回避するため打柱を欠かさないこと、⑤カッターの使用の際は水を十分に撒くことが「現場係員」の職責であった。

こうした「現場係員」に必要とされた職責を後に詳しく触れる筑豊鉱山学校校長の福田政記は、①「経営者と稼働者の中間の第一線に立ち、その連絡、協調機関となる」こと、②「他係との連絡協和機関」、③「自己受持作業の指揮監督」、④「部下の訓練指導」、⑤「能率増進、経費節約」、⑥「災害防止」として一般化している[14]。また、「日々遭遇する減少に就いて一通りの理屈が分かり道理に叶った仕事が出来る丈けの頭を持たねばならぬ」と福田政記が述べたように[15]、「現場係員」には、工学的知識が求められるようになった。

第4節　離職と移動

(1)　残存率

表6-4には、各期間に入職した者の総計（表中のサンプル数）に対して、勤続期間六～一〇年、一六～二〇年の者の割合を表す残存率が示されている。

全職員の残存率は、勤続期間六～一〇年と一六～二〇年のどちらをみても、一九〇一～〇五年入職者よりも一九一六～二五年入職者のほうが一〇パーセントほど高く、一九一六～二五年と一九二一～二五年入職者の数値には大きな差がない。雇、工手、書記からなる、入職時の職階に区分された数値には高低があるものの、一九〇一～〇五年入職者よりも一九一六～二五年、一九二一～二五年入職者のほうが残存率は高い[16]。このことからみて、一九二〇年以前よりもそれ以後のほうが三井鉱山職員の残存率は、一〇パーセント程度高くなったといえる。ただし、一九二〇～三〇年代でみても勤続期間六～一〇年を経ないで全職員の三五パーセントが離職し、入職後一六～二〇年を待たず全職員

表 6-4　三井鉱山職員の残存率

全職員・入職時職階	入職期間（年）	サンプル数（人）	勤続期間別残存者数（人）		勤続期間残存率（%）	
			6～10 年	16～20 年	6～10 年	16～20 年
全職員	1901～05	424	223	128	52.6	30.2
	1916～20	2,065	1318	809	63.8	39.2
	1921～25	1,062	689	422	64.9	39.7
雇	1901～05	185	97	54	52.4	29.2
	1916～20	353	218	153	61.8	43.3
	1921～25	118	72	43	61.0	36.4
工手	1901～05	51	32	16	62.7	31.4
	1916～20	518	341	243	65.8	46.9
	1921～25	277	170	124	61.4	44.8
書記	1901～05	55	32	19	58.2	34.5
	1916～20	338	226	151	66.9	44.7
	1921～25	234	170	108	72.6	46.2

出所）表 6-2 に同じ。
注）1901～05 年の新規入職者の勤続期間 6～10 年は、8～12 年。

の六〇パーセントが三井鉱山を去っている[17]。このように戦間期に職員の離職が減る傾向にあったとはいえ、職員の労働市場は外部に開かれていた[18]。

(2)　事業所間移動

事業所間移動についてみてみたい[19]。表6-5には、一一年以上勤続した三井鉱山職員の事業所間の移動状況が示されている[20]。この表に記されている勤続期間、例えば一一～一五年の者は、この期間を最大として勤続した者であり一六～二〇年にはカウントされていない。つまり、各々の勤続期間に重複してカウントされている者はいない。

表6-5によれば、事業所を〇回移動した者の割合は、勤続期間一一～一五年、一六～二〇年に関しても一九〇一～〇五年入職者よりも一九一六～二〇年入職者のほうが高い。一六～二〇年を上限とすれば、一九〇一～〇五年入職者は一九二〇年まで、一九一六～二〇年入職者は三五年までの動向を示すため、戦間期のほうが相対的に事業所の移動を経験する者は減っていた。このことは、事業所一回移動者にもあてはまる。他方で、各入職期間者は、勤続年数が増えるにつれて、〇回移動者数が減っている。したがって、勤続する

表 6-5　三井鉱山職員の勤続期間別事業所間移動

入職期間（年）	移動回数	11～15 年以上 16～20 年以下勤続者数計（人）	割合（%）	勤続期間別移動者数（人）				割合（%）			
				11～15	16～20	21～25	26～30	11～15	16～20	21～25	26～30
1901～05	0	47	50.0	29	18	29	3	54.7	43.9	52.7	20.0
	1	28	29.8	12	16	13	5	22.6	39.0	23.6	33.3
	2	18	19.1	11	7	12	3	20.8	17.1	21.8	20.0
	3	1	1.1	1			1	3	1.9	1.8	20.0
	4						1				6.7
サンプル計		94	100.0	53	41	55	15	100.0	100.0	100.0	100.0
1906～12	0	93	57.1	58	35	35	9	62.4	50.0	46.1	18.8
	1	52	31.9	29	23	21	17	31.2	32.9	27.6	35.4
	2	12	7.4	5	7	13	8	5.4	10.0	17.1	16.7
	3	4	2.5	1	3	5	10	1.1	4.3	6.6	20.8
	4	2	1.2		2	1	4	0.0	2.9	1.3	8.3
	5					1		0.0	0.0	1.3	0.0
サンプル計		163	100.0	93	70	76	48	100.0	100.0	100.0	100.0
1913～15	0	208	70.3	131	77	13		77.5	60.6	31.7	
	1	69	23.3	33	36	15		19.5	28.3	36.6	
	2	19	6.4	5	14	9		3.0	11.0	22.0	
	3					3		0.0	0.0	7.3	
	4					1		0.0	0.0	2.4	
サンプル計		296	100.0	169	127	41		100.0	100.0	100.0	
1916～20	0	314	79.5	203	111			83.9	72.5		
	1	69	17.5	33	36			13.6	23.5		
	2	11	2.8	6	5			2.5	3.3		
	3	1	0.3		1			0.0	0.7		
	4							0.0	0.0		
サンプル計		395	100.0	242	153			100.0	100.0		

出所）表 6-2 に同じ。
注）1906～12 年は、9～15、14～20、19～25、24～30 年、1913～15 年は、11～13、16～18、21～23、26～28 年とその他のものと比べて 2 年増減する。

につれて事業所の移動が増える傾向にあるといえる。

(3)　部署の移動

事業所間の移動に対して、一つの事業所の内部における部署間の移動について表6-6をみてみたい。事業所間移動を示した表6-5の数値と部署間移動の割合を比べれば、どの期間に入職した者についてみても、部署○回移動者の割合は低い。このことからみて、事業所間移動と比べて部署間移動の頻度は、高かったといえる。また、勤続年数が増えるにつれて部署間移動の回数が増えるのは、事業所間移動と同様の傾向を示している。

第5節　昇進ルート

戦間期三井鉱山の昇進ルートを図式化すれば次の通りである[21]。

見習→雇・小頭→工手（書記）→工手長心得（書記長心得）→工手長（書記長）→技士心得（事務員心得）→技士（事務員）→主任補佐・主任心得→主任→技士長→次長→主事→所長→取締役

後に詳しくみるが、帝国大学（以下、帝大と略す）、私立大学（私大と略す）、高等工業（高工と略す）などの高等教育機関卒業者は、入職後に工手からスタートするものの[22]、工業学校未満の学歴の者は、雇・小頭からはじまる者が多かった。三井鉱山には、鉱山採掘業務に直接関与する、ないしは鉱山技術を企画・管理する職務と鉱夫の管理、会計などの事務的業務を行う職務の二つに大別できる。後者に関しては、上記昇進ルートの括弧内に記載された書記など

表 6-6　三井鉱山職員の勤続期間別部署間移動

入職期間（年）	移動回数	11～15 年以上 16～20 年以下勤続者数計（人）	割合（%）	勤続期間別移動者数（人）				割合（%）			
				11～15	16～20	21～25	26～30	11～15	16～20	21～25	26～30
1901～05	0	23	24.5	11	12	6	2	20.8	29.3	10.9	14.3
	1	37	39.4	23	14	15	3	43.4	34.1	27.3	21.4
	2	28	29.8	19	9	14	2	35.8	22.0	25.5	14.3
	3	4	4.3		4	16	2	0.0	9.8	29.1	14.3
	4	2	2.1		2	4	5	0.0	4.9	7.3	35.7
	5							0.0	0.0	0.0	0.0
サンプル計		94	100.0	53	41	55	14	100.0	100.0	100.0	100.0
1906～12	0	33	20.2	20	13	22	4	21.5	18.6	28.9	8.3
	1	76	46.6	53	23	18	9	57.0	32.9	23.7	18.8
	2	43	26.4	20	23	15	12	21.5	32.9	19.7	25.0
	3	10	6.1		10	14	11	0.0	14.3	18.4	22.9
	4	1	0.6		1	6	7	0.0	1.4	7.9	14.6
	5					1	5	0.0	0.0	1.3	10.4
サンプル計		163	100.0	93	70	76	48	100.0	100.0	100.0	100.0
1913～15	0	108	36.5	65	43	7		38.5	33.9	17.1	
	1	97	32.8	58	39	10		34.3	30.7	24.4	
	2	77	26.0	45	32	12		26.6	25.2	29.3	
	3	13	4.4	1	12	11		0.6	9.4	26.8	
	4	1	0.3		1	1		0.0	0.8	2.4	
	5							0.0	0.0	0.0	
サンプル計		296	100.0	169	127	41		100.0	100.0	100.0	
1916～20	0	176	44.6	123	53			50.8	34.6		
	1	139	35.2	86	53			35.5	34.6		
	2	68	17.2	29	39			12.0	25.5		
	3	12	3.0	4	8			1.7	5.2		
	4							0.0	0.0		
	5							0.0	0.0		
サンプル計		395	100.0	242	153			100.0	100.0		

出所）表 6-2 に同じ。

注）1906～12 年は、9～15、14～20、19～25、24～30 年、1913～15 年は、11～13、16～18、21～23、26～28 年とその他のものと比べて 2 年増減する。

の名称が与えられた。また、工手（書記）以上の者は、月給払いであったのに対して、雇員と呼ばれた毎年の雇用契約を必要とする見習、雇、小頭などは、日給払いの非正規職員であった。

各々の職階の業務範囲と権限についてみてみたい。一九〇五年の職制改正において、「方」と呼ばれていた職階が廃止され、工手と書記が設けられた。この時「上席工手又ハ書記ニ事務取締ヲ命ジタルトキハ、之ヲ工手長又ハ書記長ト称スル」こととされ、工手長職が設置された(23)。技士は、一九一〇年代に本店、九州炭鉱事務所において、採鉱、機械担当の監督を担う職階として使用されていたが、一九二六年から「技術陣の最高指導監督者」として全ての鉱業所におかれた(24)。技士よりも上位にある主任職が設置された年は不明だが、少なくとも一八九五年から職階名として使用されていた(25)。一九二〇年代には、宮浦坑主任、建築主任、会計主任というように各々の部署には、主任が一名ずつおかれた。さらに主任の上に設置されたのは、各事業所のトップである所長であり、その下には次長、主事がおかれた。また、主事の下には技士のトップである技士長がおかれた。職員組織において部下をもち権限と責任を有するのは工手長（書記長）以上からであり、工手、書記以下の者は工手長（書記長）の下で現業に従事した。

三井鉱山では、鉱夫（採炭夫、運搬夫、仕繰夫、選炭夫、職工、雑夫など）から職員へ昇進させる制度が一八九七年から設けられた。これは、「実地夫熟練ノ監督者ヲ省キ可成上等ノ職工ヨリ選抜シテ役員（職員）ニ採用シ各事業ヲ監督セシムル」とされた(26)。ただし、この制度の下で職員へ昇格した者は、雇員（見習、雇、助手、小頭）として採用された。この職員の抜擢制度は、「名誉ある紹介者」を得た三五歳以下の志願者に漢文、数学、作文、習字、簿記、外国語、経済学、法律学、測量術、採鉱学、機械学の試験を必要に応じて課すものであった。ただし、一九一二年までに職員へ昇進した一七二人のうち一五九人が無試験で採用されており、試験制度は有名無実化していた。一九一三年に改正され職員の抜擢試験では、中学校三・四年程度の甲種、高等小学校卒業程度の乙種、尋常小学校三・四年程度の丙種に区分され、志願者へ能力に応じた学科試験が課された。このうち丙種採用者は一九一三年に「使用人昇格ヲ意味セズ」と決められ、中学、高等小学校卒業程度の者が優遇された。鉱夫層の学歴をみると、不就学、尋常小学校卒業・中退者が一九二四年に全鉱夫の七七・七パーセント、二八年に六八・八パーセントを占めていたため、二四年に二一・五パーセント、二八年に三〇・〇パーセントを占めていた高等小学校卒業とその中退者が実質的な受験者であったと思われる。(27) 職員への採用者数をみると、一九一三〜三五年に年平均一八人、総計四一二人であり、このうち無試験採用者は二四人にすぎなかった。

こうした職員への昇格試験制度とともに、企業内教育機関として中学校初学年から中学年の修身、国語、算数、英語、代数を学ぶことができる「炭鉱夜学会」の卒業者に対して職員昇進への道が開かれた。(28) 三池（普通部）では一九〇五年、山野では一一年、田川では一三年にこれが設けられた。こうした一般教育に対して、一九一九年に三池に設けられた修業年数二年の「夜学会専門部」では、機械、電機、応用化学、採鉱、土木、建築が教授された。一九一一年に「夜学会」卒業者は、職員登用試験における甲種、乙種の採用資格が与えられた。「夜学会」卒業生は、在学中の成績と卒業後の勤務状況を考慮され、欠員がある場合に無試験で職員へ登用された。だが、「山野鉱業所夜学会」では、一九二〇〜三三年の講習修了生から二九人（総卒業者数五一人）、「三池鉱業所専門部」では一九一九〜三三年に七一人（総卒業者数二〇六人）が職員へ昇格したにすぎず、戦間期三井鉱山の鉱夫から職員へ登用には、厳しい選抜があったといえよう。(29)

三井鉱山における職員登用者の事例をみておきたい。(30) 一八九三年に生まれ、尋常小学校を卒業して一七歳で三井鉱山に「坑外雑夫」として入職した者の経歴をみれば、三四歳で助手として職員へ昇格して機械保安係員となり、三九歳で安全燈係員、四四歳で小頭へ昇進した。この者の「助手」への採用は、試験によって選抜されたものと思われる。また、一八九六年に生まれ、一九一一年に高等小学校を卒業した後に一七歳で鉱夫待遇の「電工」として三井鉱山へ入職した者は、二九歳に「夜学会」における「電気学講習会」を修了した後、三二歳で「助手」に昇格した。

表6-7　三井鉱山の技術系職員の初任給（月額）

（円）

年次	帝国大学（A）	早稲田大学理工学部（B）	高等工業（C）	工業学校（D）	A－D	B－D	C－D
1921	60	40	40	19	41	21	21
1929	75	65	55	33	42	32	22
1937	75	65	55	35	40	30	20

出所）『三井鉱山五十年史稿抜粋』第17巻、46～49頁。
注）工業学校卒業者は日給×25日で月給を換算。

第6節　昇進と賃金

三井鉱山では、一九二〇年に「各学校卒業生採用標準」が設けられ、二一年に学校卒業別の初任給が定められた(31)。これは帝大、私大（早稲田、明治専門）と高工、専門学校（東北帝国大学工学専門、秋田鉱専、同文書院採鉱科）、中等学校（三井工業、私立甲種学校）に区分されて一定基準の初任給が定められた(32)。初任給の水準は、表6-7に示されている。早稲田大学と高工卒業者の初任給は一九二一年に等しいが、二九年に高工よりも早稲田のほうが上回っているのは、一九二〇年の早稲田の大学令による大学昇格に基づくものであったと思われる。早稲田の初任給の変化を除けば、帝大と高工卒業者の初任給の格差はどの年も二〇円あり、工業学校と各学卒者の初任給の格差も変化していない。

昇給の動向についてみたい。一九二五年の昇給基準では、「昇給は人物、技能を本意とし、単に経歴年限又は、権衡上の理由を以て上申すべからざること」とされていた(33)。この「人物技能」の評価は、欠勤が重要な判断材料となった。例えば、一九二一年の「昇給調査標準」では、一年を通じて八一～一〇〇日までの欠勤者の昇給が二・五パーセント引き下げられていた。「人物本意が益々強調」された一九二八年においても、「八一日以上の欠勤者には全く昇給を認めなかった」というように、欠勤によって職員の昇給が判断された。

三井鉱山における学歴の異なる五人の職階と月給の推移を示した表6-8をみてみよう。はじめに、不況によって一九二九～三一年の学卒者に昇給がなかったことに注意して、鉱

表6-8　三井鉱山技術系職員の月給の推移

（円）

学歴	帝国大学		高等工業		私大		工業学校		鉱夫から抜擢	
年次	月給	職階	月給	職階	月給	職階	月給	職階	月給	職階
1920			35		40				不明	
1921			35		44		19		37	鉱夫
1922	60		35		44		19		41	
1923	70		45		50		21	小頭	32	
1924	77		52		55		24		36	
1925	82	工手	52	工手	58		25		38	小頭
1926	90		57		63	工手	25		41	
1927	97		62		68		30		44	
1928	156		111		117		58		76	
1929	156		111		117		58		72	
1930	156	工手長心得	111		117		58		72	
1931	156		111		117		58	工手	72	
1932	156		118		122		64		76	
1933	170	工手長	126	工手長心得	129		70		80	工手
1934	170		135		137	工手長心得	77		86	
1935	192	技師心得	152		150		91		96	
1936	192	技師	152	工手長	150	工手長	91		96	
入社年次	1922		1920		1920		1921		不明	
平均昇給率	7.4％		7.9％		7.3％		8.9％		5.1％（7.1％）	

出所）『三井鉱山五十年史稿抜粋』第17巻、「大正十年以降昇給実績例」。
注）平均昇給率の括弧内は、工手採用後のもの。各種手当ては除く。

夫からの抜擢者を除く四名の昇給についてみてみたい。この表からは、第一に、学歴と昇給率には相関関係が低いことが分かる。すなわち、工業学校卒者の平均昇給率が最も高く、私大卒者のそれが最も低い。だが、入職後一四～一六年を経た一九三六年の給与水準をみると四名のうち、帝大卒者が最も高く、高工と私大卒者の給与はほぼ等しく、工業学校卒者が最も低い。こうした給与水準の格差は、学歴と昇給率との関係性が低いため、入職時の初任給水準に基づいていたものと判断できる。

先にみたように、「人物」と「技能」によって昇給が決まったとすれば、同じ入職年と学歴の者では給与水準に差が生じる可能性が高まる。表6-8には、同一の学歴の者が存在しないため、このことは検証できない。だが、工手長にまで昇格した高工、私大卒業者の昇給動向を注意深くみてみれば、昇給額に差があり、初任給の低い高工卒者のほうが一九三六年にわずかに月給額が高い。

第二に、表6-8からは、昇進と昇給にも相関関係が低いことが分かる。帝大卒者の月給は、一九二二～二七年に緩やかに増加し、二八年に大きく伸び、その後の不況によって据え置かれるが、三三年に月給は大きく増え、三五年にさらに増加している。一九三三年と三五年には昇進とともに昇給がみられるが、工手であった二八年に月給が増えている反面、技士に昇進した三六年には昇給がみられない。むしろ、昇給は、昇進よりも年次によって説明できる。すなわち、四名の職員に一〇円以上の給与の増加がみられるのは、一九二八年と三五年である。一九二八年には、帝大卒者五九円、高工卒者四九円、私大卒者四九円、工業学校卒者二八円の増加がみられ、一九三五年には、帝大卒者二二円、高工卒一七円、私大卒者一三円、工業学校卒一四円の伸びがみられる。

鉱夫から小頭として職員に抜擢された者の月給は、登用直後に一時的に下がっているものの順調に増加し、工手昇進後に工業学校卒業者の給与と変わりはない。一九二五年には「従業員より職員に抜擢」した者の「昇給は要員補充に止め、単に年功による昇格を見合わすこと」とされていたが、三二年の改正によってこの格差は解消された(34)。また、工業学校卒業者が小頭の地位にあった期間の昇給率が六・七パーセントであったのに対して、工手に就任期間の昇給率は一六・〇パーセントであることからみて、昇進は月給の増加をもたらしたといえる。表6-8に記載されている鉱夫からの抜擢者の全平均昇給率五・一パーセントに対して、工手のそれが七・一パーセントであることから、職員への登用は所得を増加させたといえる。

第7節　昇進

(1) 三井鉱山の学卒者と教育機関の動向

三井鉱山の高等教育機関卒業者の採用動向をみてみたい。一九一四～二五年までに各学校を卒業して採用辞令を手にした六〇六人の構成比をみると、東京帝大一四・〇パーセント、熊本高工一三・七パーセント、早稲田一〇・一パーセント、明治専門七・四パーセント、京都帝大七・三パーセント、慶応五・一パーセント、秋田鉱専四・六パーセント、東京高工四・三パーセント、九州帝大三・六パーセント、旅順工科三・六パーセント、大阪高工三・一パーセント、東京高商三・一パーセントであった(35)。このうち卒業学部、学科が判明する三八六名をみれば、採鉱冶金（採鉱、鉱山を含む）一三七人、機械三二人、電気二七人、応用化学二二人、土木一一人であり、法学（政経を含む）四八人、経済

表6-9　帝国大学・高等工業学校における採鉱・冶金・鉱山学科卒業生数

（人）

期間	帝国大学					私大・高等工業学校								総計
	東京帝国大学	京都帝国大学	九州帝国大学	北海道帝国大学	帝国大学小計	大阪高等工業	仙台高等工業	熊本高等工業	早稲田大学	明治専門学校	秋田鉱山専門学校	旅順工科学堂	私大・高等工業学校小計	
1900～04	59				59	9							9	68
1905～09	96				96	63	31	26					120	216
1910～14	119	10	11		140	99	140	128	21	44	39	42	513	653
1915～19	157	77	110		344	95	58	132	87	60	148	98	678	1,022
1920～24	215	65	86		366	103		155	107	82	259	114	820	1,186
1925～29	165	49	39	27	280	64		113	28	75	223	26	529	809
1930～34	219	99	121	95	534			134	33	97	248		512	1,046

出所）早稲田大学『早稲田大学一覧』1936年、362～383頁。明治専門学校『明治専門学校一覧』1935年、78頁。秋田鉱山専門学校『秋田鉱山専門学校一覧』1937年、90～121頁。熊本高等工業学校『熊本高等工業学校一覧』1935年、132～134頁。九州帝国大学『九州帝国大学一覧』1936年、596～597頁。北海道帝国大学『北海道帝国大学一覧』1931年、464頁、1933年、339～344頁、1936年、357～361頁。旅順工科大学「旅順工科大学便覧」1933年。

注）北海道帝国大学は、第二類入学者数。旅順工科学堂は、1922年より旅順工科大学付属工学部専門部となる。

（商を含む）六五人であった。[36]

一九〇〇年に採鉱学科をおく学校は、東京帝大、大阪高工にすぎなかったが、一九一〇年代に帝大・高工に相次いで採鉱学科が設立された。[37] 表6-9が示すように、採鉱冶金学科卒業生数は、高工の設立によって一九一〇年代に大きく伸びている。また、一九一〇〜二九年の私大・高工卒業者数は、帝大出身者を大きく上回っている。高工からの職員供給は秋田鉱専、熊本高工が大きな比重を占めており、早稲田と明治専門の卒業生数はこれらと比べて少ない。

他方で、工業学校採鉱科の多くは、炭鉱企業の要請によって設立された。表6-10が示すように、工業学校採鉱科卒業生数は、一九二〇年代に増加している。日清戦争を契機に政府が奨励した実業教育の一環として、一八九五年に福岡県において工業学校の設立が建議され、翌年には高等小学校卒業者を入学条件とした修業年限三年の福岡工業学校が設立された。[38] 設立当初同校には染色、木工、金工科がおかれていたが、一九〇二年に筑豊石炭鉱業組合の三万円の寄付によって採鉱科が設けられた。また、一九〇七年に福岡県三池郡に三井の出資によって採鉱、機械科をおく私立三井工業学校が設立された。[39] 両校設立の背景には、日清戦争後の九州石炭鉱業の急発展による下級技術者の逼迫があった。他方で、九州に遅れて発展した北海道炭田において、北海道石炭鉱業会の「出炭能率を増進し作業の万全を期するには、（中略）学校を設立し現場従業員を養生する必要あり」との提唱によって、一九一六年に採鉱、機械、木工科をおく札幌工芸学校（二〇年に工業学校へ昇格）が設立された。[40]

さらに、技手、職長を養成する目的で一九一一年に設立された早稲田大学付属早稲田工手学校の動向についてみておきたい。[41] 同校は、尋常小学校卒業者から入学できる機械、電機、採鉱冶金、建築科での修業年限三年の夜間授業を特色としていた。[42] ただし、他に職をもつ者の早稲田工手学校における修学は、困難を極めた。このことは、一九一六年四月の全学科入学者一〇九一人（志願者一一〇九人）対して退学者が五五三人、二六年四月の入学者一〇七二人（志願者一〇八二人）に対して退学者が七一四人であったことに反映されていた。[43] とりわけ、「尋常小学校卒業者ガ入学シテ途中無滞卒業シ得ルモノハ、僅ニ百分ノ九ニ過ギ、（中略）予備教育ノ不足ノ為メ、専門学科ヲ会得スルハ能ハザル」という理由から、早稲田工手学校は一九二六年に入学資格を高等小学校卒業者以上とし、就業年限を二・五年に改正した(44)。だが、一九一四～三一年の機械科卒業生が二二八七人、電気科が二七〇六人であったのに対して、採鉱冶金科は五九六人と不人気であった。早稲田工手学校卒業生を対象として、一九二八年に設立された早稲田高等工学校に採鉱冶金科が設置されなかったことも早稲田工手学校の不人気に拍車をかけたと思われる。

ところで、一九一九年に設けられた筑豊鉱山学校は、炭鉱企業の同業者組織である筑豊石炭鉱業組合によって運営された。表6-10によれば、一九二〇年代の筑豊鉱山学校の卒業生数は、中学校卒業者を対象とした本科よりも尋常

表6-10　主要工業学校採鉱・冶金学科の卒業生数

（人）

期間	工業学校					早稲田工手学校	筑豊鉱山学校				総計
	福岡工業学校	三井工業学校	八女工業学校	札幌工業	工業学校合計						
	採鉱	採鉱	採鉱・土木	採鉱		採鉱冶金	本科	別科	普通科	高等科	
1905～09	87				87						87
1910～14	138	86			224						224
1915～19	120	120			240	309					549
1920～24	152	107	14	113	386	74	106	217			783
1925～29	122	75	70	32	299	51	96	173	72		691
1930～34	82	80	145	100	407	97	17	21	94	35	671

出所）福岡県立工業高等学校六十年記念誌編集委員会『創立六十年記念誌』福岡県立高等工業学校、1956年、折込付表。三池工業学校編集委員会『三池工業高等学校創立八十周年記念誌』福岡県立三池工業高等学校、1988年、84頁。福岡県立八女工業高等学校五十年史編集委員会『五十年史』1971年、235～236頁。北海道札幌工業高等学校創立六〇周年並びに校舎改築落成記念事業協賛会『札工六十年史』1978年、251頁。「昭和二年丁卯七月調製　第18回（大正十年七月）以降卒業生席次一覧表」。筑豊鉱山学校『筑豊鉱山学校一覧』各年。

注）早稲田工手学校の1915～19年卒業者数には14年のものが含まれ、1930～34年には35年のものが含まれる。

小学校卒程度の別科のほうが多い。別科とは筑豊石炭鉱業組合の加盟炭鉱が勤務者を推薦して同校で学ばせる制度であり、次のような理由から筑豊鉱山学校は別科教育に重点をおいていた。筑豊鉱山学校の設立に大きな影響を与えた石渡新太郎によれば、「坑内係員ノ中テモ一番欠乏」している「直接坑夫ニ当ル所ノ役員」は、「実地モ一通リ出来、学校ノ方モ一通リ出来」る必要があり、本科のように県立学校と同じものをつくるよりも「組合炭山カ真ニ其必要ヲ認メテ居ル所ノ人物ヲ養成スル様ノ学校」に重点をおく必要があったからである(45)。

一九二一～三八年の企業別別科卒業者の動向をみれば、三井鉱山が一一二人と最も多く、これに続き三菱鉱業七九人、貝島鉱業六六人、明治鉱業五八人、住友炭鉱三五人、古河鉱業三〇人の順であった(46)。入学者の学歴をみると、一九二一年の第一回筑豊鉱山学校別科入学者五八人のうち、高等小学校卒業卒は三七人と最も多く、尋常小学校卒七人、中学修了者六人、師範乙種講習科を経て正教員免許を保持している者が一人存在した(47)。これら入学者の年齢は、最高四四歳、最低一八歳、平均二二・四歳であった。また、入学者の所属炭鉱での地位は、坑内、測量、通気、保安などの職種に就く小頭、見習、助手などであった。同校の入学者は、三井鉱山の職制に従えば、雇員であったといえよう。注目すべきは、これら炭鉱から推薦を受けて筑豊鉱山学校に入学した五八人のうち採炭夫が二人にすぎなかった点である。この二人は、明治鉱業から推薦された者であり、最終学歴は高等小学校と尋常小学校であった。

(2)　帝国大学卒業者

三井鉱山の『社報』に記載されている辞令からは、職員の学歴が明らかになる。この情報と『職員録』に基づき帝大卒業者の昇進構造を分析してみたい。

帝大および高工卒者は、一九二一年に実習員制度が設けられる以前は、工手（書記）として入職した。図6-1は、一九一三～一五年に入職した帝大卒業者のうち一二名をサンプルにとり、時間の経過とともに昇進過程を追ったものである。この方法は、キャリアツリー法と呼ばれ、ある期間に入職した者の昇進の差異を視角的に読みとることができる。[48]図6-1を一瞥すれば分かるように、入職後六～八年目（調査年一九二〇年）には、工手長（書記長）心得から主任補佐までの五つの職階に渡る昇進の差がみられる。また、一九三五年時点で入職時に工手のままで退職した者は、一名（八・三パーセント）にすぎない。入職六～八年目に最も昇進したのは、主任補佐に就いた五人である。このうち三人が入職一一～一三年目（調査年一九二五年）に主任心得となり、一六～一八年目（調査年一九三〇年）に全員が主任に昇進したものの、二一～二三年目（調査年一九三五年）に事業所長レベル（所長心得）になったのは、三人中一人のみであった。入職六～八年目から一一～一三年目、一一～一三年目から一六～一八年目にかけて職階を一つ以上飛び越えて昇進することを昇進の追い付き・追い越し（敗者復活）と捉えれば、様々な昇進の追い付き・追い越し現象がみられる。したがって、入職六～八年目の第一選抜によって昇進の遅れた者がリターンマッチする可能性は、残されていたといえよう。[49]

図6-2によって、サンプル数四九人の帝大卒業者のキャリアツリーをみてみたい。図6-1と比較すれば、入職後に工手（書記）の地位のまま、すなわち一度も昇進せず離職した者が二二人（四四・九パーセント）存在する。入職後六～一〇年目に昇進に差が開いているのは、一九一三～一五年入職職員の動向と等しい。六～一〇年目に主任心得に昇進した一人は、一一～一五年目に主任、一六～二〇年目に事業所長レベル（次長）に昇進していた。だが、この職員は入職一六～二〇年目に取締となった下位の職階の者に昇進を追い越されている。[50]こうした昇進の追い付き・追い越しは、一九一三～一五年の動向と同じように多様なルートが存在する。

(3)　私立大学・高等工業卒業者

図6-3を通して私大・高工卒業者のキャリアツリーをみてみたい。サンプル五〇人中一八人（三六・〇パーセント）

が入職時の工手、書記の職階のまま昇進せずに離職している。帝大卒者と比較すれば、入職後六～八年目において高工卒者の昇進の差は小さい。すなわち、第一選抜において一三人（二六・〇パーセント）が工手（書記）長心得に昇進している。このうち二人が一一～一三年目に技士（事務員）心得に昇進したものの、両者ともこれ以上の昇進はみられなかった。この二人は、表中の技士・事務員の一六～一八年目の欄の滞留者の項目（C）で示される。両名が技士（事務員）のまま留まっていたのに対して、両者より昇進の遅れた一一～一三年目に工手長心得に就いた者が主任補佐に昇進した。だが、入職二一～二三年目に主任となった者が同期間入職者のうち昇進は最も速い。同表にはこうした様々な昇進の追い越し・追い付きがみられるように、第一選抜で昇進に遅れた者が敗者復活を遂げる可能性は十分に残されている。だが、図6-1の同期間入職の帝大卒者の昇進動向と比べれば、ここでサンプルとしてとられた高工卒者は、事業所長レベルにまで昇進する可能性はなく、主任で五年、主任補佐で一〇年、技士で五年の昇進の遅れがみられる。

図6-4によって一九一六～二〇年入職者の動向をみてみたい。サンプル数一九三人のうち九〇人（四六・六パーセント）が工手（書記）のまま離職している。第一選抜によって二〇人（一〇・四パーセント）は工手（書記）に昇進しているが、工手（書記）長、技士（事務員）心得に合計五人（二・六パーセント）が就いている。このうち最も早く昇進した者は、入職後一一～一五年目に工手長から主任心得になった者である。だが、この者は一九三五年時点で主任心得からキャリアアップしておらず、主任、事業所長レベルへは、第一選抜で昇進の遅れた者から追い越されている。この他にも様々なルートの昇進の追い越し・追い付き現象がみられる。昇進スピードを図6-2の帝大卒者と比較すると、高工卒者では、帝大卒者よりも技士で五年、主任で五年の昇進の遅れがみられる。

(4)　雇員

ここで分析対象とする職員は、『職員録』による入職時の職階が工手（書記）以下の雇、小頭を主とする者である。これらの者は、見習も含めて雇員と称され工手（書記）以上の使用人とは区別された。三井鉱山は、上述した高等教育機関卒業者を使用人として採用し、「甲種実業学校及び同程度以上」の教育を受けた者を雇員として採用した。[51]ただし、三井鉱山の『社報』には雇員の学歴は、ほとんど記載されていない。[52]

まずは一九〇一～〇五年、一九〇六～一二年に雇として入職した者についてみてみたい。この時期に入職した職員は、技術、事務職ともに雇の職階が与えられた（表6-2）。図6-5によって、一九〇一～〇五年入職者のキャリアツリーをみれば、一九三五年時点で雇として入職した者の最高位は工手（書記）長である。第一選抜によって八七人（五〇・三パーセント）が雇の職階のまま離職している反面、七二人（四一・六パーセント）が第一選抜で工手に昇進している。第一選抜によって工手に昇進した者のなかから二人（一・二パーセント）が一六～二〇年目に工手長心得へ昇進し、このうち一人（〇・六パーセント）が二一～二五年目に工手長に昇進している。この工手長に昇進した者が同期間入職者のうち最も昇進を遂げた者であり、昇進の遅れた者や下位の職階の者に昇進を追い付き、追い越されていない。こうしてみれば下級職員の昇進構造は、帝大、高工卒者とは異なりリターンマッチがなかったといえる。

図6-6が示すように、一九〇六～一二年の雇の動向をみても、第一選抜で五二人（三五・六パーセント）が一度も昇進せず離職しているし、第一選抜で選ばれた一名が二四～三〇年目に工手長に就いている。このように下級職員は、敗者復活の余地の低い昇進構造がとられていた。こうした雇の昇進構造は、図6-7が示すように、一九一六～二〇年にも同様の傾向がみられる。

一九一六～二〇年入職者は、雇の他に入職時に見習、小頭心得、小頭に就いた（表6-2）。[53]図6-8が示すように、見習からスタートした者は、入職後六～一〇年目に雇に一〇人（七・六パーセント）、小頭に一〇人（七・六パーセント）が就いているが、五三人（四〇・五パーセント）は工手（書記）に昇進している。この反面、五八人（四四・三パーセン

図 6-1　1913〜15年入職　帝国大学卒業者のキャリアツリー

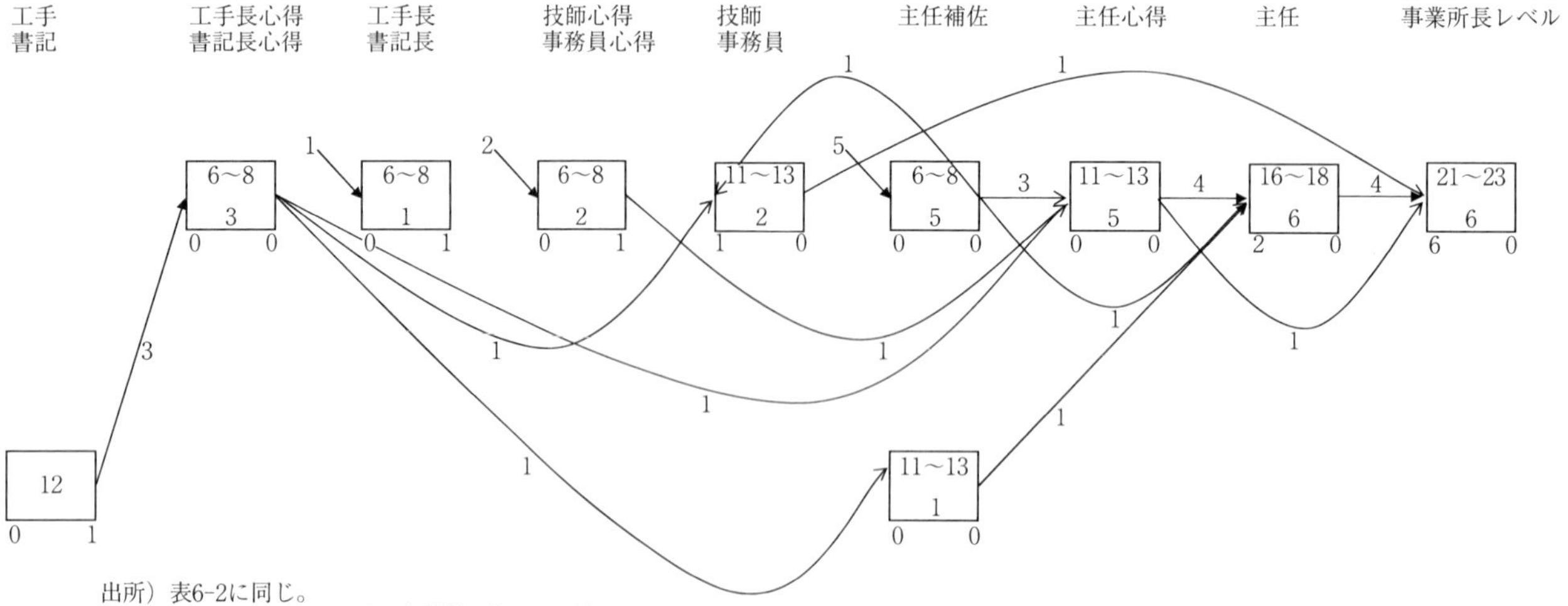

出所）表6-2に同じ。
注）キャリアツリーにおける各数値は以下の通り。

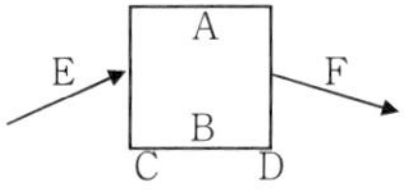

A：その職階に就いた年。
B：その職階に就いた者の総計数。
C：1935年時点での滞留者数。
D：1935年時点での離職者数。
E：他の職階からの流入者数。
F：他の職階への流出者数。

始点のない左斜め上からの→は、入職時を始点とする。

A 以外の単位は人。E＝B。B＝C＋D＋F。嘱託、罷役員は留任とする。事業所レベルには、各事業所に1人ずつおかれた所長、次長、理事、技士長が含まれる。

工手長心得、書記長心得には工手長待遇と書記長待遇が含まれる。主任には課長が含まれる。中途採用者はサンプルから除く。調査期間において1度でも三井工業教員、出張員となった者は分析対象から除く。なお、図6-9まで出所、注ともに図6-1に同じ。

図6-2　1916～20年入職　帝国大学卒業者のキャリアツリー

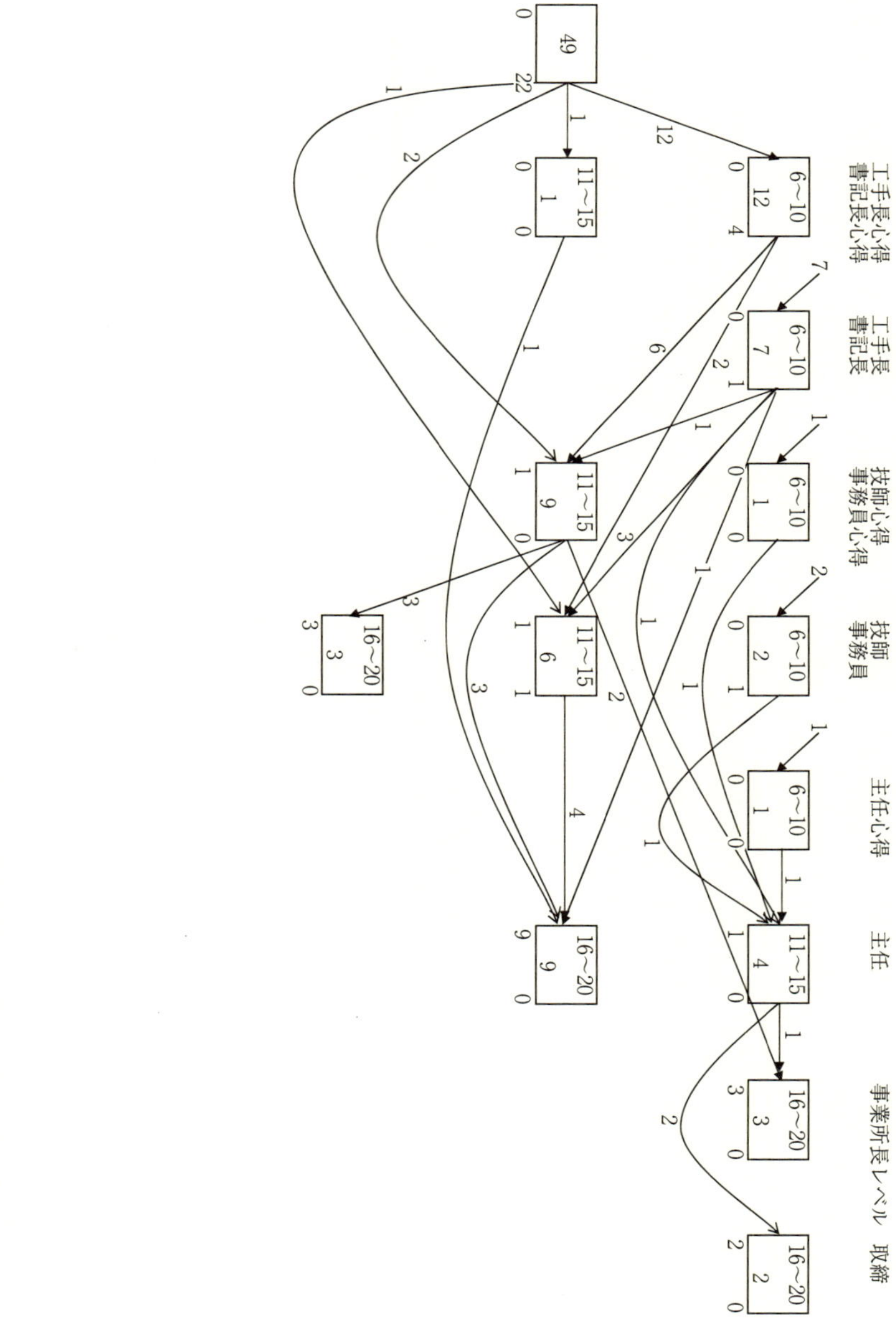

図 6-3　1913〜15年入職　私立大学・高等工業・専門学校卒業者のキャリアツリー

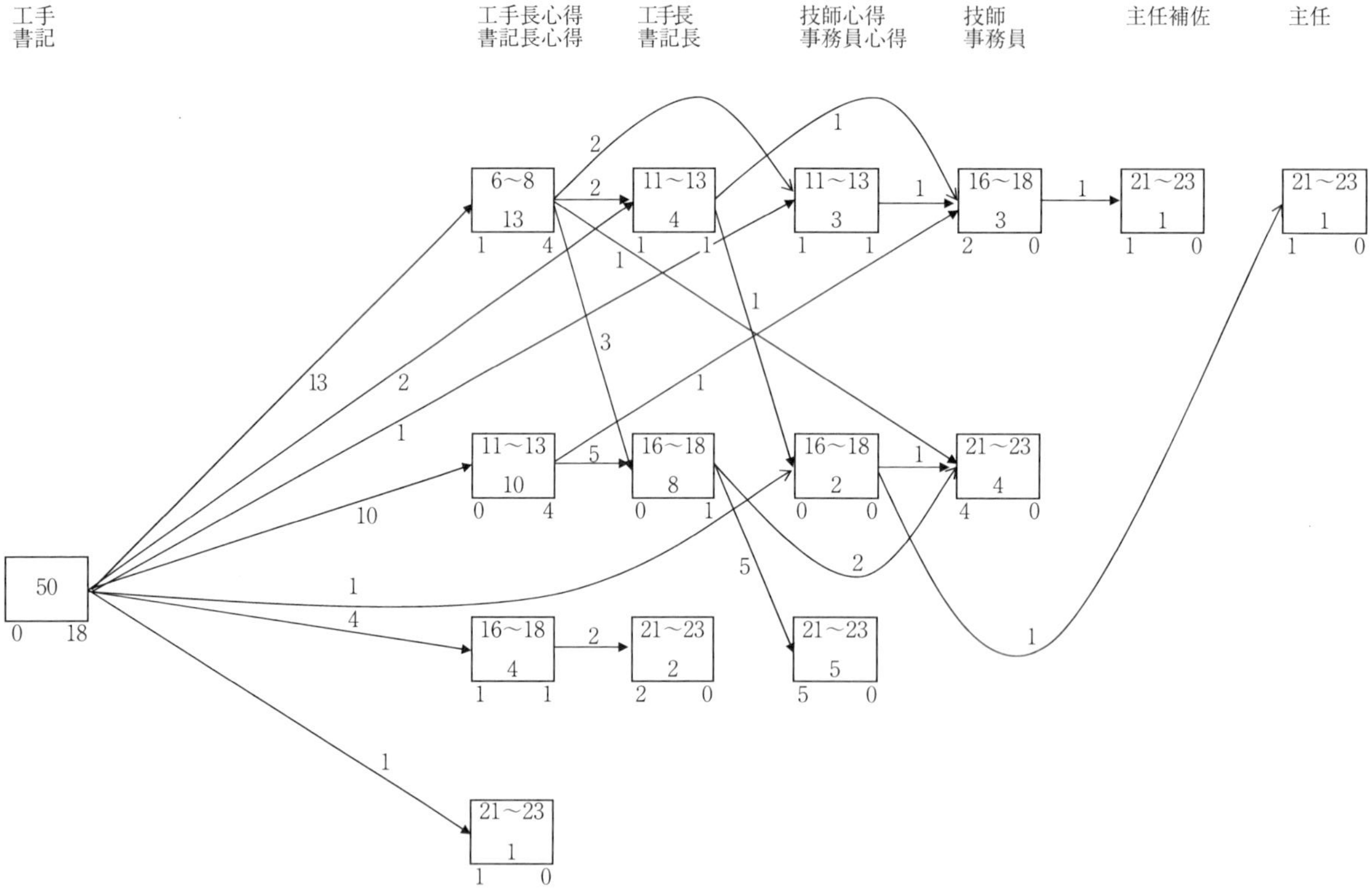

図6-4　1916～20年入職　私立大学・高等工業・専門学校卒業者のキャリアツリー

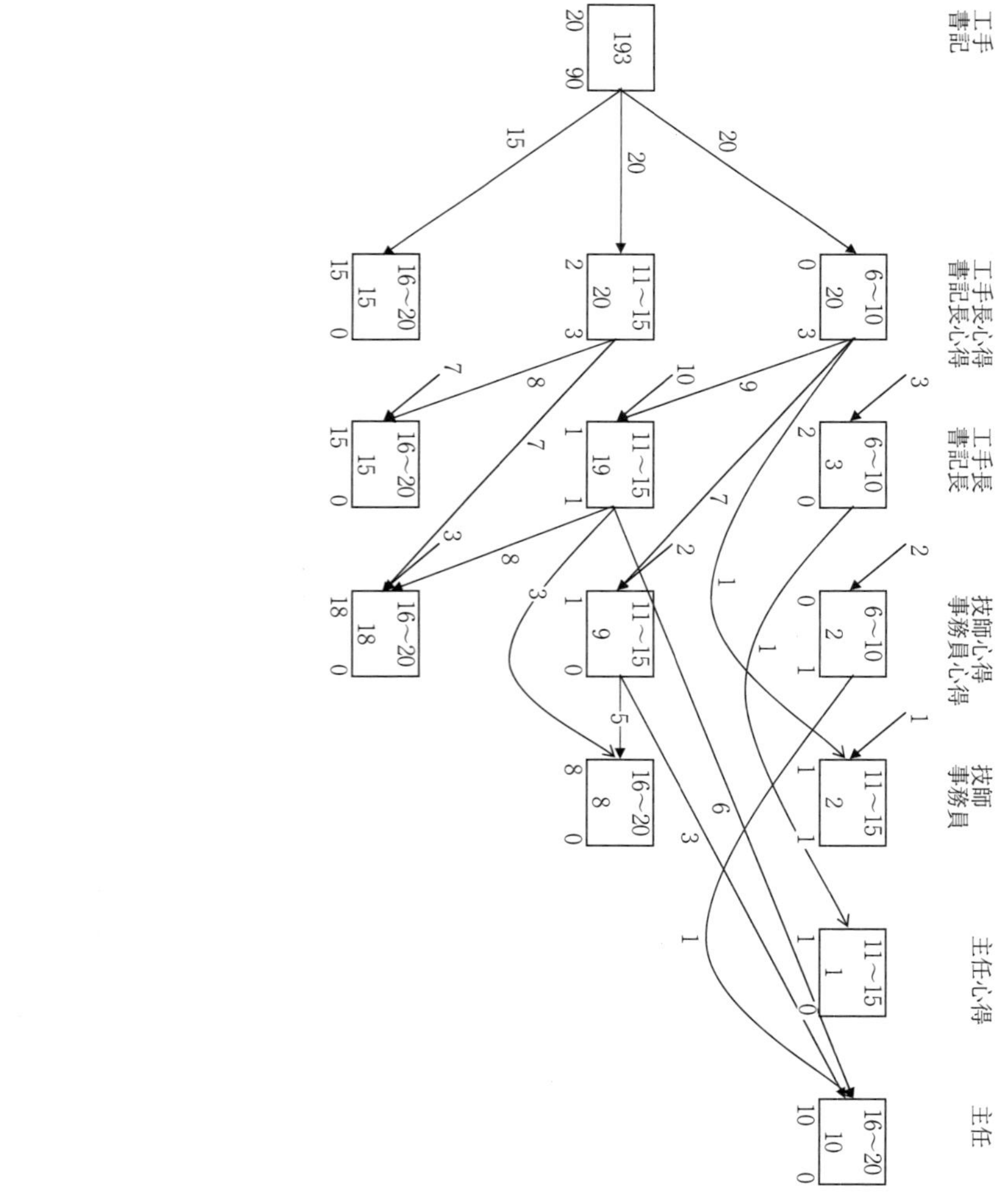

図6-5　1901～05年入職　入職時の職階が雇のキャリアツリー

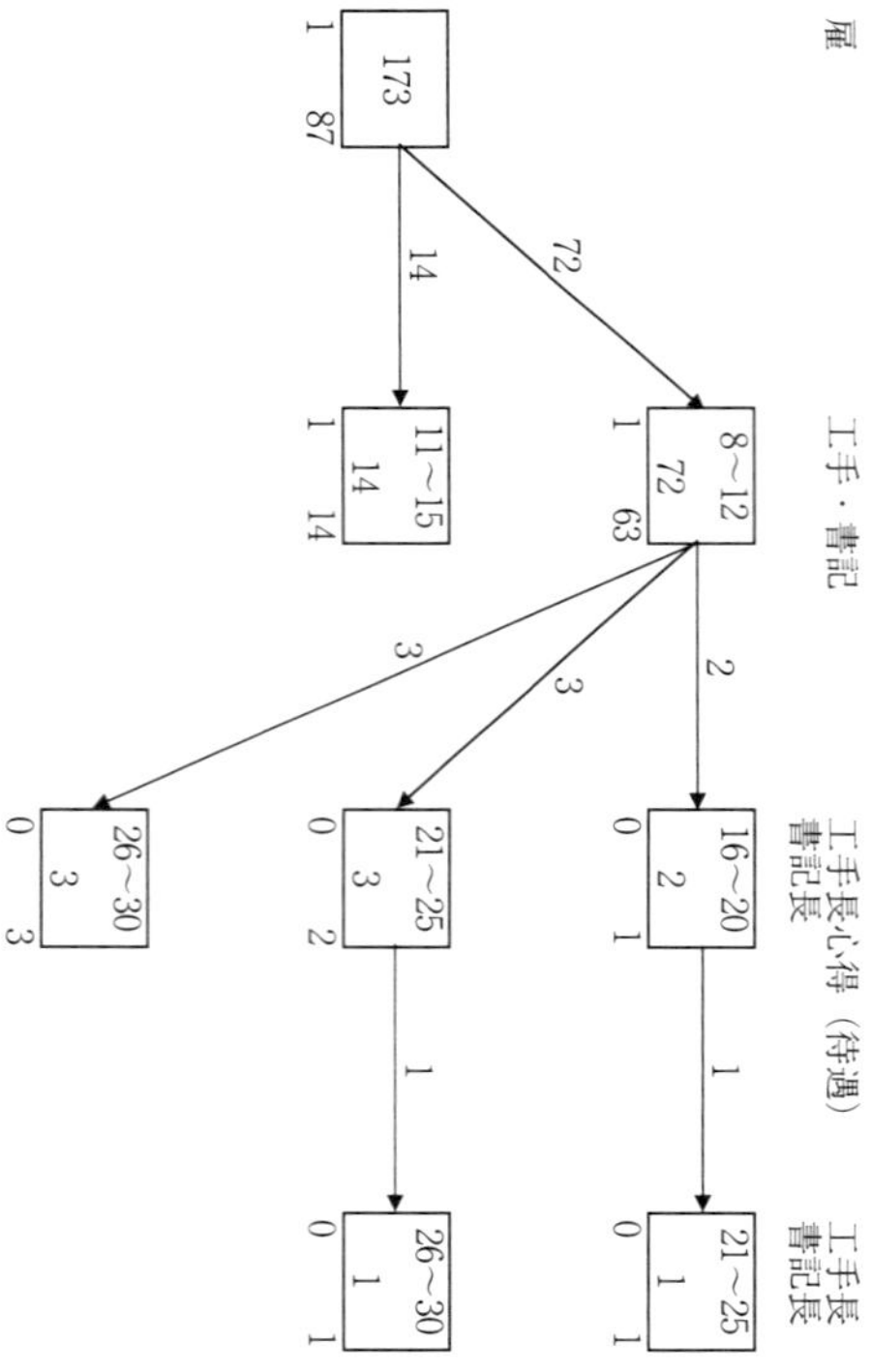

図6-6　1906〜12年入職　入職時の職階が雇のキャリアツリー

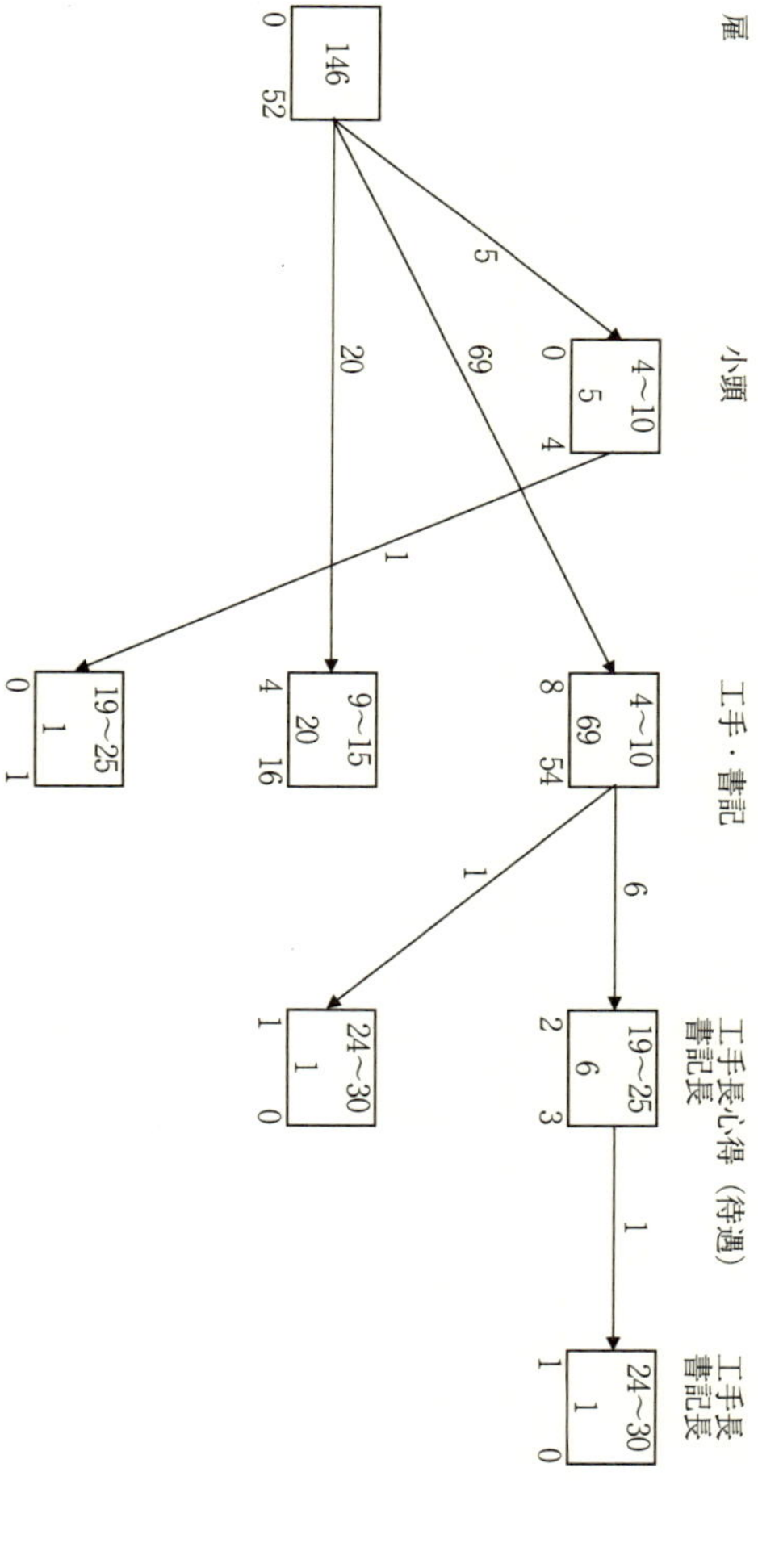

図 6-7　1916〜20年入職　入職時の職階が雇のキャリアツリー

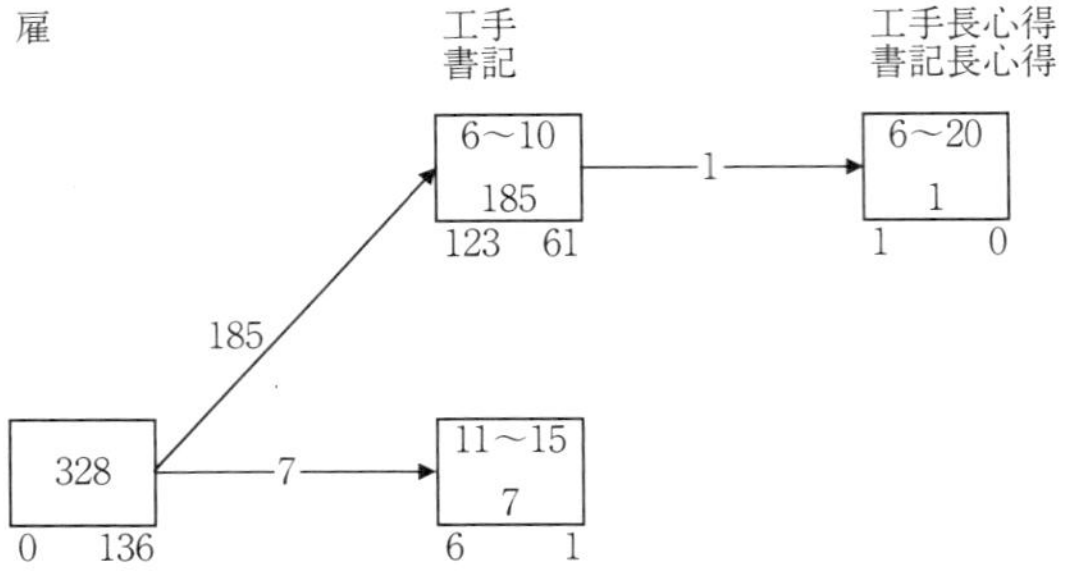

図 6-8　1916〜20年入職　入職時の職階が見習のキャリアツリー

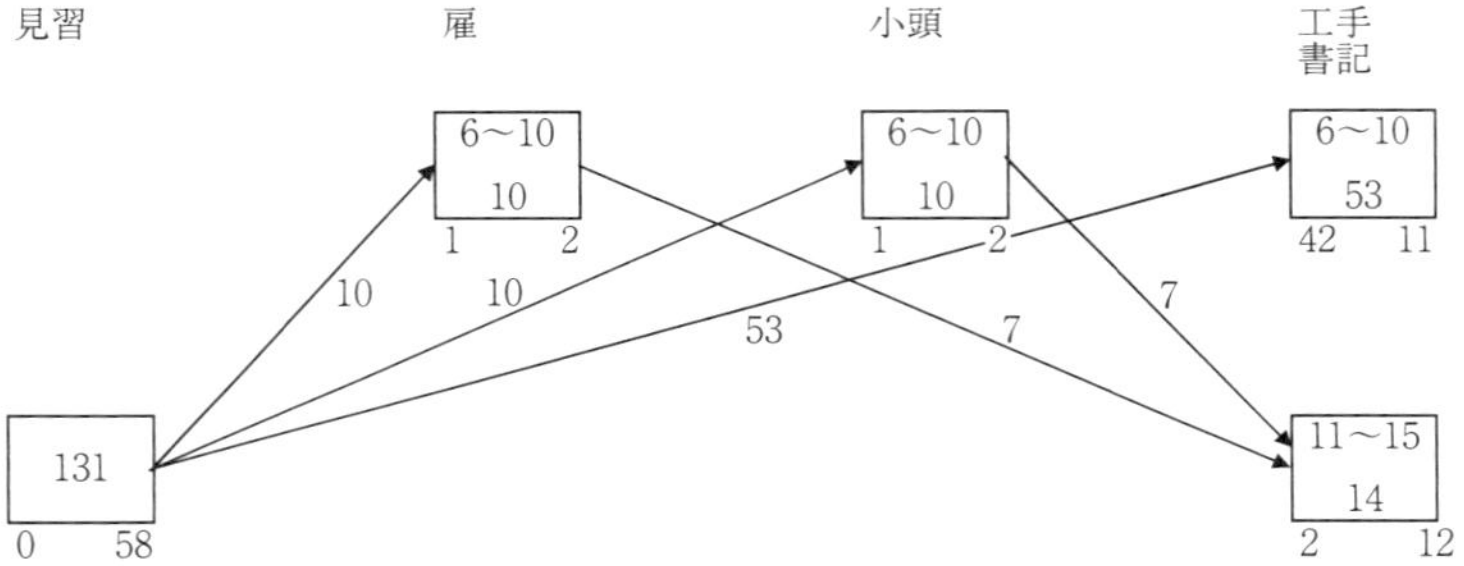

図 6-9　1916〜20年入職　入職時の職階が小頭のキャリアツリー

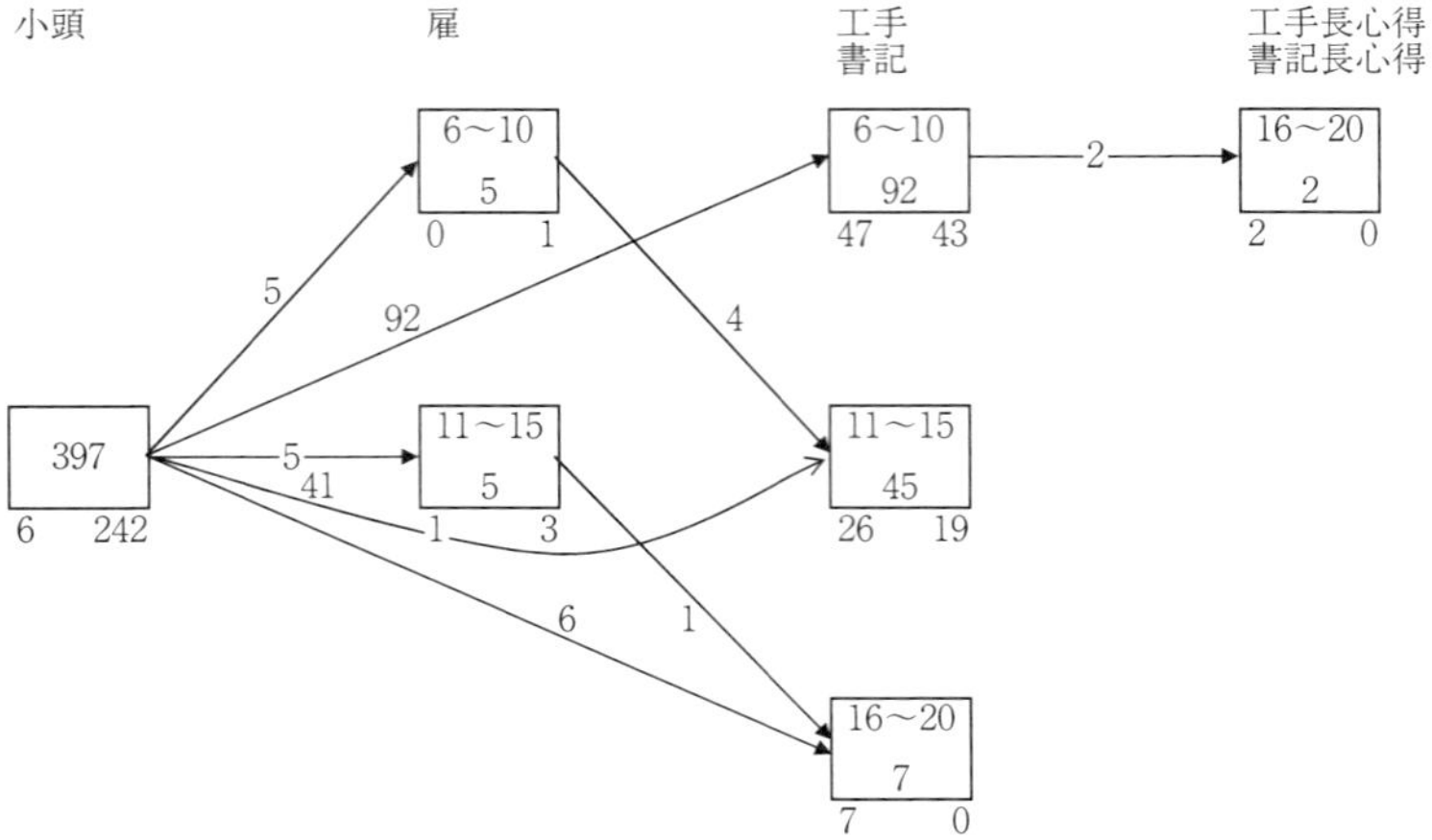

ト）が一度も昇進しないまま離職している。昇進構造には、リターンマッチの可能性が残されてなく、一九三五年時点では、工手より上の職階に就いている者がいない。図6-9が示すように小頭として入職した者は、二四二人が（七〇・〇パーセント）が小頭のまま離職している反面、九二人（二三・二パーセント）が六～一〇年目に工手（書記）に昇進し、第一選抜で昇進が遅れた四五人（一一・三パーセント）が一一～一五年目に工手（書記）に就いている。だが、第一選抜によって選ばれた者のみが工手（書記）長心得に昇進しており、敗者復活のない昇進構造であることは、雇として入職した者と同じである。

最後に、筑豊鉱山学校で教育を受けた雇員の動向についてみておきたい。一九一六～二〇年に田川、山野に入職した雇員のうち、一九二一～二三年に筑豊鉱山学校別科で学んだ者は一〇名いた。これらの入時の職階は雇が一名、見習が五名、小頭が四名であった。このうち七名が一九二五年には工手に昇格し、三名が一九三〇年には工手に就いていた。また、これら一〇名は一九三五年の調査時点まで離職していなかった。

(5)　昇進と移動

最後に、すでにみた事業所間、部署間の移動と職員の学歴との関係をみておきたい[54]。一九一三～二〇年入職者の帝大・高工卒者の事業所間移動は〇回が四一・五パーセントであったのに対して、雇員として入職した者は〇回が七九・〇パーセントであった。事業所一～二回移動者は帝大・高工卒者が四六・九パーセントであったのに対して、雇員入職者は二〇・二パーセントであった。したがって、帝大・高工卒者は雇員として入職した者よりも事業所間移動が多かった。他方で、一九一三～二〇年入職者の部署間移動に関してみれば、帝大・高工卒者の〇回移動者は一八・五パーセントであったが、雇員入職者は三九・六パーセントであった。部署一～二回の移動者の動向をみれば、帝大・高工が四九・八パーセントであったのに対して、雇員が三七・〇パーセントであり、三～五回は帝大・高工が三一・七パーセント、雇員が一三・四パーセントであった。帝大・高工卒者は、雇員として入職した者よりも部署間移動を多く経験したといえる。このように帝大・高工卒者は、複数の事業所、部署を移動しつつ昇進していた。

第8節　結語

今までの分析結果をまとめてみたい。職員の残存率は、一九二〇年代にそれ以前と比べて伸びたものの、入職から一六～二〇年が経過すると全職員のおよそ五〇パーセントが離職していた。入職後二〇年目で同期入職者の半数が離職するという残存率の高さは、三井鉱山のとる昇進の仕組みと関係があった。

キャリアツリー分析でみた第一選抜において昇進が遅れた者、すなわち、一度も昇進しないまま離職した者の割合をみれば、帝大八・三パーセント（図6-1）、四四・九パーセント（図6-2）、高工三六・〇パーセント（図6-3）、四六・六パーセント（図6-4）、雇五〇・三パーセント（図6-5）、三五・六パーセント（図6-6）、四一・五パーセント（図6-7）、見習四四・三パーセント（図6-8）、小頭七〇・〇パーセント（図6-9）である。帝大の八・三パーセントから四四・九パーセントへの増加が制度的変化によるものか、サンプル数の制約なのかは不明である。ただし、少なくとも一九一六～二〇年帝大卒入職者についてみれば、第一選抜によって昇進しないまま離職した者が四〇パーセント以上存在する。

第一選抜での勝者の昇進構造は、帝大、高工卒者、雇員として入職した者とで異なっていた。一九一三～一五年入職者の一九三五年時点での昇進の最高到達点は、帝大卒者が取締役・事業所長レベルであったのに対して、高工卒者は主任であった。このように学歴によって昇進のスピードに差があったが、帝大卒者と高工卒者ともに昇進の追い付き・追い越しがみられるリターンマッチの頻度は高かった。こうしてみれば、帝大・高工卒者の昇進構造は、あらかじめ誰がエリートに到達するかが予見できない「競争移動」（contest mobility）型であったといえる。他方で、雇員として入職した者の最高の昇進は、一九三五年の調査時点で工手長であり、帝大・高工卒者と昇進の差がみられた。雇員入職者の昇進構造には、リターンマッチがみられず、昇進競争における勝者が入職後早い段階で決まり、段階的に勝者が減っていく「トーナメント移動」（tournament mobility）型であった。さらに、ブルーカラーからホワイトカラーへの昇進についてみれば、戦間期三井鉱山には、鉱夫から職員への昇進が制度として存在していたものの、昇進者は鉱夫全体からみれば少なかった。

初任給は学歴ごとに差別化され戦間期にほとんど変化しなかったが、限られた事例からではあるが、昇給は昇進とは無関係に年次ごとに一斉に行われた。したがって、三井鉱山では賃金によって職員のモチベーションを高めようとする側面が低かったといえる。むしろ、同期入職者間の競争心を呼び起こす昇進によって職員のインセンティブを高めていたといえよう。ただし、「競争移動」型の昇進構造をとる帝大・高工卒者に対して、「トーナメント移動」型の昇進構造をとる雇員入職者の働くモチベーションは低くなろう。さらに、雇員として入った者が主任になれなかったように、昇進の到達点に格差が存在した。

一九一六～二〇年入職者の七二・五パーセントが勤続一六～二〇年を経ても事業所を一度も移動しなかった。したがって、戦間期において三井鉱山全体が一つの内部労働市場として機能していなかったといえよう。これに比べて、部署内での職員の移動は多かった。一九一六～二〇年の採用された六五パーセントが勤続期間一六～二〇年において一度は部署移動を経験していた。ただし、使用人として採用された者は、雇員として採用された者よりも事業所間、部署間移動を多く経験した。帝大・高工卒者は、事業所と部署の移動を繰り返しつつ人的資本を形成していたと思われる。

ただし、第一選抜をはじめとした職員の昇進を決定する査定がどのように行われていたのかは不明である。すでに

第3節で引用したように、雇員、工手は「日々遭遇する減少に就いて一通りの理屈が分かり道理に叶った」職務能力が必要とされた。こうした職員の能力をどのような方法で推し量っていたのかをみるためには、さらなる研究が必要である。また、鉱夫という学歴レベルの低い層を多く抱える鉱山企業と工業学校卒業者を底辺にもつ企業とでは、異なる昇進の仕組みが形成されていた可能性もあるし、帝大卒業者を多く雇用した三井鉱山と他の鉱山企業では、昇進のあり方が異なるかもしれない。

本章は、限られたサンプル分析のため定質的、定量的にも限界があろう。こうした点を含めてホワイトカラー研究を深める必要がある。

注

（1）戦前期三井鉱山では、戦前期のホワイトカラー層を鉱夫（鉱員）と区別して、「職員」と呼んでいた。なお、以下では、「職員」から括弧をとる。

（2）理論的背景については、佐野・川喜［一九九三］、小池・猪木［二〇〇二］、Doeringer and Piore［1971］（白木三秀監訳）。

（3）戦間期の職員、ホワイトカラー研究は、例えば、菅山［一九八七］、二村［一九九七］、大島［一九九九］、岡崎［二〇〇五a］、市原［二〇〇五］、若林［二〇〇七］などがある。

（4）今後、医師、看護婦、薬剤師などの医療職員、尋常小学校教員は分析対象から除くが、事業所から病院事務、学校事務に職場転換した者は分析対象とし、三井工業学校教職員は分析対象に加える。なお、今後使用する『三井鉱山合名会社（株式会社）職員録』（以下、『職員録』と略す）は三井文庫所蔵のもの。

（5）一例を示すならば、「政雄」と「政男」、「政治」と「政次」など。

（6）三井文庫所蔵の『職員録』には、手書きで加筆修正されているものもあるが、修正前の情報を採用する。

（7）職員の事業所、部署の移動の動向、昇進と事業所、部署移動との関係については割愛する。

（8）職階の変化について、今後、複数の職階をもつ兼任者は、より上位の職階をその者の職階とする。なお、『職員録』には兼任者は「兼」と記されているが、このように記載されていない兼任者も若干存在する。
（9）神岡鉱業所などの銅山では、方の名称が一九〇五年以降も使用された。
（10）『田川鉱業所沿革史』（三井鉱山所蔵三井文庫保管）、第七巻、付表。『山野鉱業所沿革史』（九州大学附属図書館付設記録資料館産業経済資料部門所蔵）、第二巻、付表。筑豊石炭鉱業組合（会）『筑豊石炭鉱業組合（会）月報』各年各月、巻末統計による。数値は三池、田川、山野、砂川の職員を対象とし、松島、基隆、太平洋は除く。なお、本章において以下で引用する『田川鉱業所沿革史』は三井鉱山所蔵三井文庫保管、『山野鉱業所沿革史』は九州大学所蔵のもの。
（11）なお、見習として一九一五年に三池に採用された者は、「坑内現場では、坑底から相当延びて居る切羽方面の揚水ポンプや炭車ひき揚機の状態や運転手の稼動状態等を安全燈を下げて道中を歩き巡視」した（三池工業高等学校編纂委員会『三池鉱業高等学校創立八十周年記念誌』一九八八年、三一六頁）。
（12）日本鉱山協会『本邦鉱山に於ける従業者の監督方法に関する調査報告』一九二九年、五四～五五頁、六〇頁。
（13）天野正武「三井田川鑛業所第三坑及ビ伊田斜坑報告」（東京帝国大学実習報告）、一九三三年、六二～七二頁。
（14）福田政記「現場員の職責」杉原英三『福田政記先生論文集』地光会、一九三七年、五～七頁。
（15）福田政記「坑内係員（とくに下級係員）の養成に就いて」前掲『福田政記先生論文集』三〇～三一頁。
（16）ただし、表6-4中の一九二一～二五年に入職した工手の六～一〇年の残存率六一・四パーセントは例外である。
（17）なお、一九二〇年の「使用人待命内規」では、「待命」がいい渡された職員は六ヶ月以内に復職ないしは罷役の命がない限り解雇となった（三井金属鉱業株式会社修史委員会『三井鉱山五十年史稿抜粋』〈龍谷大学所蔵〉、第一七巻、一一七頁）。本章において以下で引用する『三井鉱山五十年史稿抜粋』は龍谷大学所蔵のもので、『五十年史抜粋』と略す。
（18）帝国大学卒業生の人名と就職先が記載された『学士会会員氏名録』の一九一八年と三〇年を比較すれば、一九一四～一八年に採鉱・冶金系統の学科を卒業した一二九人のうち、三〇年に職場を移動した者（一八年とは異なる所属が記載されている者）は、六二人（全体の四七パーセント）であった。これらの者の移動先は、同種鉱山企業が二九人と最も多く、大学教授、女学校を含む学校教員が一三人、自営者が七人、官庁が三人の順であった（学士会「学士会会員氏名録」『学士会月報』第三六九-二、一九一八年。学士会「会員氏名録　昭和十一年用」『学士会月報』第五七二-一、一九三五年）。なお、分析に際して同姓同名がある可能性は否めない。

(19)『職員録』に記載されている三井鉱山の一九一五と三五年の事業所は以下の通り。一九一五年：岩雄登鉱山、神岡鉱山、九州炭鉱事務所、九州炭鉱事務所田川炭鉱、九州炭鉱事務所本洞炭鉱、九州炭鉱事務所三池炭鉱、九州炭鉱事務所山野炭鉱、串木野鉱山、私立三井工業学校、登川炭鉱、本店、三池炭鉱付属工場、三池炭鉱港務所、荒尾獄鉱山、板谷鉱山、金剛鉱山、介川鉄山、古武井鉱山。一九三五年：神岡鉱業所、三池鉱業所、田川鉱業所、山野鉱業所、串木野鉱業所、本店、三池製作所、三池港務所、神岡水力電力（株）、川上鉱業所、三池製錬所、三池染料工業所、三井工業学校、美唄鉱業所（以下は、三井鉱山関係会社）、三成鉱業（株）、基隆炭鉱（株）、太平洋炭鉱（株）、（株）三鉱商店、珊瑠鉱業所、釧路臨港鉄道（株）、北海道硫黄（株）、北海道曹達（株）、三池窒素工業（株）、義州鉱山（株）、東洋高圧工業（株）、合成工業（株）、九州共同火力発電（株）、若狭硅石組合、釜石鉱山（株）、松島炭鉱（株）。

(20)この事業所間移動は、後述する部署移動との整合性を図ることを考慮し、次のように分析された。①事業所と部署のどちらか一方でも判断つかない者は、分析対象から除外する。②兼任者を除き、複数の事業所、部署に名前がみられる者は分析対象から除く。③罷役員、戦時応召は移動とはみなさない。④出張員は移動とみなす。

(21)前掲『職員録』、各年、三井鉱山株式会社『社報』（三井文庫所蔵）の内容から図式化する。なお、三池製作所、三池染料工業などの鉱山業とは異なる事業所もこの職制がおかれていた。

(22)なお、高等教育機関者は一九二〇年代に入職後、実習員という職階が与えられ、半年ないしは一年後に工手（書記）などになった。なお、実習員数は表6-2。

(23)『山野鉱業所沿革史』第三巻、一〇八、一二〇～一四三頁。

(24)前掲『五十年史抜粋』第一七巻、七頁。

(25)前掲『職員録』一八九五年。

(26)以下、断りのない限り、前掲『五十年史抜粋』第一七巻、二〇～二三頁による。

(27)前掲『五十年史抜粋』第一六巻、四八頁。割合は、三井鉱山三池、田川、山野、砂川鉱業所のもの。

(28)前掲『五十年史抜粋』第一六巻、四〇～四四頁。

(29)「夜学会」卒業者が選抜試験を受けて職員へ昇進した可能性は否定できない。なお、この点に関しては第5章でも述べている。
(30) 前掲『五十年史抜粋』第一七巻、二四〜二六頁。
(31) 前掲『五十年史抜粋』第一七巻、四六頁。
(32) 東京工手学校、東京工科学校は、三井工業、甲種工業学校よりも一ランク下であった。
(33) 前掲『五十年史抜粋』第一七巻、五三、五五〜五九頁。
(34) 前掲『五十年史抜粋』第一七巻、五五頁。
(35) 『社報』各年。医学、薬学系統の学部、学科は除く。
(36) 学士会事務局『会員氏名録（一九三二年用）』一九三二年によれば、帝国大学の法学部・経済学部卒業者一二二名のうち三井鉱山が三三・六パーセントを占め、三菱鉱業が四一・〇パーセントを占めていた（以下、古河鉱業六・六パーセント、貝島鉱業四・一パーセントの順）。工学部・理学部卒者二九一名については、三井鉱山三八・四パーセント、三菱鉱業二八・六パーセント（以下、古河八・四パーセント、撫順炭鉱八・四パーセントの順）であった。
(37) 以下では、工学部に設置された採鉱、冶金、採鉱冶金、鉱山、鉱山工学などの学科をまとめて採鉱と略す。
(38) 福岡県立福岡工業高等学校六十年記念誌編纂委員会『創立六十年記念誌』一九五六年、八〜二〇頁。
(39) 三池工業高等学校編纂委員会『三池鉱業高等学校創立八十周年記念誌』一九八八年、四頁。
(40) 北海道札幌工業高等学校創立六〇周年並びに校舎改築落成記念事業協賛会『札工六十年』一九七八年、二二、二八〜二九頁。
(41) 一九一五〜三五年の早稲田工手学校卒業者のうち日本鉱業会に入会した三四人の就業先をみると、三菱鉱業尾去澤などの金属鉱山が多くを占め、炭山は朝鮮無煙炭鉱、撫順炭鉱に就業する二名のみであった。また、早稲田工手学校の一九二一〜三一年の採鉱冶金科卒業生の氏名（「昭和二年丁卯七月調製　第一八回〈大正十年七月〉以降卒業生席次一覧表」〈早稲田大学所蔵〉）と『職員録』とを照らし合わせてみても同一姓名の者はいなかった。
(42) 早稲田大学大学史編集所『早稲田大学百年史』第二巻、一九八一年、三二四頁。
(43) 「創立当時ヨリ昭和四年迄　官庁関係報告書控（一）」（早稲田大学所蔵）、早稲田工手学校、三六〜三七、四三〜四四、二六〇、二七七頁。

(44)「大正一五年一二月起（至昭和二四年五月）早稲田高等工学校関係書類」（早稲田大学所蔵）。

(45) 石渡信太郎「鉱山学校設立ニ関スル私見」（旧福岡県立筑豊高等工業学校所蔵資料）。さらに石渡は「年モ相当ニトッテ居ル」必要があると論じている。この指摘は、若年下級職員と経験を積んだ鉱夫とのコンフリクトを解消するためであったと思われる。下級職員の主な仕事は、切羽での鉱夫の監督のみならず発破、機械の操作など鉱夫とほとんど接触しない職務が存在したとともに、戦間期三井鉱山では鉱夫の素質も向上したが、石渡の懸念する鉱夫と職員の軋轢の可能性は残されていたと思われる。

(46) 福岡県立筑豊工業高等学校「樟陵七十年」編集委員会『樟陵七十年』福岡県立筑豊工業高等学校、一九八八年、四五六頁。

(47)「別科第一回募集事績」（旧福岡県立筑豊高等工業学校所蔵資料）。

(48) キャリアツリー分析については、Rosenbaum [1984]。この方法による日本企業の分析については、花田［一九八七］、上原［二〇〇七］を参照。

(49) 本分析でいう第一選抜とは、各々のキャリアツリー表にみられる、最初に現れる昇進年（六～八年、六～一〇年、八～一二年、四～一〇年）である。したがって、これらの期間以前に昇進があった可能性は否めない。

(50) なお、この二名は三井鉱山関係会社の取締役に就任した。

(51) 前掲『五十年史抜粋』第一七巻、一一頁。

(52)『社報』に記載されている雇員の卒業学校をみれば、三井工業、福岡工業、茨城工業があった。とりわけ、一九一六～二〇年入職者の三井工業卒業者は五四名であった（三井工業学校『三井工業学校一覧』一九二四年）。なお、一九二九年の日本全体の一〇年以上勤続した採鉱、保安、発破、機械の「現場係員」三九四四名の学歴構成をみれば、尋常小学校一七・八パーセント、高等小学校五九・二パーセント、中学校四・三パーセント、工業学校一二・六パーセント、専門学校四・七パーセント、大学校一・三パーセントであった（前掲『本邦鉱山に於ける従業者の監督方法に関する調査報告』一九二九年）。この傾向が三井鉱山にもあてはまるとすれば、雇員入職者のうち高等小学校卒者の構成比が高かったと思われる。

(53) 船長・船員、夫頭、夫頭心得、小頭心得、助手は分析対象から割愛する。

(54) サンプル数は、帝大・高工卒者が二〇五名、雇員として入職した者が七三八名。

第Ⅲ部　中小炭鉱の動向

第7章　一九二〇年代・昭和恐慌期の筑豊中小炭鉱

第1節　課題

「縄帯を締めたりした土足の連中がワイワイ怒号して会議所の机の周りをグルグル廻って組合員を威嚇するので、組合員側は恐れをなして一人残らず逃げ出して、結局私一人が残されてしまった」

これは「一九二三年」の筑豊石炭鉱業組合会議所における議事進行中に、「互助会の連中が押し掛けてきて大騒ぎをした」時の松本健一郎の述懐である。(1) この時、松本は筑豊石炭鉱業組合（以下、筑豊組合と略す）の総長を務めていた。彼らは、「出炭制限」について「政府や大手筋が訳が分からぬから我々が談判」するための費用を求めていたのであった。

こうした大炭鉱と中小炭鉱の送炭制限に関する利害対立は、昭和恐慌期に顕在化したとされる。いわゆる撫順炭移入阻止運動を繰り広げた中小炭鉱経営者は、親分・子分からなる人的関係、引用したような一見すれば会議による合議を超えた暴力的、党派的、直情的な側面が目立つ。先行研究においても、一九二〇年代の中小炭鉱の発展的側面を前提にしながらも経営者間の人的つながりが重要視されている。(2)

一九三〇〜三一年の昭和恐慌期において、一九二〇年代に安定していた炭価は大きく下落した。一九二〇年代に満鉄の内地への撫順炭移入は増えていたが、昭和恐慌期には、撫順炭のダンピング価格での移入をめぐる「撫順炭問題」が発生し、恐慌による炭価下落をさらに促した。「撫順炭問題」は「石炭独占組織の動揺」を招いたとされ、この問題に対して積極的な活動を展開した筑豊中小炭鉱によって組織された石炭鉱業互助会（以下、互助会と略す）と、大炭鉱企業が指導権を握る石炭鉱業連合会（以下、連合会と略す）、筑豊組合との利害対立が顕在化し、一九三三年の互助会の筑豊組合離脱につながったとされている(3)。だが、こうした互助会の行動に関する一連の流れについては、十分には整理されていない。ここでは、一九二〇年代の筑豊中小炭鉱の動向について考察し、昭和恐慌期におけるカルテル活動に対する互助会の行動論理を明らかにしたい。

本章の構成は以下の通りである。第2節では中小鉱業権者と中小炭鉱の存続性について全国的動向を俯瞰して中小炭鉱の特徴を探る。筑豊中小炭鉱の動きを第3節で概観した後、第4節で一九二〇年代前半に事業展開する主要中小炭鉱の動向をみて、第5節で一九二〇年代後半から台頭する経営者についてみる。そして、第6節において昭和恐慌期の筑豊中小炭鉱経営者の同業者団体である互助会のカルテル活動に関して考察する。第7節ではこれらの事実から示唆されることをまとめ、互助会の行動論理について考察する。

第2節　中小鉱業権者と中小炭鉱の存続性

出炭規模の府県別動向をみれば、表7-1が示すように、五万トン未満の炭鉱数は、筑豊炭田を有する福岡県と長崎県がどの年も多く、年次による違いはあるがこれに次いで山口県と福島県の数が多い。

この府県別特徴を念頭において、中小鉱業権者と中小炭鉱の動向を大量観察するために、『管内鉱区一覧』を使用する。この資料は、福岡、大阪、東京、仙台、札幌の各鉱務署（鉱山監督局）から一九一一年以降毎年公刊されてお

表7-1　府県別出炭規模別炭鉱数

年次	規模	福岡	佐賀	長崎	福島	茨城	北海道	山口	その他
1914	30万トン以上	15	2	1	3		2		
	5万トン以上30万トン未満	28	5	3	3	3	9	6	
	5万トン未満	80	27	99	28	7	17	40	52
1920	30万トン以上	17	3	2	3		4	2	
	5万トン以上30万トン未満	43	2	2	9	7	14	3	
	5万トン未満	115	23	95	38	8	33	42	57
1925	30万トン以上	16	2	2	1		5	1	
	5万トン以上30万トン未満	40	5	3	8	4	18	7	
	5万トン未満	61	12	64	36	5	19	22	38
1932	30万トン以上	13	1	2	2		5	2	
	5万トン以上30万トン未満	37	2	8	6	5	20	5	
	5万トン未満	54	10	55	23	3	9	23	25
1936	30万トン以上	23	1	2	2		7	2	
	5万トン以上30万トン未満	36	2	9	5	2	19	2	
	5万トン未満	65	16	50	19	10	11	32	28

出所）福岡・大阪・東京・仙台・札幌鉱務署（鉱山監督局）『管内鉱区一覧』各年。

り、日本鉱法によって採掘を認められた鉱業権者（個人名、企業名で登録される）の「試掘」、「採掘」、「砂鉱」の状態が示されている。このうち「採掘」には、実際に事業をしている鉱業権者の鉱区、所在地、炭鉱名、出炭量が記載されている。ここでは、実際に採炭がなされているという点を重視し、「採掘」欄に記載された炭鉱、鉱業権者（経営者）について分析する。また、分析する年は、景気動向を考慮して、一九一四年、二〇年、二五年、三二年、三六年とする。分析対象としては、一九一四～三六年に存続する大炭鉱企業・官庁系炭鉱一七社（麻生、浅野、海軍省、貝島、蔵内、住友、大正、高取・杵島炭鉱、農商務省・商工省・日本製鉄、古河、三井、三菱、明治、沖ノ山、藤本、大倉、古賀）とともに、帝国炭業、九州鉱業、嘉穂鉱業を除外する。さらに、分析に際して、次の処理をした。

イ　『鉱区一覧』に複数名前が記載されている炭鉱、経営者は一鉱（名）として数える。

ロ　親族、親子などの連続性のある経営者については、一名として数える。

ハ　一鉱区に複数の鉱業権者が存在する場合は、代表的な鉱業権者を選択し、一鉱区につき一名の経営とみなす。

表 7-2　中小炭鉱の存続性

期間	年	資料掲載年					炭鉱数
		14	20	25	32	36	
1914～36	14	○					245
	14～20	○	○				36
	14～25	○	○	○			25
	14～32	○	○	○	○		9
	14～36	○	○	○	○	○	24
	その他						30
	合計						369
1920～36	20		○				193
	20～25		○	○			56
	20～32		○	○	○		9
	20～36		○	○	○	○	20
	その他						15
	合計						293
1925～36	25			○			85
	25～32			○	○		9
	25～36			○	○	○	17
	その他			○		○	6
	合計						117
1932～36	32				○		68
	32～36				○	○	45
	合計						113
1936	36					○	105

出所）表 7-1 に同じ。

ただし、断っておかなければならないのは、日本鉱法によって違法とされた斤先経営の動向がこの資料から把握できないことである。鉱業権者から下請け経営を委任される斤先掘りは、法的には認められていなかったが、実際には広範に行われていたと思われる。しかし、非合法ゆえに『鉱区一覧』によってその量的な把握は困難であり、この動向を全体的に把握する資料は存在していない。

まずは、表7-2を通して、中小炭鉱の存続性について検討したい[4]。この表は、一九一四年、二〇年、二五年、三二年、三六年の『鉱区一覧』に名前が記載されている中小炭鉱数を示したものである。例えば、表中の「一九一四～三六年」の「一四～三六」は、一九一四年の『鉱区一覧』に記載されている炭鉱名が二〇、二五、三二、三六年の資料に連続して名前が登場することを示している。

表7-2によれば、『鉱区一覧』に一九一四年、二〇年、二五年、三二年にのみに名前が記載されている炭鉱が圧倒的に多い。これら炭鉱は、例えば一九二〇年のみに名前が現れる炭鉱（一九三鉱）でみると、最長でも一五年に創業され二四年に中止されたことになる。また、中小炭鉱のなかでも一九一四～三六年に存続する炭鉱は二四鉱で、全体

の六・五パーセント（24/369×100）、一九二〇～三六年に事業を継続する炭鉱は二〇鉱で、全体の六・八パーセント（20/293×100）にすぎず、多くの中小炭鉱が大炭鉱企業と比べて短命であった。

次に中小鉱業権者の動向について検討してみたい。表７-３によれば、中小権者の参入・退出が頻繁に繰り返されており、中小炭鉱経営者の流動性は高い。この動向は、すでにみた中小炭鉱の動きと等しく、一九一四年、二〇年、二五年、三二年のみに『鉱区一覧』に名前が現れる鉱業権者が多い。また、一九一四～三六年に存続する権者が七人、一九二〇～三六年に存続する権者が六人であり、長期間存続する中小経営者は少ない。

わずかな期間で退出した経営者については、詳しく知ることは困難であるが、大戦ブーム下に参入した猪口浅吉の事例をとりあげることができる。(5) 一八九三年に福岡県八女郡岡山村に生まれた猪口は、荒物商を経て二一歳で筑豊の

表 7-3　中小炭鉱鉱業権者の存続性

期間	年	資料掲載年					経営者数
		14	20	25	32	36	
1914～36	14	○					195
	14～20	○	○				24
	14～25	○	○	○			19
	14～32	○	○	○	○		6
	14～36	○	○	○	○	○	7
	14～32(2)	○		○	○		1
	14～36(2)	○	○	○		○	1
	14～36(3)	○		○	○	○	1
	14～36(4)	○	○		○	○	1
	14～36(5)	○			○		1
	合計						256
1920～36	20		○				156
	20～25		○	○			48
	20～32		○	○	○		9
	20～36		○	○	○	○	6
	20～32(2)		○		○		4
	20～36(2)		○		○	○	5
	20～36(3)		○			○	2
	合計						230
1925～36	25			○			44
	25～32			○	○		11
	25～36			○	○	○	21
	25～36(2)			○		○	5
	合計						81
1932～36	32				○		42
	32～36				○	○	47
	合計						89
1936	36					○	81

出所）表 7-1 に同じ。

図 7-1　大炭鉱と中小炭鉱の送炭量

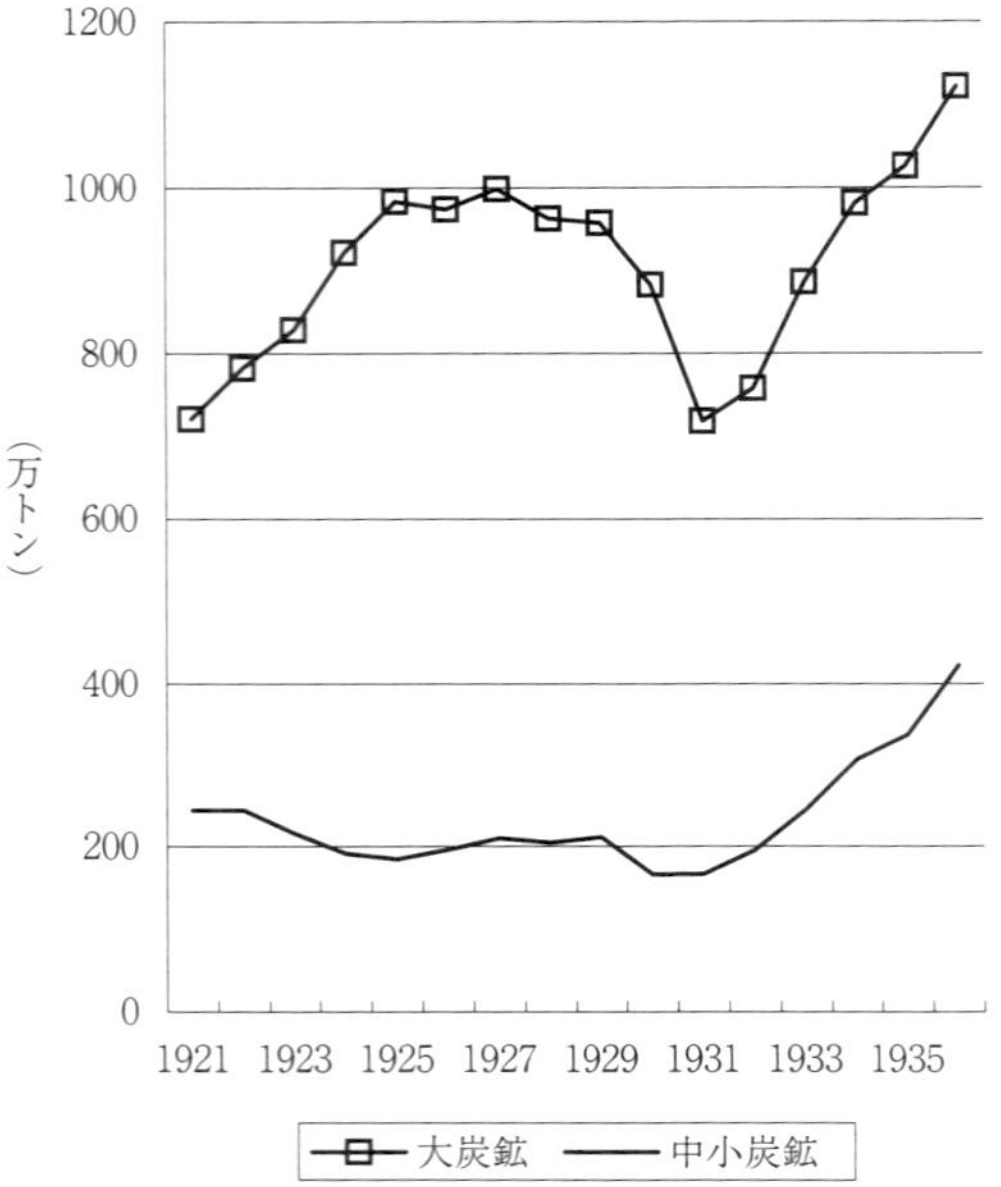

出所）筑豊石炭鉱業組合『筑豊石炭鉱業要覧』1931 年、92～106 頁。筑豊石炭鉱業組合（会）（『筑豊石炭鉱業組合（会）統計表』各年、上期下期。筑豊石炭鉱業組合（会）『筑豊石炭鉱業組合（会）統計月表』各年。

注）『統計月表』が欠落する 1926 年下期の数値は『統計表』で補う。

三菱鉱業の経営する碓井炭鉱に入り、翌年、古河目尾炭鉱に入職した。目尾炭鉱で納屋頭の職に就いた猪口は、一九一四年に同鉱の斤先経営に着手した。しかし、斤先経営によって大戦ブーム下に「財百万円也を突破せり」といわれた資金を元に、一九二五年に古河鉱業から鉱区を買収して新目尾炭鉱を開いたものの、翌年、事業を中止し「一挙数十萬の財を失」ったのであった。猪口の事例を一般化はできないが、成功した時の高利益を得ようとする鉱業家が多数存在していたことが、中小炭鉱と鉱業権者の流動性を高めたものと思われる。

こうした中小炭鉱の全国的動向を踏まえて、以下では、中小炭鉱数が多い福岡県の筑豊炭田の事例をみてみたい。

第3節　筑豊中小炭鉱の概観

(1) 大炭鉱と中小炭鉱の送炭比率

図7-1によって大炭鉱と中小炭鉱との送炭量をみてみたい(6)（官営炭鉱は除く）。筑豊大炭鉱の送炭量は、一九二〇年代前半に伸びているが、一九二〇年代後半に停滞し、一九三〇~三一年に低落するものの、三二年から大きく伸びている。他方で、筑豊中小炭鉱の送炭量は、一九二〇年代前半に低下しているが、一九二五~二七年にわずかに上がるものの、一九三〇~三一年に低落するまでほとんど変化していない。一九三二年から中小炭鉱の送炭量が大きく伸びるのは、大炭鉱と同様である。図7-2が示すように、筑豊中小炭鉱のシェアは、一九二〇年代前半に下がっているが、一九二〇年代後半に緩やかに伸び、低落した昭和恐慌期を除く一九三〇年代前半に増えている。

図 7-2　大炭鉱と中小炭鉱の送炭シェア

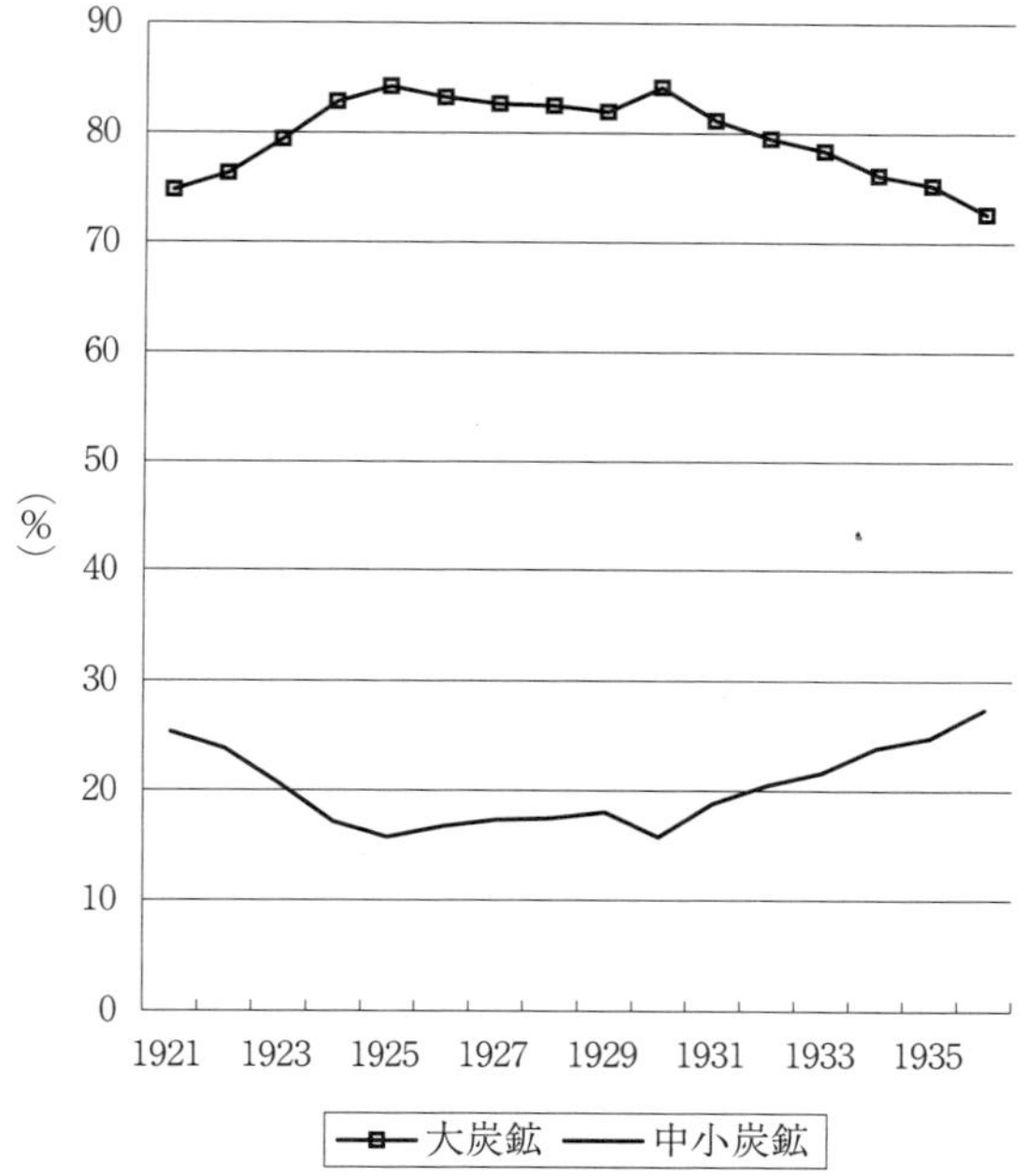

出所）図7-1に同じ。
注）図7-1に同じ。

(2) 出炭規模の変化

表7-4を通して、主要中小炭鉱経営者（鉱業権者）の出炭規模の変化をみてみたい。まずは一九二二年と二九年を比較すれば、三好、久恒、岩崎、平山は両年ともに五位以内

表 7-4　筑豊の主要中小炭鉱

（トン）

順位	1922年			1929年			1936年		
	鉱業権者名	1921年出炭量	炭鉱名	鉱業権者名	1928年出炭量	炭鉱名	鉱業権者名	1935年出炭量	炭鉱名
1	城島敬五郎	462,243	川崎	三好・大君鉱業㈱	407,651	高尾、高松他	日本炭鉱㈱	503,701	高松、梅ノ木
2	三好・大君鉱業㈱	287,275	高尾、高松他	久恒鉱業㈱	226,640	漆生	野上鉱業㈱	304,722	豊州、筑紫、天道
3	久恒鉱業㈱	187,403	漆生、貴船、大定	海老津炭礦㈱	135,397	海老江	久恒鉱業㈱	223,283	漆生、猪之鼻、九郎丸
4	平山炭礦㈱	176,085	平山	岩崎寿喜蔵	129,516	岩崎、深坂	山田炭鉱㈱	210,071	山田
5	岩崎寿喜蔵	126,800	後藤寺、岩崎	平山炭礦㈱	121,479	平山	藤井鉱業㈱	201,864	大成、新目尾、宮尾、香ノ浦
6	佐藤慶太郎	123,552	高江	大隈鉱業㈱	115,887	大隈	金丸鉱業㈱	193,379	緑、海老津、大隈、鞍手
7	山下汽船鉱業㈱	108,503	宮尾	野上鉱業㈱	100,805	山田	小林勇平	170,975	新手、新高江、頴田
8	井上鉱業㈾	101,743	第二旭、旭、四ツ町	井上鉱業㈾	88,744	糸田、旭	木戸炭業㈱	169,730	木戸
9	中野昇	94,537	相田、熊田	㈱宮尾炭礦	86,857	宮尾	筑豊鉱業鉄道㈱	134,256	木屋瀬
10	御徳炭礦㈱	83,793	御徳	坂木忠雄	79,571	鎮西	岩崎武夫	117,730	深坂名前
11	大隈鉱業㈱	80,508	大隈	橋上保	48,635	上山、池尻	橋上鉱業㈱	100,643	上山
12	海老津炭礦㈱	76,947	海老津	小畠治平	42,631	大和	木曾重義	93,083	岩崎
13	室木鉱業㈱	72,672	室木	小林勇平	38,609	楠橋	太田修吉	90,361	糸飛、第一山野
14	加藤俊一郎	57,102	鴻巣	共同石炭㈱	35,787	日吉	中島徳松	85,105	木城
15	高橋恒太郎	42,146	高橋垣生	池永富三郎	33,945	豊州	秋山長三郎	78,995	相田
16	㈱三笠商会	37,272	三笠、中元寺	平野嘉平	30,444	新緑	嘉麻興業㈱	59,320	愛宕
17	尼崎炭鉱㈱	36,281	照龍	田籠寅蔵	26,238	大定、玄王	菅原誠	50,608	神田
18	池永富三郎	34,776	豊洲	八隅清太郎	23,483	小竹	共同石炭㈱	45,650	日吉、横島
19	山本豊吉	21,862	鳳	猪口浅吉	20,472	新目尾、上目尾	田籠鉱業㈱	44,116	玄王、昭嘉
20	松岡宇太松	19,385	第二実満	秀村ハル	19,443	本添田	杉山宗十郎	40,461	大和
21	友枝鉱業㈱	18,494	鎮西鷲嶺	㈱三笠商会	19,082	三笠㈾	宝邊商店	33,966	目尾、小松、幸袋目尾
22	清田炭礦㈱	16,456	清田上大隈	㈱糸飛炭礦	16,662	糸飛	上野繁夫	31,510	本宮尾
23	篠崎寿三郎	15,364	筑紫	藤井與三次	15,468	香之浦	歳川清	25,585	庄司
24	秀村得一	14,935	本添田	古野春吉外一名	14,244	庄司	木原峰次郎	22,418	木原、猪位金、木原、川崎
25	宮崎盛三郎	14,056	野田	北代市治	13,689	後藤寺	秋元近嘉	21,837	中津原
26	播州鉄道㈱	13,410	新延	溝口勘太郎	13,338	高江	岡崎共同㈱	19,703	眞岡
27	猪ノ口浅吉	13,319	上目尾	橋本信次郎	12,375	筑紫	㈾高江炭鉱	19,568	高江
28	桝谷平三郎	7,048	桝谷鯰田	城島敬五郎	11502	川崎	香春鉱業㈱	16,772	香春
29	園田勉	6,420	小神	神澤又市郎	8319	大成	渡邊甚六	16,568	鎮西
30	金丸勘太郎	6,400	繁牟田	合資会社大橋商会	6360	本大城	加藤高潔	10,115	百立

出所）『筑豊五郡採掘鉱区一覧』筑豊石炭鉱業組合、各年。

にある。一九二二年に中小炭鉱のなかで最も大きな出炭規模を誇った城島が経営する川崎炭鉱は、二九年には二八位に順位を下げている。井上鉱業と山下汽船から鉱業権が移る宮尾炭鉱の一九二二年と二九年の順位の変化は小さいが、大隈鉱業、海老津炭鉱の出炭規模は上がっている。その反面、一九二二年に六位であった佐藤、九位の中野は二九年までに鉱業経営から退いた。一九二二年に一五位の高橋垣生炭鉱は、鉱業権者が二九年に代わり、前年出炭量を三三四三トンに下げて上位三〇位から外れ、一六位の三笠商会は二一位へ順位が下がった。

表7‐4には、一九二九年において二二年に上位三〇位までに鉱業権者として名前のない野上（七位）、橋上（一一位）、小林（一三位）、田籠（一七位）などの所有する炭鉱の出炭量の増加がみられる。一九二二年に上位五位内に位置し三六年に同じく五位内にある経営者は久恒のみであり、三好鉱業は所有炭鉱を日産コンツェルンが設立した日本炭鉱に売却し、岩崎の三六年の順位は一〇位となっている。野上、橋上、小林、田籠は三六年にも上位三〇位に入っており、藤井伊蔵の経営する藤井鉱業、二二年に鉱業権者として三〇位に位置していた金丸勘太郎の息子勘吉が経営する金丸鉱業が三六年には上位を占めている。

第４節　筑豊主要中小炭鉱の動向

(1)　送炭量

ここでは、一九二〇年代前半に筑豊中小炭鉱のなかでも比較的大規模であった主要炭鉱に関してみてみたい。主要中小炭鉱の送炭量の対前年変化率に関して表7‐5を通して、大炭鉱と比較しながら検討してみよう。第２章でみた一九二〇年代前半における筑豊大炭鉱の送炭量の対前年変化率は、炭鉱の買収を盛んに行った帝国炭業を除く

表 7-5　1920年代の主要中小炭鉱（企業）の送炭量の対前年変化率

項目	炭鉱企業名	1921 年	1922 年	1923 年	1924 年	1925 年	1926 年	1927 年	1928 年	1929 年	1922～24 年平均	1926～29 年平均
送炭量（千トン）	三好鉱業	288	327	331	285	290	308	377	379	373	314	359
	久恒鉱業	172	190	193	220	259	250	245	203	189	201	222
	岩崎	105	129	118	82	100	90	97	120	147	110	113
	三笠商店	34	29	22	26	28	31	26	15	12	26	21
	井上鉱業	93	126	105	38	37	59	74	57	36	90	57
	海老津炭鉱	68	74	78	102	114	119	134	127	83	84	116
	大隈鉱業	81	100	90	78	81	92	108	105	98	89	101
	中野商店	76	73	73	69	55	48	1			72	
	城島敬五郎	83	74	66	76	58	55	73	30	2	72	40
	高橋恒生	38	38	35	30	25	9	3	3	2	34	4
	宮尾炭鉱		96	78	47	38	35	54	82	71	74	61
	豊州	24	23	31	21	31	28	24	32	35	25	30
対前年変化率（%）	三好鉱業		13.7	1.1	−13.9	1.7	6.2	22.5	0.6	−1.6	0.3	6.9
	久恒鉱業		10.4	1.6	14.1	17.6	−3.4	−2.2	−16.9	−6.9	8.7	−7.3
	岩崎		23.1	−8.6	−29.9	21.3	−10.4	7.8	24.1	23.1	−5.1	11.1
	三笠商店		−12.8	−26.1	20.4	7.6	9.1	−14.6	−43.0	−16.8	−6.1	−16.3
	井上鉱業		35.5	−16.4	−64.3	−2.1	61.6	25.0	−23.6	−36.1	−15.0	6.7
	海老津炭鉱		7.9	5.3	31.1	12.2	4.3	12.9	−5.2	−34.9	14.8	−5.7
	大隈鉱業		23.7	−10.5	−12.4	3.4	12.9	18.2	−3.3	−6.1	0.3	5.4
	中野商店		−3.6	−0.3	−5.4	−20.9	−12.5	−97.2			−3.1	
	城島敬五郎		−10.8	−10.4	15.1	−23.2	−5.8	33.4	−59.0	−94.6	−2.0	−31.5
	高橋恒生		0.6	−6.6	−16.2	−14.6	−66.3	−61.2	−19.6	−43.4	−7.4	−47.6
	宮尾炭鉱			−18.7	−39.7	−20.0	−5.7	51.0	53.4	−13.6	−29.2	21.3
	豊州		−4.0	31.0	−31.8	47.0	−10.1	−12.2	32.8	10.3	−1.6	5.2

出所）図 7-1 に同じ。
注）図 7-1 に同じ。なお、平均は算術平均。

と、住友の対前年変化率の平均一六・四パーセントを最高として蔵内と古河を除く多くの大炭鉱企業が送炭量を伸ばしていた（第2章表2-3）。一九二〇年代前半の中小炭鉱の送炭量の動向をこれと比較してみれば、一九二二～二四年の海老津と久恒の送炭量の対前年変化率の平均は大炭鉱に匹敵するものの、この二社を除く中小炭鉱の送炭量の一九二〇年代前半の対前年変化率の多くはマイナス値となっている。他方で、一九二〇年代後半の大炭鉱の送炭量の対前年変化率は、一九二〇年代前半と比べて下がった（第2章表2-3）。大炭鉱のうち一九二六～二九年の対前年変化率の平均が最も大きい麻生の六・〇パーセントと中小炭鉱のそれを比べてみれば、高橋、城島などの変化率を大きく下げる経営者が存在する反面、岩崎、三好、井上が麻生を上回り、大隈、豊州の変化率が高い。

　一九二〇年代後半に送炭量を伸ばしていた中小炭鉱が存在していたことは、全体的傾向と整合性がある。表7-6が示すように、一九二二～二四年の中小炭鉱の送炭量の対前年変化率はマイナス値であるが、一九二六～二九年の変化率はプラス値となっている。これと反対に一九二〇年代前半の大炭鉱の対前年変化率の平均は高いが、一九二〇年代後半にはマイナス値に転じている。

　いくつかの炭鉱の送炭量の変化を確認したい[7]。岩崎炭鉱と岩崎後藤寺炭鉱を所有していた岩崎は、一九二四年から後藤寺炭鉱の出炭が下がっていたもの

表7-6　筑豊の大炭鉱と小炭鉱との送炭量の対前年変化率

(%)

	年次(期間)	大炭鉱	中小炭鉱	筑豊合計
対前年変化率	1922	8.5	−0.1	6.3
	1923	5.9	−11.6	1.7
	1924	11.4	−11.0	6.8
	1925	6.6	−3.7	4.8
	1926	−0.9	6.2	0.2
	1927	2.5	7.2	3.3
	1928	−3.6	−2.7	−3.5
	1929	−0.5	3.4	0.2
	1930	−7.8	−21.3	−10.2
	1931	−18.7	0.4	−15.7
	1932	5.6	17.2	7.8
	1933	17.0	25.2	18.6
	1934	10.7	25.6	13.9
	1935	4.5	9.9	5.8
	1936	9.3	25.0	13.2
期間平均	1922～24	8.6	−7.6	4.9
	1926～29	−0.6	3.5	0.1
	1930～31	−13.2	−10.5	−13.0
	1932～36	9.4	20.6	11.9

出所）図7-1に同じ。
注）図7-1に同じ。なお、平均は算術平均。

表 7-7　大隈鉱業の経営動向

期間	収入（千円）		支出（千円）				純益金（千円）	諸指標（円）		
	売炭収入	合計	作業費	事務所費	売炭費	合計		販売量（トン）	収入/販売量	支出/販売量
1922 上	544	618	300	97	70	613	4.7	51,156	12.1	12.0
1922 下	585	644	295	78	74	640	4.0	49,100	13.1	13.0
1923 上	621	638	286	81	62	635	3.4	51,100	12.5	12.4
1923 下	468	487	305	72	33	484	3.5	38,599	12.6	12.5
1924 上	515	550	329	90	42	547	2.6	43,827	12.6	12.5
1925 下	444	473	291	42	37	414	59	41,352	11.4	10.0
1926 上	472	497	301	72	38	476	21	42,711	11.6	11.2

出所）大隈鉱業株式会社『営業報告書』各年。

の、一九二六年に「坑内ニ於テ坑道掘進ニ伴ヒ採掘箇所増加」によって前年に比べて「四割強」の出炭増加が予想された岩崎炭鉱の拡張によって、出炭が回復した(8)。さらに、一九二六年以降の後藤寺炭鉱の廃止にとともに、岩崎は深坂炭鉱の経営に従事したことによって、二八年から送炭量を大きく伸ばした（表7-5）。旭と糸田（第二旭）を主要炭鉱とした井上は、旭炭鉱の出炭が一九二四年から下がったものの、一九二七年の運搬設備の拡張によって前年と比べて「五割余」の出炭増加が見込まれた糸田炭鉱への投資によって、送炭量を伸ばした（表7-5）(9)。ただし、糸田炭鉱の送炭量は、一九二七年に大きく伸びたものの、二八年から減少した。

(2)　経営分析

表7-7が示すように、一九二三年上期から低い純益状態に留まっていた大隈鉱業の収益が増加に転じるのは、二五年下期からである。一九二四年上期と二五年下期を比べてみれば、トン当たり販売収入が減少するものの、この下がり幅以上にトン当たり販売支出が低下しているため、これが大隈鉱業の収益増加の要因であったといえる。一九二五年上期の収支動向の全容が分かる資料はないが、実際この期間に三万六〇〇〇円の利益を大隈鉱業は得ていた。一九二五年下期には、二五年上期と比較すれば、「売炭収入ノ増加ト一面、生産費ノ節約」によって、「予想以上ノ利益ヲ挙ゲ」ていたのであった。表7-8によれば、大隈鉱業の資産

表 7-8　大隈鉱業の資産

（千円）

期間	鉱区	機械器具	貸付金	起業費	建物	合計
1922 上	823	534		84	73	1810
1922 下	823	534		77	73	1723
1923 上	823	470	340	46	69	1938
1923 下	823	430	330	81	68	1876
1924 上	795	442	740	54	64	2289
1925 下	795	448	680	141	64	2278
1926 上	779	456	680	150	68	2269

出所）表 7-7 に同じ。

表 7-9　大隈鉱業の自己資本比率

（千円）

期間	資本（自己資本）	負債（他人資本）		総資本＝負債＋資本	自己資本比率（%）
		借入金	合計		
1922 上	1,017	750	793	1,810	56.2
1922 下	1,017	650	706	1,723	59.0
1923 上	1,022	890	916	1,938	52.7
1923 下	1,021	830	854	1,876	54.5
1924 上	1,022	1,240	1,268	2,289	44.6
1925 下	1,090	1,140	1,188	2,278	47.9
1926 上	1,067	1,180	1,201	2,269	47.1

出所）表 7-7 に同じ。

額は、貸付金額が増加した一九二三年下期から二四年上期にかけて増えている。一九二四年上期と二五年下期を比較すれば、貸付金額が減少する反面、起業費が増えている。この起業費の内訳には、一九二五年下期に完成した人道坑改修工事に伴う設備、一九二四年五月から工事をはじめた選炭設備額が含まれている。とりわけ、選炭機と水洗機の導入は、「石炭市場ノ不況ハ延テ選炭ノ良否」にあるという大隈鉱業の認識に基づいていた[10]。表7-9が示すように、大隈鉱業の自己資本比率は、一九二二年下期の五九・〇パーセントを最高として二三年上期以降に低下傾向にある。自己資本比率が大きく低下した一九二三年上期と二四年下期には、借入金額が増えている。詳しいことは分からないが、この借入金増加に伴って、表7-8の貸付金は増加している[11]。

大隈鉱業が少なくとも一九二五年から収益が上がったのに対して、表7-10に示されている御徳炭鉱の収益は、どの期間もマイナスである。御徳炭鉱の場合、支出に占める石炭買入費の割合が高く、他炭

表 7-10　御徳炭鉱の経営動向

期間	収入（千円）		支出（千円）				損失（千円）	支出合計に占める割合（%）		
	売上	収入合計	生産費	買入費	販売費	合計		生産費	買入費	販売費
1923 下	19	19			39	412	−393			10
1924 上	475	476	119	290	36	488	−12	24.5	59.4	7.4
1924 下	508	509	114	318	38	517	−8	22.1	61.4	7.3
1925 下	200	201	103	88	21	247	−47	41.7	35.4	8.4
1926 上	230	230	99	117	20	278	−48	35.7	41.9	7.3
1926 下	59	67	27	28	9	152	−85	17.8	18.2	5.8
1927 上	15	16		4	1	27	−11	0.0	16.6	2.0

出所）御徳炭鉱株式会社『営業報告書』各年。

の買入と販売が収益に結びついていない。御徳炭鉱は、一九二三年に鉱区を帝国炭業に売却し、香之浦炭鉱の経営を続けていた。しかし、一九二六年下期には「運転資金枯渇」し、経営が「持続不可能」と判断したため、炭鉱の閉鎖を決定した[12]。

御徳炭鉱と同様に、一九一九年に亀山炭鉱を東邦炭鉱に売却し[13]、一九二〇年代に熊田炭鉱と相田炭鉱を経営していた中野商店は、一九二〇年代前半に最大で一〇万円、最小で三万円の欠損をだしており、採炭コストの引下げにもみるべき成果を上げてなかった[14]。一九三二年に中野商店は相田炭鉱を秋山長三郎に売却した。一八九三年に福岡県山門郡で生まれた秋山は、人事係として入職した中島鉱業において「人事百般を研むる傍ら、炭界の動精、採鉱、販売、経営法に至る迄寸暇を利して研鑽」していた[15]。また、一九二七年に帝国炭業木屋瀬炭鉱の斤先経営を行い、帝国炭業が所有した炭鉱の一部を引き継いだ九州炭鉱の椎ノ森炭鉱を二八年に買収して独立経営を果たし、相田炭鉱の経営とともに秋山鉱業（株）を設立した。

第5節　一九二〇年代後半に台頭した新規経営者

(1)　経営者の履歴

一九二〇年代後半に鉱業権者として、野上、橋上、小林、田籠などが筑豊鉱業界において注目すべき存在となった（表7-4）。小林については第8章で詳しくみるため、ここでは橋上、野上、田籠を中心とした中小炭鉱経営者の履歴についてみてみたい。

橋上保は、自らの手腕で鉱区を開鑿した鉱業家であった。橋上は、一八八九年に福岡県京都郡椿市村に生まれ、一六歳で父の炭鉱業を手伝い、二一歳で独立して炭鉱経営に着手した[16]。大戦ブーム期には、筑豊で式部炭鉱、昇龍炭鉱、などを経営し、この利益を元に東京で会社設立を企てるが失敗した。その後、炭鉱経営に再び戻った橋上が経営した佐賀県の保立炭鉱は失敗するものの、一九二一年に買収した筑豊の上山鉱区の開鑿は成功を収め、中小炭鉱層のなかでも大きな炭鉱となった。この上山炭の品位は、発熱量が七二〇〇カロリーあり、鉄道用炭として名声を博していたため、これが橋上の炭鉱経営の成功の大きな要因となった。こうした炭鉱開鑿に成功した橋上は、一九三二年橋上鉱業（後に日本炭業と改称）を設立した。

一九〇三年に筑豊で生まれた野上辰之助は、一九一七年に中島徳松の所有する炭鉱などで採炭夫として働いた後、一九二一年に義兄楠林徳次郎が経営する鴻ノ巣炭鉱で働き、長礼炭鉱の斤先経営などを行った[17]。一九二二年に野上は、野上鉱業を設立し、二七年に合資会社、三二年に株式会社へ組織替えをした[18]。一九二〇年代前半の野上は、多くの炭鉱の斤先経営をしていたと考えられるが、一九二七年に中山田三坑を買収して、山田炭鉱と名づけ、鉱業権を有する炭鉱経営者となった[19]。

安部又市によって一九二八年に開坑された安部炭鉱を三〇年に買収した野上は、さらに一九三三年に筑紫炭鉱の経営をはじめた[20]。また、一九三〇年代前半には豊州炭鉱の経営にも着手していた。こうした複数の炭鉱を所有した野上は、筑豊の各鉱で勤務する技術者、労務担当者を引き抜いて、組織的基盤を築いた[21]。技術者では、熊本高等工業学校を卒業して三菱鉱業所の技術職に二〇年間勤めた黒崎正之助を一九三五年に野上鉱業に招き、三井田川鉱業所で坑内係、技手などを通して蔵内鉱業の鉱務課に勤務した花田卯三を三六年に野上鉱業所天道炭鉱の所長として招いた。また労務担当者では、鈴木商店の警務係、九州産業鉄道の労務課長などの職にあった中野蔵を一九三六年に筑紫炭鉱の労務課長として、蔵内鉱業の労務係を経て小炭鉱の労務係長の職にあった大久保久を筑紫炭鉱の労務主任として入職させた。

田篭寅蔵は、一八八一年筑豊の大隈町で生まれ農業に従事していた[22]。田篭は一九二四年に大隈町で日ノ炭鉱の経営に着手し、その後二六年に木城炭鉱を買収して玄王炭鉱と改め、同年に資本金三五〇万円の田籠鉱業株式会社を設立した[23]。一九二九年に久恒鉱業が経営していた大定炭鉱を買収するとともに、三五年に昭嘉炭鉱を開鉱した。

一九三六年に中小炭鉱の上位に位置した藤井伊蔵と金丸勘吉に関してみてみたい。藤井は、一五歳で大分県日田町の材木商見習をはじめ、その後筑豊に移り坑木商となった。一九二六年に鞍手郡小竹町鴻ノ巣で鉱区の試掘に着手し、その後藤井鉱業を設立した[24]。金丸については詳しく分からないが、高谷、海老津、大隈炭鉱の経営に関与し、一九三四年に鞍手炭鉱を開坑するとともに、これら炭鉱を統合して金丸鉱業（株）を設立した[25]。なお、藤井、金丸の両者は後述する互助会の活動の中心的人物であった。

(2)　送炭量

これら主要な中小炭鉱経営者の送炭量を表7-11を通して確認したい。玄王炭鉱の送炭量は一九二六年に田籠が鉱業権者となってから大きく伸びている。同様に、野上が一九二七年に山田炭鉱を経営してから同鉱の送炭量は増大している。一九二〇年代前半に送炭が伸びた鎮西炭鉱を除けば、一九二〇年代後半に多くの炭鉱において、一〇〇パーセントを上回るほどの対前年変化率の増加した年がある。これら炭鉱の対前年変化率は、一瞥しただけでも先にみた主要中小炭鉱の一九二〇年代後半の変化率よりも高い場合が多い（表7-5）。

ところで、一九二〇年代後半は、特別賦課金制度の導入によって連合会のカルテル活動が改編され、一九二〇年代前半よりも大炭鉱の送炭の伸びが小さくなった（第2章）。ここで山田炭鉱から一九二九年に筑豊組合に提出された

表 7-11　1920年代後半の主要中小炭鉱の送炭量・対前年変化率・シェア

	炭鉱名	主要鉱業権者	1922 年	1923 年	1924 年	1925 年	1926 年	1927 年	1928 年	1929 年
送炭量（トン）	上山	橋上保	2,703	204	2,124	9,951	20,365	37,056	43,344	38,388
	玄王	田籠寅蔵	5,966	5,696	7,515	7,205	24,745	24,658	16,813	11,281
	山田	野上鉱業				2,833	45,857	83,464	83,033	131,330
	鎮西	友枝鉱業、坂木忠雄	20,401	34,702	48,145	48,892	52,802	49,896	50,090	50,580
	大和	小畠治平	8,933	5,961	12,135	14,212	24,605	37,144	35,073	29,502
	楠橋	小林勇平				4,039	31,626	38,423	38,467	38,478
	新緑	平野嘉平						6,469	24,928	13,635
	小竹	八隈清太郎	6,273	18,433	20,824	14,828	14,188	31,022	23,221	23,644
送炭量の対前年変化率（%）	上山	橋上保		−92.5	941.2	368.5	104.7	82.0	17.0	−11.4
	玄王	田籠寅蔵		−4.5	31.9	−4.1	243.4	−0.4	−31.8	−32.9
	山田	野上鉱業					1518.7	82.0	−0.5	58.2
	鎮西	友枝鉱業、坂木忠雄		70.1	38.7	1.6	8.0	−5.5	0.4	1.0
	大和	小畠治平		−33.3	103.6	17.1	73.1	51.0	−5.6	−15.9
	楠橋	小林勇平					683.0	21.5	0.1	0.0
	新緑	平野嘉平							285.3	−45.3
	小竹	八隈清太郎		193.8	13.0	−28.8	−4.3	118.6	−25.1	1.8
送炭シェア（%）	上山	橋上保	0.03	0.00	0.02	0.09	0.17	0.31	0.37	0.33
	玄王	田籠寅蔵	0.06	0.05	0.07	0.06	0.21	0.20	0.14	0.10
	山田	野上鉱業				0.02	0.39	0.69	0.71	1.12
	鎮西	友枝鉱業、坂木忠雄	0.20	0.33	0.43	0.42	0.45	0.41	0.43	0.43
	大和	小畠治平	0.09	0.06	0.11	0.12	0.21	0.31	0.30	0.25
	楠橋	小林勇平				0.03	0.27	0.32	0.33	0.33
	新緑	平野嘉平						0.05	0.21	0.12
	小竹	八隈清太郎	0.06	0.18	0.19	0.13	0.12	0.26	0.20	0.20

出所）図 7-1 に同じ。
注）図 7-1 に同じ。

史料1をみてみたい(26)。

【史料1】

本年度送炭調節高御照会相成候処、昨年実送ノ量八六八三七屯ニ対シ、当坑ニ於テ貯炭壱万参千屯有之為、尚各炭坑ニ於テモ非常ナル送炭超過ノ由、各炭坑ハ販路ヲ有スル為超過シ、当坑ハ貯炭シ若シムガ如キ、調節ノ主旨ニ反スルガ様考ヘラル、斯ノ如キ苦況ニアル当坑ニ昨年実送炭数量ヲ基礎トシテ本年度送炭調節決定相成候テハ、当坑ニ於テ甚ダ迷惑千万ノ至リニ御座候、左記ノ通送炭予定高月割高表相添ヘ候條、前期事情御諒察ノ上次回調節委員会ニ附議ノ上御回報煩度御願申上候

史料1において、山田炭鉱は一九二八年の送炭量を八万六八三七トンと述べているが、この数量は表7-11の八万三〇三三トンに近い。山田炭鉱が添付した「送炭予定高月割高表」には本坑と二坑を合わせて一七万五〇〇トンが申告されているが、この数量は表7-11に示された一九二九年の数量よりも四〇〇〇トンの誤差があるものの、申告した数値に近い。山田炭鉱が送炭制限について問題としているのは、販路をもつ炭鉱がカルテル活動を通して合意した送炭制限量を超過していることと、前年の実送量を基礎として調節量が決定されている点である。したがって、「昨年実送炭数量」に一万トン以上ある貯炭量を加えた数量を基礎として、送炭制限量（調節量）を決めるように山田炭鉱は求めている。とりわけ、一九二〇年代後半に経営規模を拡大する中小炭鉱にとって、こうした増送が筑豊組合によって認められないことは、経営拡大の足枷となる側面があった。

第6節　昭和恐慌期の筑豊中小炭鉱

(1)　炭価低落と互助会の設立

一九二九年七月にトン当たり一六・八三円であった門司一種炭価は、三〇年二月に一六・七三円とわずかに下落していたが、株式・商品市場が暴落した三〇年三月に一六・二四円となった炭価は、三〇年四月に一五・七四円と大幅に低落した。(27) 炭価の急落は続き、一九三〇年八月に一三・七八円となり、この後緩やかに上がるものの、三一年四月に一三・二八円、三一年九月に一二・七九円となった。だが、一九三一年九月から三二年九月まで門司一種炭価の変動は〇・二円程度に落ち着き、三二年九月から炭価は伸びはじめる。ここでは、炭価が急落して回復する一九三〇年三月から三二年九月までを石炭鉱業における昭和恐慌期として捉え、この期間の筑豊カルテルの動向について検討したい。

表7-12　昭和恐慌期の主要大炭鉱の送炭シェア

(%)

企業名	送炭シェア		
	1930年	1931年	1931-30年
三菱	14.3	14.7	0.4
三井	13.0	13.1	0.0
貝島	12.9	11.9	−1.0
明治	10.1	9.6	−0.4
麻生	7.5	7.4	−0.2
蔵内	5.3	5.1	−0.2
飯塚	4.8	4.4	−0.4
大正	4.6	4.2	−0.5
住友	3.8	3.7	−0.1
古河	3.3	3.0	−0.4

出所）図7-1に同じ。
注）図7-1に同じ。

表7-12によって一九三〇〜三一年の主要炭鉱の送炭シェアの変化をみれば、三菱は〇・四パーセントの伸びを示しているが、一九二九年に譲渡された飯塚炭鉱（飯塚鉱業）が〇・四パーセント下がっているため、三井、住友と同様に三菱のシェアはほとんど変化していない。主要大炭鉱のうち貝島のシェアが最も下がり、大正のシェアの低下も比較的大きいが、順位構造を変えるほどの大きな変化はない。

一九三〇～三一年には、大炭鉱間の送炭シェアに大きな動きはみられなかったが、価格面での変化がみられた。炭価低落期において消費者が「生産品ノ安値ハ、石炭代ヲ高ク払フ許サズ、確実ナル商内ニシテ契約ヲ無視シ値下ヲ要求」(28)し、「買手ノ負担力減少シ、値下ゲノ要望熾烈」な状態となり(29)、大炭鉱の販売部門ないしは系列商社の値下げが行われた。とりわけ、三井物産は、三菱が「大夕張粉ノ瓦斯方面ヘノ進出焦慮、中国方面ノ商売ヘ安値ノ急先鋒感アル」と報告し(30)、三菱は大夕張に大資本を投下したため、東京瓦斯に対して「三円ノ値引ヲ以テ五萬噸ヲ売約」をしたと支店長会議において述べている(31)。さらに、住友が「九州物ハ安値競争ヲナシ、炭価ヲ毒スル事少ナカラズ」と報告されている(32)。また、三井物産の支店長会議では、「同業者間ノ不当競争ハ、是非避クル様致度モノナリ」との発言がみられる(33)。このように昭和恐慌期に端を発した物価低落は、三井物産に価格競争の危惧をもたらしており、少なくとも、連合会が目的に掲げた「炭価の安定」は大きく動揺していた(34)。

また、一九三一年の三井物産支店長会議では、「出炭制限ヲ計画進言セルハ、時機ヲ得タルモノト信ズルモ、何分利害異レル坑手間ニ意見ノ一致ヲ見ル迄ニハ五ヶ月、八ヶ月ノ長時日ヲ要スル為メ、（中略）炭価低落ノ後ニ制限ガ実施セラル」との発言があった(35)。

ところで、前掲表7-6によれば、一九三〇年の筑豊中小炭鉱の送炭量の対前年変化率は、大幅に下がっているものの、三一年にはプラスに変り、三二年に大きく伸びている。他方で、筑豊大炭鉱の送炭量減少率は、一九三〇年に中小炭鉱よりも低いものの、三一年に大きく上がり、三二年の増加率も中小炭鉱よりも低い。

こうした筑豊中小炭鉱の送炭量のあり方に大きな影響を与えたのは、中小炭鉱が一九三〇年に結成した互助会の活動であった。筑豊の中小炭鉱経営者は、大炭鉱よりも不利な条件にある鉄道省納炭の改善を求め、政府に陳情書を提出する活動をしていた(36)。これらの活動を通して、一九三〇年の春に上嘉穂鉱業会が設立された。上嘉穂鉱業会には、前述した野上辰之助が会長、副会長には橋上保が就任し、田籠寅蔵、谷口源吉、小畠治平、明石友介、宮崎政雄などの九名の経営者が参加した。さらに、野上と橋上は、金丸勘吉、藤井伊蔵の協力を得て、北九州の中小炭鉱経営者の参加を促した。こうして金丸を会長、野上を副会長、幹事長を橋上として、一九三〇年九月に互助会が設立された。

一九三三年二月に互助会が筑豊組合から分離独立するまで[37]、互助会は筑豊組合を通して連合会の送炭制限に積極的に関与していった。結論を先取りすれば、昭和恐慌期に互助会は、送炭制限を強化して炭価を引き上げることを活動の目的とし、さらに大炭鉱の送炭量を減らして中小炭鉱の送炭量を増やす戦略をとった。重要な点は、互助会が筑豊組合ないしは連合会から合意を得てこれらの目的を実現させようとしたことである。したがって、昭和恐慌期の互助会は、カルテル活動から逸脱して独自な行動をとっていたわけではない。以下では、年次別の互助会のカルテル活動についてみてみたい。

(2)　一九三〇年

一九二九年一一月に決定した三〇年の筑豊調節量は一〇六二万トンであったものの、①三〇年の三月に五月からの平均月割送炭量に五パーセントの制限率が課されることが決まり、②さらに三〇年一〇月に一一月と一二月の送炭制限率が二二パーセントに高められ、三〇年の筑豊調節量は九八九万トンとなった[38]。互助会は筑豊組合を通して②に大きな影響を与えた。

一九三〇年七月に嘉穂郡の一部の小炭鉱が筑豊組合の常議員の久恒貞雄を通して、組合に鉄道運賃の補助を求めていたが、「一部ノ炭坑ニ組合費ヲ以テ援助スルガ如キハ不合理」であるという理由で拒絶された[39]。こうした中小炭鉱の要求に対して、中小炭鉱経営者からも常議員を選出して「意思ノ疎通ヲ計ル」ことが必要だとの意見もこの時でていた[40]。

これに対して、互助会の代表者（金丸、野上、橋上、藤井）が「十月ヨリ年末迄、又六年度モ共ニ相当思ヒ切ツタル調節（強化）」の要求については、一九三〇年九月の筑豊組合常議員会において「賛同」を得られた[41]。互助会のこの要求は、「欠損をみながらも猶納炭を敢えてしなければならなかった」中小炭鉱の経営危機を打開するためのものであった[42]。この制限率を上げる要求は、互助会代表者と吉田一郎総長代理、久恒貞雄、田中組合幹事とが「再三折衝」をした結果提出されたものであり、互助会は、炭価下落期に送炭制限率強化を求め、「二割五分見当」の制限率強化を要求した。互助会の制限率拡大案は、一九三〇年九月末に開催される連合会の理事会に筑豊の意見として提出され、互助会の代表者もその場で説明するために東京へ行った。一九三〇年一〇月に一一月と一二月の送炭制限率が二二パーセントに高められることが筑豊組合の臨時総会で決議されたため、互助会のこの主張は連合会理事会においても認められた。

一九三〇年一〇月の臨時常議員会では、三一年に不況が回復しない場合は、「更ニ調節率ノ拡大」を連合会に要求することが決まり[43]、麻生、貝島、安川（明治鉱業）、久恒、吉田一郎（三菱鉱業）、富田太郎（三井鉱山）の「尽力ヲ乞フ」こととなった。このなかには、筑豊の主要な大炭鉱の住友、大正、古河の名前がない。大正に関しては、一九三〇年一一月と一二月の調節率の強化と三一年の調節に関して、「坑所貯炭五十万噸ハ送炭シ得ル」ことからなる「修正」案を筑豊組合に提出している[44]。大正の要求についての諾否は分からないが、三井、三菱などの主要大炭鉱の送炭制限強化の方針が主流になったと思われ、一九三〇年一〇月の筑豊組合臨時総会では、三一年の一〜五月が二二パーセント、六月〜一二月が二〇パーセントの制限率と決まった[45]。

なお、送炭制限の実行に関しては筑豊組合では、送炭調節委員に一任されたが一九三〇年一〇月には、互助会から七名がこの委員に加えられ、合わせて三一年も任期を引き継ぐこととされた[46]。

(3)　一九三一年

一九三〇年一〇月に八四二万トンと決まった三一年の筑豊調節量は、三一年三月に五月から一二月までさらに五パーセントの送炭制限率を課されたため、八一四万トンとなった[47]。

一九三一年の互助会の活動をみるため、同会が三〇年一〇月に筑豊組合臨時総会上で提出した建議案の内容を考察したい[48]。この建議案は、①全国を通して新坑予備数量として三〇万トンを定め、その二分の一を筑豊に割り当てること、②に互助会加盟炭鉱の実送量ではなく、調節基準量によって一九三〇年の送炭制限量を決めること、③に新坑割当量は互助会全体を一つとして計算すること、④に送炭制限に対する違反量として筑豊に限りトン当たり二円とするものであった。

①と③は新坑についての要求、④は特別賦課金に関するものだが、②については説明を要する。概略すれば、調節量はある期間の実送量×（一－制限率）で算出される。だが、互助会の加盟炭鉱は、調節量>実送量の状態、すなわち送炭制限量を満たない送炭しか行っていないため、実送量を制限基準量とするのではなく調節量を基準量とするように要求していた。「出炭制限といふも極く小規模に手堀りをやつている小炭鉱主は、全力を挙げて採掘するも制限額に達せざる為め、何等制限を受けざると同一」という認識があったように[49]、互助会は、調節量>実送量の状態を「自制的制限ノ実績」と主張していた。

①の互助会の主張は、一九三〇年一一月と一二月、三一年の送炭制限に新坑予備数量三〇万トンの増量を連合会が認め、その二分の一を筑豊に割り当てるというものである。恐らくは、一五万トンの増加分を中小炭鉱に割り当てることを互助会は目論んでいたと思われるが、詳細は定かではない。ただし、一九三一年に実送量と調節量の差七万一四九四トンと「西川方面特殊性」を加味した二万トンの増送が互助会加盟炭鉱に認められていたようである[50]。この経緯は不明だが、少なくとも互助会系炭鉱の調節量を超えた増送が筑豊組合において認められていた。

③に関してみると、一九三三年の送炭制限において互助会加盟炭鉱は「一団トシテ計算スル」という文言を付け加

えた。この要求は、送炭制限量の互助会内での調整を図るためであったものと思われる。

④に関してみれば、一九二六年からはじまった調節量を上回る超過量に対してトン当たり〇・五円の特別賦課金が課せられていたが、互助会はこれを二円に引き上げることを主張していた。この点に関しては、特別賦課金の増額によって送炭制限を厳密にすることと、史料1でみたように調節量を超過している炭鉱が多く存在していたという認識があったと思われる。ただし、二円への引き上げは、筑豊組合では認められず、一九三〇、三一年の賦課金額は〇・五円のままであった。この要求については、一九三一年五月に互助会を法人組織にするため、互助会が「鉱業ニ関係無キ者ヲ除外スル為ノ挨拶料」と組織変更に必要な資金三万円を筑豊組合に求めたが、互助会の要求する「一噸二円ノ特別賦課金」を「五十銭ニ変更セシムルコトヲ条件」にして交渉することになったので[51]、互助会側の妥協があったと思われる。

次に、一九三二年の送炭調節に関してみてみたい。一九三一年一〇月に三二年の送炭調節が協議される際、「之以上ノ拡大ハ経費上困難ナリ」との意見が三木（大正鉱業）、杉本、冨田（三井鉱山）から出され、連合会理事会出席の杉本組合総長に「五分位迄ノ拡大ハ之ヲ一任」するように決まった[52]。結局、一九三一年一一月に特別増量を含む三一年の調節量をもって三二年度の調節量とする「連合会原案ニ異論ナキ」ものと筑豊組合常議員会で決まり、筑豊組合臨時総会において決議された[53]。

ところで、一九三一年には、「規模ノ大ナル新坑ノ出現ヲ防止センガ為」、例えば「年間五万トン」と定めてこれを超過する場合には賦課金を課すことや、新規炭鉱で過去三年に著しく送炭の増加した炭鉱を準新坑と定める方針を連合会は進めていた[54]。

これに対して、一九三一年一一月に新手、猪ノ鼻、大山、中津原炭鉱の三二年の調節量合計八万七一〇〇トン（三一年の調節量）に対して、五万二九〇〇トンの増量を求めていた[55]。これらの炭鉱は一九三〇年、三一年に開坑した新坑であり、新手が小林勇平（第8章参照）、猪ノ鼻が久恒貞雄、大山が西山六郎助、中津原が秋本近嘉の所有であった(56)。連合会では、一旦は筑豊内部において「都合シテ貰ヒタシ」とした。だが、新手、猪ノ鼻、大山、中津原炭鉱の実際の合計要求量は一七万六〇〇〇トンであった。北海道と常磐も合意した一九三二年の送炭制限を筑豊組合では遵守する方針であったため、「筑豊トシテハ到底内部纏ラサルベシ」との危惧から、これら四鉱に要求量の減量を交渉し、合意した調節量八万七一〇〇トンを超過した分については、筑豊組合の責任とすることとした。加えて、八万トンの増送要求をしていた平山炭鉱は、「員外扱トシテ処理」されることで増送を連合会から承認され、形式的には送炭制限から排除されたが、「精神ハ加入」し組合費を払うこととされた。

(4)　一九三二年

昭和恐慌期の炭価低落を増幅した撫順炭のダンピングが一九三二年六月に筑豊組合で問題とされた(57)。すなわち、満鉄の経営する撫順炭鉱は、生産費や運賃を考えれば原価割れの炭価で販売していたことが筑豊組合で問題とされた。互助会は、撫順炭移入阻止についての「運動費支出」を筑豊組合に求め、「毎月組合ヨリ補助」し、内金として三万円を交付することを同組合は決定した。

撫順炭のダンピングについて今一度みれば、「六、七年の撫順炭価格」は「内地に於て六、七円」であるのに対して「大連、奉天等では塊炭一三円、粉炭九円五十銭の高値で販売」されているとするものである(58)。このように判断した互助会は、一九三二年六月に代表が東京へ行き、連合会、拓務省、商工省、内務省に「撫順炭は現在内地市場にダンピングしているからこれを中止」し、「更に輸入数量を減少」することを陳情した(59)。この互助会の主張に対して、連合会は、「撫順炭は事実ダンピングして居る、現に昭和六年度満鉄の鉱山部の利益は一万六千円に過ぎず、撫順炭出炭高六百五十万トンに割当てればトン当たり二銭の利益に過ぎず、地売では遥か高値に売っているので、内地では原価無視で濫売していることは明かである」と言明した。他方、撫順炭鉱を経営する満鉄は、「一般消費者中には撫順炭の移入を歓迎する者（が）多」いことを挙げ、互助会の主張を退けようとした[60]。

そこで互助会は、新手炭鉱が六〇〇人中二〇〇人、海老津炭鉱が四〇〇人中一〇〇人、木屋瀬炭鉱が二〇〇人中一〇〇人、岩崎・深坂炭鉱が七〇〇人中三五〇人の鉱夫を解雇することを発表し[61]、「社会問題」として撫順炭の移入を制限させようとした[62]。また、互助会は、「日当五十銭」を支払った鉱夫九〇〇人からなるデモ隊を組織して福岡県庁に押しかけ、同様の活動を東京でも行った。すなわち、鉱夫の失業危機という「社会問題」を取り上げ、「満鉄に対峙して政府当局を動かして政治運動化」させたのであった[63]。

この事態に対して満鉄は、撫順炭の国内移入の減量には応じた。だが、撫順炭鉱が出炭量の九パーセントに当たる六〇万トンの半分の三〇万トンを制限し、連合会が全国調節量二〇〇〇万トンから四〇〇万トンの中小炭鉱送炭量を差し引いた一六〇〇万トンの九パーセントに当たる一四四万トンの約半分の七〇万トンを減量する案については、満鉄は容認しなかった[64]。そこで、撫順炭と連合会の移入協定量一八五万トンに全国調節量二〇五〇万トンを加えた二二三五万トンから一〇〇万トンを制限することとなった。この一〇〇万トンを撫順炭鉱が八万四〇〇〇トン、大手炭鉱が七〇万トン、中小炭鉱が二〇万トン制限することとなり、中小炭鉱の二〇万トンを満鉄と大手炭鉱で折半して、撫順炭鉱が二〇万トン、大手炭鉱が八〇万トンを制限することになった。

こうして一九三二年七月に八一七万トンより三一万トンを差し引いた七八六万トンを筑豊の調節量とし、減量した三一万トンは「大手筋」（現行調節高一五万トン以上の炭鉱企業）の負担となった[65]。

第7節　結語

昭和恐慌期には、全国的な物価の下落に伴って炭価が低落した。さらにこの時期には、販売面において値下げ競争が生じた。とりわけ、一九三一年において三井物産は、三菱と住友の「安値」販売を指摘するとともに、消費者の値下要求にも言及していた。一九三〇〜三一年の大炭鉱の送炭シェアに目立った変化はなかったものの、少なくとも連合会の活動目的とされた「炭価の安定」は昭和恐慌期において大きく動揺していた。

こうした価格下落に敏感に反応したのは、大炭鉱ではなく中小炭鉱であった。筑豊中小炭鉱の同業者組織である互助会は、送炭制限の強化によって炭価下落に歯止めをかけようとした。一九三〇年九月の互助会の制限率引き上げ要求に対して、大炭鉱が大きな抵抗を示さなかったのは、炭価下落に伴う連合会の送炭制限活動の崩壊を大炭鉱の多くが危惧していたためだと思われる。

ただし、互助会がとった戦略は、送炭制限の強化のみならず、「自制的制限」という互助会の発言からも分かるように、大炭鉱の送炭を引き下げ、中小炭鉱の送炭量を増やすことであった。したがって、昭和恐慌期の互助会の行動は、連合会のカルテル活動下において、大炭鉱から筑豊中小送炭量の増送の合意を得ることであった。そして、この戦略が最も成功するのは、一九三二年の撫順炭問題に対するデモンストレーションを通した一連の行動の後であった。

こうした互助会の活動の前提としては、先行研究も示すように、一九二〇年代後半に新たに登場した有力経営者が存在したからである(66)。それは、一九二〇年代前半に減少した筑豊中小炭鉱のシェアが一九二〇年代後半に緩やかに伸びていたこととも一致する。しかし、野上鉱業の山田炭鉱の事例が示すように、一九二〇年代後半に大炭鉱のイニシアティブの下で制度変更された送炭制限は、送炭増加を求める中小炭鉱のフラストレーションを増やしていたと思われる。こうした一九二〇年代後半の中小炭鉱の経営拡大が互助会の戦略を形成していたといえよう。

今一度、昭和恐慌期における互助会のカルテル活動における行動をまとめれば、①送炭制限率を強化して炭価を上げることと、②大炭鉱の送炭量を減らして中小炭鉱の送炭量を増やすことである。①に関してみれば、互助会は商社と炭鉱販売会社（部門）の価格競争に対して送炭制限という生産面から価格下落に歯止めをかける役割を果たした。つまり、先行研究で指摘されている石炭カルテルの「動揺」を安定させる効果が互助会の活動にはあった。

他方で②は、中小炭鉱の利益を最優先させる行動であった。この戦略は「撫順炭阻止運動」において大きく成功した。ただし、「撫順炭移入阻止運動」において大炭鉱が常議員の多くを占める筑豊組合で活動費を互助会に供出したように、大炭鉱側にも互助会の活動に期待する側面があった。そして、重要なことは、昭和恐慌期の互助会は、連合会のアウトサイダーとなってカルテル活動から離脱する意図がなく、大炭鉱から中小炭鉱の送炭増加の合意を得ることであった(67)。この意味においても昭和恐慌期の中小炭鉱は、少なくともカルテルを崩壊させる方向には動いてはいない。互助会が筑豊組合を離れて独自の行動をとるようになるのは、日本経済が恐慌から脱出した炭価上昇期に入ってからである。

注

（1）清宮一郎『松本健次郎懐旧談』鱒書房、一九五二年、二一九～二二〇頁。
（2）丁［一九九一a］、丁［一九九一b］、新鞍［二〇〇一］。
（3）松尾［一九八五b］二四九頁。
（4）分析手法は、宮本［一九九九］を参照。
（5）佐藤豊『西部炭鉱名士選集』西部炭鉱名士選集刊行会、一九三六年、一三～一四頁。
（6）一九三三年からは、筑豊組合の「会員」と「非会員」の区分がなされるため、「会員」を大炭鉱とみなした。一九三二年までは、大炭鉱は、三菱（飯塚含む）、三井、古河、帝国炭業、大正、住友、蔵内、嘉穂鉱業、貝島、明治、麻生、九州鉱業、平山鉱業（明治系）の送炭量の合計で計算した。なお、一九三三年以降の「会員」とこれら企業とには連続性がある。
（7）三好・大君鉱業の経営動向については、第9章。

(8) 農商務（商工）省鉱山局『本邦鉱業ノ趨勢』一九二五年、二六五頁。
(9) 前掲『本邦鉱業ノ趨勢』一九二一年、二七八～二七九頁。
(10) 大隈鉱業株式会社『第五期営業報告書』一九二三年一二月～一九二四年五月。
(11) なお、この貸付金の使途については『営業報告書』からは判断がつかない。
(12) 御徳炭鉱株式会社『第十五回事業報告書』一九二六年七月～一九二七年一二月。なお、御徳炭鉱の自己資本比率は、一九二三年下期に七〇・七パーセントであったが、二四年下期に八二・三パーセントとなり、閉鎖を決定した二六年下期にも八二・二パーセントであった。
(13) 商工省鉱山局『本邦重要鉱山要覧』一九二五・二六年、七八六頁。
(14) 新鞍［二〇〇一］。
(15) 前掲『西部炭田名士選集』四〇九～四一三頁。
(16) 前掲『西部炭田名士選集』五七～五八頁。なお、以後、断りのない限り鉱区、炭鉱の買収、所有権の移転などの記述は、福岡・大阪・東京・仙台・札幌鉱務署（鉱山監督局）『管内鉱区一覧』各年による。
(17) 『中島徳松翁伝』(下)、復刻：九州大学石炭研究資料センター『石炭研究資料叢書』第七輯、一九八六年、一一八～一一九頁。なお斤先、請負掘りについては、石村［一九六一］を参照。
(18) 前掲『西部炭田名士選集』二七九頁。
(19) 筑豊石炭鉱業組合『筑豊石炭鉱業組合統計表』一九二七年上期。この山田炭鉱は、帝国炭業の所有する中山田鉱区の一部であったと思われる。また、『沿線炭鉱要覧』によれば、山田炭鉱は眞鍋直行、村本末蔵の経営を経て野上鉱業の経営となったとされているが、この詳細については分からない（門司鉄道局運輸課『沿線炭鉱要覧』一九二八年）。なお、同資料七六頁に帝国炭業が採掘権利者とされている「山田炭鉱」が記載されているが、これは中山田炭鉱の誤記であろう。
(20) 門司鉄道局運輸課『沿線炭鉱要覧』一九三二年、八一頁。
(21) 前掲『西部炭田名士選集』四七～四八、一二一～一二二、二五五～二五六、三〇九頁。
(22) 前掲『西部炭田名士選集』二〇五頁。
(23) 前掲『筑豊石炭鉱業組合統計表』一九二六年上期。『石炭鉱業互助会読本』日本出版配給会社、一九四一年、一四九頁。

(24) 前掲『西部炭田名士選集』三五二頁

(25) 前掲『石炭鉱業互助会読本』一五六～一五七頁。「故金丸会長葬儀」石炭鉱業互助会「石炭鉱業互助会報」第二巻第一号、一九三八年。勘吉の養子金丸熊太郎は、金丸鉱業を引き継いだ。

(26) 筑豊石炭鉱業組合「常議員会決議録」(直方市石炭記念館所蔵)、一九二九年一月～一九三〇年一二月、九一頁。

(27) 前掲『本邦鉱業ノ趨勢』各年。九州門司二種炭、三種炭の動きも一種炭にほぼ等しい。

(28) 『三井物産支店長会議録16　昭和六年』、復刻：三井文庫監修『旧三井物産支店長会議議事録　第三期』丸善株式会社、二〇〇五年、二五六頁。なお、本章で以後使用する『会議録』は丸善復刻版を使用。

(29) 前掲『三井物産支店長会議録16』九五頁。

(30) 三井物産株式会社『業務総誌』(東京大学経済学部所蔵)、昭和六年下半期、一〇六頁。なお、三井物産によれば、一九三〇年に三菱、貝島が安値攻勢をかけたと報告されているが(荻野［一九九八］)、こうした価格面での値下げ競争はこの資料にみられるように一九三一年下期にも続いていた。

(31) 前掲『三井物産支店長会議録16』二五七頁。

(32) 前掲『三井物産支店長会議録16』一〇八頁。

(33) 前掲『三井物産支店長会議録16』二五八頁。

(34) 昭和恐慌期には、炭価下落が物価要因なのか競争要因なのかカルテルのメンバーには見分けがつかないため、他のメンバーに裏切りの危惧を抱くことになろう。

(35) 前掲『三井物産支店長会議録16』二五一頁。

(36) 前掲『石炭鉱業互助会読本』八一～八二頁。

(37) 筑豊石炭鉱業会『筑豊石炭鉱業会五十年史』一九三五年、七八頁。なお、一九三三年に筑豊石炭鉱業組合は、筑豊石炭鉱業会と組織替えするが、ここでは筑豊石炭鉱業組合(筑豊組合)に統一して表記する。

(38) 筑豊石炭鉱業組合「総会決議録」復刻：西日本文化協会『筑豊石炭鉱業組合』一九八七年、『福岡県史』近代史料編(1)、二七〇頁。同資料は、以後『福岡県史』(1)と略す。

(39) 前掲「常議員会決議録」一九二九年一月～一九三〇年一二月、五二一～五二三頁。

(40) 筑豊組合の意思決定は、基本的には、常議員会での議案が組合総会で採決されることで決まる。送炭制限についても、常議員会の代表が連合会の会議に参加していたため、常議員の意思が反映されやすかったと思われる。この常議員は、第2章でみたように基本的には大炭鉱の代表から構成されていた。
(41) 前掲「常議員会決議録」一九二九年一月～一九三〇年一二月、五二九～五三〇頁。
(42) 前掲『石炭鉱業互助会読本』八二頁。具体的には、トン当たり生産コスト五・四〇円に運賃を加えれば、八幡製鉄所の四・八〇円のトン当たり納炭価格では欠損が生じていた。
(43) 前掲「常議員会決議録」一九二九年一月～一九三〇年一二月、五三七頁。
(44) 前掲「常議員会決議録」一九二九年一月～一九三〇年一二月、五四三～五四四頁。
(45) 前掲「総会決議録」前掲『福岡県史』(1)、二六九頁。
(46) 前掲「総会決議録」前掲『福岡県史』(1)、二七〇頁。
(47) 前掲「総会決議録」前掲『福岡県史』(1)、二七〇頁。
(48) 前掲「総会決議録」前掲『福岡県史』(1)、二六九頁。
(49) 「採炭制限撤廃提唱」『大阪時事新報』一九二二年一〇月二五日。
(50) 筑豊石炭鉱業組合「常議員会決議録」(直方市石炭記念館所蔵)、一九三一年一月～一九三二年一二月、三〇一頁。なお、これに関しては一九三二年一〇月の筑豊組合常議員会において、特別賦課金を「互助会並ニ組合ニ於テ如何ニ処置スルカ研究スルコト」とされた。
(51) 前掲「常議員会決議録」一九三一年一月～一九三二年一二月、六五～六六頁。
(52) 前掲「常議員会決議録」一九三一年一月～一九三二年一二月、一四一頁。
(53) 前掲「常議員会決議録」一九三一年一月～一九三二年一二月、一六三頁。前掲「総会決議録」前掲『福岡県史』(1)、二七八頁。
(54) 前掲「常議員会決議録」一九三一年一月～一九三二年一二月、六四～六五頁。
(55) 前掲「常議員会決議録」一九三一年一月～一九三二年一二月、一六五～一六七頁。なお、一九三二年九月の筑豊組合常会において、三好の高松新坑が三二年に一四万五〇〇〇トンの増送要求をしていたが、さらに二万トンの送炭増加の要求をしていた。この要求に対して筑豊組合では連合会の了解を得ることが困難との意見が大多数となり野上辰之助を通して、三好と交渉することになった（前掲「常議員会決議録」一九三一年一月～一九三二年一二月、二九三頁）。

(56) 前掲『沿線炭鉱要覧』一九三二年、一八、六一、八五、一〇一頁。

(57) 前掲「常議員会決議録」一九三一年一月～一九三二年一二月、二六二～二六四頁。互助会は、一九三〇年の撫順炭の制限率を「五割減」に要望していたが、連合会と満鉄の交渉の結果「二割二歩」となった（前掲『石炭鉱業互助会読本』八三頁）。

(58) 前掲『石炭鉱業互助会読本』八二頁。

(59) 『報知新聞』一九三二年六月二一日。

(60) 『満州日報』一九三二年六月二五日。

(61) 前掲『筑豊石炭鉱業史年表』三六四頁。

(62) 原田種夫『武内禮蔵翁傳』武内禮蔵翁傳刊行委員会、一九八一年、一二五頁。

(63) 前掲『石炭鉱業互助会読本』八二頁。

(64) 前掲「常議員会決議録」一九三一年一月～一九三二年一二月、二七六～二七七頁。

(65) この時に筑豊組合常議員を務めてきた三好を大手筋とすることに互助会からの留保希望がでた。なお、互助会の結成については、「いつまでたっても岩崎炭鉱が入らないので、中小のなかでも岩崎炭鉱と並んで大手の久恒、三好なども加入しない」という側面があった（杉尾政博『石炭一代　木曽重義』西日本新聞社、一九七九年、三九頁）。

(66) 丁振聲［一九九一ａ］。

(67) この点について展望を示しておく。この合意が得られなければ、互助会は連合会から脱退する選択がある。だが、昭和恐慌期に送炭制限の強化を目指す互助会が連合会から離脱すれば、炭価形成に関与できず、炭価下落に直面する恐れがある。他方で、送炭制限が強化されれば、同時に中小炭鉱の送炭量が減る。したがって、互助会は、送炭制限を強化した上で、撫順炭移入阻止運動などのデモンストレーションによる圧力集団的行動をし、カルテルの枠組みのなかで送炭増加の合意を得ようとしていた。本章の冒頭に示された中小炭鉱経営者の暴力的・直情的な行動は、彼らのもつ本来の気質に基づいていたこともあろうが、カルテルを巡る戦略的な側面もあった。

第8章　一九三〇年代前半の筑豊中小炭鉱

第1節　課題

石炭鉱業では、一九三二年一〇月から昭和恐慌によって低落していた炭価が上がりはじめ、三三年から炭価が本格的に上昇した。ここでは、高橋財政下の日本の景気回復期における筑豊中小炭鉱の動向を小林鉱業所の事例を通して検討してみたい。

第7章でみたように、昭和恐慌の影響を経た一九三〇年代前半に筑豊中小炭鉱の送炭量が伸び、中小炭鉱の送炭シェアも上がった。こうしたなかで出炭を伸ばす炭鉱が存在した。ここで詳しくみる炭鉱経営者小林勇平は、一九二二年には筑豊中小炭鉱の上位三〇位にはランキングされてはいなかったが、二九年には一三位、三六年には七位の出炭規模となった（第7章表7-4）。先行研究においては、こうした中小炭鉱の個別経営の動向が知られていない。ここでは小林の炭鉱経営の動向を追い、さらには一九三〇年代前半に経営された新手炭鉱（以下、新手と略す）の経営拡大要因について考察する。

本章の構成は、第2節で新手経営に至るまでの小林の活動を追い、第3節で一九三〇年代前半の新手の市場・販路面の動向をみて、第4節で生産面の動向をみる。第5節では、小林鉱業所の経営規模拡大要因がまとめられる。

第2節　小林勇平の炭鉱経営

小林勇平は一八七四年に福岡県遠賀郡に生まれ、遠賀川で石炭廻送をする河運業夫や鉱夫として坑内採炭労働などに従事した後に、一九一二年に佐藤鉱業所へ入職した(1)。佐藤鉱業所は、北九州若松の石炭商佐藤慶太郎によって経営され、同社の中心的事業であった高江炭鉱の経営とともに、斤先採炭を盛んに手がけていた。ここで小林は、納屋頭として納屋経営に従事し(2)、姪浜鉱業姪浜炭鉱の坑長に抜擢され、一九一八年から宮ノ下炭鉱の坑長となり、さらに一九年から第二宮ノ下炭鉱の開鑿を指揮した。

小林は、一九二〇～二三年に帝国炭業（以下、帝炭と略す）猪位金炭鉱第三坑、一九二二～二三年に帝炭木屋瀬炭鉱のうち宮ノ下坑、宮ノ下第二坑、第三坑、椎森坑の斤先経営に従事した。木屋瀬炭鉱は一九一九年一月に橋本喜蔵から鈴木商店に譲渡され、帝炭の設立とともに同年五月から同社へ事業が引き継がれ(3)、猪位金炭鉱は一九二〇年に福岡鉱業から帝炭へ譲渡されていた。小林は、帝炭所有前の宮ノ下炭鉱の経営に関与したため、同鉱の斤先経営を帝炭から任されたものと思われる。

小林鉱業所と帝炭との請負・斤先契約では、帝炭が鉱区と採炭に必要な機械を小林に貸与し、小林鉱業所が帝炭に斤先・請負金を支払い、原則としては出炭した石炭を全て帝炭に納入することになっていた。木屋瀬鉱業所宮ノ下坑の「石炭採掘請負契約書」では、帝炭から採炭に必要な鉱区、設備が小林に貸与されるものとされた(4)。この他に宮ノ下炭鉱の斤先契約では、「公私傷病ノ治療ニ就テハ乙（小林）ヨリ相当ノ科金ヲ支払ヒ甲（帝炭）ノ経営スル医局ニテ治療ヲナサシムルコト」とされた。また、木屋瀬炭鉱椎森坑の請負・斤先契約では、「毎月排水設備及ビ排水費ハ全部帝炭負担ノコト」とされた(5)。

他方で帝炭は、小林が宮ノ下坑で「採炭セシ石炭ノ全部ヲ甲（帝炭）ニ提供スルモノト」とし、「自由販売ヲ許ストキハ別ニ約定ス」とした。小林が帝炭に支払う斤先・請負金についてみてみよう。これは、宮ノ下炭鉱の契約において「請負賃金ハ精選炭一噸ニ付金〇円〇（〇は空欄でかつ数値不明）」とされたように、帝炭が小林の販売炭量に対してトン当たりに付き一定額の「請負金」を課すものであった。この「請負金」額は、「炭状ノ状態ニ依リテ甲（帝炭）ニ於テ変更スル事アルモ乙（小林）ハ意義ナキモノト」とされ、「請負賃金」は「甲（帝炭）ニ受渡シタル数量ニ依リ毎月十日廿日月末ノ三回ニ支払ス」とされた。

こうした契約内容に対して、実際の請負・斤先経営について猪位金炭鉱の事例を検討してみよう。はじめに、猪位金炭鉱の採炭状況をみておこう(6)。同鉱は、片磐と片磐との距離が三〇間であり、片磐の上部と下部にそれぞれ四間の保護炭柱を設け、その残りの二八間を採炭していた。採炭は六尺のうち炭層全部を総払い、ないしは下部三尺のみを総払いしていた。採炭方法は六尺の炭層の中央より少し上の部分を鶴嘴で透掘りした後に発破し、残りの部分は鶴嘴で掘り崩していた。採炭作業は「採炭上何等支障ナク順調ニ事業経営シツツ」あったが、「片磐モ長ク発展スルヲ以テ通気設備即千風機ノ設置ヲ必要」としていた。また、猪位金炭鉱には、一九二二年五月に男性二一七人、女性一二五人、総計三四二人の鉱夫が在籍していた。

猪位金炭鉱の斤先掘りについての小林と帝炭との契約内容は明らかにできないが、少なくとも一九二三年上半期までは、帝炭が採炭に必要な機械を小林に貸与し、小林が採掘された石炭のほとんどを帝炭に納入することになっていた(7)。帝炭の猪位金への機械の貸与では、例えば、「梅雨期ノ準備ニ取リ掛リ申シ候処、排水唧筒壱台不足ノ為時節折如何致サシカ」と悩んだ小林が、帝炭に「借用」を求めたり、一九二三年四月に「捲揚機機械壱台」を帝炭から借りたりしていた。こうした採炭に必要な機械を小林に貸与した帝炭は、小林に大里精糖、九州製糸、九州電気軌動、内国通運（新潟）などへ猪位金炭の見本を送るように指示していた。しかし、小林が各所に送った見本炭のほとんどは、帝炭が小林に「選炭不良硬炭も中々多く、且つ塊炭中ニ微粉多量ニシテ、粉炭中にも硬炭多々有之」という書簡を送るようなものであった。このような粗悪炭を送り続ける小林に対して帝炭は、「近頃炭質選炭共不良の為、少数品位底（低）下の傾向有之時にチクラをも見受けられ候。（中略）此際品位の改善に努力致し度精々御留意願度」とした文書を送付していた。

こうした帝炭の要求に対して小林は、「貨車払底不通」によって「止ム得ズ貯炭ト」なってしまったため、「精炭」をしているものの、品質が低下していることを理由に挙げていた。しかし、猪位金炭鉱が粗悪炭を産出し続けた結果、「帝炭ヨリハマルデ炭代ヲ支払ヒ呉レズ」と小林が述べるように、両者に軋轢が生じてきた[8]。そのため、小林は、帝炭の経営傘下から離脱しようとした。このことは、帝炭から毎日の出炭報告を義務付けられていた小林が、史料1の帝国炭業販売課から猪位金炭鉱宛の書簡にみられるように、帝炭の指示を遵守しなかったことからも判断できる。

【史料1】

送炭報告、葉書郵便致置候間、御査収被下度候。従来此報告ハ遅延、脱漏、記入落、誤記、不明、記事欄ノ報告事故等、其不備ノ点多甚遺憾ニ存居候。（中略）迅速、予知、正確ノ三個ノ要点ニシテ、速ニ其ノ日ノ出炭状況ヲ知リ得事ニ候。数量ノ増減変化ヲ生ズルガ如キ事故発生スル場合ハ、是ヲ予メシラシムル事ニテ（中略）、当方ノ予定ヲ裏切ルガ如キナキ様御注意被下度候

こうした結果、表8-1に示されているように、猪位金炭鉱は、一九二三年一一月から帝炭への送炭がなくなり、三好商事会社、宇島石炭合名会社などをはじめとした石炭商（三好商事は三好鉱業の自社販売会社）とともに、山下汽船、富士紡績などへ直接販売することになった。また、小林鉱業所は、「若松出張所」として自社販売所を設けてい

表 8-1　猪位金炭鉱の石炭販売先

販売先名	1923 年 8 月～10 月		1923 年 11 月～1924 年 5 月		合計	
	送炭量（トン）	割合（%）	送炭量（トン）	割合（%）	送炭量（トン）	割合（%）
若松帝炭	1,056	77.5			1,056	12.1
三好商事会社			1,681	22.7	1,681	19.2
(小林鉱業所)若松出張所			838	11.3	838	9.6
宇島石炭合名会社			798	10.8	798	9.1
小泉商店			776	10.5	776	8.9
中徳商店			492	6.7	492	5.6
大田商店	151	11.1	274	3.7	425	4.9
藤田商店			346	4.7	346	4.0
小畠治平	39	2.9	189	2.6	228	2.6
樋田石炭商店			225	3.0	225	2.6
松岡宇左松	116	8.5	67	0.9	183	2.1
若松須田商店			149	2.0	149	1.7
山下汽船㈱			147	2.0	147	1.7
中津富士紡績			140	1.9	140	1.6
富士紡績			135	1.8	135	1.5
若松九州炭業㈱			135	1.8	135	1.5
長谷川商店			105	1.4	105	1.2
星野栄治商店			89	1.2	89	1.0
三共			89	1.2	89	1.0
中幸商店			89	1.2	89	1.0
川口磯松			85	1.1	85	1.0
九州炭業㈱			84	1.1	84	1.0
都城小口組製糸会社			71	1.0	71	0.8
若松岸本商店			69	0.9	69	0.8
佐竹勇			68	0.9	68	0.8
小倉九軸㈱			45	0.6	45	0.5
大□商店			39	0.5	39	0.4
有田商店			39	0.5	39	0.4
宮岡商店			38	0.5	38	0.4
熊本蓑田商店			31	0.4	31	0.4
伊勢田商店			30	0.4	30	0.3
長州都甲商店			30	0.4	30	0.3
合計	1,362	100	7,393	100	8,755	100

出所）「猪位金炭鉱決算書」「小林鉱業文書」No. 478、480～486。
　注）1924 年 4 月を除く。

表 8-2　猪位金炭鉱の経営状態

項目	1923 年 8 月～10 月		1923 年 11 月～1924 年 5 月		合計	
	金額（円）	割合（%）	金額（円）	割合（%）	金額（円）	割合（%）
坑内費	6,733	30.4	26,829	35.9	33,592	34.6
機械費	3,897	17.6	15,840	21.2	19,755	20.4
運炭費	2,079	9.4	15,718	21.0	17,806	18.3
事務所費	2,862	12.9	9,041	12.1	11,916	12.3
営繕費	5,923	26.7	3,334	4.5	9,284	9.6
斤先金	676	3.0	4,004	5.4	4,683	4.8
合計	22,169	100	74,767	100	97,036	100
出炭量		2,809		8,291		11,100
トン当たり費用		6.93		9.02		8.74
トン当たり斤先金		0.24		0.48		0.42

出所）「猪位金炭鉱決算書」「小林鉱業文書」No. 478、480～486。
注）1924 年 4 月を除く。

る。ただし小林鉱業所と「販売部の関係も半独立的」なものと小林が述べているように(9)、石炭商へ販売を委託したものだったと思われる。

小林と帝炭との関係は、表8-2に示されているように、小林が帝炭への送炭を中止した以後に、小林が帝炭へ支払うトン当たり斤先金が二倍に上っていることからみて、帝炭は斤先金額を上げる代わりに、小林の猪位金炭の納入義務を解除したものと考えられる。しかし、猪位金炭鉱の経営は順調に進まなかったとみられ、一九二四年中に小林はこの炭鉱の斤先経営を放棄するのであった。

小林は一九二四年に斤先経営を独立して、自らの手腕で楠橋炭鉱の経営をはじめた。楠橋炭鉱は、一九二七年に鉱夫三三九人を雇用し、販路は佐藤商店、中野商店に委託していた(10)。同炭鉱は操業を開始した一九二四年に年産四〇〇〇トンであったが、三一年に二万トンへ増加した(11)。しかし、小林は楠橋炭鉱の経営を開坑から五年を経た一九二九年に放棄した。この原因は定かではないが、一九三三年の楠橋炭鉱には、二八年に小林と妻名義で貸与された筑豊貯蓄銀行、鞍手銀行の借入金八万七〇〇〇円とその利子四万九〇〇〇円、藤田観治、江藤猪三郎など九名からの借入金に利子を含めた一一万四〇〇〇円、合わせて二五万円の負債が存在した(12)。

小林が独立を果たした後にはじめて経営に成功したのは、一九三〇年に開鑿に着手した新手炭鉱であった。この鉱区は、大正鉱業が休鉱していた中鶴第三坑から買収したものであった。新手鉱区を所有していた大正鉱業は、第2章でみた通り、一九二〇年代に送炭の伸びがみられず、昭和恐慌期に泉水炭鉱を売却しており[13]、事業整理の一環として小林に鉱区を譲ったものと思われる。また、新手鉱区には「三百尺断層、並鳳凰断層及び蓮花寺より起る蓮花断層」があったため、隣接する同社の中鶴第一坑から採炭を連続させることが困難であったし、前進式採炭法を採用し、切羽運搬機やチェンコンベヤーを導入していた大正鉱業が、後述するように新手鉱区が薄層であったため、これらの技術を導入することが困難であったことも、小林に鉱区を売却した要因に加えられる[14]。

小林の経営に移ってから新手の出炭量は、出炭がはじまる一九三一年に年産三万トンほどであったが[15]、三三年には一〇万トンを超え、さらに三四年に新手鉱区に貴船坑・小松ヶ浦坑を開坑して事業を拡張したことによって、三五年に一三万トンに及んだ[16]。新手の全国炭鉱規模別順位は、一九三一年に第一二〇位であったが、三五年に第六九位に上昇した[17]。小林はこの他にも、一九三二年に新高江炭鉱（年産二万トン規模）、三三年に頴田炭鉱（年産六七〇〇トン規模）の経営に着手し事業の拡大を図った[18]。新手を中心とする炭鉱経営の成功によって、小林は『全国多額納税者一覧』一九三一年版に名前が記載されてないものの[19]、同書一九三三年版には筑豊の大炭鉱経営者である松本健次郎（明治鉱業）、麻生太吉（麻生商店）、中小経営者である岩崎寿喜蔵、三好徳行、藤井伊蔵などとともに名前が記載されている[20]。

以下では新手炭鉱の経営動向をみてみたい。

表 8-3　中小炭鉱と大炭鉱との炭質の比較

所有者名	炭鉱名	炭種	炭質				
			灰分（%）	水分（%）	硫黄分（%）	発熱量（cal）	ユニット・コール
福田定次	新田川	尺無煙	3.54	2.56	0.61	7,670	93.3
野上鉱業	安部	五尺炭	8.91	2.9	0.46	7,305	87.2
橋上保	上山	五尺炭	10			7,300	
田籠寅蔵	玄王	塊炭	4.91			7,260	
田籠寅蔵	大定	塊炭	8.1			7,040	
金丸勘吉	大隈	高江炭	10	3.22	7	7,000	82.3
金丸鉱業	海老津	針金三尺炭	13.94	2.29	0.69	6,799	82.3
小林勇平	吉野谷	粘上炭	13.18	2.89		6,775	
藤井伊蔵	藤井	三尺炭	17	1.28	2.1	6,600	79.3
小林勇平	小松ヶ浦	名前炭	13.25	4.65	0.55	6,520	80.8
小林勇平	新手	五尺前炭	10.36	5.07	0.54	6,400	83.5
三井鉱山	田川第三坑	田川四尺	8.39	2.78	0.31	7,241	88.0
三菱鉱業	鯰田	鴨生八尺炭	8.06	2.30	0.34	7,270	88.8
三菱鉱業	上山田	塊炭	8.53	2.44	3.34	7,230	86.6
明治鉱業	豊国	八尺炭	7.72	2.85	0.69	7,077	88.5
住友炭鉱	忠隈	塊炭	15.94	1.44	1.32	6,897	80.7
貝島炭鉱	大ノ浦第３坑	大ノ浦塊炭	11.00	1.90	0.39	6,880	86.0
三井鉱山	山野第２・３坑	鴨生小粉	13.50	2.35	0.77	6,801	82.7
大正鉱業	中鶴第１坑	塊炭	12.79	3.31	0.81	6,664	82.5

出所）門司鉄道局運輸課『沿線炭鉱要覧』1935 年。

注）ユニット・コール＝100－［（水分）＋（灰分）＋0.625（硫黄分）＋0.08｛（灰分）－1.25（硫黄分）｝］。発熱量は１グラム当たりのもの。空欄はデータなし。三井鉱山田川第三坑以下が大炭鉱の数値。

第３節　鉄道省への売炭と石炭商の役割

(1)　中小炭鉱の炭質

中小炭鉱が新規参入するひとつ条件は、良質の石炭を市場に提供することである。一般に炭質は、灰分と硫黄分が少なく、発熱量六〇〇〇カロリー以上の火力が必要であり、それ以下のものは低品位炭として市場からの評価を受けることになった(21)。大炭鉱と中小炭鉱の炭質を比較してみよう。表8-3に示されているように、新田川、安部、上山、玄王炭は発熱量七二〇〇カロリー台の三井、三菱炭を上回っている。さらに、新田川・安部炭は、不純物を取り除いた実質的な石炭の使用価値を示すユニット・コールが高い値を示している。中小炭鉱でも大炭鉱よりも高品質な石炭を市場に供給していたことには注目する必要があろう。

表8-4　新手炭鉱と三井山野鉱業所のトン当たり平均炭価（1932〜34年平均）

（円）

新手		三井山野	
炭種	平均炭価	炭種	平均炭価
（塊炭）		（塊炭）	
塊炭	7.15	塊炭	6.65
中塊	6.68	錆塊炭	5.21
洗中塊	6.20	洗中塊炭	6.44
特二中塊	5.08	錆小塊炭	4.31
上塊	5.05	錆中塊炭	5.94
上曼塊	4.46		
別塊	3.78		
平均	5.49	平均	5.71
（粉炭）		（粉炭）	
洗粉	5.38	粉炭	4.33
別粉	5.17	沈殿粉炭	2.48
並粉	3.55	水洗粉炭	5.17
上曼粉	3.23	特水洗粉	5.67
上粉	2.92		
生粉	2.70		
平均	3.83	平均	4.41
総平均	4.66		5.06

出所）「決算書」、各期「小林鉱業所資料」No. 448〜452、461、468。『山野鉱業所沿革史』第2巻（表5-4と同じ）。

注）炭価は貨車積み価格。両鉱とも切込炭、二号炭を除く。新手は販売量の少ない「別粉」と「両粉」を除く。

他方、新手炭は、表8‐3に示されているように、七〇〇〇カロリー台のこれら中小炭鉱と比較すると発熱量が低いが、実質的な炭質を表すユニット・コールが三井山野鉱業所や大正鉱業中鶴炭鉱を上回っており、発熱量においても住友忠隈炭鉱や貝島大ノ浦炭鉱などに比べて四〇〇カロリーほど低いにすぎない。つまり、これら大炭鉱に匹敵する炭質であったことが分かる。さらに、新手炭は「発熱量最高七千カロリー最低五千五百カロリー、物理的性格は所謂『サヘモノ』にして粘結性及煤煙少なく汽缶用燃料に歓迎さ」れ[22]、市場における評価も高かった。

このように新手炭が大炭鉱の石炭とほぼ同種の炭質であるということは、価格面でも市場から同様の評価を受けることになる。新手炭鉱と大炭鉱である三井山野鉱業所との炭価を比較してみたい[23]。表8‐4に示されているように、両炭鉱とも複数の異なる炭種を販売しているが、新手炭の平均炭価は塊炭が三井山野とほぼ等しく、粉炭が〇・六円ほど低いにすぎない。総平均炭価でみると、新手炭は三井山野に比べて〇・六円ほど安く、三井山野とほぼ同様の評価を市場から受けていたといえよう。このように、新手炭は大炭鉱炭に匹敵するものであり、大炭鉱と同じ石炭市場で競争することが可能であった[24]。

(2) 鉄道省への売炭

中小炭鉱の石炭が高品質であったことは、鉄道省への販売に成功することを可

表 8-5　新手炭鉱の販売先

1931年 8 ～12月

	商店名	割合(%)
1	太田商店	81.1
2	白藤商店	12.1
3	宗像商会	3.1
4	岩井商会	1.1
5	九州炭業会社	0.8
6	峰商店	0.5
7	白川商店	0.5
8	池田商店	0.3
9	中平商店	0.2
10	庄山真蔵	0.1
11	小倉警察所	0.1
12	高島坑木店	0.04
	合計	100

1934年 1 ～10月

	商店名	割合(%)
1	鉄道省	19.0
2	太田商店	18.7
3	青柳商店	16.4
4	中平商店	15.6
5	村山商会	12.3
6	峰商店	4.8
7	昭和石炭	3.3
8	九軌会社	3.0
9	池田商店	2.3
10	貝島商店	1.2
11	山陽中水	1.0
12	製鉄所	0.8
13	小倉警察	0.5
14	江尻商店	0.4
15	玉給会社	0.3
16	購買会	0.2
17	若松帆船	0.1
18	有吉勇三郎	0.1
19	樋口万吉	0.03
20	古賀商店	0.03
21	庄山真蔵	0.02
22	古賀病院	0.02
23	岩本商店	0.02
24	山鹿商店	0.01
	合計	100

出所）「決算書」、各期「小林鉱業所資料」No. 448、468。
注）実数値は 1931 年 8～12 月が合計 141,737 円、34 年 1～10 月が合計 509,179 円。

能とした。表8-5に示されているように、新手炭鉱は、八幡製鉄所や九州電気軌道、少数であるが郡是製糸、鳥取製糸、日本電力会社、小倉警察署などに石炭を販売していたが[25]、最終消費者に直接販売する取引では鉄道省への売炭が多数を占めている。また、表8-6によれば、一九二八年から主な販売先に鉄道省を挙げる炭鉱が一〇鉱ほどある。鉄道省は購入炭価を毎年四月ないし五月に決め、その価格をその後一年間は変更しなかった[26]。他方で、石炭商が購入する炭価は、市況を反映して大きく変動した。図8-1は、新手が鉄道省に販売した切込炭価格と、新手炭の石炭商販売価格の推移を示しており、鉄道省販売価格は一九三三年四月まで五・三五円、三三年五月から三四

表 8-6　筑豊主要中小炭鉱の取引先（1928年）

（トン、人）

番号	炭鉱名	経営者名	出炭量	鉱夫数	主な取引先	用途	備考
1	大成	神澤又一郎	17,896	100	伊藤商店	汽罐・コークス原料	
2	日吉	共同石炭	30,058	307	宇島共同石炭	石灰製造	
3	末吉	末吉震太郎	6,050	61	太田商店	汽罐	
4	※高谷	金丸勘吉	41,000	412	太田商店	汽罐	帝国炭業
5	※神之裏	中西平右衛門	18,363	109	太田商店・鉄道省	汽罐	帝国炭業
6	花瀬	坂本忠雄	23,600	286	岡崎共同石炭	汽罐	
7	天神	野見山忠三郎	2,272	29	岡野商店	汽罐	
8	出雲	木村新三郎	863	26	岡野商店	汽罐	
9	大和	小畠治平	40,217	217	小畠商店、鉄道省	汽罐	
10	島廻	共同石炭	81,230	657	共同石炭	石灰製造	
11	門松	城島一雄	4,300	64	共同石炭	汽罐・製塩	
12	庄司	吉野春吉	17,046	151	清友商事	汽罐・家庭	
13	大谷	久恒貞雄	4,800	71	小林商店	石灰製造	
14	楠橋	小林勇平	30,645	339	佐藤商店	汽罐	
15	大隈	大隈鉱業	118,481	888	佐藤商店		
16	新緑	平野嘉平	31,200	395	佐藤商店	工場	
17	三笠	（株）三笠	27,226	263	三笠商会	汽罐	
18	池田	木原峰次郎	5,000	204	篠崎商店	汽罐	
19	岩下	伊藤英十郎	74	39	篠原商店	汽罐	
20	第一上目尾	野見山平吉	139,232	1,215	製鉄所	製鉄所原料炭	
21	不動	林眞一	3,322	58	寶邊商店	汽罐	
22	上目尾	猪口浅吉	3,812	26	武田、小林商店	汽罐	
23	上山	橋上保	4,283	388	鉄道省	汽罐	
24	糸田	井上鉱業	56,200	481	鉄道省	鉄道・汽罐	
25	豊州	北代市治	6,158	94	鉄道省	鉄道	
26	新目尾	猪口浅吉	19,728	165	鉄道省	汽罐・鉄道	
27	※沓抜第二坑	峠国松	15,285	162	峠商店	汽罐	古河鉱業
28	第三朝倉	時津竹次郎	1,238	26	峠商店	汽罐	
29	第二寶満	松岡満	10,052	86	中徳商店	汽罐	
30	本大城	藤波重次	8,583	57	林商店	汽罐	
31	本緑	溝口勘太郎	15,600	191	日川商店	工場	
32	岩崎	岩崎伴次郎	109,477	765	三井物産		
33	日之出第二坑	田籠寅吉	20,356		三井物産	汽罐	
34	※日之出	田籠寅吉	24,880	329	三井物産・鉄道省		久恒鉱業
35	川崎	城島一雄	79,451	704	三井物産・鉄道省	汽罐・鉄道	
36	※中御徳	藤井伊蔵	51,000	322	三井物産・山下汽船	汽罐	帝国炭業
37	鎮西	坂本忠雄	46,572	518	三菱鉱業・鉄道省	鉄道・汽罐	
38	高松	三好	90,204	1,162	三好商事	汽罐	
39	小竹	八隅清太郎	31,697	234	門司浅野セメント・三井物産		
40	本入	長綱好富	4,485	10	八幡、小倉附近の練炭所	練炭	
41	宮之上	寺島一郎	150	45	山下汽船	汽罐	
42	勢田	横道萬吉	1,400	48	山下汽船	汽罐	
43	宮尾	宮尾炭鉱（株）	61,227	1,063	山下鉱業	汽罐	
44	糸飛	（株）糸飛炭坑	8,700	66	山下鉱業	船舶	
45	平山	吉田磯吉	26,391	897	山下鉱業、鉄道省、太田商店	汽罐・コークス原料	
46	香ノ浦	福田則文	14,500	167	山久商店・村井商店	汽罐	
47	漆生	久恒貞雄	181,362	1,358	郵船会社・鉄道省	汽罐・鉄道	

出所）門司鉄道局運輸課『沿線炭鉱要覧』1928 年。

注）炭鉱名注の※は、備考欄に示された炭鉱の斤先・請負掘りをしていることを示す。空欄は不明。

図8-1　新手炭鉱の鉄道省・石炭商販売炭価の推移

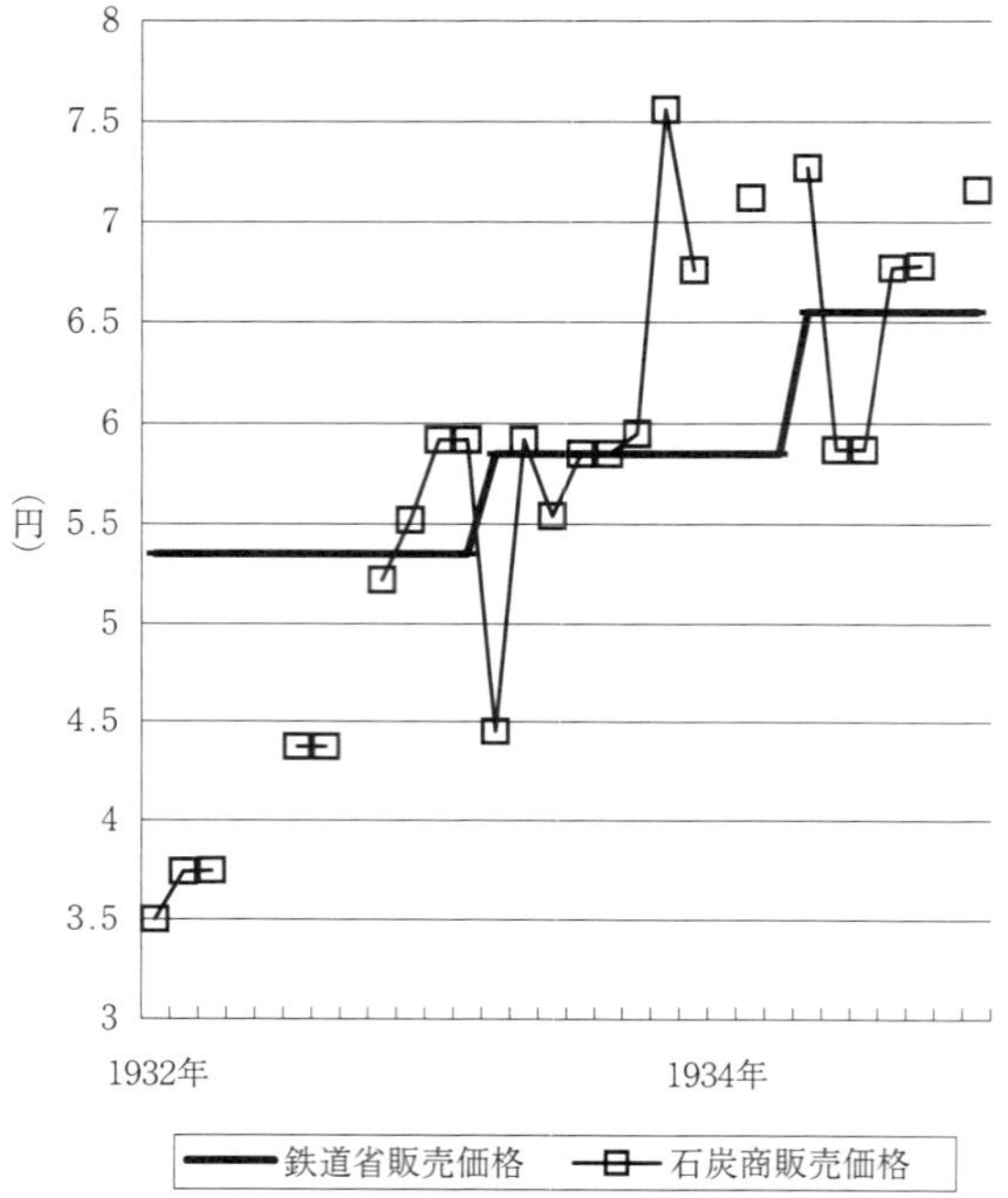

出所）「決算書」、各期「小林鉱業所資料」No. 448～452、461、468。

年三月まで五・八五円、三四年四月から六・五五円に固定されていた。鉄道省販売炭価格は、不況の影響が収まらない一九三二年に石炭商販売炭価を上回っており、新手にとって鉄道省への売炭は不況期に大きな収入源になっていたことが窺える。景気が本格的に回復する一九三三年から石炭商販売価格は鉄道省販売価格を上回り、三四年に入るとこれを大きく越えるが、急落し鉄道省販売価格を下回ることもあった。それゆえ新手にとって鉄道省への販売は、市場価格の急落によるリスクを回避するとともに、景気の動向に左右されず一定の収入を得る意味があった。(27)

新手と鉄道省の販売契約は、一九三二年四月から取り結ばれた。新手と鉄道省との売炭契約書は、史料2に示されている。(28)

【史料2】

石炭類売買契約書

一　炭　名　　新手切込炭

一　数　量　　五千噸
一　炭　価　　金弐万六千七百五拾円也
一　納炭場所　　最最寄駅
一　納炭期限　　自昭和七年四月一日至昭和八年三月末日
一　代金支払場所　　門司鉄道局
鉄道省ニ於イテ前記石炭類ヲ　新手炭鉱小林鉱業所　ヨリ購入スルニ付
鉄道省経理局長工藤義男

先にみたように、新手は鉄道省の要求する「石炭ノ発熱量ハ五八〇〇カロリー以上ヲ保障スル」必要があるという条件を満たしていた。納炭には製品上の厳格な規定が定められ、「切込炭ハ坑所選出ノ塊粉半々混合シタルモノタルコトヲ原則トシ、検査ノ結果粉炭ハ全量ニ対シ五割ヲ超ユベカラズ」とされ、「粉炭ハ出来得ル限リ微粉ヲフクマサル」ことが要求された。[29]「石炭受渡後三ヶ月以内」に「品質ヨリ劣レルコトヲ発見」した場合には、「弁済ヲ為スベキモノ」とされた。鉄道省が機関車燃料用に購入する切込炭は、選炭した固形状の塊炭と粉状の粉炭を混合して製品化する必要があった。[30]これに加えて品質の維持も必須であったため、新手は一九三二年五月に選炭場を新設し「大塊ジンマー」、「ピッキングベルト」、「バウム式水洗機」、「水洗ジンマー」などの選炭機を導入していた。[31]こうして鉄道省の求める要求を満たせ、販路を拡大することも可能になった。

中小炭鉱が高品質な石炭を産出したことは、資金面においても重要な意味をもった。一九三一〜三四年における新手の貸借勘定は、表8-7に示されている。固定資産が自己資本の何倍であるかを示す固定比率は、一九三一年と三四年を比べると大きく上昇し、どの年も一〇〇パーセントを超えており、固定資産を自己資本で賄えていない。自己

表 8-7　新手炭鉱の貸借勘定

（千円）

項目		勘定科目	1931 年	1932 年	1933 年	1934 年
	総資本＝総資産(A)		305・315	393	403	480
総資本	他人資本(B)	(合計)	149	223	268	399
		支払手形		1		4
		未払・買掛金	25	85	67	76
		仮払金	6	1	3	6
		商品券		4	3	5
		坑夫貸金	0.1			
		借入金	118	133	195	298
		短期(石炭商)	5	13	61	67
		(個人)		4		
		長期(日本興業銀行)		5	29	132
		(信用組合)				6
		(大正鉱業)	60	58	52	41
		(原田藤太郎)	53	53	53	53
	自己資本(C)	鉱主	156	170	135	81
総資産	固定資産(D)	(合計)	262	276	282	360
		鉱区	100	100	100	100
		起業費	162	176	182	260
	流動資産(E)	(合計)	53	117	121	120
		銀行・金銀	1	110	76	33
		倉庫・残炭	41	1	20	20
		坑夫貸金		3	9	14
		売掛金			5	38
		仮受金	10	3	11	11
		商品券				2
	固定比率(D/C)(%)		168.1	162.1	208.0	444.8
	自己資本比率(C/A)(%)		51.1	43.3	33.6	16.9

出所）図 8-1 に同じ。
注）1931 年の総資本額と総資産額は一致しないが、そのままにした。当期純利益は「鉱主」に含まれると考えられる。1931 年、32 年は 12 月、33 年、34 年は 11 月の数値。空欄は 0。

資本比率は低下していき、一九三四年に約一六・九パーセントに減少している。このように新手は、事業の拡張を他人資本に依存していた。

一年以上に渡って返済義務のある長期資金についてみてみよう。新手は操業時に鉱区を大正鉱業から一〇万円で買収し、このうち四万円を即金で支払った。残りの六万円は、表8-7にみられるように、毎年の返済額は異なるが、大正鉱業へ支払っている。鉱区買収費のうち即金で支払った四万円は、原田藤太郎からの借入金によっていた。この他にも「起業費」として一万三〇〇〇円を新手に貸していた原田は、[32]大阪の製薬品企業である藤沢友吉商店の取締役を務めていた[33]。

新手の事業拡大にとって最も重要なのが日本興業銀行（以下、興銀と略す）からの借入れであった。表8-7に示されているように、新手は興銀と一九三二年から取引を開始し、三四年に借入れを大きく増やしている。興銀は一九三二年七月に、融資調査として史料3に示される書類を新手へ請求している[34]。

【史料3】

一　貴殿ノ資産負債ヲ可成詳細ニ御通知相願度、資産ハ炭坑以外ノモノニテ結構ニ候
一　鉱区引受後貴殿ニ於テ、掘進セラレタル本卸ノ名称及其延長
一　大辻炭坑ヘノ鉱区売却及大正鉱業ヨリノ鉱区買収ノ際ノ契約書写シ
一　月別採炭量、使用人鉱夫人数、営業費内訳明細書及販売先炭種別一覧表ハ、本年二月分迄頂戴致居候ガ其後ノモノ判明セバ御通知願度、月別貯炭数量モ併セテ御示シ願度
一　日本電力、八幡製鉄所、（鉄道省…欄外加筆）ニ関スル買炭契約書写シ

「炭坑以外ノモノニテ結構」というのは、すでに同年五月に「興業銀行鑑定課」が新手を「実地拝見」していたからであった[35]。興銀は、小林の資産状況や新手の資産と営業状態を調べ、さらに日本電力、八幡製鉄、鉄道省との契約書の写しを要求している。興銀への担保は「鉱業財団」とされた[36]。この内容は、新手の全資産である鉱区一三万坪、鉱夫社宅二三棟、機械設備一切に加え、宅地一〇九二坪、田畑・雑草地・原野合わせて二一反であった[37]。さらに、新手から興銀への「承諾書」である史料4に示されているように、鉄道省の代金も担保となっていた[38]。

【史料4】

鉄道納炭代金ハ、同社（新手炭鉱）ノ貴社（興銀）ニ対スル債務ノ担保トシテ、貴行ニ於イテ、代理受領ノ上同社債務ノ弁済ニ充当可相成事ト致居候

ところで当時、銀行から炭鉱への融資は一般的ではなかった。一九三一年頃の日本銀行の調査では、「鉱区、設備、石炭等ヲ担保トシテ一般金融市場ヨリ直接資金ノ供給ヲ仰グコトハ比較的少」く、「今日当地方銀行業者ニシテ炭坑業者ニ対シテ直接貸付ヲ成シ居ルモノハ殆ド」ない状態であった(39)。また、興銀の石炭鉱業への貸し出し額は、一九三二～三四年で全体の一パーセントほどであり(40)、同時期における興銀の中小商工業融資も鉱業部門ではほとんどなかったに等しい(41)。このような状況下において、なぜ興銀が新手に信用供与をしたのだろうか。興銀側の融資条件を考察する資料がないが、第一に、担保とされた鉱業財団と鉄道省などへの販売が興銀の融資条件を満たしていたと考えられる。前述したように鉄道省への販売は厳しい納炭条件があり、これを満たすことで興銀は新手に信用供与をしたと考えられる。第二に、新手の鉱脈は豊富であった。鉱山監督局の調査では、新手の埋蔵量は五二〇万トン、そのうち採炭可能量は三四〇万トンとされ、二四年間の採炭が可能であった(42)。おそらく、興銀はこのような新手の将来性を見込んで貸し出しに応じたのであろう。

今までみてきたように、新手は、他人資本に依存して事業を拡張していたため、自己資本比率が低下し続けた。しかし、この経営方針は、一九三〇年代の好況期、低金利期に妥当性を備えていた。表8-8が示すように、一九三二年には損失がでているが、一九三三年、三四年には純利益がでている。注目すべきは、一九三三～三四年に興銀の年利息である八・五パーセント（一九三四年の借入分は年利息七・五パーセント）(43)を、総資本経常利益率が上回っており、さらにこれを自己資本経常利益率が大きく超えており、財務レバレッジ効果が働き、他人資本に依存した経営が好況

表8-8　新手炭鉱の損益勘定

（千円）

年次	炭代収入	雑収入	計	総経費	差引利益金	総資本	自己資本	総資本経常利益率(%)	自己資本経常利益率(%)
1932	261	12	283	373	−90	393	170	−22.9	−52.9
1933	501	5	506	465	41	403	135	10.2	30.5
1934	502	29	531	462	69	480	81	14.4	85.3

出所）図8-1に同じ。

期に大きな収益源となっていることである。また、新手の総資本経常利益率は大炭鉱に匹敵するものであった。一九三三年の大炭鉱の払込資本利益率は、三井鉱山が一四・五パーセント、三菱鉱業が一五・〇パーセント、北海道炭鉱汽船が七・七パーセント、貝島炭礦が三・二パーセント、明治鉱業が一〇・九パーセントであり(44)、新手の利益率は三井と三菱には及ばないが、明治とほとんど等しく、北炭と貝島を上回っている。

興銀への借入金の返済も順調に行われていた。資料的制約により詳細は不明であるが、興銀からの借り入れは第一期と第二期の二つがあった。現存する資料でみる限り、第一期の返済は一九三三年四月からはじまり、三三年九月までが利息分約二一〇円（年利息八・五パーセント）であったが、同年一〇月から利子に加え毎月五〇〇円が請求されるようになり、これに三四年五月から第二期に対する利息分四七〇円（年利息七・五パーセント）が加えられ、合計約一〇〇〇円が請求されるようになった(45)。この時期には興銀の「請求書」に対する「領収書」があることから判断して請求額はすべて完済されていた。

ところで、一九三五年に小林鉱業所は株式会社化するが、全株式一万株の八〇パーセントを小林勇平が所有し(46)、社会的遊休資金を集める目的はなかったようである。おそらく、これは事業の拡張により複数の炭鉱を所有したため、資産や損益を統一して営業状況を把握するためであったと思われる。

(3)　販路と石炭商の役割

一九二〇年代の大炭鉱では、貝島鉱業が貝島商業、明治鉱業が安川松本商店、三井鉱山が三井物産といった自社販売部門または系列商社を通して販路を確保していたのに対して、多くの中小炭鉱は自社販売組織を備えていなかった。

それゆえ、中小炭鉱の販路には大炭鉱の自社販売組織とは異なる石炭専業取扱商（石炭商）が重要な役割を果した。筑豊炭の積地市場である若松・門司港には、表8-9に示されている通りの石炭商が存在した。同表にみられるように、石炭商は、第一次世界大戦ブーム期の一九一四〜二〇年に増加し、不況が深化する一九二〇年代に減少している。

今一度、前掲表8-6をみれば、主な販売先として三井物産を挙げる中小炭鉱もあるものの、多くは石炭商と取引している。新手炭鉱の販路は、前掲表8-5に示されているように、一九三一年には北九州若松の石炭商太田商店との取引がほとんどを占めているが、三四年になると太田商店に対する比重が下がり、若松の青柳商店、中平商店(47)、村山商会などの比重が増えている。新手が取引相手としていた太田・中平商店は、専業石炭商のなかでも取扱量が二〇位以内に入る大石炭商であった。

石炭商の活動について詳しくみてみよう。表8-9において取引量が上位にきている宗像商会は、山口県出身の宗像半之助によって一九〇一年に大阪の安治川で創業された(48)。同社は、若松などで調達した石炭を大阪、東京、岡山などの各地に築いた支店網によって販路を拡大した。宗像半之助によれば、「大は三井、三菱、貝島、安川、古河等をはじめとして其数幾百ありまして、其間に介在して小さき私共が此営業を持続して行くことは実に容易なことでは なかったため、「昼夜兼行日曜日であらうが、祭日であろうが執務し、何時でも御得意先の急激の御用に応ずることが差支のない」ようにするとともに、百斤以上の注文は送料を無料とするなど努力した結果、「大小の工場の御信頼」を得た。

一九二五年に第一八位にランクされている伊藤健輔商店は、福岡県鞍手郡の泉水炭鉱の「泉水特選粉炭七千噸」、香之浦炭鉱の「切込炭」、大成炭鉱、長崎県北松浦郡の神田炭鉱の「神田塊炭参萬九千噸」などを鉄道省へ納入し

表 8-9　若松・門司石炭商同業組合に加盟する石炭専業取扱商

（トン・%）

順位	1914 年			1920 年			1925 年			1931 年		
	商店名	取扱量	割合	商店名	取扱量	割合	商店名	取扱量	割合	商店名	取扱量	割合
1	横浜石炭商会	10,376	1.6	宗像商会	7,358	0.8	太田商店	11,610	1.2	太田商店	8,146	1.0
2	巴組肥後又	8,290	1.3	大橋商会	4,449	0.5	占部茂吉郎商店	6,837	0.7	中平石炭会社	7,692	1.0
3	田口商店	7,412	1.1	池永石炭商店	4,169	0.5	宗像商会	4,823	0.5	池田商店	4,693	0.6
4	伊藤商店	6,316	1.0	高橋商店	4,052	0.4	永松商店	4,469	0.5	宗像商会	4,586	0.6
5	今西商店	5,127	0.8	今西商店	3,166	0.3	中德商店	3,947	0.4	木原商店	3,183	0.4
6	松川商店	4,306	0.7	瓜生德蔵商店	2,706	0.3	巴組	3,555	0.4	占部商店	3,128	0.4
7	實邊商店	3,867	0.6	小林貞三商店	2,585	0.3	柳川商店	3,462	0.4	井手商会	3,081	0.4
8	宗像商会	3,138	0.5	宮崎商店	2,324	0.3	木原商店	2,491	0.3	清友商事会社	2,836	0.4
9	眞鍋商店	3,131	0.5	峠商店	1,773	0.2	清友商事	2,368	0.3	林商会	2,703	0.3
10	山本商店	2,874	0.4	二葉商店	1,738	0.2	山久商店	2,256	0.2	實邊商店	2,249	0.3
11	磯部合名会社	2,492	0.4	栃木商事会社	1,557	0.2	大島商店	2,047	0.2	巴組	2,112	0.3
12	鈴木商店	2,065	0.3	星野商店	1,500	0.2	高橋商店	2,040	0.2	高山商店	2,078	0.3
13	松本商店	1,948	0.3	妹尾商店	1,497	0.2	縄手商店	1,959	0.2	丸一近藤商店	2,042	0.3
14	財間商店	1,821	0.3	柳川商店	1,492	0.2	大橋商会	1,783	0.2	山久商店	2,013	0.3
15	大藤商店	1,684	0.3	實邊岩次郎商店	1,488	0.2	高山商店	1,564	0.2	飯野商事会社	1,750	0.2
16	二葉商店	1,414	0.2	本荘商店	1,432	0.2	今西商店	1,288	0.1	白川商店	1,630	0.2
17	高橋商店	1,325	0.2	巴組	1,289	0.1	實邊岩次郎商店	1,100	0.1	若松石炭会社	1,581	0.2
18	池永商店	1,267	0.2	井手商店	1,286	0.1	伊藤健輔商店	1,006	0.1	植山商店	1,369	0.2
19	尾崎商店	1,139	0.2	水町商店	1,275	0.1	窪山商店	970	0.1	篠崎商店	1,355	0.2
20	清友商店	1,020	0.2	江口商店	1,227	0.1	眞鍋商店	940	0.1	中德商店	1,282	0.2
総数	90	—	—	136	—	—	100	—	—	91	—	—
合計		93,030	14.2	—	83848	9.1	—	79368	8.5	—	77811	9.9
商社・自社販売部門計		487,113	74.1	—	639,641	69.2	—	716,302	76.4	—	669,881	85.4
運輸会社計		31,703	4.8	—	48,671	5.3	—	30,065	3.2	—	34,082	4.3
その他		138,241	21.0	—	235,705	25.5	—	191,043	20.4	—	80,610	10.3
総計		657,057	100.0	—	924,017	100.0	—	937,410	100.0	—	784,573	100.0

出所）筑豊石炭鉱業組合『筑豊石炭鉱業組合月報』各年。

注）各年 6 月の着炭量の数値。なお、着炭量が記載されていないものについては、積出量の数値を代用。
その他には鉄道省、八幡製鉄所、組合外取扱炭、組合船燃料などが含まれる。

ていた[49]。また、伊藤健輔商店は、史料5に示されているように、神田炭を鉄道省へ売り込んでいた[50]。

【史料5】

御願

弊鉱業所採掘ニ係ル長崎県北松浦郡佐々村神田粉炭ヲ以テ
来年度御省川崎発電所所用石炭御購入ノ際入札ニ参加致シ度候処
予メ炭質ノ適否御調査願度就テハ同粉炭約壱千噸試験用トシテ
本年度御購入炭ト同一条件ニテ御買上度此段奉願上候也

長崎県北松浦郡佐々村
神田鉱業所　静馨代理　伊藤健輔

昭和六年拾月四日

鉄道省経理局購買第二課
課長　富永福司　殿

伊藤健輔商店は、鉄道省への売り込みの他にも、「納炭打合、配船、積場山積、検炭、検量、其の他納炭用務一切」を行い「壱噸ニ付弐円八拾銭」の手数料を得ていた[51]。このような石炭商の販売力が中小炭鉱の販路を支えていたといえよう。

さらに重要なのは、石炭商が中小炭鉱に短期資金を供与していたことである。新手の場合、前掲表8-7に示されているように、他人資本額は一九三一～三四年に増加しており、その内訳は未払・買掛金、借入金の増加からなっている。未払金の多くは坑木や金物代、セメント代などの資材購入費からなっており、一九三三年以降「機械器具購入費」と「炭鉱購買所用物品購入費」が大きな比重を占めるようになった(52)。前者は一九三三年に選炭機購入費が全未払金のうち約二九パーセント、三三年にレール・巻揚購入費が約一一パーセントを占め、後者は一九三二～三三年に全未払金の三〇パーセントを占めていた。

一九三一～三四年における一年以内に返済義務のある短期借入金は、「個人」と石炭商から調達している。「個人」とは、一九三二年に筑豊の有力炭鉱経営者である野上辰之助、金丸勘吉であったが、年内に返済された(53)。石炭商からの資金調達は、一九三一年に太田商店より五〇〇〇円を借入れたのが最初であった(54)。一九三二～三四年において新手は合計一一石炭商から短期資金を借入れていたが、そのなかでも太田商店が全体の四四・九パーセントを占めて最も大きく、ついで中平商店（二四・八パーセント）、青柳商店（一八・四パーセント）、村山商会（三・二パーセント）の順であった(55)。これら石炭商は、前掲表8-5に示されているように、新手炭の販売量も大きい。

新手は石炭商と信用取引を活発にしていた。例えば、太田商店から一九三一年一二月に「五〇〇〇（円）　水選炭機手付金として為替手形にて借入」したが(56)、その返済は三三年六月まで猶予され、八月にほぼ半額を支払い残金「二七二二（円）」となった(57)。この間にも太田商店から三二年六月に「二〇〇〇（円）　炭代見合一時借入　無利子」で、三三年一月に「一五〇〇〇（円）　炭代見合約手にて借入」した(58)。また、前掲表8-7に示されているように、一九三一～三三年の売掛金はほとんどなく、石炭商への販売代価は円滑に回収されている。これは三四年に増大したが、その八〇パーセントは山陽中央水電会社や鉄道省など新手が直接販売していた取引先で占められ、太田、中平、青柳商店の売掛金は三石炭商合計で全体の一・三パーセントにすぎなかった(59)。このように新手は、石炭商からの資金供与と円滑な販売代金回収によって生産に専念し、さらに石炭商によって販路を確保されていた。同時に、石炭商にとって

図8-2　福岡県の月末在籍鉱夫数

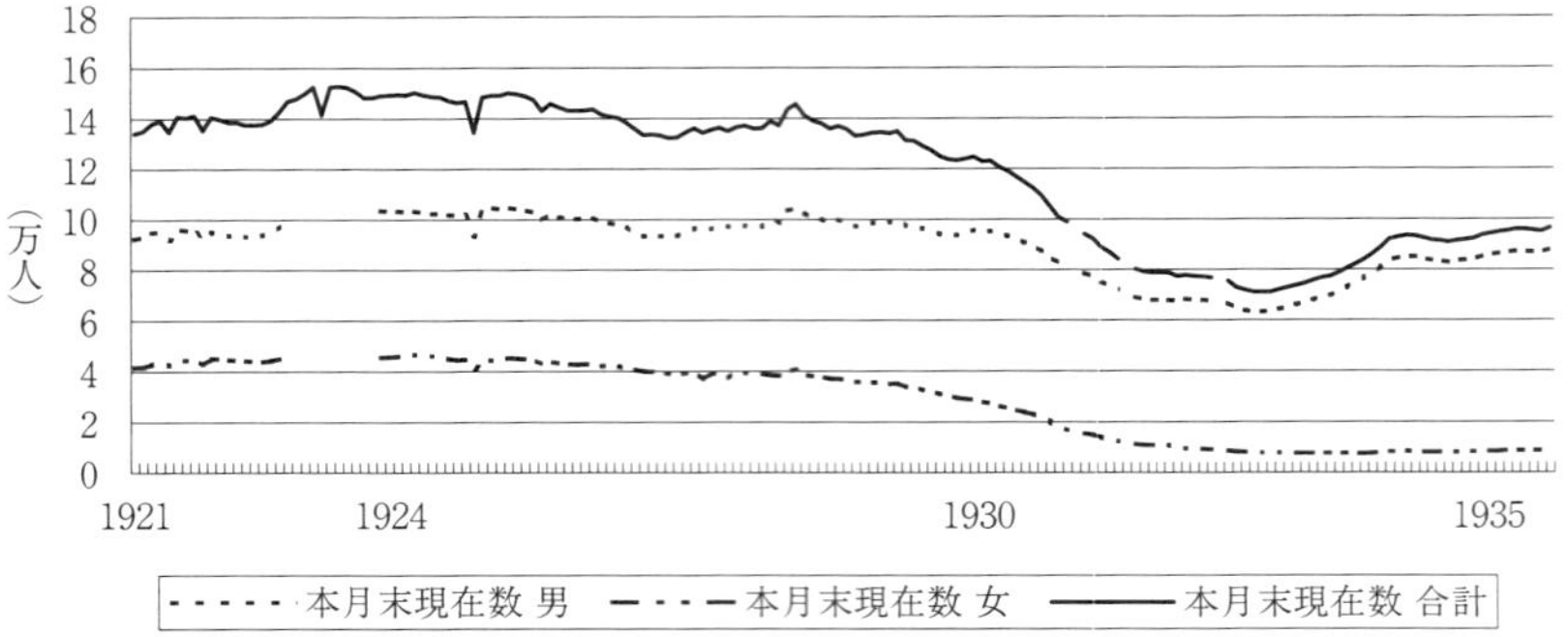

出所）筑豊石炭鉱業組合（会）『筑豊石炭鉱業組合（会）月報』各年各月。

も需要増大期に新手炭の取引は利益となる。この時期において新手と石炭商は、共存関係にあったといえよう。こうした関係が成立していたため、小林は猪金炭鉱の斤先経営期に設立した自社販売組織を構築していなかったものと思われる。

第4節　労働集約的な採炭と低賃金労働力の使用

(1)　労働集約的な採炭

第2章でみた大炭鉱の多くが一九二〇年代に資本集約的技術選択を進めたのに対して、中小炭鉱は労働集約的経営を選択した。

図8-2によれば、男女合わせた福岡県の月末在籍鉱夫数は、一九二五年から緩やかに減少し、二八年以降に大きく減少している。男女別にみれば、一九三三年から実施された「保護鉱夫」入坑禁止に備えた大炭鉱が坑内女性労働者を大量に解雇したため、三〇年以降に女性鉱夫数は大きく下落している。他方で、男性鉱夫数は一九三〇～三一年に減少するが、三四年以降に一九二〇年代の水準に戻りつつある。このように戦間期の福岡県では、昭和恐慌期を除けば、大炭鉱における坑内労働の変化に伴って女性労働力が減少する反面、男性労働力は安定的に推移していた。

表8-10　福岡県の中小炭鉱の鉱夫数

類型	鉱夫数（人）				割合（%）			
	1920年	1928年	1932年	1935年	1920年	1928年	1932年	1935年
A	130,949	87,913	43,627	51,080	66.7	65.0	55.1	55.1
B	13,242	22,150	12,599	8,617	6.7	16.4	15.9	9.3
C	52,042	25,141	22,902	33,083	26.5	18.6	28.9	35.7
合計	196,233	135,204	79,128	92,780	100.0	100.0	100.0	100.0

出所）門司鉄道局運輸課『沿線炭鉱要覧』各年。
注）類型Aは、麻生、貝島、蔵内、住友、大正、中島（飯塚）、古河、三井、三菱、明治の鉱夫数合計。Bは、農商務省（商工省、日本製鉄）、海軍省、帝国炭業、嘉穂鉱業、九州鉱業の合計。CはAとBを除いた中小炭鉱鉱夫数合計で、総鉱夫数－(A＋B)で計算。

大炭鉱と小炭鉱の鉱夫数に関してみれば、表8-10が示すように大炭鉱を示す類型Aの鉱夫数は一九二〇～三五年に減少しているのに対して、中小炭鉱の鉱夫数を示す類型Cは一九二〇～二八年に大きく減少するものの、一九三五年に増加している。注目すべきは、大炭鉱の福岡県総鉱夫数に対する割合は、一九二八年から三二年に低下しているが、中小炭鉱のそれは増えていることである。さらに、一九三二年と三五年の変化をみれば、大炭鉱の割合は変わってないが中小炭鉱の割合は増えている。このように少なくとも一九二〇年代終わりから一九三〇年代前半において中小炭鉱は大炭鉱よりも鉱夫労働力の使用比率が高くなった。

男性鉱夫数が昭和恐慌期を除いた戦間期に安定的に推移していたのに対して、図8-3が示すように、福岡県の人口は一九二〇～三五年に一貫して伸びている。こうした人口増加に対して労働力人口は、工業就業者が一九二一年に二四万人であったのに対して、二五年に二一万人に低下するものの、三〇年二九万人、三三年三三万人と増加し、同様に商業人口が三〇万人であった二一年から二五年に三二万人に増加し、三〇年三九万人、三六年四〇万人となった[60]。福岡県の有業者数の増加の背景には、福岡県経済の発展があった。福岡県の農工生産額は、一九一六年に二億五〇〇〇万円であったが、二〇年に七億四九〇〇万円に増加したものの、二五年に六億五〇〇〇万円に下落し、三一年に四億一六〇〇万円と戦間期に最も減少したが、三五年に一〇億一四〇〇万円に達し大きな繁栄を迎えた[61]。表8-11によって一九三六年の各市郡の工業、商業の労働人口の順位をみれば、三池炭鉱が所在する大牟田市

図8-3　福岡県の人口

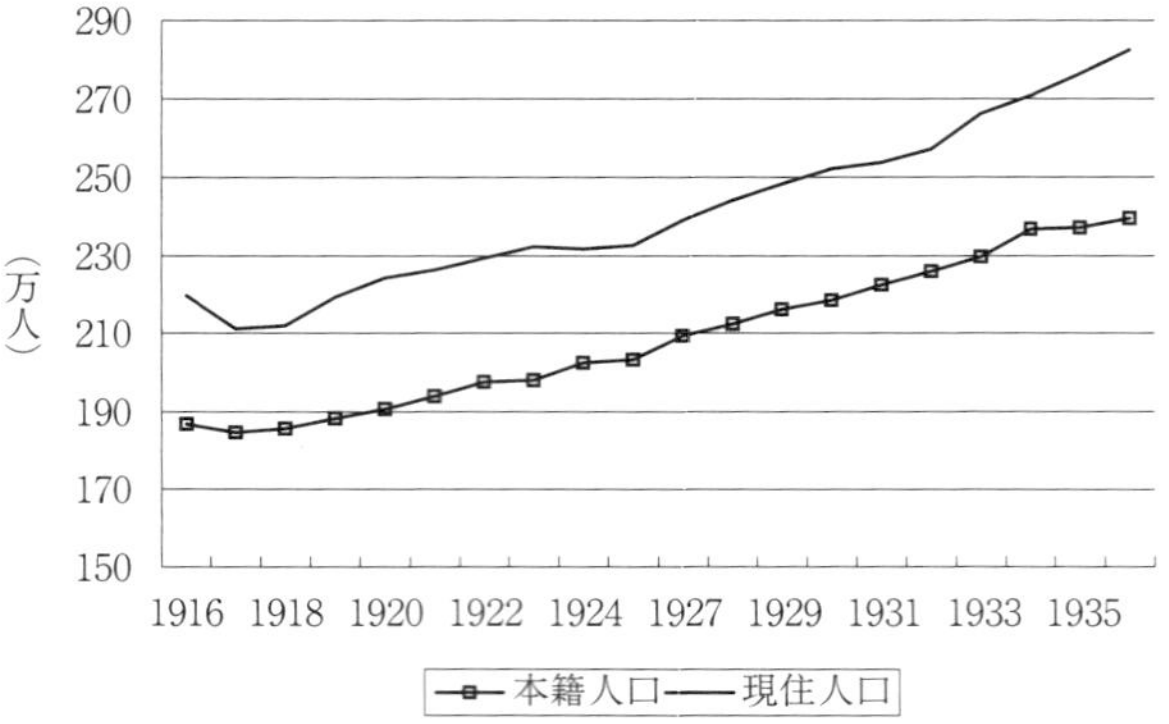

出所）福岡県知事官房統計課「福岡県統計書」各年。

を除けば産炭地の工業労働人口の順位は低いものの、田川郡、嘉穂郡の商業労働人口規模は大きい。三井鉱山田川鉱業所に牽引されて発展した田川郡には、セメント、石灰を除けば顕著な工業発展はみられなかったものの、炭鉱規模の拡大に伴う人口増大によって食料、衣服、日用雑貨などの商業が発展した(62)。

ところで、表8-12によって福岡県各市郡の県外からの人口移動をみると、中小炭鉱が多い嘉穂郡の粗流入は一九三〇年を除けば上位に位置しており、粗流入率も各都市よりも低いものの高い水準にある(63)。他方で、表8-13の通り、県内粗流入においても嘉穂郡は流入郡として上位に位置している。県内人口移動の特徴を詳しくみれば、三池郡、京都郡などの農業を主とする郡が流出地域となり、嘉穂郡などの石炭鉱業が盛んな地域と、八幡市などの工業都市に人口流入がみられる。福岡七都市（大牟田、久留米、小倉、福岡、門司、八幡、若松）の四年間の平均粗流入率は一七・三パーセントであり、平均二九・八パーセントの八幡市、平均二二・八パーセントの若松市がとりわけ高い粗流入率を示している。このように戦間期福岡県の鉱工業地域には活発な人口流入がみられた。こうした福岡県の労働人口の増加を背景とし、鉱業労働需要の安定した推移に対する産炭地域への人口流入は、過剰労働力をもたらし、後述する中小炭鉱の低賃金労働力の基盤になったと思われる。

三井鉱山、三菱鉱業、明治鉱業などの大企業の所有炭鉱は、二〇～三〇万トン規模に集中していた(64)。このうち、三〇万トン規模の田川・豊国・赤池・新入・方城炭鉱では、一九二〇年代末に、長壁法、カッター、コンベヤーの導入

表8-11　1936年の福岡県市郡別労働人口

順位	工業			商業		
	市郡名	人数(人)	割合(%)	市郡名	人数(人)	割合(%)
1	八幡市	60,702	18.6	八幡市	69,330	17.1
2	福岡市	50,572	15.5	福岡市	69,096	17.0
3	久留米市	21,293	6.5	久留米市	24,178	6.0
4	三潴郡	19,654	6.0	門司市	20,622	5.1
5	大牟田市	19,180	5.9	小倉市	19,311	4.8
6	門司市	18,538	5.7	八女郡	17,322	4.3
7	八女郡	17,466	5.4	田川郡	16,329	4.0
8	小倉市	14,838	4.6	若松市	16,238	4.0
9	戸畑市	11,011	3.4	嘉穂郡	15,132	3.7
10	若松市	10,526	3.2	三潴郡	13,275	3.3
11	田川郡	6,658	2.0	大牟田市	11,269	2.8
12	糟屋郡	6,470	2.0	糟屋郡	11,248	2.8
13	嘉穂郡	6,327	1.9	山門郡	10,860	2.7
14	山門郡	6,216	1.9	戸畑市	9,444	2.3
15	京都郡	5,556	1.7	朝倉郡	9,004	2.2
16	筑紫郡	5,508	1.7	鞍手郡	8,864	2.2
17	朝倉郡	5,478	1.7	三井郡	7,323	1.8
18	筑上郡	5,068	1.6	浮羽郡	7,146	1.8
19	三井郡	4,933	1.5	遠賀郡	6,287	1.6
20	浮羽郡	4,761	1.5	直方市	5,788	1.4
21	遠賀郡	4,608	1.4	筑紫郡	5,633	1.4
22	直方市	3,435	1.1	京都郡	5,632	1.4
23	鞍手郡	3,432	1.1	飯塚市	5,487	1.4
24	三池郡	3,005	0.9	筑上郡	5,125	1.3
25	糸島郡	2,721	0.8	糸島郡	4,089	1.0
26	飯塚市	2,639	0.8	宗像郡	4,081	1.0
27	企救郡	2,630	0.8	企救郡	3,036	0.7
28	宗像郡	1,946	0.6	三池郡	2,872	0.7
29	早良郡	544	0.2	早良郡	1,357	0.3

出所）福岡県知事官房統計課「福岡県統計書」1937年。
注）下線は産炭地を含む郡。

からなる「機械採炭」が普及していたのに対して、一〇万トン規模の麻生商店の吉隈炭鉱は、残柱式採炭方法が主流でありカッター、コンベヤーがほとんど使用されておらず、「機械採炭」が浸透していなかった[65]。

このように大企業においても技術選択の相違はあったが、ほとんどが五万トン以下からなる中小炭鉱は、労働集約的経営を行っていた。このことを詳しくみるために、新手炭鉱の生産コストを、第5章でみた大炭鉱である三井鉱山田川鉱業所（以下、田川と略す）[66]と比較しながらみてみよう。

表 8-12　福岡県の県外粗流入

（人・%）

1920年			1925年			1931年			1935年		
市郡名	粗流入	粗流入率	市郡名	粗流入	粗流入率	市郡名	粗流入	粗流入率	市郡名	粗流入	粗流入率
嘉穂郡	53,955	29.0	嘉穂郡	57,504	28.5	八幡市	61,965	35.6	八幡市	77,808	37.8
八幡市	41,133	40.5	門司市	44,495	46.2	門司市	45,974	41.1	嘉穂郡	59,010	29.7
門司市	37,784	51.2	八幡市	41,685	35.2	福岡市	33,347	14.3	福岡市	56,817	19.4
田川郡	31,845	19.8	鞍手郡	30,367	23.0	戸畑市	29,905	55.2	門司市	55,101	45.2
鞍手郡	31,471	23.3	戸畑市	20,378	50.5	嘉穂郡	28,848	13.1	戸畑市	38,165	54.9
遠賀郡	27,465	21.8	大牟田市	19,382	26.7	小倉市	26,106	28.0	小倉市	33,556	29.8
大牟田市	21,999	28.3	若松市	19,251	33.5	大牟田市	18,406	19.0	大牟田市	23,884	22.4
企救郡	16,434	18.9	福岡市	17,659	11.9	鞍手郡	18,059	21.1	田川郡	22,413	13.7
若松市	14,980	30.9	遠賀郡	14,246	15.4	若松市	17,461	25.9	鞍手郡	21,564	22.4
三池郡	10,624	15.1	小倉市	13,346	25.7	糟屋郡	15,889	15.1	糟屋郡	21,499	18.5
糟屋郡	10,205	11.2	糟屋郡	12,413	13.8	田川郡	14,552	9.9	若松市	18,807	25.5
小倉市	9,434	26.5	久留米市	5,977	7.9	遠賀郡	12,112	15.1	遠賀郡	16,283	17.8
福岡市	8,379	8.1	筑紫郡	1,259	1.4	久留米市	11,036	12.4	久留米市	10,006	10.9
筑紫郡	4,487	4.6	早良郡	816	2.2	直方市	5,059	12.3	飯塚市	4,389	11.1
早良郡	4,053	9.1	三池郡	−2,218	−2.8	早良郡	1,212	3.8	直方市	4,315	9.9
久留米市	2,277	4.6	田川郡	−2,838	−1.8	企救郡	−311	−0.8	企救郡	963	2.2
宗像郡	−3,062	−6.7	宗像郡	−3,367	−7.7	三池郡	−1,103	−2.2	筑紫郡	−1,517	−2.7
糸島郡	−5,290	−8.9	企救郡	−4,470	−7.4	三潴郡	−1,952	−1.9	早良郡	−2,038	−10.9
京都郡	−6,527	−11.4	朝倉郡	−13,155	−15.9	筑紫郡	−3,744	−6.2	三池郡	−2,108	−3.9
筑上郡	−9,073	−15.3	糸島郡	−17,727	−28.8	宗像郡	−4,801	−11.1	宗像郡	−6,209	−14.5
浮羽郡	−9,159	−17.4	浮羽郡	−28,914	−52.0	京都郡	−7,423	−11.6	京都郡	−9,396	−14.3
三潴郡	−9,458	−9.8	筑上郡	−31,821	−51.4	糸島郡	−9,311	−15.2	糸島郡	−10,239	−16.8
山門郡	−9,947	−12.9	京都郡	−33,532	−55.3	山門郡	−11,184	−13.8	山門郡	−10,400	−12.6
八女郡	−11,378	−9.7	三井郡	−39,568	−57.9	筑上郡	−12,472	−20.2	筑上郡	−14,369	−22.8
朝倉郡	−11,605	−14.9	三潴郡	−40,629	−40.7	浮羽郡	−13,279	−23.1	浮羽郡	−14,956	−25.8
三井郡	−12,523	−15.5	山門郡	−41,064	−52.6	朝倉郡	−13,735	−16.0	三潴郡	−15,621	−14.8
			八女郡	−49,487	−41.5	八女郡	−18,263	−14.5	朝倉郡	−16,439	−19.4
						三井郡	−18,290	−25.5	八女郡	−19,856	−15.2
									三井郡	−20,070	−28.0

出所）福岡県知事官房統計係（課）「福岡県統計書」各年。

注）粗流入＝入寄留−出寄留。粗流入率＝粗流入÷現住人口数（百分比で表示）。下線は産炭地を含む郡。

県外には、朝鮮、台湾、樺太、関東州、南洋が含まれる。

表 8-13　福岡県の県内粗流入

（人・%）

1920 年			1925 年			1931 年			1935 年		
市郡名	粗流入	粗流入率	市郡名	粗流入	粗流入率	市郡名	粗流入	粗流入率	市郡名	粗流入	粗流入率
八幡市	31,496	31.0	八幡市	36,844	31.1	八幡市	50,476	29.0	八幡市	57,591	28.0
嘉穂郡	31,116	16.7	福岡市	32,446	21.8	福岡市	42,064	18.0	福岡市	51,662	17.6
田川郡	21,647	13.5	嘉穂郡	32,270	16.0	嘉穂郡	16,136	7.3	嘉穂郡	23,652	11.9
大牟田市	18,511	23.8	田川郡	17,387	11.2	小倉市	15,924	17.1	小倉市	20,101	17.9
若松市	13,224	27.3	若松市	15,402	26.8	大牟田市	14,747	15.2	久留米市	14,020	15.2
鞍手郡	10,424	7.7	大牟田市	11,280	15.5	久留米市	13,644	15.3	田川郡	14,004	8.6
糟屋郡	9,781	10.8	門司市	10,961	11.4	若松市	12,255	18.2	若松市	13,915	18.8
遠賀郡	8,888	7.1	久留米市	10,690	14.2	田川郡	9,967	6.8	糟屋郡	11,806	10.2
門司市	7,767	10.5	戸畑市	8,437	20.9	糟屋郡	9,910	9.4	戸畑市	11,506	16.6
久留米市	6,099	12.3	鞍手郡	5,700	4.3	戸畑市	9,185	16.9	大牟田市	10,340	9.7
福岡市	3,585	3.5	小倉市	5,600	10.8	門司市	9,010	8.1	門司市	9,527	7.8
小倉市	3,083	8.7	糟屋郡	4,161	4.6	遠賀郡	4,316	5.4	飯塚市	7,791	19.6
企救郡	2,678	3.1	遠賀郡	2,195	2.4	直方市	2,596	6.3	遠賀郡	5,363	5.9
早良郡	1,285	2.9	三池郡	−203	−0.3	早良郡	1,759	5.6	鞍手郡	2,688	2.8
三池郡	−466	−0.7	早良郡	−324	−0.9	鞍手郡	−1,936	−2.3	直方市	2,175	5.0
筑紫郡	−936	−1.0	筑紫郡	−930	−1.1	三池郡	−2,855	−5.7	早良郡	−1,938	−10.4
糸島郡	−4,909	−8.3	企救郡	−2,281	−3.8	筑紫郡	−4,968	−8.3	筑紫郡	−3,692	−6.5
浮羽郡	−8,890	−16.9	糸島郡	−5,713	−9.3	企救郡	−5,558	−14.1	三池郡	−4,690	−8.7
宗像郡	−9,227	−20.3	浮羽郡	−10,012	−18.0	糸島郡	−8,218	−13.5	企救郡	−6,565	−15.1
三潴郡	−10,616	−11.0	筑上郡	−12,500	−20.2	浮羽郡	−10,791	−18.8	糸島郡	−10,924	−17.9
八女郡	−11,227	−9.6	三潴郡	−12,504	−12.5	京都郡	−13,509	−21.2	浮羽郡	−11,103	−19.1
筑上郡	−12,325	−20.8	京都郡	−13,344	−22.0	筑上郡	−14,386	−23.2	筑上郡	−13,760	−21.8
三井郡	−12,683	−15.7	三井郡	−13,804	−20.2	三潴郡	−14,804	−14.3	京都郡	−14,007	−21.2
山門郡	−13,574	−17.6	宗像郡	−13,979	−32.2	宗像郡	−15,265	−35.3	宗像郡	−16,430	−38.3
京都郡	−14,167	−24.8	八女郡	−15,032	−12.6	三井郡	−15,776	−22.0	三井郡	−17,587	−24.6
朝倉郡	−19,156	−24.7	山門郡	−17,526	−22.4	八女郡	−18,702	−14.8	山門郡	−19,209	−23.2
			朝倉郡	−19,417	−23.5	朝倉郡	−20,322	−23.7	三潴郡	−19,474	−18.4
						山門郡	−20,866	−25.8	八女郡	−20,750	−15.9
									朝倉郡	−22,138	−26.1

出所）表 8-12 に同じ。
注）表 8-12 に同じ。

表 8-14　新手炭鉱（本坑）と三井田川鉱業所のトン当たり生産費の比較

項目	1931 年		1932 年		1933 年		1934 年	
	実数（千円）	割合（%）	実数（千円）	割合（%）	実数（千円）	割合（%）	実数（千円）	割合（%）
坑内費	75	46.9	163	42.8	262	53.9	138	40.4
機械費	9	5.6	34	8.9	44	9.1	22	6.4
事務所費	38	23.8	84	22.0	105	21.6	69	20.2
運炭・検炭費	18	11.3	56	14.7	22	4.5	11	3.2
その他	20	12.5	44	11.5	53	10.9	102	29.8
合計（A）	160	100	381	100	486	100	342	100
出炭量（千トン）（B）	33		80		100		81	
トン当たりコスト（円）（A/B）	4.92		4.75		4.87		4.22	
三井田川生産費	4.14		3.59		3.36		3.95	

出所）「決算書」、各期「小林鉱業所資料」No. 448～452、461、468。『田川鉱業所沿革史』第1巻（表 5-1 参照）。

注）営業費は、1931 年が 9～12 月、32 年が 1～11 月、33 年が 1～8、10～12 月、34 年が 1～6、10～11 月の数値。その他は、営繕費、売炭費、警務費の合計。

表8-14に示されているように、新手のトン当たりコストは、一九三一年と三四年を比較すると低下している。注目すべきは、例えば一九三四年において新手のトン当たりコスト四・二二円が、表8-14に示されている田川のトン当たりコスト三・九五円をわずかに上回っているにすぎず、新手が大規模炭鉱とほぼ同じ費用で生産していることである。このことは新手が生産費面で大炭鉱と対等に競争できたことを意味していよう。

生産費の内訳について検討したい。表8-14に示されているように、新手は坑内費が全体の四〇～五〇パーセントほどを占めている。このうち全体の一〇パーセントほどを占める坑木と火薬費[67]を除いた残りのほとんどが鉱夫賃金であった。選炭夫・棹取・馬引き賃金を含んだ運炭・検炭費もほとんどが鉱夫賃金であったため、新手の総費用のおよそ五〇パーセントが労賃で占められていた。他方で、第5章でみたように、田川のトン当たり総生産費に占める鉱夫賃金の割合は、一九二〇年代に減少し、一九三四年には全体の二六パーセントになった。このように新手は、田川と比べて生産費に占める鉱夫賃金の割合が大きかった。

ただし、表8-15に示されているように、新手は一九三三～三四年に機械を導入している。石炭採掘は大きく採炭、切羽運搬、坑道

表8-15　新手炭鉱の機械導入

導入年	設置場所	種類	構造	製造所
1932	本坑坑内	タービン	20立方尺	峯鉄工所
1933	本坑坑内	電動機	20馬力	日立製作所
	小松浦坑坑内	タービン	水量20立方尺	安川製作所
	小松浦坑坑内	電動機	15馬力	安川製作所
	小松浦坑坑内	タービン	30立方尺	日立製作所
	小松浦坑坑内	電動機	45馬力	日立製作所
	坑内	揮発油安全灯	ウルス式ボンネット型（750個）	本田商会
1934	本坑坑内	タービン	30立方尺	東鉄工所
	本坑坑内	デートン	水量13立方尺	直方福場鉄工所
	本坑坑内	電動機	75馬力	日立製作所
	地上	電気巻揚機	50馬力	大塚鉄工所
	地上	電動機	50馬力	三菱製作所
	貴船坑坑内	タービン	40立方尺	三菱製作所
	貴船坑坑内	電動機	50馬力	九州電灯鉄道（株）
	小松浦坑坑内	ベルト式プランジャーポンプ	水量13立方尺	直方福場鉄工所
	小松浦坑坑内	電動機	75馬力	日立製作所
	地上	電気巻揚機	百馬力	直方福場鉄工所
1935	坑内	電機安全灯	G・S型（21個）	日本電池（株）
不詳	本坑坑内	電動機	40馬力	三菱製作所

出所）「鉱業財団追加目録」「小林鉱業所資料」No. 523。

運搬、選炭の各過程と坑道掘進や排水などの基本過程に分けられる。新手が導入した機械は、坑内から炭函を引き上げる巻揚機、排水用のタービン、デートン、ポンプ、これらの動力源となる電動機などであり、新手は前述した選炭機を加えると坑道運搬、選炭部門と排水過程に設備投資をしていた。しかし、新手の採炭、切羽運搬両部門は、全く機械が導入されず、人力に基づく労働集約的採炭に依存していた。他方、第5章でみたように、田川などの大規模炭鉱は、一九二〇年代後半、一九三〇年代はじめにかけてコールカッター、ドリルを導入することによって採炭部門を資本集約化し、切羽運搬部門においては坑内女性労働力を切羽運搬機におき換えた。田川では、一九二〇年に一万人であった鉱夫数が二五年八〇〇〇人、三一年四〇〇〇人と減少し(68)、機械導入によって一九二〇年代後半から採炭夫を大きく削減することに成功した。

新手が採炭、切羽運搬の両部門において労働集約的であったのは、第一に資金力に限界があったことよりも、炭層の条件に大きく左右されていたことを強調すべきであろう。田川の炭層の高さが二メートル以上あったのに対して、新手ではカッターやドリルの導入が困難な〇・八メートルに満たない薄層であり(69)、採炭を人力に依存する他なかった。第二に、新手が女性労働力を使用できたことが重要であった。多くの大規模炭鉱は、一九二八年の鉱夫労役規則の改正により、坑内女性労働が三三年九月から禁止されたことに影響を受けた。坑内女性労働の主な仕事は、切羽で採掘された石炭をスラないし背籠で本坑道まで運搬することであったため、これが禁止されることにより切羽運搬機への転換が促された(70)。しかし、互助会は、坑内女性労働が禁止されると多くの失業者がでるという理由で鉱山監督局に陳情した結果、薄層および残炭整理をする一二一炭鉱に対しては、女性および年少者の坑内労働が認められた(71)。このように、新手は鉱夫労役規則改正後も女性労働力を使用できたため、大炭鉱のように切羽運搬機の導入を進める必要がなかった。

新手の採炭および運搬両部門について詳しくみてみよう。新手の坑内労働者数は、一九三二年一二月に男性五二二人、女性一〇九人(72)、三五年一〇月に男性三二二人、女性一一三人であり(73)、約一七～二七パーセントの坑内女性労働力を使用していた。表8-16に示されているように、小林鉱業所では、多くの切羽において、男女ともに採炭労働に従事している。これは、男性がノミなどを用いて採掘し、掘り出された石炭を女性がスラで炭函に集め、それを坑内の巻揚げ地点まで手押する男女共同作業（これを一先《ひとさき》という）であった(74)。

表8-16からは、同様の作業が男性のみで行われていたことが窺える。ほとんどの場合、採炭労働は男女合わせて二～三人であったが、「左二片払」や「右二〇払」のようにそれぞれ一八人で稼業される場合もあった。この切羽では、採炭能率を高めるために切羽の横幅を広くとる長壁法が採用され、集団労働による生産性の上昇が目指されて

表 8-16　小林鉱業所の切羽の状況

番号	切羽数	切羽名	採炭夫構成(人) 男	女	同姓	賃金計算(函数:函、単価・賃金:円) 出炭函数	正味函数(A)	函当単価(B)	賃金(C)	賞与・副業(円) 出炭賞与(D)	副業(E)	合計(F)(円)	引去金(円) 貸金(G)	その他(H)	支払額(I)(円)	一人当たり賃金(円)
1		左 1 片 12 昇	1	1		6	5.7	0.8	4.56	0.85	2	5.61	0.27	0.04	5.3	2.7
2		左 1 片 12 昇	1			2	1.8	0.8	1.44	0.18		1.62	0.15	0.02	1.45	1.5
3	1	左 1 片 12 昇	2	1	(男女 1 組)	7	7	0.8	5.6	1.05		6.65	0.24	0.06	6.35	2.1
4		左 1 片 14 昇	1	1		4	4	0.8	3.2	0.6		3.8	0.36	0.04	3.4	1.7
5	2	左 1 片 14 昇	1	1	○	5	4.6	0.8	3.68	0.69	2	4.57	0.43	0.04	4.1	2.1
6	3	左 2 片 18 昇	2		○	4	3.9	0.8	3.12	0.39	0.1	3.61	0.1	0.3	3.21	1.6
7	4	左 2 片 3 昇	1	1		4	4	0.8	3.2	0.6	0.2	4		0.44	3.56	1.8
8	5	左 2 片払	13	5	(男女 3 組)	30	29.5	0.85	25.07	1.47	0.1	26.64	1.7	0.09	24.85	1.4
9	6	左 3 片 1 昇	3		○	2	1.7	0.35	0.59			0.59			0.59	0.2
10	7	左 3 片 6 延	2			20	1.9	0.35	0.66			0.66			0.66	0.3
11	8	左 3 片昇上	2		○	2	1.9	0.35	0.66			0.66			0.66	0.3
12	9	左 3 片右延	2			2	1.8	0.35	0.63			0.63			0.63	0.3
13	10	左 4 片延	3			4	3.8	0.35	1.33			1.33			1.33	0.4
14	11	右 1 片 24 昇	1	1		3	2.6	0.8	2.08		0.1	2.18	0.1	0.04	2.04	1.0
15	12	右 1 片 25 昇	1	1	○	4	3.8	0.8	3.04	0.38	0.1	3.52		0.39	3.13	1.6
16		右 1 片 27 昇	1	1		2	1.8	0.8	1.44	0.1		1.54	0.15	0.04	1.35	0.7
17	13	右 1 片 27 昇	1	1		3	2.6	0.8	2.08		0.1	2.18		0.04	2.14	1.1
18	14	右 1 片昇	1	1		2	1.8	0.35	0.63			0.63			0.63	0.3
19	15	右 2 片大延	1	2		3	2.9	0.35	1.01			1.01			1.01	0.3
20		右 3 片 1 昇	1	1		1	0.9	0.8	0.72			0.72			0.68	0.3
21	16	右 3 片 1 昇	1			2	1.8	0.7	1.26			1.26		0.02	1.24	1.2
22	17	右 3 片 6 延	1	1		1	0.9	0.35	0.31			0.31			0.31	0.2
23		右 4 片大延	3			3	2.9	0.35	1.01			1.01			1.01	0.3
24	18	右 4 片大延	1			1	1	0.35	0.35			0.35			0.35	0.4
25	19	右 20 払	12	6		31	30.5	0.85	25.92	1.52	0.2	27.64	1.05	0.36	26.23	1.5
26	20	本卸	3			4	3.9	0.35	1.36			1.36			1.36	0.5
27	21	本卸延	2			1	1	0.35	3.5			3.5			3.5	1.8
28	22	不明	1			2	2	0.8	1.6	0.3		1.9	0.18	0.02	1.7	1.7
29	23	不明	1	1		3	2.8	0.8	2.24		0.1	2.31	0.23	0.01	2.07	1.0
30	24	不明	1			2	1.9	0.7	1.33	0.19		1.52	0.15	0.02	1.35	1.4
31	25	不明	2	2		6	5.7	0.85	4.84			4.84	1.2	−0.82	4.46	1.1
32	26	不明	1	2		1	0.9	0.35	0.31			0.31			0.31	0.1
33	27	不明	1	1	○	3	2.6	0.35	0.91			0.91			0.91	0.5
34	28	不明	2			1	0.8	0.35	0.28			0.28			0.28	0.1
35	29	不明	3			1	0.9	0.35	0.31			0.31			0.31	0.1

出所）「総括表」「小林鉱業所資料」No. 850。
注）資料は 1935 年 10 月 19 日のもの。(C) = (A) × (B)、(F) = (C) + (D) + (E)、(I) = (F) − (G) − (H)。

いた[75]。この他にも「左一片一二昇」をはじめ合計五つの切羽で長壁法が採用されていたが、多くの切羽は一先採炭からなっていた。他方、同時期の田川では、長壁法の普及と機械導入によって、二〇～四〇人の鉱夫が共同で採炭に従事する「自治切羽」制と呼ばれる鉱夫の集団労働が定着し、高い生産性を上げていた[76]。このように新手では、少数の切羽で長壁法に基づく集団労働が行われていたものの、男女共同作業を主体とする労働集約的採炭が多くを占めていた。

これら採炭労働には、夫婦ないし家族で行われる場合もあった。表8-16に示されているように、同姓の者が一〇組二一人存在し[77]、「左二片払」には夫婦とその娘と思われる者や、「左三片昇上」には父子関係にあると推測される者が労働していた。ほとんどの鉱夫は炭鉱の提供する納屋に住居しており、一九三二年の納屋住居者は五一〇人（八五パーセント）、他方、通勤者は九二人（一五パーセント）、三五年にはそれぞれ五七一人（九一パーセント）、五九人（九パーセント）であった[78]。ここから坑内鉱夫は、労務監督者の名前をとった「花本組」、「金子組」、「坂井組」、「東組」に分けられ切羽へ配置されていた。納屋在住鉱夫の就業率は、一九三二年と三五年の平均で七二・二パーセントであり[79]、同時期の田川の就業率八四・〇パーセントと比べると低い[80]。田川と比べて新手の就業率が低い一つの理由として、負傷率の相対的高さが挙げられる。新手の死傷対稼動延人員千分率が一九三五年に二・五パーセントであったのに対して、田川のそれが一・一パーセントであり、新手のほうが二倍以上高かった[81]。これはおそらく、新手のノミなどを用いた手掘り採炭と薄層による坑内環境の悪さに起因していたのであろう。

採炭および切羽運搬両部門に機械を導入し、長壁法に基づく集団労働を進展させた田川と、採炭部門を人力に依存した新手との生産性には大きな格差が存在した。田川の採炭夫一人一日当たり出炭量は、一九二〇～二五年に平均一・四トンであったが、一九二〇年代後半から一九三〇年代に大きく伸び、一九二六～三〇年平均二・四トン、一九三一～三五年平均五・二トンに上昇した[82]。他方、新手の採炭夫一人一日当たり出炭量は、一九三四年〇・八七トン、三五

表8-17　筑豊における出炭規模別賃金格差

（円）

出炭規模	1913年	1917年	1925・26年	出炭規模	1935年8月
40万トン以上	0.85	1.08	2.01	4万トン以上	2.64
20～30万トン	0.81	1.04	1.88	2～4万トン	2.04
10～20万トン	0.84	1.14	1.89	1～2万トン	1.79
5～10万トン	0.76	1.23	1.80	0.5～1万トン	1.52
5万トン以下	0.79	1.06		0.5万トン以下	1.31

出所）農商務（商工）省鉱山局『本邦重要鉱山要覧』1913、17、25・26年。筑豊石炭鉱業会「筑豊主要炭鉱現況調査表」、筑豊石炭鉱業互助会「筑豊石炭鉱業互助会炭鉱現況調査表」、『職業紹介文書』所収。

注）空欄はデータなし。

年〇・九七トンであり[83]、一九三〇年代に田川と一人一日当たり四トン以上の生産性格差が生じていた。

(2)　低賃金労働力の使用

新手が労働集約的経営をすることができた重要な要因には、大炭鉱と比べて低賃金労働力を利用できたことが挙げられる。

ここで表8-17によって規模別賃金格差の動向をみてみたい。一九一三年および一七年には出炭規模別の賃金格差はみられなかったが、一九二五・二六年には四〇万トン以上の炭鉱の賃金が一〇～三〇万トンの炭鉱の賃金を大きく上回り、一〇～三〇万トンと五～一〇万トン以下の炭鉱とに小さな格差が生じているものの、三五年八月には出炭規模による賃金格差がみられる。こうしてみれば、一九二〇年代後半を通して賃金格差は進んで行き、一九三〇年代前半に構造化していたといえよう。

このことを踏まえて今一度前掲表8-16をみてみたい。採炭夫への賃金支払いは、一日の出炭函数から商品とならない硬を差し引いた正味函数に、賃金単価を掛けることによって計算された。これに一定以上を出炭した鉱夫に対する出炭賞与金と、坑木の枠組みなどに対する副業金が加算されることもあり、貸金や衛生料などが差し引かれることもあった。同表に示されているように、採炭夫の一人一日当たり賃金には大きな差があり、最高二・七円、最低〇・一円、過半数以上が〇・五円以下であり、平均一・〇円であった。この高低は切羽ごとの賃金単価に基づいていた。単価は函当たり〇・八円と〇・三五円の切羽の大きく二つに分けられ、〇・八円の切羽で働く鉱夫の平均賃金は一・五円で、〇・三五円の単価の鉱夫は〇・四円であった。この格差について明確にする資料はないが、同一鉱区内において炭質の差がそれほど大きくはないと考えると、採炭の難易度に基づいた鉱夫の熟練の高低によって賃金単価は設けられていたと思われる。また、集団労働からなる切羽の賃金単価が高くなっており、賃金単価を引き上げることで採炭夫に労働のインセンティブが与えられていたと考えられる。

さらに、表8-16を詳しくみれば、「左一片一二昇」（番号二）と「右一片二七昇」（番号一七）で就業した鉱夫の間に二倍の賃金格差がある。これは、両切羽ともに男女二名、函当たり単価〇・八円であったが、出炭函数に二倍の差が生じたことに基づいていた。両鉱夫ともに早朝から午後にかけて就業する一番方であったため、大きな労働時間の差はなかったと考えられる。こうした同じ条件の下で発生した炭鉱内の賃金格差は、採炭夫のもつ熟練の差にあったといえよう。こうしてみると、第5章でみた技術導入とともに大炭鉱において「手掘り」に対する熟練が希薄化していったのとは対照的に、中小炭鉱の鉱夫には「手掘り」の技術が必要であった。

このように小林鉱業所所有炭鉱内に賃金差が生じていたものの、一九三五年の三井田川の採炭夫一人一日当たり賃金が二・一円であったことと比較すると、小林鉱業所の平均一・〇円は相対的に低賃金であった。また、小林鉱業所では三井田川に匹敵した二円以上の賃金を手にした鉱夫は、二九人中三名にすぎなかった。こうした賃金格差が発生した主要因は、函当単価の高低にあったと思われる。ただし、田川の採炭夫の函当単価は、「炭及び硬の種類」、「作業個所の温度」、「危険の程度」、「天井の高低」、「運搬の便否」、「入昇坑の便否」などによって決められたが、(84)その金額は明らかにはならない。とはいうものの、一九三四～三五年の田川の労働日数が二四日、新手のそれが二五日とほぼ等しく、(85)田川よりも新手の労働時間が多少長かったとしても、平均賃金の一円以上の差が開くことからも、やはり中小炭鉱が低賃金支払いであったことを立証できよう。

第5節　結語

小林鉱業所新手炭鉱は、一九三〇年から三五年にかけて経営規模を拡大した。この市場面における拡大要因からみていくと、第一に炭質が大炭鉱に匹敵するほど良好であったこと、第二に石炭商から販路を確保されていたこと、第三に選炭機を導入して鉄道省への販売に成功したことを挙げられよう。生産面においては、第四に大炭鉱の生産費を多少上回るコストで採炭しており、これを可能とした要因としては、低賃金労働力を使用した労働集約的経営を選択していたことを指摘できる。資金面では、第五に石炭商からの運転資金の供与とともに、興銀の長期資金供与が経営規模拡大を支えていたことが挙げられる。

とりわけ、新手と石炭商との関係は重要であった。新手は石炭商から資金を供給されるとともに円滑に販売代金を回収し、その運転資金によって増産が可能となり、さらに販路も確保されていた。石炭商にとっても需要増大期に新手に資金供与して新手炭を確保することが有利になる。石炭商は資力のない炭鉱に資金供与を行うことで独占的販売権を獲得し、その資金供与の見返りに炭鉱から廉価な石炭買い取りをするという、搾取の主体として解釈されることもあった(86)。しかし、需要が増大するこの時期には、より多くの石炭を確保しようとする石炭商間の競争も激化するため、炭鉱へ資金を供与することで安定した石炭供給を得ようとしていたと考えられる。つまり、この時期における新手と石炭商は共存関係あったといえる。

新手の経営規模拡大にとって最も重要な要因は、景気回復期の需要増大であったように思われる。しかし、需要が拡大したとしてもそれが必ずしも生産の拡大に結びつくとは限らず、新手の場合、石炭商による販路の確保や鉄道省への販売に成功したことが重要であった。また、新手の経営規模拡大にとって興銀からの融資は重要な意味をもっていた。新手は労働集約的な経営をしていたが、事業拡張に多額な資金を必要としており、三井や三菱のような財閥系企業のように旺盛な資金力を欠いているため、興銀からの融資は不可欠であった。

しかし、新手の経営拡大には限界があった。新手は操業期から着実に事業を拡大してきたが、一九三五年に大雨による河川氾濫のために水害に遭遇してしまう。つまり「未曾有ノ大雨不幸ニシテ、我ガ社重要坑ナル新手本坑ノ罹災ニ多大ナル損害ヲ蒙リ、為ニ金融其他ニ之ガ影響ヲ来シ所謂非常事態状態」となったのである(87)。その後も新手は新坑を開鑿していたため順調に出炭を続けることができたが、修復工事に多額の資金を必要とし興銀への返済も滞ってしまった(88)。だが、このような状況のなかでも、経営者小林勇平は「不撓不屈加ヘテ土井炭坑ノ新規事業ニ着手」しようとしたため(89)、重役たちから批判がおこった。そして、一九三七年九月に小林鉱業株式会社は九州採炭株式会社と社名を変更するとともに小林は経営権を重役たちに奪われてしまった(90)。

新手は浸水を免れるために高台に坑口を開くなどのリスクに対する投資をしてなかったため、経営体制が動揺した。しかしこの偶発的天災を除けば、ここで最も主張したいことは、新手が石炭市場、生産コスト両面で大規模炭鉱と対等に競争して経営規模を拡大したことである。したがって、大炭鉱の寡占下において中小炭鉱が成長する余地が残されていたといえる。

しかし労働面において新手は、大炭鉱と比べ相対的に低賃金労働を利用し、薄層や手掘採炭のため負傷率も高い悪条件であり、大炭鉱と中小炭鉱との格差は存在する。だが、新手側からみると豊富な労働力を利用し、労働集約的技術を選択することによって、大炭鉱に匹敵するコストを維持することができたといえる。それゆえ、労働条件や賃金などの格差のみによって中小炭鉱の後進性を論じられない。

むしろ問題は、大炭鉱よりも低賃金で悪条件の労働をする鉱夫がなぜ存在していたかということになろう。この点に関しては、本章は立ち入った検討をすることができなかったが、大炭鉱の平均賃金に匹敵する支払いを受ける鉱夫も存在していたし、夫婦や親族での就業によって一人当たり賃金の低さを補っていた場合もあろう。また、福岡県経済の拡大と労働力人口の伸びを背景に、さらには第5章でみたような大炭鉱の鉱夫の定着化によって、過剰労働力人口が形成され、低賃金で働く労働者が創出されたものと思われる。

注

（1）小林の経歴については以後断りのない限り、佐藤豊『西部炭鉱名士選集』西部炭鉱名士選集刊行会、一九三六年、三七九頁。『木屋瀬町史』筑豊之実業社、一九二六年、三八〜三九頁による。

（2）例えば、小林は毎日採炭夫男女一五組の繰り込みと賃金計算をしていた（「採炭支払帳《佐藤鉱業所第一坑小林納屋》大正五年八月起」「小林鉱業文書」（北九州公文書館所蔵）、一二）。

（3）「帝国炭業株式会社猪位金鉱業所　経歴書」「小林鉱業所資料」（九州大学附属図書館付設記録資料館産業経済資料部門所蔵）、二八一。視察日は一九二二年一二月一四日。なお、以後、引用する特記しない場合の「小林鉱業所資料」は九州大学所蔵のもの。

（4）「契約ニ関スル書類」「小林鉱業所資料」二八五。ただし、「出炭送炭ニ要スル費用」のうち、選炭及積込費、鉱業税同附課税、石炭採掘ニ依ル地表陥落保証金、測量費は帝炭の費用とされた。

（5）前掲「契約ニ関スル書類」。

（6）前掲「帝国炭業株式会社猪位金炭鉱鉱業所視察報告」。

（7）以下、断りのない限り、「各所往復文書」「小林鉱業所資料」二八一による。

（8）「所長専用文書」「小林鉱業所史料」七。

（9）前掲「所長専用文書」。

（10）前掲『沿線炭鉱要覧』一九二八年、五頁。「小林鉱業所資料」六七。

（11）筑豊石炭鉱業組合『筑豊石炭鉱業要覧』一九二三年、九三頁。

(12) 「昭和八年五月現在楠橋炭鉱負債調査書」「小林鉱業所資料」七〇。
(13) 荻野［二〇〇〇］五三三〜五四四頁。
(14) 福岡県鉱工連合会『福岡県鉱山工場大観』一九三四年、四〇六頁。
(15) 筑豊石炭鉱業史年表編纂委員会『筑豊石炭鉱業史年表』西日本文化協会、一九七三年、三六八、三七六頁。
(16) 石炭鉱業連合会『石炭統計』一九三六年、一二頁。
(17) 福岡鉱山監督局『管内鉱区一覧』各年。
(18) 前掲『筑豊石炭鉱業史年表』三七〇頁。
(19) 『全国多額納税者一覧』一九三一年、復刻：渋谷隆一編『大正昭和日本全国資産家地主資料集成Ｉ』柏書房、一九八五年。
(20) 『全国多額納税者一覧』一九三三年、復刻：前掲『大正昭和日本全国資産家地主資料集成Ｉ』一六七頁。
(21) 熊見愛太郎「石炭鉱企業に就いて」九州鉱山学会『九州鉱山学会誌』第二巻第七号、一九二九年。
(22) 前掲『福岡県鉱山工場大観』四三四頁。
(23) 山野の一九三五年の出炭量はおよそ六四万トン（新手の約五倍）であった（前掲福岡『管内鉱区一覧』一九三六年）。
(24) また、新手は積出港若松・戸畑に近く地理的条件に恵まれていた。新手炭は約六〇パーセントが若松、約三〇パーセントが戸畑駅に輸送されていた。新手駅からのトン当たり鉄道輸送費は若松駅までが〇・五三円、戸畑駅までが〇・六〇円であり、九州線におけるトン当たり平均運賃が一九三〇年代前半にほぼ一・〇円であったことと比較すると、新手の地理的優位性が明らかになる。
(25) 前掲「決算書」各期。
(26) 日本銀行調査局『筑豊石炭ニ関スル調査』一九三一年、五七頁。
(27) 新手の事例とは異なるが、鉄道省への販売量が大きい豊州炭鉱の経営者である福田定次は、炭価上昇期にも炭価安定を理由に鉄道省への販売を止めないように鉱長に命じていた（福田文子、福田洋子氏からの二〇〇〇年一二月の聞取りによる）。
(28) 「石炭類売買契約書」「小林鉱業所資料」六九。
(29) 前掲「石炭類売買契約書」。
(30) 水野良象『石炭読本』春秋社、一九五八年、二四頁。

(31) 商工省鉱山局『本邦鉱業ノ趨勢』一九三二年、四四三頁。
(32) 前掲「決算書」一九三一年。
(33) 藤沢薬品工業『藤沢薬品　七〇年史』一九六六年、六二一～六二三頁。
(34) 「領収書綴」「小林鉱業所資料」四三七。
(35) 前掲「領収書綴」。
(36) 前掲「決算書」一九三四年。鉱業財団とは鉱業抵当法に基づき採掘権者が抵当権を行使する場合に設立するものである（久保山雄三『石炭大観』公論社、一九四二年、二八九頁）。
(37) 「鉱業財団追加目録」「小林鉱業所資料」五二三。
(38) 「日本興業銀行関係重要書類」「小林鉱業所資料」四四四。同資料には、鉄道省とともに八幡製鉄所販売代金が興銀の小林名義預金に納められている。
(39) 前掲「筑豊石炭ニ関スル調査」六一～六二頁。
(40) 日本興業銀行臨時資料室『日本興業銀行五十年史』一九五七年、「巻末諸表」、一七頁。
(41) 前掲『日本興業銀行五十年史』三四八頁。同書第一〇六表によれば、鉱業部門の融資額は一九三二年一万円、三三年九〇〇〇円、三四年八〇〇〇円である。
(42) 「新手採炭株式会社の全貌」（中間市市史編纂室所蔵）、一九三八年。
(43) 前掲「日本興業銀行関係重要書類」。
(44) 丁［一九九一b］七八頁。三井鉱山、三菱鉱業、北海道炭鉱汽船は上期・下期末平均、明治鉱業、貝島炭礦は上期末のデータ。なお、貝島鉱業は一九三一年に大辻岩屋炭礦との合併により貝島炭礦株式会社と改称。
(45) 前掲「日本興業銀行関係重要書類」。
(46) 「第壱期　営業報告書」「小林鉱業所資料」三〇。
(47) 中平商店は、若松で荷受した石炭を大阪などの各地消費地石炭商とともに、東洋紡績、帝国人絹、帝国化工に販売していた（中平商店の経営者中平竹三郎の息子である中平俊介氏の御教示による）。
(48) 宗像半之助（能美守人編）『国を出て四十七年』宗像商会、一九二七年。

(49)「西部石炭輸送統制㈱記録綴（二）見積書・契約書」（福岡県立図書館所蔵）。
(50) 前掲「西部石炭輸送統制㈱記録綴（三）見積書・契約書」。
(51) 前掲「西部石炭輸送統制㈱記録綴（三）見積書・契約書」。
(52) 前掲「決算書」各年。
(53) 前掲「決算書」一九三二年。
(54) 前掲「決算書」一九三一年。
(55) 前掲「決算書」各年。
(56) 前掲「決算書」一九三一年。
(57) 前掲「決算書」一九三三年。
(58) 前掲「決算書」一九三三年。
(59) 前掲「決算書」一九三三年。
(60) 福岡県知事官房統計係（課）「福岡県統計書」、各年、「職業別人口」、「工業人口」、「商業人口」。なお、就業者数は、「専業」と「兼業」の「主たる業務」、「従たる業務」の合計値。
(61) 前掲「福岡県統計書」各年。
(62) 田川市史編纂委員会『田川市史　中巻』田川市役所、六五二～六五八頁。
(63) 三井鉱山田川鉱業所が主要炭鉱であった田川郡の粗流入は、一九二五年が流出に転じたように、二〇年の水準から減少しており、大炭鉱の鉱夫需要の減少が県外からの人口流入を制約していたと思われる。
(64) 前掲福岡『管内鉱区一覧』一九三二年。
(65)「炭山概況」筑豊石炭鉱業組合『筑豊石炭鉱業組合月報』第二六巻第三二〇号、一九三〇年。
(66) 田川の三五年の出炭量はおよそ二二〇万トン（新手の約九倍）であった（前掲福岡『管内鉱区一覧』一九三六年）。
(67) 坑木・火薬費は一九三二年で四六・三千円（九・五パーセント）であった（前掲「決算書」、一九三四年）。
(68)『三井田川鉱業所沿革史』（三井鉱山所蔵三井文庫保管）、第七巻、「毎年別年令別職別従業員数調」。
(69) 前掲『沿線炭鉱要覧』二一一頁。

(70) 田中・荻野［一九七九］。
(71) 労働省『労働行政史』労働法令協会、一九六一年、二八七頁。
(72)「警務日報」「小林鉱業所資料」四二九。
(73)「労務日報」「小林鉱業所資料」四〇〇。
(74) 前掲『福岡県鉱山工場大観』四三五頁。
(75) 前掲『福岡県鉱山工場大観』四三四頁。
(76) 前掲『三井事業史』一〇一頁。
(77) 同資料には、男性の姓名と並んで女性が「同（名）」と記されていることから、明らかに夫婦といえる。
(78)「警務日報」「小林鉱業所資料」四二九。「労務日報」「小林鉱業所資料」一九一、八二。
(79) 前掲「警務日報」、前掲「労務日報」。
(80) 筑豊石炭鉱業会「筑豊主要炭鉱現況調査表」一九三六年一月、『職業紹介文書』（東京大学経済学部図書館所蔵）所収。
(81) 前掲「筑豊主要炭鉱現況調査表」。筑豊石炭鉱業互助会「筑豊石炭鉱業互助会炭鉱現況調査表」、一九三五年二月、『職業紹介文書』（東京大学経済学部図書館所蔵）所収。死傷稼動延人員千分率＝（死亡者数＋負傷者数）／全鉱夫稼動延人員×一〇〇〇。
(82)『三井鉱山五十年史稿』（三井鉱山所蔵三井文庫保管）、第一五巻、第四章「能率」付表。
(83) 前掲「筑豊石炭鉱業互助会炭鉱現況調査表」。
(84) 前掲『田川鉱業所沿革史』第七巻、二九八〜二九九、三〇二頁。
(85) 前掲「筑豊石炭鉱業互助会炭鉱現況調査表」。筑豊石炭鉱業会「筑豊主要炭鉱現況調査票」、一九三五年一月、『職業紹介文書』（東京大学経済学部図書館所蔵）所収。
(86) 熊味愛太郎「石炭鉱企業に就いて」『九州鉱山学会誌』第二巻第七号（一九二九年）。
(87) 前掲「第壱期　営業報告書」。
(88) 興銀から新手への請求書は次の通りである（「日本興業銀行諸領収書」「小林鉱業所資料」五七四）。

請　求　書

一金七百円也
　但第一次御借用金ニ対スル昭和拾壱年七月拾日期日御返済分
一金六十五円八拾七銭也
　但同右ニ対スル自至昭和拾壱年六七月拾壱拾日壱ヶ月間利息@八・五パーセント
一金四千九百円也
　但同右ニ対スル昭和拾年弐月以降内入金（七口）
一金参拾四円拾三銭也
　但同右ニ対スル自至昭和拾壱年六七月拾壱拾日参〇日間延滞利息@八・五パーセント
一金壱千五百円也
　但第二次御借用金ニ対スル昭和拾壱年七月拾日期日御返済分
一金二百拾壱円五拾銭也
　但同右ニ対スル自至昭和拾壱年六七月拾壱拾日三拾日間利息@七・五パーセント
一金壱万五百円也
　但同右ニ対スル昭和拾年弐月以降内入金（七口）
一金六拾四円五拾四銭也
　但同右ニ対スル自至昭和拾壱年六七月拾壱拾日三拾日間延滞利息@七・五パーセント
合計金壱万七千九百七拾円四銭也　印
　右金額来ル七月拾日迄ニ御入金被下度比度御請求申上候也
　　昭和拾壱年六月弐九日
　　　　　　　　　　　㈱日本興業銀行福岡支店　印
　小林勇平殿
小林鉱業株式会社殿

(89)　前掲「第壱期　営業報告書」。

(90)　九州採炭株式会社の代表取締役は、小林鉱業の設立当時から会計部門に携ってきた野見山謙二であった。同社は一九三九年に筑豊で炭鉱経営をする藤井鉱業株式会社の経営者であり、北九州若松の商工会の重鎮でもあった藤井伊蔵から「大量公募増資の際に、(中略)、株式譲渡によって支配」された(西日本経済新聞部『西日本財界を動かす百人』一九四九年、二一五頁)。しかし、実際の経営は野見が主導しており、「現社長藤井伊蔵氏も亦社務に当たるのは稀にして、その実際的経営は犬丸重役と計り殆ど野見山常務の手によってなされて」おり、「殆ど独裁的な快腕を振ひ来つ」ていた(上瀧菊一『鉱業界名士大鑑(前編)』九州人物公論社鉱業界名士大鑑編纂部、一九三九年、八九頁)。新手の経営規模は、野見山の経営下で一旦縮小したが、戦時統制下に藤井の手によって再び周辺鉱区を合併され大きく拡大した(前掲『石炭大観』五五六頁)。

第9章　中小炭鉱と三井物産

第1節　課題

戦前期日本において、三井物産（以下、物産と略す）の活動が日本経済のあり方に大きな影響を与えていたことは、周知のことであろう。本章では、三井物産と中小炭鉱を主とする炭鉱との取引関係について注目したい。

物産の重要な取扱品目の一つであった石炭は、三井鉱山とその資本系列炭鉱からなる自社・系列炭とともに一手販売契約を結んだ炭鉱から確保された。本章で注目する物産が排他的販売権を得ていた一手販売契約では、多くの場合において炭鉱企業が物産から資金供与を受けていた。だが、物産が資金供与の有無によって「純一手販売」、「無条件一手販売」、「貸金関係炭」などと分類していた「貸金関係炭」の動向に関しては、[1]先行研究においても詳しく知られていない。[2]

そこで、物産と契約炭鉱企業との関係について検討することが本章の課題となる。具体的には、①物産と炭鉱との取引上の企業間関係のあり方を探り、②これを検討する際に一つの論点となる物産の委託販売、これと打切（打切買付、打切買い）といわれた自己勘定取引の選択の論理を明らかにする。[3]

本章の構成は、第2節で三井物産の石炭取引の動向を概観し、第3節で第一次世界大戦期の一手販売取引の動向を

図9-1　戦間期三井物産の石炭販売量

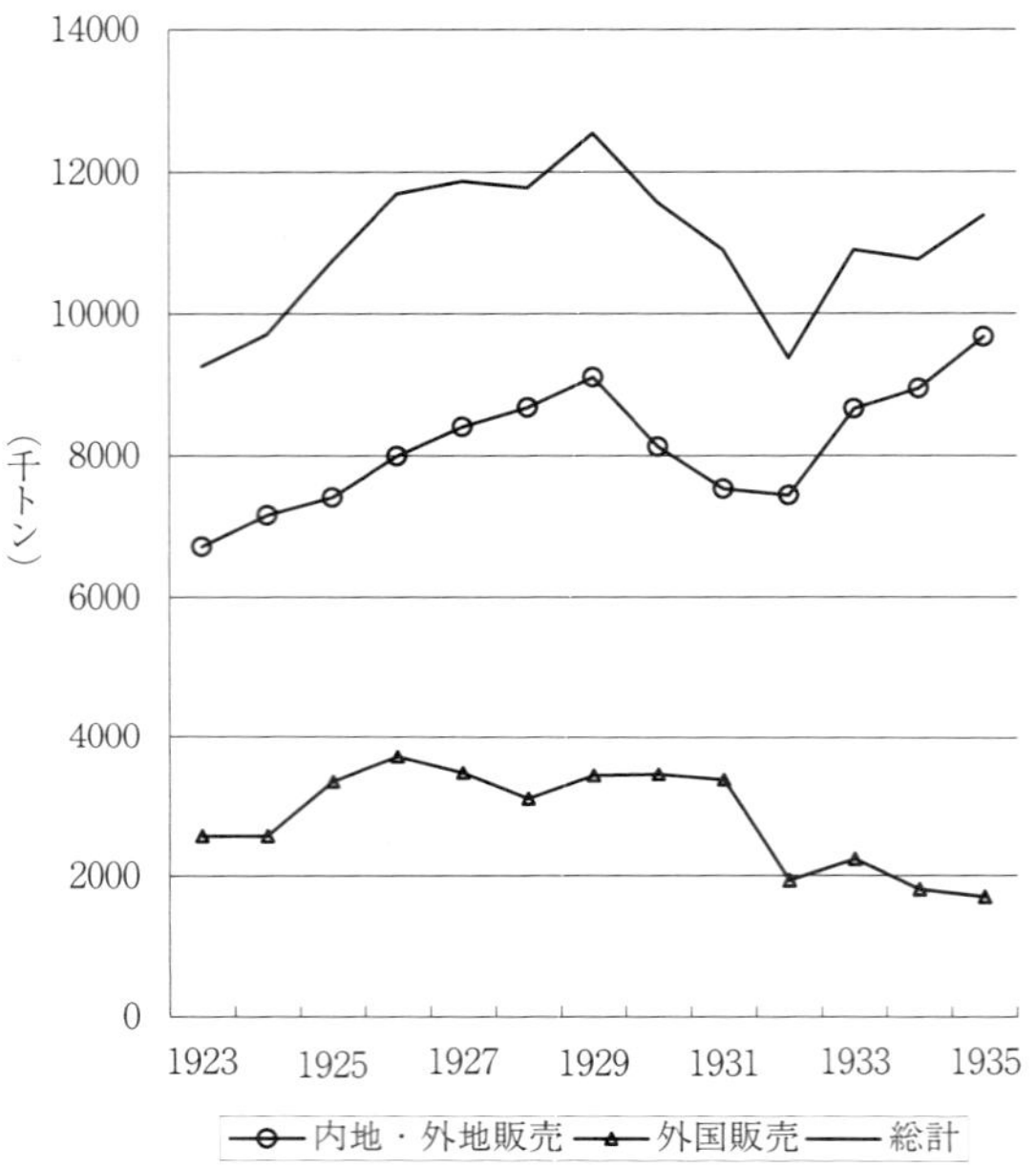

出所）三井物産株式会社『事業報告』各年、No. P 物産 615/16～38。
注）販売量は、『事業報告』の「販売決算高」による。練炭は除く。内地とは明治憲法施行時の日本領土、外地とは台湾、南樺太、朝鮮を主とする植民地、租借地、委任統治領からなる。

検討するとともに、第4節で販売取引の方法に関して物産が取り結んだ契約書類の内容を分析する。第5節、第6節では、一九二〇年代、一九三〇年代前半の一手販売取引についてまとめ、第7節では、物産と契約した個別炭鉱の事例をみる。そして、第8節においてこれらの分析から得られた事象に基づき、上記課題に対して結論を与える。

第2節　三井物産の石炭取引

図9-1によって戦間期物産の石炭販売量について検討したい。この図に示されている内地・外地販売とは、①内地炭、②外地炭、③外国炭を内地・外地に販売する取引からなる。また、外国販売とは、①内地炭、②外地炭、③外国炭を外国で販売する取引からなっている。図9-1によって物産の石炭販売の総量をみれば、一九二〇年代に大きな伸びをみせ、昭和恐慌期に低落するものの、一九三〇年代の好景気下に再び増加している。最終販売先をみれば、外国販売量は、一九二〇年前半に伸びているものの、一九二〇年代後半から停滞し、一九三〇年代に下落している。他方で、内地・外地販売量は、一九二〇年代に一貫して大きく伸びており、一九三〇年代はじめに低落するものの、再び増加している。このように戦間期の物産

表 9-1　三井物産の外国販売量の推移

（千トン）

炭種	1923年	1924年	1925年	1926年	1927年	1928年	1929年	1930年	1931年	1932年	1933年	1934年	1935年
北海道炭	131	91	131	148	95	160	194	205	100	68	147	124	170
筑豊糟屋炭	92	155	275	232	140	115	114	117	78	46	52	37	42
三池炭	869	809	848	1,084	1,038	859	953	963	825	586	741	594	493
肥前唐津炭	112	126	152	147	153	121	125	103	121	60	88	68	29
杵島炭	30	26	43	24	65	73	57	36	56	35	40	30	11
常磐炭	0	0	0	0	0	0	0	0	0	0	0	0	0
内地雑炭	55	45	35	64	5	3	3	1	3	4	8	2	1
内地炭小計	1,290	1,252	1,484	1,699	1,495	1,331	1,446	1,426	1,183	800	1,076	854	747
撫順炭	792	795	1,235	1,336	1,367	1,333	1,456	1,533	1,748	848	889	660	544
朝鮮炭	0	0	0	0	0	0	0	0	0	0	0	0	0
台湾炭	256	263	360	494	412	232	199	222	232	95	110	95	81
外地炭（撫順炭を含む）小計	1,048	1,058	1,595	1,831	1,779	1,565	1,655	1,755	1,979	943	999	755	625
支那雑炭	82	86	111	87	149	136	212	150	111	137	93	153	236
鴻基炭	67	101	41	7	0	1	4	1	2	10	10	4	14
外国雑炭	69	63	97	66	31	50	100	100	88	47	53	45	87
外国炭小計	218	250	248	159	180	187	315	251	200	194	156	202	338
煽石	0	0	0	4	0	0	0	0	0	0	0	0	0
コークス	1	0	5	3	7	7	7	7	2	1	1	1	1
合計	2,556	2,560	3,332	3,695	3,461	3,091	3,423	3,439	3,365	1,938	2,232	1,813	1,710

出所）図 9-1 に同じ。

注）練炭は除く。松島炭は肥前唐津炭に含まれる。合計値は図 9-1 に対応。内地・外地の定義は図 9-1 に同じ。

表 9-2　三井物産の内地・外地における販売量の推移

（千トン）

分類	炭種	1923 年	1924 年	1925 年	1926 年	1927 年	1928 年	1929 年	1930 年	1931 年	1932 年	1933 年	1934 年	1935 年
三井物産販売量	北海道炭	2,031	1,982	2,113	2,401	2,393	2,534	2,712	2,405	2,343	2,261	2,845	2,873	3,313
	筑豊糟屋炭	1,965	2,238	2,334	2,473	2,538	2,495	2,505	2,247	1,963	1,938	2,203	2,363	2,704
	三池炭	451	463	529	631	763	764	886	743	722	752	976	1,113	1,239
	肥前唐津炭	325	376	395	418	452	473	358	228	214	250	288	302	84
	杵島炭	324	375	313	237	322	398	440	443	429	452	332	102	83
	常磐炭	338	355	227	305	199	203	199	172	69	51	49	54	42
	内地雑炭	85	94	36	157	229	226	292	282	61	70	113	119	141
	内地炭小計(A)	5,518	5,884	5,947	6,621	6,895	7,093	7,392	6,520	5,801	5,774	6,805	6,926	7,606
	撫順炭	306	338	388	375	427	417	443	366	357	283	233	216	205
	朝鮮炭	0	0	69	0	0	0	0	0	222	225	258	364	407
	台湾炭	568	578	684	648	683	675	664	684	671	644	675	721	703
	外地炭(撫順炭を含む)小計	875	917	1,141	1,024	1,110	1,092	1,107	1,050	1,249	1,152	1,166	1,301	1,315
	支那雑炭	41	122	43	35	26	24	83	82	64	89	200	227	133
	鴻基炭	189	129	179	206	288	344	375	321	272	242	214	257	406
	外国雑炭	2	23	22	34	9	52	58	56	66	107	78	79	22
	外国炭小計	233	274	245	275	323	420	516	459	402	438	492	563	561
	煽石	0	2	10	39	0	0	0	0	20	0	73	54	55
	コークス	85	82	65	37	82	81	97	101	60	75	132	109	140
	合計(B)	6,711	7,159	7,407	7,996	8,410	8,687	9,112	8,130	7,532	7,440	8,668	8,953	9,678
販売シェア(%)	内地消費量(C)	28,497	30,372	30,215	31,812	33,693	34,254	35,145	31,651	29,434	29,572	34,961	39,612	41,455
	内地・外地消費量(D)	30,613	31,255	32,465	34,309	36,702	37,422	38,491	35,118	32,584	32,923	38,812	44,045	46,559
	A/C	19.4	19.4	19.7	20.8	20.5	20.7	21.0	20.6	19.7	19.5	19.5	17.5	18.3
	B/C	23.5	23.6	24.5	25.1	25.0	25.4	25.9	25.7	25.6	25.2	24.8	22.6	23.3
	A/D	18.0	18.8	18.3	19.3	18.8	19.0	19.2	18.6	17.8	17.5	17.5	15.7	16.3
	B/D	21.9	22.9	22.8	23.3	22.9	23.2	23.7	23.2	23.1	22.6	22.3	20.3	20.8

出所）図 9-1 に同じ。シェアの計算は、奥中孝三『石炭鉱業連合会創立拾五年誌』石炭鉱業連合会、1936 年、34～37 頁。

注）練炭は除く。松島炭は肥前唐津炭に含まれる。合計値は図 9-1 に対応。内地・外地の定義は図 9-1 に同じ。

表9-3　三井物産の取扱炭の構成

分類	数量（千トン）					割合（%）				
	1931年	1932年	1933年	1934年	1935年	1931年	1932年	1933年	1934年	1935年
自社炭合計	2,930	2,731	3,381	3,572	4,253	27.1	29.6	31.5	33.6	37.9
系列炭合計	3,141	2,940	3,610	3,461	3,142	29.1	31.9	33.6	32.6	28.0
自社・系列炭合計	6,071	5,672	6,991	7,033	7,395	56.2	61.5	65.1	66.2	65.9
撫順炭	2,105	1,131	1,122	876	749	19.5	12.3	10.4	8.2	6.7
社外炭	2,630	2,415	2,631	2,710	3,074	24.3	26.2	24.5	25.5	27.4
社外・撫順炭合計	4,735	3,546	3,753	3,585	3,823	43.8	38.5	34.9	33.8	34.1

出所）図9-1に同じ。
注）自社炭とは三池、三井筑豊、三井コークス、田川無煙炭、系列炭とは、基隆、松島、太平洋、北海道炭鉱炭、社外炭とは、台陽、台湾雑、朝鮮有煙、支那雑、外国雑、満州雑、朝鮮無煙、鴻基、外国雑無煙、蔵内、早良、筑豊雑、杵島、肥前雑、北海道雑、大日本炭鉱、常磐雑、内地雑、雑コークス、内地雑無煙、遼東無煙炭（名称は資料のまま）の合計。

の石炭取引では、内地・外地販売の比重が大きかった(4)。

表9-1によって外国販売量の構成をみれば、内地炭に関しては三池炭が大きな割合を占めており、外地炭に関しては一九二五年から撫順炭の取引が大きな比重を占めている。他方で、表9-2が示すように内地・外地における物産の石炭販売の多くは、内地炭で占められている。このうち、北海道炭と三池炭の販売が増加している反面、筑豊糟屋炭の販売量は横ばいに推移している。

物産の石炭取引は、三井鉱山（三池、田川、山野、砂川、美唄）、系列企業（北海道炭鉱汽船、太平洋、基隆、松島）からなる三井自社・系列炭と他社炭取引とからなっていた。自社・系列炭の総取扱量に占める割合は、一九二五年に六五・六パーセント（自社炭：三一・五パーセント、系列炭：三四・一パーセント）であった(5)。表9-3が示すように、一九三一年には自社・系列炭比率は五六・二パーセントとなっているものの、三三年には二五年の水準に戻っている。自社・系列炭に対して、撫順炭を除いた戦間期物産の社外炭取引量は、一九三〇年代に二五パーセントを占めていたように、自社炭、系列炭と並んで物産の石炭取引において重要な位置を占めていた。

こうした他社炭取引を構成していた一手販売取引の動向に関して以下で検討する。

第3節　第一次世界大戦期の一手販売

(1)　プール制の解体

物産の内地石炭取引は、第一次世界大戦期に再編された。すでに先行研究によって指摘されているように、一九一二年に物産、三井合名会社鉱山部と貝島鉱業、麻生商店は、販売炭の共同利益計算をなす「プール計算規約」(以下、プール制と略す)を結んだ(6)。これは物産と坑主との間で協定した基本価格と実際の価格の差額をプールして一定の比率に分配する制度であった。一九一七年に貝島の脱退によってプール制が崩壊した理由の一つには、第一次世界大戦ブームによる炭価の急騰によって高収益を上げた貝島が自社販売組織を構築する方針に転じたことが挙げられる。三井は、プール制解散後もこれら鉱主と一手販売契約を取り結ぶものの、一九一九年に貝島商業を設立した貝島は、物産の流通網から完全に離脱することになった。物産の貝島および麻生商店の石炭取扱量を推計すれば、一九一七年の物産の九州石炭取扱量六八〇万トンのうち、貝島炭一二〇万トン、麻生炭二五万トンであったため、物産は全販売量の二一パーセントを手放すこととなった(7)。

プール制解体後の一九一七年から貝島自社販売網設立までの期間に物産と貝島との間で取り結ばれた契約の要点は史料1に示されている(8)。

【史料1】

第一　貝島ハ、一意三井ニ信頼シ、貝島ガ従来三井ニ販売ヲ委託シタル石炭ノ一手取扱ヲ今後モ三井ニ委託シ、誠心誠意貝島ノ利益ヲ擁護シ、専心有利ニ之ガ販売ノ任ニ当ルコト。但、貝島ハ、自己ガ特殊ノ関係ヲ有スル得意先及石炭取引上三井ト衝突セサル直接需要者ニ直接販売スルコトヲ得、其数量ハ、毎年三井ガ取扱フ貝島炭総高ノ壱割七分ヲ超ヘサルコト

第四　販売値段ハ、個々ノ約定ニ対シテ予シメ貝島ノ承認ヲ経ルコト

第六　三井ニ於テ貝島炭ト他炭トノ混合ヲナシ、若クハ他炭ニ貝島炭ノ名義ヲ使用スルコトハ、一切之ヲナサザルコト

すでにこの史料の解釈については、松元宏が明らかにしているように、プール制の下において結ばれた契約と比較すれば、史料1の内容は、物産販売量の一七パーセントを最高に貝島の自由販売が認められた点、また混炭が認められなくなった点において貝島に有利な契約となった(9)。

(2)　一手販売契約の動向

表9-4が示すように、プール制の崩壊とともに物産は、一九一四～一九年において常磐をはじめとした炭鉱との間に一手販売契約を結んでいる。この時期に物産が一手販売契約を結んだ茨城炭鉱との基本的契約内容は史料2に示されている(10)。

【史料2】

第壱條　(物産は茨城炭鉱に対して)鉱業資金トシテ金弐拾萬円ヲ貸渡スコトヲ約シ、其内金拾萬円ヲ本契約締結ト同時ニ授受

表 9-4　三井物産の石炭一手販売契約（1914～34年）

期間	契約数	所在	契約者名	契約内容							販売価格の決定	経営規模
				契約期間		資金供与		取引方法				
				開始年	終了年	供与有無	金利	委託	打切	備考		
1914～19	1	佐賀	立山鉱業（久良知市治）	1914	1923	○						G
	2	筑豊	蔵内鉱業	1914	1920年契約更新。貸金完済後5年	○	東京支店と同じ	○		物産の自己都合により打切も可	協議	A
	3	常磐	茨城炭鉱	1914		○	本店と同じ	○	○	その都度協議	相談	F
	4	筑豊	三好①（徳松）	1916	1920	○	門司支店と同じ	○		打切の場合も有		F
		筑豊	内藤清太郎（繁牟田炭）	1916		○	門司支店と同じ			物産に一任		G
	5	北海道	北日本炭鉱	1917							協議	G
	6	筑豊	姪浜炭鉱	1917		○				物産に一任	価格標準を設定	E
	7	常磐	常磐炭鉱	1917	1921	○	本店と同じ		○		協議	G
	8	沖縄	西表	1917	1927							
	9	長崎	松浦炭鉱	1918	1934							G
	10	常磐	磐越鉱業	1918		○	本店と同じ			その都度協議	協議	G
	11	常磐	大日本炭鉱（磯原炭含む）	1918	1922	○						D
	12	常磐	貴船	1918	貸金完済後5年	○						G
	13	佐賀	住友巌木	1918		×						G
	14	長崎	大島炭鉱(松島炭鉱との契約)	1919		○		○		打切の場合も有	最低価格を明示	G
	15	筑豊	本添田	1919		○	門司支店と同じ	○				G
	16	常磐	中央石炭	1919	貸金完済後5年	○			○		協議	G
	17	沖縄	沖縄炭鉱	1919	1927			○		打切の場合も有		
1920～24	1	筑豊	枡谷平三郎（枡谷鯰田炭）	(1920)								G
	2	筑豊	上野松次（新力炭）	(1920)								
	3	筑豊	古河（第二繁牟田炭）	(1920)								
	4	筑豊	福豊炭鉱（古河斤先）	(1920)								G
	5	筑豊	海老津炭鉱	(1920)								G
	6	朝鮮	鳳城炭礦(株)	1922	1932	○	本店と同じ	○		打切の場合も有	協議	G
	7	筑豊	城島大峯川崎	1923		○	若松支店と同じ	○	○			G
	8	台湾	台湾炭鉱	1923						その都度協議		
	9	山口	東見初炭礦	1924	1924							E
	10		海軍燃料	1924		×						D
	11	筑豊	三好②（鉱業）	1924	1927	○		○		打切の場合も有		E
	12		後宮炭鉱	1924	1930	○	本店と同じ					
	1	山口	山陽無煙炭礦(株)	1925	1933	○	本店と同じ		○	打切以外は協議	随時協約	G
	2	山口	大嶺無煙	1925	1930							G
	3	台湾	台陽鉱業	1925	1937	○				その都度協議	協議	F

1925〜29	4	朝鮮	朝鮮無煙炭礦(株)	1926	1943	○			○			G
	5	台湾	山本義信	1926	1926							
	6	筑豊	田篭寅吉①(日之出炭)	(1928)								G
	7	筑豊	岩崎①(伴次郎)	(1928)								F
	8	筑豊	藤井伊蔵(中徳炭、斤先堀)	(1928)								G
	9	筑豊	八隅清太郎(小竹炭鉱)	(1928)								G
	10	北海道	澤口汽船鉱業	1928								G
	11	朝鮮	内外鑛業(株)	1929								G
	12	朝鮮	昭和明川炭	1929								
	13	常磐	不動澤(五十嵐栄次郎)	1929	1935	○						G
	14	朝鮮	鳳儀炭鉱	1929		○	朝鮮銀行と同じ	○		打切の場合も有	協議	G
1930〜34	1	長崎	静鉱業部	1930								F
	2	山口	沖ノ山炭鑛(株)	1931	1935							B
	3	朝鮮	朝鮮合同炭礦(株)	1932	1937	○	朝鮮銀行と同じ	○		打切の場合も有	協議	F
	4	朝鮮	和順無煙炭(株)	1933	1939				○		協議	
	5	朝鮮	福岩無煙	1933	1938				○		協議	
	7	朝鮮	鳳泉無煙炭坑	1933	1937							G
	8	筑豊	岩崎②（寿喜三）	1933	1942			○		打切の場合も有	昭和石炭の査定	F
	9	佐賀	新屋敷	1933								G
	10		劉尚南港	1933								
	11		安浦炭坑	1933								
	12		田中市次郎	1933	1933							
	13		桜井暖々炭	1933								
	14		華南炭礦	1933								
	15		有ノ木荒藤	1933								
	16	佐賀	安ノ浦	1934								G
	17	筑豊	本宮尾	1934	1935							G
	18	筑豊	田籠②	1934	1942	○	若松支店と同じ		○		昭和石炭の査定	G
	19	筑豊	糸飛	1934								G
	20		上野栄太郎	1934								

出所）三井物産株式会社『事業報告』各年、三井物産株式会社『業務総誌』、各年。三井物産資料「文書部保管重要書類」No. 物産 2354～2359（契約書）。「第六回支店長会議資料（一）」1918 年（No. 物産 337-1-8）。門司鉄道局運輸課『沿線炭鉱要覧』1921、28 年。規模は、各鉱務署（鉱山監督局）『管内鉱区一覧』各年。臨時経済調査局『朝鮮の石炭鉱業」1929 年。朝鮮総督府殖産局鉱山課『朝鮮鉱業の趨勢』各年による。表中の「契約内容」欄は、「文書部保管重要書類」（契約書）による。

注）空欄は不明もしくは記載なし。糟屋炭田は筑豊に含む。契約者名は、原則として資料のまま。三井関係炭鉱（三池、田川、北海道炭鉱汽船、基隆など）は除く。石炭商、石炭商社との契約は除く。出炭規模は原則として、契約年 1914～19 年が 14 年、1920～24 年が 20 年、1925～29 年が 25 年、1930～34 年が 32 年の出炭量による。100 万トン以上が A、100 万トン未満～80 万トン以上が B、80 万トン未満～60 万トン以上が C、60 万トン未満～40 万トン以上が D、40 万トン未満～20 万トン以上が E、20 万トン未満～10 万トン以上が F、10 万トン未満が G。契約年は、資料に記載されているものを採用。契約開始年の不明な炭鉱は除く。契約年の（　）は『沿線炭鉱要覧』に記載された年であり、契約年ではない。供与有無欄の×は供与無しを示す。「プール制」解散後の貝島、麻生、松島との契約は除く。

第拾六條　一手販売契約期間中（茨城炭鉱）ニ対シ他ヨリ直接取引ノ申込アリタル時ハ直ニ（物産に）通知シ、其取扱ニ移スヘキモノトス

第拾九條　委託扱ノ場合ニ於ケル販売値段ニ付テハ（物産）ハ予メ（茨城採炭）ニ相談スルモノトス

物産は炭鉱へ資金供与し（第一条）、排他的販売権を得ている（第一六条）。他方で、委託販売の場合の炭価は、「相談」の上で決めることとされている（第一九条）。この契約内容と史料1の貝島と物産との間で締結されたものとを比較してみれば、条件付ではあるが貝島から物産は排他的販売権を得ておらず（第二）、物産の貝島炭販売価格に関しても貝島が付与された「個々ノ約定」に対する「承認」の権利（第四）を茨城炭鉱は得ていない。

他方で、茨城炭鉱が契約を正しく履行するか否か史料3の契約条項を通して物産はモニタリングする手段を与えられていた。

【史料3】

第拾弐條　（物産は茨城炭鉱の）炭坑経営ニ関スル意見ヲ述フルコトヲ得ヘク、又何時ニテモ其社員若クハ代理人ヲ以テ鉱業所ニ臨マシメ、業務ノ視察若クハ必要ナル質問ヲ為サシメ、又ハ帳簿書類等ノ閲覧ヲ求ムルコトヲ得モノトス。必要アリト認メタルトキハ（茨城）炭坑ノ経営ヲ監督セシムル

第拾八條　（物産は）鉱業所ニ出張員ヲ派遣シ置キ、石炭ノ精選並ニ積出シ監督セシムルコトヲ得ヘシ

さらに、姪浜鉱業の事例にみられたような資本参加によって、物産は販売炭を確保していた。一九一四年に設立された姪浜鉱業（一九二九年早良鉱業と改名）は一五年に物産から一一・七万円を借入するとともに、一七年の増資に際

して物産は姪浜鉱業株式の一七パーセントをもつ株主となった。[11]こうした資本参加を通じた物産と姪浜鉱業の一手販売契約は「(姪浜が)石炭ヲ(物産)以外ノ者ト販売スルコトヲ得ス」、「(姪浜が)石炭ノ販売先及販売方法ニ就キテハ(物産)ニ一任スルモノトス」とされたように、茨城炭鉱の場合と同様に、物産は排他的販売権を得ていた。販売価格については、「予メ石炭販売価格ノ標準ヲ決定シ置キ」とされたが、「(物産)ニ於テ市場ノ状況ヲ天酌シ適宜ノ価格ヲ以テ販売スヘシ」とされたように、ここでも貝島が得ていたような条件を姪浜鉱業は付与されていなかった。

このように大戦ブーム下に自らプール制脱退を申告した貝島と比べれば、茨城炭鉱と姪浜鉱業は不利な契約を物産と結んでいたといえよう。

第4節　一手販売取引の方法

プール制から離脱した貝島と茨城、姪浜炭鉱との契約内容を比較すれば、①物産からの資金供与、②物産の排他的販売権、③物産と炭鉱との「相談」による炭価設定、④物産の経営参加に関する条項が論点となる。ここで物産の一手販売契約の動向を示した表9-4をみてみたい。[12]①に関しては、契約書によって知ることのできる住友と海軍省を除く炭鉱が物産から資金供与を受けている。②に関しては、ほとんどの炭鉱が物産に排他的販売権を与えていた。③に関しては、前掲表9-4が示すように「相談」と同意の「協議」と契約書に記載される事例が多数存在する。大戦期に結ばれた①~③の条項は一九二〇~三四年においても取り結ばれたが、④に関しては茨城炭鉱、姪浜鉱業、中央石炭などのごく少数の事例にとどまった。

資金供与を受けて排他的販売権を物産に付与した炭鉱は、物産が手数料販売する「委託」、これとともに炭鉱から販売炭を買い取り、物産が自己のリスクで販売する「打切」によって取引した。契約書では、委託ないしは打切のい

表 9-5　三井物産の販売手数料

分類	契約年	契約者名	販売手数料	備考
販売価格に付き	1914	茨城炭鉱	貨車乗値段の 3%	
	1916	三好鉱業	売約（打切）値段の 2.5%	
	1917	北日本炭鉱	売上値段の 2.5%	
	1919	大島炭鉱	売上値段の 2.5%	
	1919	本添田炭鉱	売約（打切）値段の 2.5%	
	1920	蔵内鉱業	売上（打切）値段の 2.5%	
	1920	杵島鉱業	土場値段の 2.5%	
	1922	鳳城炭鉱	貨車乗値段の 4.5%	
	1924	三好鉱業	売約(打切)値段の 2.5%	トン当たり 5 銭の直接販売費が加算
	1933	岩崎	販売（打切値段）の 2.5%	昭和石炭参入前の契約
	1934	田籠鉱業	値段の 2.5%	
	1935	台陽鉱業	売約（打切）値段の 2.5%	
販売量に付き	1915	杵島鉱業	土場平均売値 4 円以下の場合トン当たり 2.5 円	4 円以上は協議
	1919	沖縄炭鉱	トン当たり 1 円(委託、打切とも)	
	1923	鳳城炭鉱	トン当たり 1 円(委託、打切とも)	
	1923	城島敬五郎	トン当たり 1 円(委託、打切とも)	1 年間に限りトン当たり 0.5 円
	1926	朝鮮無煙炭鉱	トン当たり 0.5 円	他に特例あり
	1930	鳳城炭鉱	トン当たり0.5円(委託、打切とも)	
	1930	鳳儀炭鉱	トン当たり 1 円(委託、打切とも)	
	1933	朝鮮合同	トン当たり0.5円(委託、打切とも)	

出所）各「契約書」No. 物産 2354～2359。

ずれかが主な取引方法として挙げられていたが、両者が明記される場合もあったし、委託販売が主要取引方法とされた場合でも打切が但し書きとして付け加えられていた（表9-4）。多くの場合、炭鉱は、各取引期間において、概略すれば（販売炭価×販売数量）−（販売手数料率×販売数量）−（利子率×借入金額）で示される販売収益を物産から受け取った。

販売手数料率は、販売価格ないしはトン当たり販売量に乗じられた。表9-5が示すように、販売価格に対して概ね二・五パーセントの手数料率が課され、販売量に対しては〇・五〜一・〇円の手数料が求められている。他方で、物産からの資金供与額に対する炭鉱の金利は、多くの場合が三井銀行本店・各支店の日歩と同一である（表9-4）[13]。資金供与された炭鉱は、機械、土地、建物のすべてを担保として提供することがあった。また、石炭の品質不良、数量不足、引渡遅延が生じた際には、多くの場合において炭鉱側がその代償を払うものとされた。

第5節　一九二〇年代の一手販売

(1)　一手販売契約炭鉱の経営不振

第一次世界大戦ブーム期から一転して石炭鉱業が不況に陥った一九二〇年代の物産の一手販売取引に関して考察したい。一九二〇年代においても新規契約を結んでいた物産は、大戦ブーム期に多数存在していた常磐との新規契約を減らし、筑豊炭の取扱いを維持するとともに、朝鮮、山口の無煙炭取引を増やしている（表9-4）。常磐炭田に関しては、すでに第4章でみたように、物産は常磐炭の取引を縮小させていった。

大戦期に物産が契約を結んだ炭鉱の動向をみれば、一九二〇年上半期に三四万円の収益を得た姪浜鉱業は、同年下期に七〇〇〇円に急落し、二三年に黒字を取り戻したものの、昭和恐慌期に至るまで収益の悪化が続いていた[14]。

同様に一手販売契約によって一九二二年までに物産に一四・九万円の負債をもっていた中央石炭は、利益金全部を債務弁済として物産に提供する契約を結んだ[15]。物産と中央石炭の契約内容は、物産が「人ヲ派シテ配炭、会計、購買、採炭、其他一切ノ事故ヲ監督」するとされ、中央石炭が「三井ノ意見ニ反対ヲ唱ヘ、又ハ三井ノ行動ヲ妨害スルガ如キ行為」をした場合、「三井ハ直ニ中央ニ対スル債権ノ弁済期限到来セルモノト」して「抵当権ノ実行」を行い、さらに経営への三井の介入によって中央石炭が損失を被った場合でも「三井ハ何等ノ責任ヲ負ハザル」というものであった。このように物産が大戦ブーム期に炭鉱へ供与した資金の返済が難しくなり、その回収には高いコストを支払わねばならなかった。

(2) 支店長会議における経営方針

ここで物産の支店長会議における石炭一手販売に対する経営方針に関してみておきたい。一九二〇年代の物産の一手販売炭鉱は、一〇万トン未満の出炭規模のものが多くを占めていた(表9-4)。こうした小規模な炭鉱との取引に対して、支店長会議では次のような議論がなされていた。すなわち、「我々ハ、小炭坑ニ資金ヲ掛ケ一手販売ヲ引受クルガ如キ挙ニ出ズトモ、十分今日ノ地位ヲ維持」できるとの一手販売に対する消極的見解が存在した[16]。この発言は、三井鉱山が北海道の新規開坑を進めたことによる、自社炭の増大の予想に基づくものであろう[17]。

他方で、物産の「販売力ハ現ニ年間千百萬噸ヲ消化シ尚余裕アリ」という状態であった[18]。これとともに中小炭鉱炭の一手販売は、「原価割安ノモノ現ハレ三井系各炭ノ販路ヲ脅カス」ことがないように、「委託炭」として物産の傘下におき、「互ニ衝突ナカラシメ無益ノ競争ヲ防止」するという、販売に対する積極的見解が存在していた[19]。だが、一九二五～二九年に物産と契約を締結した炭鉱のうち、比較的規模の大きい三好鉱業の一九二四～二七年の内地全出炭量に占める割合は平均一・〇六パーセントであったことからみて[20]、一手販売契約によって物産が販売シェアを大きく高めたとはいい難い。このことは、前掲表9-2における一九二三～二九年の物産の販売シェアが大きな伸びを示しておらず、安定していることからも示唆され得る。

第6節　一九三〇年代前半の一手販売

(1) 一手販売取引の変化

日本経済が不況から離脱した一九三二年以降の石炭鉱業は、炭価上昇による好景気を享受した。一九三〇～三四年の新規一手販売数は、一九二〇～二四年と一九二五～二九年のそれを上回っている（表9-4）。

鳳泉炭鉱は、一九三四年の設立当初から一三万円の純利益をだし、松浦炭鉱は三六年に二四万円の収益をあげていた。[21] こうしたなかで、松浦、山陽無煙炭鉱などは、物産との一手販売契約を解約した（表9-4）。とりわけ、一九二五年から物産と一手販売契約を結んでいた山陽無煙は、物産との契約を打ち切って三菱商事との取引をはじめた。山陽無煙は、一九三二年に三菱商事へ一手販売と融資を依頼したものの、「礦区ヲ担保ニ貸金ヲナスコトハ、将来礦区ヲ引受ケ自ラ稼行ヲナス懸念ナキニシモ非ルヲ以テ、深入セサル」という三菱側の判断によって拒絶された。[22] しかし、山陽無煙が一九三一年に合併した大嶺無煙炭鉱区の買収金の返済計画を三菱に提示したため、三三年に三菱商事と山陽との契約が成立した。

(2) 支店長会議における経営方針

物産は、一九三一年の支店長会議において、「大手筋ニモ時々関係シ居レルモ、大部分ハ小炭鉱主ノミ」であるため、五〇〇万トンの生産余力のある三井系列の「関係坑主炭ニ向ハレ度シトノ希望」がでていた。[23] 他方で、小炭鉱炭の取引拡大は、「小炭鉱ヲ統制」する意味をもつものとして積極化すべしという見解もあった。

ただし、一九三〇年代の景気回復期においても石炭鉱業連合会は送炭制限を続けていた。一九三三～三五年の三井鉱山所有炭鉱の調節量は一二九八万トンであったが、実送量は一三六六万トンであった。このように三井鉱山は調節量を超過していたものの、石炭需要の増大に対する出炭拡大を制限する方針をとっていた。したがって、物産の支店長会議で議論された「関係坑主炭ニ向ハレ度シ」という経営方針には、制約が加えられることとなる。実際、物産の自社・系列炭販売量は一九三二～三五年にかけて増えていたが、一九三二～三三年にこの構成比は増加するものの、一九三三〜三五年においてこれはわずかにしか変化していない（表9-3）。他方で、非連合会炭は、一九二七〜二九年に九九六万トン、一九三〇〜三二年に一〇〇五万トンであったが、一九三三〜三五年に一五四二万トンに増大した。[24]また、石炭鉱業連合会の総送炭量は、一九三〇年に内地消費量の八八パーセントを占めていたが、一九三五年に七一パーセントに低下した。一九三四〜三五年に物産の社外炭販売量が増加しているのは非連合会炭の伸びに関連付けられるものの（表9-3）、前掲表9-2が示すように一九三三年以降の物産の販売シェアは低下していたため、物産の一手販売契約が「小炭鉱ヲ統制」する効果は低かったといえよう。

(3)　小炭鉱と昭和石炭株式会社

石炭鉱業連合会の送炭制限とともに一九三二年に昭和石炭株式会社が設立されて、炭種ごとに価格を設定するカルテル活動が活発化した。物産と一手販売契約を結んでいた非連合会系炭鉱は、「甲（物産）ハ本石炭販売ニ際シ其売条件等ハ、昭和社ノ統制査定ヲ受クル要アルヲ以テ、甲ハ昭和社統制査定ニヨル値段及条件ニ依リ販売スベク、乙（田籠鉱業）ニ於テ之ニ対シ何等ノ意義ヲ申立テサルモノトス」とされた一九三四年の田籠鉱業と物産との契約書から分かるように、[25]昭和石炭の査定を受けることとなった。同様の契約は、岩崎寿喜三が所有する炭鉱にも結ばれ、「統制査定ニ依ル値段及其他ノ条件ニ対シテハ、岩崎ハ絶対ニ異議ヲ申立テサル」ものとされた。[26]

昭和石炭の査定の内容に関してみてみたい。昭和石炭は、図9-2に示されているように、塊炭、中小塊、粉炭からなる炭種を等級化し、各々の価格を付けた。この等級は、実際の販売価格を基準に炭質を考慮して設定されたものであったが、同一の品質の石炭でも等級が異なる場合があった。[27]したがって、「完全なる規格売炭」ではなかったものの、品質に一定の枠組みが与えられることとなった。図9-3によって、物産が一手販売契約を結んだ炭鉱の発熱量に関してみれば、七〇〇〇カロリーを越えた高品質の石炭であった。ところで、一九一八年に解散した物産、貝島、麻生の「プール計算規約」では、「石炭販売ノ方法、並ニ販売価格ノ決定ハ総テ三井物産」にあったため、「坑主側ニ於テ他ノ炭坑業者ノ得タル利益ニ比シ、自己ノ利益少ナシ」と疑念を抱く一因となっていた[28]。また、物産と炭鉱との間に契約で取り結ばれた販売炭価は、「協議」の上で決めることとされていた。一九三〇年代に物産と販売契約を結んだ炭鉱は、価格付けに関する一定の枠組みが与えられたといえる。

図 9-2　昭和石炭の内地陸揚げ炭標準炭価の推移

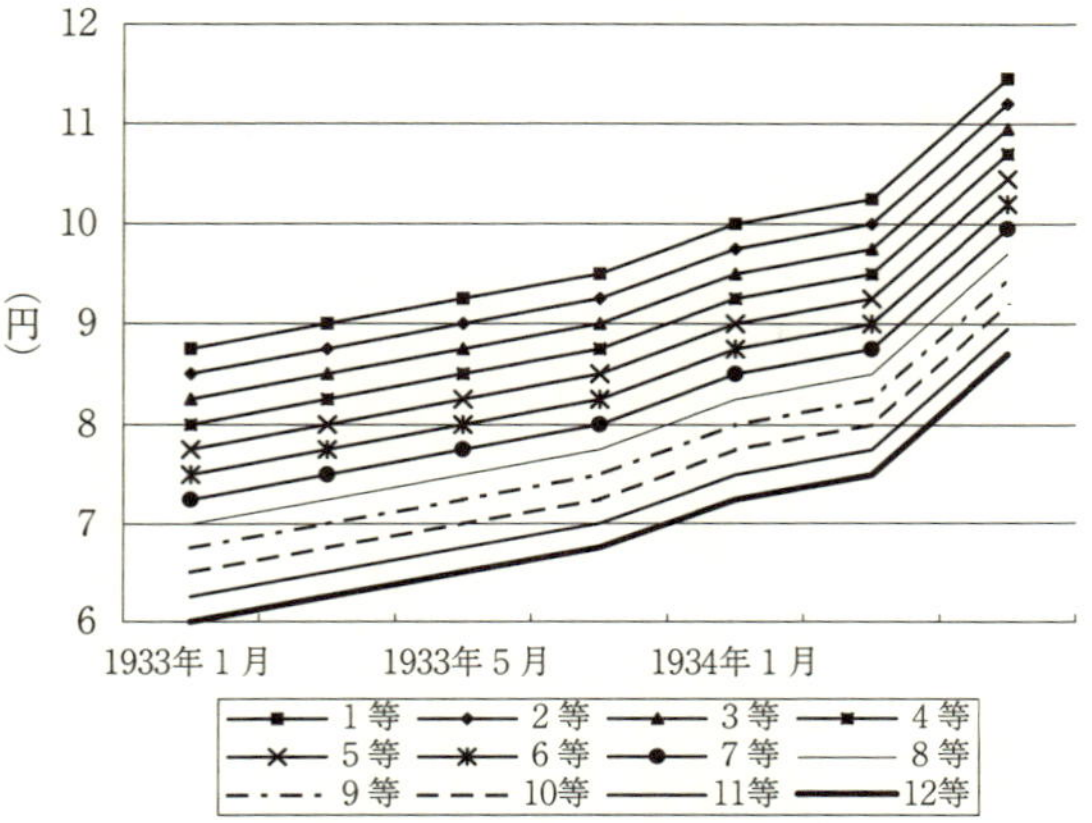

出所）澤田慎一『解散記念誌』昭和石炭、1942年、付表。
注）塊炭のみ。

図 9-3　三井物産の一手販売契約炭鉱の炭質と規模

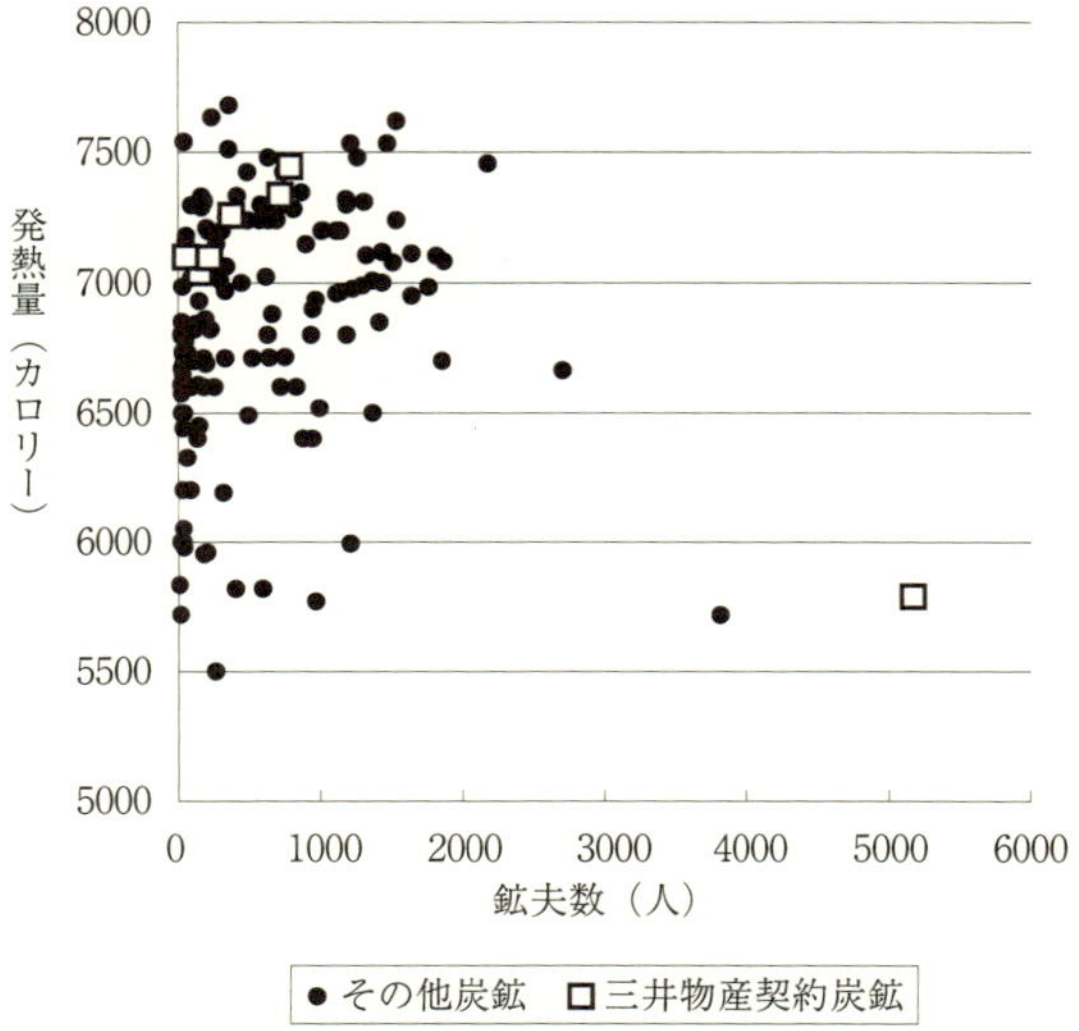

出所）門司鉄道局運輸課『沿線炭鉱要覧』1935年。
注）炭質の異なる石炭がある場合は、最も発熱量が高いものを選ぶ。三井、三菱、貝島、麻生、住友、九州炭鉱汽船は除く。無煙炭は除く。

第7節　一手販売契炭鉱企業の動向

ここでは物産と一手販売契約を結んだ炭鉱の個別事例を検討したい。一九二〇年代の一手販売締結企業の事例として、三好鉱業・大君鉱業、朝鮮無煙炭鉱を取りあげ、さらに大規模かつ長期に渡って物産と契約していた高取鉱業の事例と比較する。

(1)　三好鉱業・大君鉱業

福岡県遠賀郡において三好徳松によって経営された三好鉱業、大君鉱業（以下、三好、大君と略す）について検討してみたい。一九二〇年代において三好徳松は、「三好新高松炭」の一手販売を一九二三年（一一月）～二八年（一一月）の契約で物産と結び[29]、さらに一九二四年（二月）から一年契約で結んだ「三好高尾二坑三坑炭」の契約が二七年（一月）まで延長された[30]。「三好新高松炭」とは表9-6に示されている鉱区登録番号一一一三の高松二坑を指し、後に詳しく述べる物産からの二五万円の資金提供によって山本豊吉の所有する鳳炭鉱とその隣接鉱区を買収して設立された炭鉱であった。他方で、「三好高尾二坑三坑炭」とは同表の一九二四～二六年にみられる高尾二・三坑と特定できる。このうち高松二坑に関しては「三井以外ノ第参者ニ直接販売ヲ為ス事ヲ得ル」（委託石炭は年間一二万トン以上）こととされたため、高松二坑炭の全てが物産によって取り扱われたといえる。だが、高尾二・三坑については、三好、大君の販売会社であった三好商事と物産の契約書において、「前項委託スベキ石炭数量以外ニ」高尾二・三坑粉炭年間二万トンの販売契約が取り結ばれたことを確認できるにすぎない。資料的制約によって「前項委託スベキ石炭数量」の詳細な内容は不明であるが、粉炭二万トン以上の高尾二・三坑炭を物産が販売していたものと思われる[31]。しか

表 9-6　三好鉱業・大君鉱業の出炭鉱の構成

（千トン）

年次	鉱区登録番号	鑛山名	前年出炭量	鉱業権者
1922	470	高尾二	18	大君
	876	高尾二	5	大君
	1041	高尾二	99	大君
	1021	高松	65	三好
	1082	高尾	86	三好
	1070	金谷	12	三好孝宗
前年出炭量合計			285	
1923	470	高尾二	146	大君
	1021	高松	66	三好
	1082	高尾	84	三好
	1070	金谷	16	三好孝宗
前年出炭量合計			312	
1924	470	高尾二三	208	大君
	1021	高松	51	三好
	1113	高松二	23	三好
	1114	高尾	66	三好
	1070	金谷	11	三好孝宗
前年出炭量合計			359	
1925	470	高尾二三	177	大君
	1021	高松	31	三好
	1113	高松二	58	三好
	1114	高尾	44	三好
	1070	金谷	0	三好孝宗
前年出炭量合計			310	
1926	470	高尾二三	170	大君
	1021	高松	10	三好
	1113	高松二	69	三好
	1114	高尾	40	三好
前年出炭量合計			289	
1927	470	大君	208	大君
	1021	高松	31	三好
	1113	高尾	33	三好
	1114	高尾	58	三好
前年出炭量合計			330	

年次	鉱区登録番号	鑛山名	前年出炭量	鉱業権者
1928	470	大君	233	大君
	1021	高松	90	三好
	1113･1114	高尾	88	三好
前年出炭量合計			411	
1929	470	大君	193	大君
	1021	高松	165	三好
	1113･1114	高尾	50	三好
前年出炭量合計			408	
1930	470	大君	138	大君
	1021	高松	213	三好
	1113･1114	高尾	508	三好
前年出炭量合計			859	
1931	470	大君	86	大君
	1021	高松	199	三好
	1113･1114	高尾	49	三好
前年出炭量合計			334	
1932	470	大君	74	大君
	1223	高松	208	三好
	1114	高尾	51	三好
前年出炭量合計			333	
1933	470	大君	113	大君
	1223	高松	190	三好
	1114	高尾	56	三好
前年出炭量合計			359	
1934	470	大君	128	大君
	1223	高松	303	三好
	1114	高尾	65	三好
前年出炭量合計			496	

出所）福岡鉱務署（鉱山監督局）『管内鉱区一覧』各年。

注）大君は大君鉱業、三好は三好鉱業の略。1927の鉱区登録番号 1113 と 1114 は合併施業。

し、表9-6に示されている、鉱区登録番号一〇二一の高松炭鉱炭、一〇七〇の金田炭に関しては、物産との一手販売契約はなかった。

高松二坑の一手販売契約について詳しくみてみたい。販売方法は、史料4に示されている。(32)

【史料4】

三井ノ石炭販売方法ハ、委託販売ノ方法ニヨリ、引合アリシ都度期限、数量、値段等ニツキ三好ト協議ノ上之ヲ定ムル

但シ萬一前項ノ協議纏マラサル時ハ、三井ハ自己ノ適当ト認ムル所ニヨリ販売ヲ為ス事ヲ得、三好ハ之ニ対シ絶対ニ異議ヲ唱フル事ヲ得サルモノトス

委託販売に加えて、「打切買附ヲナスコト得ルモノ」という条項も契約では付記されていた。三好が物産に支払う販売手数料に関してみれば、三好は物産へ委託販売の場合は買付先の購入値段（打切の場合は物産購入価格）につき二・五パーセントの手数料を支払い、これに加えて三好は物産委託販売量トン当たり〇・〇五円の「直接経費」を支払うことと決められた（表9-5）。また、三好は炭種別月別の出炭予想量とともに毎旬の出炭および貯炭量を物産へ報告する義務を負った。また、品質不良の場合には、多くの炭鉱と結ばれた契約と同様に三好が責任をとることとされた。(33)

三好炭の契約に関して特筆すべきは、「第参者ニ石炭ヲ売約シ、其相手方カ約定不履行ヲ為シタル時ノ損害」に対しても三好が責任をとるとされた点である。(34)この条項は一九一六年に三好が物産と結んだ契約には記されていなかったため、(35)三好にとっては厳しい条項が加えられたこととなる。消費者の契約不履行に対して三好がリスクを負ったこ

とは、三好炭の販売市場が上海であったため、重大な問題を引き起こすことになった。高尾炭の契約が履行された一九二四年上期の大君の経営状態は「一般財界不振」のため「経営困難」であったが、同年下期には「支那動乱」が勃発した。(36) さらに一九二五年下期には、「支那各地ニ於ケル罷業並ニ排貨勃発」によって「上海航路ハ一時途絶」し「内地販路ノミニテハ産出量ノ半額ノ消化スラ不可能」な状態となった。日貨排斥の影響は、一九二六年上半期に至っても続き、三好炭の販売市場は、不確実性の高い市場環境にあったといえる。

こうした一手販売契約の背後には、一九二三年（六月）に結ばれた物産と三好徳松との二五万円の資金供与契約が存在しており、この契約では高尾二坑の「一手販売契約ノ協定纏マラザリシ場合ハ、乙（三好徳松）ハ直チニ借入金全部ヲ甲（物産）ニ返還スルモノ」とされていた。(37) 三好徳松は、担保として五〇万円相当の三好鉱業株を物産に預けた。一九二三年（一二月）から月当たり二万円を三好徳松は完済まで物産へ支払うものとされ、加えて利息として三井銀行本店当座貸越日歩と同一額が物産から要求された。この返済契約が滞った場合、三好徳松は、即時残金の全額を物産に支払うこととされた。

三好と大君の経営状態について検討してみたい。物産から借入した二五万円は、契約通りであるならば、一九二四年中にほとんどが返済されていることになる。資料的制約によって一九二四年の貸借対照表が得られないが、表9-7によれば、三好が物産と一手販売契約にあった一九二五年下期～二八年下期には、(38) 二二年と比べて自己資本比率が低下している。この期間の自己資本比率の低下は、借入金と未払金の増加にある。現存する資料からみれば、三好が一九二三年の二五万円の借入金の他に物産からの資金供与は存在しない。だが、物産との販売契約が終了した一九二九年以降においても自己資本比率は、三一年上期まで六〇パーセント台にある。こうした他人資本の増加の背景となった資産額は、総資本＝総資産となることに着目して表9-7をみれば、一九二三年下期から二五年下期にかけて増加し、さらに二七年下期に増えた後に三二年下期までほとんど変化していない。一九二二年下期から二五年下期にか

表 9-7　三好鉱業の自己資本比率

（千円・%）

期間	資本（自己資本）	負債（他人資本）						総資本＝負債＋資本	自己資本比率
		合計	内						
			借入金	未払金	三好商事	仮受金	小計		
1922 上期	2,097	154		154			154	2,251	93.2
1922 下期	2,062	151	17	134			151	2,213	93.2
1925 下期	2,062	545	264	281			545	2,607	79.1
1926 上期	2,062	618	341	276			617	2,679	77.0
1926 下期	2,062	743	442	301			743	2,805	73.5
1927 下期	2,062	1,240	809	413		18	1,240	3,302	62.4
1928 上期	2,069	1,189	295	385	503	5	1,188	3,258	63.5
1928 下期	2,062	1,353	488	317	548		1,353	3,414	60.4
1929 上期	2,062	1,403	619	453	166	145	1,383	3,465	59.5
1929 下期	2,062	1,209	400	433	92	91	1,016	3,271	63.0
1930 上期	2,062	1,321	396	466	82	262	1,206	3,384	60.9
1930 下期	2,062	1,311	390	485	84	269	1,228	3,373	61.1
1931 上期	2,139	1,226	595	367	80	101	1,143	3,366	63.6
1932 下期	2,295	919	584	194		102	880	3,214	71.4

出所）三好鉱業株式会社『営業報告書』各年各回。
注）上期は前年 12 月～当該年 5 月、下期は該当年 6～11 月。自己資本比率＝資本/総資本。空欄は 0。
別途借入金は借入金に含まれる。

けての資産額増加の要因は、六三・六万円から八二・六万円に増えた「鉱区」勘定科目に求められる[39]。一九二七年下期の資産額の増加は、「専用鉄道」勘定として新たに三八万円が計上されたことによった。表9-8を通して三好の資産構成をみれば、「鉱区・土地」、「有価証券」が減少するとともに「売掛金」が一九二八年下期以降に大きく下落している。一九三〇年下期まで「専用鉄道」は横ばい傾向にあるが、「建物」と「機械（計器を含む）」を中心とする固定資産額は増えている。また、一九二五～二六年に出炭がなくなった金谷炭鉱を三好が資産に組み入れたことも総資産額増加の一因となっている。

固定資産額の増加に関連して、三好の技術導入に関してみておきたい。事例となる炭鉱に連続性がないものの、表9-9で概観すれば、同社所有炭鉱の一人当たり出炭量で代表される生産性は一九二〇年の水準と比べて二五年のほうが増加している。だが、一九二五年と比べれば、三二年に採炭夫、全鉱夫ともに一人当たり出炭量は伸び悩んでいることが判明する。前進式長壁法が採用されていた一九二八年の三好高松本坑の採炭は、掘進に鑿岩機が導入されて

表 9-8　三好鉱業の資産

（千円）

期間	鉱区・土地	建物	機械・計器	金谷炭坑	売掛金	有価証券	起業費	前期繰越	専用鉄道	その他	合計
1926年下期	742	46	315	0	332	446	329	441	0	152	2,803
1927年下期	747	40	289	0	308	446	448	488	385	151	3,302
1928年下期	667	91	373	296	53	395	448	487	398	205	3,413
1929年下期	624	141	420	266	13	395	426	500	378	108	3,271
1930年下期	582	123	424	207	17	385	403	500	355	376	3,372
1932年下期	550	108	384	89	94	247	459	486	316	483	3,216

出所）表9-7に同じ。
注）その他には、石炭、売掛金、仮払金、貸金、未収入金、銀行金銀、当期損失金、三好炭販売会社、大君鉱業、中央病院、受取手形が含まれる。

表 9-9　三好鉱業・大君鉱業所有炭鉱の1人1年当たり出炭量

（人・トン）

年次	炭鉱名	採炭夫	全鉱夫	出炭量	採炭夫1人当出炭量	全鉱夫1人当出炭量
1920	高尾	594	935	79,794	134	85
1925	高尾2・3	249	908	169,709	682	187
	高松分坑、二坑	158	549	69,260	438	126
1928	高尾	190	282	82,580	435	293
	高尾2	150	253	88,723	591	351
	高尾3	298	632	94,523	317	150
	大君高尾	434	654	49,455	114	76
1932	高松	1,139	1,882	208,151	183	111
	大君	360	577	74,386	207	129
	高尾	172	250	51,060	297	204

出所）門司鉄道局運輸課『沿線炭鉱要覧』1920、28、32年。農商務（商工）省鉱山局『本邦重要鉱山要覧』1924・25年。
注）炭鉱名は資料の記載されているものを採用。出炭量は1920年は福岡県鉱山監督局『管内鉱区一覧』1921年記載のもの。

いたものの、手掘りが多くを占めていた[40]。コンベヤーとともにスラによる人力運搬によって運びだされた石炭は、炭車の手押しによって巻揚口まで運ばれ、コース巻で坑外に搬出された。一九二〇年代の選炭工程は、一部機械化されていたものの手選が主流であったが、一九三〇年代には選炭機、水洗機が導入された。このように三好の切羽における機械化は同時期の大炭鉱のように進んでいなかったが、一九二七年から三好と大君の積込駅であった折尾駅から支線を延ばして敷設されていた「三好専用鉄道」が設けられた。

三好では表9-10が示すように、一九二〇年代後半に損失が続き、一九三〇年代前半においてもわず

表 9-10　三好鉱業の損益

（千円・千トン）

期間	販売額				販売量				三好販売量＋大君採掘量	費用・利益金		諸指標（円）	
	買入炭	前期繰越貯炭	当期貯炭	販売額	買入炭	前期繰越貯炭	当期貯炭	販売額		総費用	当期利益金	総費用/販売量	販売額/販売量
1921 年上期	4	58	5	653	1	14	5	77	148	610	42	7.9	8.5
1922 年下期			17	569			3	66	136	600	−14	9.1	8.6
1925 年下期		28	6	397		6	2	56	136	436	−8	7.8	7.1
1926 年上期		6	2	254		2	1	47	141	314	−20	6.7	5.4
1926 年下期		2	1	313		1		65	167	304	−31	4.7	4.8
1927 年下期	3	40	21	548	1	11	6	85	—	592	−60	7.0	6.5
1928 年上期	18	21	30	803	4	6	9	101	217	869	7	8.6	8.0
1928 年下期	7	30	40	751	2	9	15	105	181	862	−13	8.2	7.1
1929 年上期	5	40	71	1270		15	23	169	230	1400	−0.2	8.3	7.5
1929 年下期		71	73	1365		23	18	162	226	1451	0.1	8.9	8.4
1930 年上期		73	67	1455		18	12	186	186	1536	0.4	8.2	7.8
1930 年下期		67	54	951		12	10	142	142	1015	0.2	7.2	6.7
1931 年上期		138	83	1053		20	17	158	158	1202	3	7.6	6.7
1932 年下期		83	57	1340		23	18	249	249	1454	8	5.8	5.4

出所）表 9-7 に同じ。大君採掘量は表 9-6 に同じ。
注）上期は前年 12 月～当該年 5 月、下期は当該年 6～11 月。空欄は 0。—は不明。

表 9-11　大君鉱業の損益

（千トン、千円）

期間	採掘・販売炭量		収入				支出						利益金	支出合計/採掘量(円)	石炭収入/採掘量(円)
	採掘量	販売量	石炭収入	雑収入	期末途中炭及貯炭	合計	営業支出	買入炭代金	期末途中炭及貯炭	所有物減損償却	その他	合計			
1921 年上期	71	—	475	6	8	489	349		12	63		424	64	6.0	6.7
1922 年下期	69	—	463	33	14	510	410		8	80		498	11	7.2	6.7
1923 年上期	119	—	706	26	39	771	657		14	62		733	37	6.2	5.9
1923 年下期	104	—	524	9	69	602	526	1	39	35		601	0.5	5.8	5.0
1924 年上期	90	—	513	11	33	557	427	12	69	48		556	1	6.2	5.7
1924 年下期	70	—	322	7	28	357	322	1	33			356	1	5.1	4.6
1925 年上期	76	—	427	4	20	451	390	4	28	30		452	−1	5.9	5.6
1925 年下期	80	—	414	14	24	452	448	5	20	4		477	−25	6.0	5.2
1926 年上期	94	—	486	10	17	513	521	0	24			545	−31	5.8	5.2
1926 年下期	101	—	528	13	33	574	600	6	17			623	−49	6.1	5.2
1927 年上期	107	108	599	23	35	657	610	6	33			649	8	6.0	5.6
1928 年上期	117	110	715	39	39	793	723	15	14			752	42	6.4	6.1
1928 年下期	75	80	465	13	25	503	459	6	39			504	−3	6.7	6.2
1929 年上期	60	67	406	11	26	443	463	8	25			496	−52	8.2	6.7
1929 年下期	64	65	—	—	43	419	370	23	26	—	—	419	−0.2	6.5	
1930 年上期	—	—		2	13	15			13		11	24	−9		
1930 年下期				1		1					61	61	−60		
1931 年上期				2		2					49	49	−47		
1932 年下期				45		45				38	7	45	−1		

出所）大君鉱業株式会社『事業報告』各年各回。
注）上期は前年 12 月～当該年 5 月、下期は当該年 6～11 月。空欄は 0。—は不明。

かな利益がでているにすぎない。このことにより三好の自己資本比率の低下は、設備拡張を利益金によって補えなかったことに起因していたといえる。表9-11にみられる大君でも、三好と同様に一九二三年下期から経営状態が悪化している。[41] 石炭販売に関してみてみよう。大君は、一九三〇年上期に操業を縮小し、三〇年下期に三好（三好徳松）に「全事業経営ヲ委託」した。[42] したがって、一九三〇年下期からの大君の石炭収入は、表9-10に記載されている三好の販売額に含まれている。三好の石炭販売額、販売量は、一九二五年下期～二八年下期における物産契約期間と比較して、一九二九年上期以降に増大している。一九二九年からの三好では、大君、高尾の出炭が下がる反面、高松の増産が行われた。（表9-6）。また、同社は、一九二九年上期～三〇年上期に山下鉱業炭の委託販売をしていた。[43]

表9-10が示すように、一九二二年上期、一九二六年下期を除けば、（総費用／販売量）が（販売額／販売量）を上回っている。前者はトン当たり費用、後者はトン当たり販売炭価の代替値となることを考慮すれば、三好鉱業の欠損ないしは低収益は生産費高にあったことが分かる。さらに詳しくみれば、①一九二五年下期～二八年下期の（総費用／販売量）が平均七・二円、②（販売額／販売量）が平均六・五円であり、[44] ③一九二九年上期～三二年下期の（総費用／販売量）が平均七・七円、④（販売額／販売量）が七・一円である。すなわち、一九二五年下期～二八年下期に炭価（②）よりも生産費（①）が高かった三好は、一九二九年上期～三二年下期に炭価（④）が上がるが同時に生産費（③）も上がったため、収益が伸びなかったといえる。これと同様に大君も損失の状態が続いている（表9-11）。

表9-12によって三好の費用の細目をみれば、一九二九年上期から費用の合計額が大きく増えている。これは「売炭諸掛」、「売炭経費」が新たに加えられていることによる。汽船運賃、帆船運賃が五〇パーセントを占める「売炭諸掛」は、積込日、沖士賃金、築港税などからなっていたため、石炭を消費地へ輸送する費用勘定であったといえる。[45] 「売炭経費」は土地家屋費、役員給料、交際費、旅費、通信費などからなり、販売業務に対する費用科目であった。こうした売炭勘定科目の新規設置は、三好と大君の販売会社としての役割を担っていた三好商事の機能を一九二九年

表 9-12　三好鉱業の費用

（千円・%）

項目	1921 年上期		1922 年下期		1925 年下期		1926 年上期		1926 年下期		1927 年下期		1928 年上期	
	費用	割合	費用	割合	費用	割合	費用	割合	費用	割合	費用	割合	費用	割合
鉱務費	255	42.3	255	42.5	151	34.6	111	36.7	141	37.4	269	45.5	309	35.6
工作費	91	15.1	90	15.1	42	9.7	36	11.8	52	13.7	66	11.2	70	8.0
運輸費	76	12.6	59	9.9	49	11.3	35	11.7	49	12.9	77	13.0	150	17.3
売炭諸掛					0.9									
経理費	44	7.3	32	5.3	43	9.8	28	9.3	28	7.5	73	12.3	90	10.4
償却金			53	8.8	64	14.6	56	18.4	69	18.3	37	6.2	111	12.8
売炭経費														
労務費	24	4.0	13	2.2	14	3.1	9	2.9	15	4.0	36	6.1	31	3.6
委託販売炭代金														
専用鉄道			5	0.9	10	2.2	5	1.5	6	1.7	3	0.5		
買入炭代(貨車賃)														
雑費	23	3.9	23	3.8	4	0.9	4	1.4	3	0.8	4	0.7	7	0.8
土木及家屋修繕費	6	0.9	2	0.4	2	0.4	2	0.7	3	0.9	6	1.0	22	2.5
旧債払込費			3	0.5	30	6.9			1	0.3			28	3.2
諸税金	22	3.6	4	0.7	3	0.6	10	3.4	1	0.3	1	0.2	16	1.8
技術費	1	0.2	1	0.2	0	0.1	0.2	0.1	0.2	0.1	1	0.2	3	0.4
交際費	11	1.8	2	0.3	7	1.6	6	2.1	6	1.6	6	1.1	8	0.9
その他	50	8.2	58	9.6	18	4.1	0.4	0.1	2	0.6	13	2.2	24	2.7
合計	603	100	600	100	438	100	303	100	376	100	592	100	869	100

項目	1928 年下期		1929 年上期		1929 年下期		1930 年上期		1930 年下期		1931 年上期		1932 年下期	
	費用	割合	費用	割合	費用	割合	費用	割合	費用	割合	費用	割合	費用	割合
鉱務費	324	37.6	397	28.3	330	22.8	466	30.3	361	35.5	386	32.1	374	25.7
工作費	67	7.8	134	9.6	136	9.3	184	12.0	138	13.6	146	12.1	151	10.4
運輸費	161	18.7	32	2.3	121	8.3	39	2.6	140	13.8	163	13.6	243	16.7
売炭諸掛			218	15.6	236	16.3	272	17.7	102	10.0	126	10.5	228	15.7
経理費	160	18.6	84	6.0	87	6.0	150	9.8	77	7.6	118	9.8	124	8.6
償却金	65	7.5	62	4.4	103	7.1	80	5.2	101	9.9	139	11.6	191	13.1
売炭経費			366	26.2	73	5.0	83	5.4	33	3.2	36	3.0	43	3.0
労務費	34	4.0	26	1.8	36	2.5	51	3.4	41	4.0	49	4.1	48	3.3
委託販売炭代金					299	20.6								
専用鉄道			67	4.8	27	1.9	50	3.3	19	1.9	24	2.0	28	1.9
買入炭代(貨車賃)							148	9.6						
雑費	7	0.8												
土木及家屋修繕費	32	3.7												
旧債払込費	0	0.0												
諸税金	1	0.1												
技術費	4	0.4	15	1.1	4	0.3	12	0.8	4	0.4	4	0.3	5	0.3
交際費	7	0.8												
その他											10	0.9	19	1.3
合計	862	100	1401	100	1452	100	1535	100	1016	100	1201	100	1454	100

出所）表 9-7 に同じ。

注）上期は前年 12 月～当該年 5 月、下期は当該年 6～11 月。空欄は 0。その他には、所有物減損償却、本社費、中央病院、予算繰越金、燃料、船舶鉄道運転費、補充費、船舶費、買入炭代金、共同作業費、1922 年下期の費用項目には判別不能の 2 つのが含まれる。

上期の時点で三好鉱業に吸収した事実を反映する[46]。

この理由は定かではないが、坑内費用／販売量が一九二一年上期～二二年下期五・三円、一九二五年下期～二八年下期四・〇円、一九二九年上期～三二年下期三・四円と低下していたのに対して、売炭経費を含んだ総費用／販売量は、同期間に七・四円、六・四円、六・四円であった。すなわち、一九二〇年代後半にトン当たり坑内費用は低下傾向にあったが、売炭経費を負担することによって三好のトン当たり総費用の減少に歯止めがかかったといえる。

以上の分析結果をまとめれば、三好は物産の一手販売期間のみならず契約終了後においても経営不振にあった。上海市場での販売不振がこれを加速化させていたが、一九二〇年代の三好は、物産から得た資金と石炭一手販売取引が経営上有利に作用していなかったといえよう。

(2)　朝鮮無煙炭鉱

他方で、次にみる朝鮮無煙炭鉱（以下、朝無と略す）と物産との契約は、三好鉱業とは異なる側面がみられた。前掲表9-4によれば、一九二〇年代後半から一九三〇年代前半に物産と無煙炭鉱との取引が増えている。同表における判明がつく一五契約の委託と打切取引のうち、打切を主とする六契約中三契約が無煙炭鉱とのものである。

一九二六年の支店長会議において「朝鮮無煙炭ハ埋蔵量モ非常ニ豊富ニシテ炭質モ亦良好ナレバ、此無煙炭ニ今ヨリ着手スルハ将来ノ為必要ナラズヤ」との発言があった[47]。無煙炭は大都市の家庭用炭として需要が増えた[48]。従来、無煙炭は海軍の練炭製造、コークスの原料としての用途がほぼ全てであったが、臭気が少なく、火もちが良かったため、都市化とともに木炭に代わる家庭用の燃料としての需要が増大した。ただし、朝鮮の無煙炭は紛状であるためほとんどが練炭に加工されて養蚕用、家庭用燃料として用いられていた[49]。これに加えて粉炭のままで石灰焼、セメント工業燃料、カーバイド工業原料としての需要があった。

表9-13　朝鮮無煙炭の企業構造

（千トン・%）

1926年			1929年			1933年		
企業名	出炭量	割合	企業名	出炭量	割合	企業名	出炭量	割合
海軍省	133	37.8	朝鮮電気興業	170	31.6	東拓鉱業	183	24.6
朝鮮電気興業	90	25.6	海軍省	138	25.6	朝鮮無煙炭	162	21.8
朝鮮無煙炭鉱	65	18.6	朝鮮無煙炭鉱	87	16.1	海軍省	151	20.3
三菱製鉄	33	9.3	三菱製鉄	63	11.6	朝鮮無煙炭鉱	127	17.1
明治鉱業	25	7.0	朝鮮無煙炭	50	9.3	三菱製鉄	49	6.6
裏辻東策	4	1.1	明治鉱業	23	4.4	明治鉱業	39	5.2
朝鮮総計	352	100.0	朝鮮総計	538	100.0	朝鮮総計	741	100.0

出所）農商務（商工）省鉱山局『本邦鉱業の趨勢』各年。
注）複数の炭鉱を所有する企業はその合計出炭量を示す。

表9-14　朝鮮有煙炭の企業構造

（千トン・%）

1926年			1929年			1933年		
企業名	出炭量	割合	企業名	出炭量	割合	企業名	出炭量	割合
加藤為二郎	78	23.5	加藤為二郎	77	19.2	朝鮮合同炭鉱	146	25.7
帝国炭業会社咸興支店	70	21.0	明治鉱業	63	15.7	朝鮮窒素肥料	69	12.2
明治鉱業	64	19.4	生気嶺粘土石炭	51	12.7	岩村長市	64	11.3
生気嶺粘土石炭	34	10.2	朝鮮炭業	50	12.4	明治鉱業	103	18.2
藤田好三郎	26	8.0	大森宅二	41	10.2	鳳城炭鉱	42	7.5
鶏林炭鉱	22	6.7	米田実	26	6.4	生気嶺粘土石炭	31	5.4
朝鮮総計	331	100	朝鮮総計	400	100	朝鮮総計	566	100

出所）表9-13に同じ。
注）複数の炭鉱を所有する企業はその合計出炭量を示す。

ここで朝鮮石炭鉱業の動向についてみておきたい。朝鮮総督府は一部の企業に採掘を許可していたが、一九二四年に朝鮮無煙炭の移出を認めた。朝鮮の出炭量は一九一五～一九年に合計一〇二万トン（無煙炭八二万トン）であったが、一九二〇～二四年一七〇万トン（九八万トン）、一九二五～二九年三七七万トン（二一一万トン）、一九三〇～三四年五九〇万トン（三七七万トン）増加した。[50] 朝鮮炭の移出量は、一九二〇～二四年六一万トンであったが、一九二五～二九年一一七万トン、一九三〇～三四年二〇三万トンと増加したことからみて、内地需要の増加が窺える。[51] 表9-13によれば、朝無は、無煙炭供給において朝鮮内で大きなシェアを保っている。[52] この他に物産が一手販売契約を結んだ無煙炭鉱には、一九三三年に「福岩無煙」とともに朝無の経営者福井武次郎を鉱業権者とした鳳泉炭鉱（二一万トン）があった（表9-4）。[53] 他方で、

表 9-15　朝鮮無煙炭鉱の三井物産打切炭価と経営動向

年次	物産販売価格・数量		経営動向（千円）				江西炭鉱の動向		
	物産打切価格（円）	販売数量（千トン）	自己資本	資産＝資本＋負債	自己資本比率(%)	当期利益金	出炭量（千トン）	使用人員（人）	1人当たり出炭量（トン）
1926	8.7	105	—	—	—	—	65	463	141
1927	11.3	96	—	—	—	—	64	574	111
1928	10.3	75	2,146	2,755	77.9	65	58	587	99
1929	9.8	50	2,149	2,739	78.5	44	87	410	212
1930	8.2	—	2,120	2,605	81.4	0.3	45	412	109
1931	7.6	54	2,148	2,520	85.2	28	84	392	213
1932	8.3	76	2,152	2,419	89.0	63	106	516	206
1933	8.7	105	2,190	2,406	91.0	91	127	735	173
1934	9.8	100	2,298	2,442	94.1	163	132	1090	122
1935	9.8	100	2,380	2,523	94.3	193	125	1307	96

出所）「朝鮮無煙炭礦（株）契約書」No. 物産 2359-86。朝鮮無煙炭鉱株式会社『営業報告書』各年。農商務省（商工省）鉱山局『本邦鉱業の趨勢』各年。

注）炭価はトン当たりFOB価格で、複数の炭種の平均。負債、資産、当期利益金は各年下期のもの。—は不明。龍潭炭鉱の1934年（44千トン）、35年（43千トン）は江西出炭量に加えられてない。販売数量は前年の契約によるもの。

物産が契約した有煙炭は表9-14が示すように、一九二二年から加藤為二郎が鉱区を所有する鳳城炭鉱（鳳山炭鉱）のシェアが大きく、この他には一九二九年から契約がはじまる内外鉱業（六・七万トン）、昭和炭鉱（一四万トン）が存在した（表9-4）。

一九二六年に物産と朝無との間で締結された契約によれば、両者の協議によって定められた販売量（練炭を含む）を物産が一手に取り扱うこととされた[54]。朝無の出炭量がこの販売量を超えた場合のみ、物産の販売価格より高い価格をもって朝無は消費者へ直接販売できるものとされたが、朝鮮内の販売については朝無の裁量に任された。一九二六年の契約締結時には委託販売の際の手数料などの条項が折り込まれていたが、物産と朝無の実際の販売取引は鎮南港FOB打切価格によってなされ、積出しとともに物産から石炭代金が支払われた。ただし、物産の打切買いに際しての船舶への石炭積込み費用は、朝無が負担した[55]。

炭質に関しては水分五パーセントを越えれば契約価格からの歩引がなされ、石炭の品質に苦情が生じた場合には朝無が責任を負うこととされた。この際の品質検査は、三井が独自に設置した川崎、名古屋、大阪の各分析所において行われ、炭鉱が異議を唱えた場合には公設試験所において検査された。

朝無の経営動向を検討してみたい。表9-15が示すように、同社の所有炭鉱の江西の出炭は、一九三〇年を除けば一九二〇年代に緩やかに拡大し、一九三〇年代に大きく増えている。また、朝無の出炭の多くは、物産との取引によって売り捌かれていた。経営状態に関してみれば、朝無は一九二七年に物産より二五万円の融資を受けていたが、三三年に「借入レアリタル固定借款全部ヲ返済」していた(56)。このことは、自己資本比率が年を経るにつれて改善している事実からも見当がつく。また、同社はいずれの年にも利益を得ている。

朝無の生産費の動向を探る資料をもち合わせてはいないが、表9-15に示されている生産性（一人当たり出炭量）は一九二六～二八年と比べて一九二九～三二年に増加しているものの、一九三三～三五年には減少傾向にある。これに対して、朝無の物産打切価格は一九三〇～三二年を除けばほぼ安定していることが判明する。前述した三好の動向と比較すれば、一九二八年、三二年の生産性に関しては差異を結論付けることはできないが、炭価は朝無のほうが高い。総じて朝無の経営は、三好と比べれば、物産との一手販売契約下に順調に進展していたといえよう。

表9-16　高取鉱業・杵島炭鉱の出炭量

（千トン）

年次	杵島炭鉱本坑、二坑	杵島三・四坑
1921	504	115
1922	498	189
1923	429	222
1924	412	275
1925	411	320
1926	219	335
1927	34	483
1928		568
1929		547
1930		535
1931		520
1932		446
1933		530
1934		501
1935		612

出所）福岡鉱務署（鉱山監督局）『管内鉱区一覧』各年。
注）杵島三坑は1926年から委託経営。杵島四坑は1929年開坑。

(3)　高取鉱業（杵島炭鉱株式会社）

高取鉱業は、一九二六年に委託経営をはじめた佐賀炭鉱を二九年に買収し、杵島炭鉱株式会社を設立して杵島三坑と改名した（以下、一括して高取と略す(57)）。高取の出炭量を表9-16でみれば、一九二四年に閉鎖された本坑、二七年に採掘が停止された二坑にかわって、杵島三坑お

表 9-17　三井物産三池支部の石炭地売量

（千トン）

期間	三池炭	三池コークス	鴻基	筑豊	杵島	その他	合計
1917 年下期	34	7	8	21	55	23	148
1918 年上期	40	6	8	30	46	22	151
1918 年下期	36	7	7	26	59	22	157
1919 年上期	31	3	10	32	57	20	151
1919 年下期	33	3	16	30	58	26	166
1920 年上期	34	3	21	25	49	19	152
1920 年下期	35	6	31	11	60	13	155
1921 年上期	22	5	20	13	70	10	140
1921 年下期	26	5	25	14	80	12	161
1922 年上期	35	4	19	15	68	11	152
1922 年下期	37	3	34	9	63	12	157
1923 年上期	47	4	22	11	62	19	164
1923 年下期	38	5	39	7	64	15	169
1924 年上期	39	7	24	8	88	18	183
1924 年下期	21	5	30	7	55	17	136
1925 年上期	32	7	37	11	63	22	172
1925 年下期	25	3	25	11	56	19	138
1926 年上期	32	5	25	18	61	26	166

出所）三池支部『第九回支店長会議業務報告』。
注）その他には、佐賀、唐津、松島、天草、西表、大嶺、その他石炭が含まれる。

よび二九年に開鑿がはじまった四坑が高取の主要鉱となっている。以下、戦間期の高取の動向に関して検討したい。

表9-17が示すように、物産三池支部による杵島炭の地売量は、一九二〇年代前半に四〇パーセントを上回っている[58]。物産と高取が締結した一九二〇年にはじまる契約では、高取は「石炭ヲ他者ニ販売スルコトヲ得ス」とされ、取引方法は「打切」、「打切委託」、「委託販売」からなっていた[59]。「打切」の場合、両者の協議によって定められた数量および価格を物産が土場ないしは住之江港までのFOB（本船積込渡し）で引き受けていた。「予メ売上計算ノ判明セサルモノ」が対象とされていた「委託販売」は、両者の協議の上で最低価格を設定した後、輸送費などの実費が高取の負担とされた。他方で、「打切委託」では、物産が需要者と取り決めた販売価格から物産と高取の協議の上に決定された諸経費を差し引いた「土場値段」（港湾決済価格）が高取に支払われた。また、「打切委託」と「委託販売」では、高取から物産へ手数料が支払われた。

品質に関しては三つの取引方法ともに高取が責任を取ることとされた。注目すべきは、「買手ノ何人タルヤ、又信用程度如何ヲ予メ」高取に明示しなかった場合、「代金ノ回収ヲ為ス能ハス、又ハ著シキ困難ヲ生シタル」場合には物産がその責任をとることとされ、この点は前述の三好に付与された条項と異なる。

杵島炭の炭質に関してみれば、一九二四年に採掘が終了した杵島本坑と比べて杵島二坑の炭質が劣っていたのは、物産三池支部にとって「是ガ対応策ニ付キ日夜焦慮セル」ことであった(60)。第二坑から産出される石炭の塊廻りが小さく、粉炭に微粉硬石が多いという「杵島炭ニ対スル品質苦情」が消費者からでていた。注意を要するのは、これが粗悪炭問題であるというよりも本坑終掘による炭層の変化に起因していたことである。杵島炭鉱ではこの問題に対して、塊炭に混在している中塊を選炭機によって洗出して、採掘箇所によって良否が決まる粉炭を選別して坑外へ搬出するよう改善策を講じていた。これとともに物産三池支部では、杵島二坑の出炭が「坑齢」によって終掘すると考え、「杵島炭坑モ遂ニ此後二年余ヲ以テ終」ると認識していた。

だが、こうした物産三池支部の予想に反して、一九二六年から委託経営をはじめ、二九年に買収した杵島三坑の出炭は拡大し(表9-16)、一九二六〜三二年の物産の内地・外地における杵島炭販売量は増加傾向にあった(表9-2)(61)。表9-18が示すように、高取の経営は、杵島三坑の委託経営開始初期に不振が続いているものの、一九二八年上期から収益は回復し、昭和恐慌期を含む三〇年上期〜三二年下期に悪化しているが、三三年両期には再び好転している(62)。

一九二五年の杵島二坑の全鉱夫一人一年当たり出炭量は一一七トンであったが、二八年に一二一トンであった杵島三坑のそれは三二年に一六一トン、三五年に一五〇トンに増えた(63)。一九二七年の杵島三坑の切羽採掘は、機械鑿孔の後に発破による方法と鶴嘴による炭層の掻き落としからなっていた(64)。ただし、切羽運搬はエブのなかに収められた石炭を炭車に搭載して、これを手押しして巻立まで運搬し、電気巻上機によって坑外に搬出されていた。一九二七年以降の杵島三坑と四坑では、鑿岩機、コールカッターを導入していくとともに、一九三二年にチェーン式切羽運搬機を導入するなど、採炭の機械化を進めた(65)。

表 9-18　高取鉱業・杵島炭鉱の経営動向

（千円）

期間	高取鉱業			杵島炭鉱			高取・杵島純益金合計
	払込資本金	期末総財産	純益金	払込資本金	期末総財産	純益金	
1925年 上期	6,500	9,289	31				31
1925年 下期	6,500	8,154	3				3
1926年 上期	6,500	8,157	7				7
1926年 下期	6,500	8,164	46				46
1927年 上期	6,500	8,210	45				45
1927年 下期	6,500	8,256	16				16
1928年 上期	6,500	8,272	218				218
1928年 下期	6,000	7,795	146				146
1929年 上期	6,000	8,566	241				241
1929年 下期	2,500	4,875	347				347
1930年 上期	2,500	5,122	−712				−712
1930年 下期	2,500	4,411	−112	3,500	3,584	−221	−333
1931年 上期	2,500	4,230	−2	3,500	3,548	109	107
1931年 下期	2,500	4,230	−220	3,500	3,607	−203	−423
1932年 上期	2,500	4,230	−222	3,500	3,425	−187	−409
1932年 下期	1,000	2,508	−49	5,000	4,700	−66	−115
1933年 上期	1,000	2,459	−48	5,000	4,660	226	178
1933年 下期	1,000	2,092	111	5,000	4,910	205	315

出所）石炭鉱業連合会『石炭時報』各年。
注）空欄はデータなし。

高取は一九三一年時点において物産からの貸付金を返済していたため、物産は「無条件ニテ一手販売ヲ当社ニ与ヘ居レル炭坑ナルヲ以テ、何時ニテモ先方ヨリ関係ヲ断タルル危険」にあると判断していた(66)。一九三三年に高取と物産との間で結ばれた契約では、朝鮮、台湾、沖縄に販売する杵島炭が物産の扱いとなり、京浜、名古屋、大阪、三池に所在する二九社、汽船会社五社、鉄道省の契約に対して物産が引き続き一手販売権を得た(67)。高取は、物産との協議の上で杵島炭の販路を新たに開拓することが可能となったが、成約した消費者への販売は物産に一任されることとなった。こうした各企業との石炭取引では、予め消費者と物産との契約が成約されていたと思われる。したがって、一九三三年の契約では、二〇年の契約とは異なり、取引方法は打切買付けのみとなった。

ただし、石炭商との取引に関しては、「今回仲買売買ノ大部分ヲ炭坑ニ委譲スル」とされたように(68)、高取は自由に契約を結ぶことが可能となった。契約で高取との直接交渉が認められた石炭商は、三四石炭、村山石炭、三鱗石炭、宗像商会、三鱗石炭新美商店、肥後物産、橋田商店、三江商会、佐々木商店、内田商店であった(69)。物産と石炭商との販売契約は炭種ごとに取り決められていたため(70)、物産は杵島炭に対する販売契約を石炭商と取り結ぶのをやめ、高取が独自に石炭商と契約したものと思われる。このように高取は、一九二〇年の契約と比較すれば販売に関して独自の裁量で行動することが可能となった(71)。このことは一九三四年〜三五年に物産の内地・外地の杵島炭取扱量が減少している事実からも分かる（表9-2）。

第8節　結語

貝島および麻生商店とのプール制の解体の後、第一次世界大戦期に物産は、常磐を中心とする炭鉱への販売契約を進めていったが、一九二〇年代には常磐との契約を減少させていく一方で、朝鮮をはじめとする無煙炭取引を拡大させた。この背景には、需要の高まる無煙炭の取引の拡大を図る物産の戦略があった。また、物産は筑豊炭の取引においても発熱量の高い優良な有煙炭の販売に従事していた。

このように物産は市場価値の高い石炭を一手販売契約によって選別・確保しようとしていたが、物産と炭鉱との企業間間関係のあり方については、以下に示す特徴があった。まずは、物産の委託販売と打切の選択論理について着目したい。第一に物産の委託と打切は、取引手段に基づいていた。消費者との石炭販売契約が完了している場合には打切が選択され、市場売りなどの販売先が未確定の場合には委託販売の方法がとられていた。このことは一九二〇年に契約された杵島炭の取引に象徴される。第二に委託と打切の選択は、物産のリスク回避の手段であった。物産の自己勘定取引となる打切は、需要が増加していた朝鮮無煙炭の取引に採用されていたように、物産の販売上のリスクが低いものに対して選択された。他方で、混乱の可能性があった上海での販売が多くを占め、販売上のリスクが高い三好炭に対しては、委託販売の方法がとられていた。

委託および打切においても品質不良の折には炭鉱側に責任があるとされたが、打切で物産と取引した炭鉱は、販売代金が早期に決済され、販売上のリスクも物産に転嫁できる。だが、委託販売の場合においては、三好炭の取引で消費者の契約不履行が炭鉱側の責任とされたように、販売上のリスクは炭鉱にあった。

このように、少なくとも一九二〇年代の物産と炭鉱との一手販売契約の背後には、高い需要＝物産の低いリスク＝打切、市場の混乱の予想＝物産の高いリスク＝委託販売という図式が存在した[72]。物産がこうしたリスク選択や排他的販売権を獲得できたのは、炭鉱への資金供与に基づいていた。この点は、資金返済が完了していた高取が独自の販売交渉権を得ていたことからも窺い知れる。その反面、三好の契約条項は、朝無と高取が結んだものと比べて不利であった。資金難に陥っていた三好は、物産の資金供与を見返りとして悪条件を甘受したものと思われる。

ただし、多くの契約書において「協議」と記載されていた炭価の取り決めには、不透明な部分があった。すなわち、市場および消費者との直接交渉を物産が取りもっていたため、炭鉱と物産の間には情報の非対称性が存在する。この問題については、物産と一手販売契約を結んだ炭鉱が昭和石炭の査定に参入することによって改善に向かったといえる。だが、戦間期全体を見渡せば、昭和石炭の査定を受けた物産の契約企業は二社のみであったという事実は否めない。

こうしてみれば、物産の一手販売契約を支店長会議で議論されていた「小炭鉱の統制」の効果のみに求めるよりも、ここではリスクを回避しながらも優良炭の販売に従事していた物産像を強調したい。他方で、物産の契約において価格設定面の不透明性を残しつつも、物産からの資金供与と一手販売取引が経営上有効に機能しなかった炭鉱があった反面、物産との契約期に安定した経営を進めた炭鉱の存在に注目しなければならない。

注

(1)「第六回支店長会議資料(二)」P物産三三八-四-一二。以後、本章で引用する「物産」と記されている史料は、全て三井文庫所蔵のもの。

(2) 三井文庫［一九八〇］、春日［一九八二］、三井文庫［一九九四］、山口［一九九八］。柴垣和夫は、物産の一手販売権の獲得に関して「中小企業あいての問屋制的商人資本的な存在として、流通機構の末端まで介入していた」と評価している（柴垣［一九六五］四一九頁）。一九三〇年代に物産が石炭商へ資本参加した点については春日［一九八二］が詳しいものの、物産と炭鉱との取引の実態を詳細に検討した研究はない。また、「見込商売」（買付）については鈴木［一九八一］、とりわけ第一次大戦期の動向は大島［二〇〇四］に詳しい。

(3) 三菱商事の一手購買・販売契約とその論理については、萩本［一九九六］を参照。

(4) 内地石炭消費量は、一九二一年の二四〇〇万トンから二五年の三〇〇〇万トンに増加し、昭和恐慌期に落ち込むものの、三五年に四一〇〇万トンに上った（奥中孝三『石炭鉱業連合会創立拾五年誌』石炭鉱業連合会、一九三六年、三四～三七頁）。

(5)『稿本三井物産株式会社一〇〇年史上』日本経営史研究所、四六六～四六七頁。

(6) 松元［一九七九］五八三～六四五頁。

(7)「第六回支店長会議資料(一)」一九一八年、物産二三七-一-八。

(8)「貝島鉱業株式会社契約書」物産二三五四-二八。

(9) 松元［一九七九］六三〇～六三一頁。

(10)「茨城炭礦株式会社契約書」物産二三五四-一〇二。

(11) 荻野喜弘［二〇〇〇］五四七～五六〇頁。

(12) 詳細な契約内容に関しは、『事業報告』、『業務総誌』には記載されていないため、利用可能な「契約書類」に限定されるという資料的制約が存在する。

(13) 第一次世界大戦による好況時における三井銀行当座貸越貸出金日歩は一・六銭であったが、一九二〇年代はじめには貸出金日歩が二・七銭に上がった。だが、一九二七年の二・四九銭から二九年には一・九九銭へ下がり、一九三〇年代の景気回復期においても利子率の減少傾向がみられた（三井銀行八十年史編纂委員会『三井銀行八十年史』四一六〜四一七、四二〇頁。中村・尾高［一九八九］二八〇頁）。

(14) 妊浜鉱業株式会社『事業報告』各回各期。

(15)「中央石炭株式会社契約証」物産二三五九‐二〇。なお、このうちの半数は契約を仲介した中須養三の負債となり、中須は中央石炭の借入金返済に連帯責任を負った。

(16) 三井物産株式会社『第九回支店長会議議事録』一九二六年、九六頁、復刻：三井文庫監修『旧三井物産支店長会議議事録第三期』丸善株式会社、二〇〇五年。本章で使用する『議事録』は、特記しない場合を除いて、丸善復刻版。

(17) 北海道炭の物産取扱量は、表9‐1、表9‐2を参照。

(18) 前掲『第九回支店長会議議事録』九二頁。

(19) 前掲『第九回支店長会議議事録』八八頁。

(20) 三好鉱業のシェアは、後掲表9‐6に示されている三好・大君の全出炭量で計算。全国出炭量は、農商務（商工）省鉱山局『本邦鉱業ノ趨勢』各年による。なお、一九二五〜二九年に契約された内地（山口、筑豊）の六炭鉱（表9‐4）の全国出炭量（一九二五〜二八年平均）に占める割合は、一・〇七パーセントであった。

(21) 鳳泉無煙炭礦株式会社『営業報告書』、各期。松浦炭礦株式会社『営業報告書』、各期。

(22) 三菱商事株式会社「取締役会議議事録原本(1)」（三菱史料館所蔵）、MC‐二六三。

(23) 三井物産株式会社『第一〇回支店長会議議事録』、一九三一年、二五九頁。

(24) 前掲『石炭鉱業連合会創立拾五年誌』二四〜二九頁、三四〜三七頁。石炭鉱業連合会に加入していない炭鉱を含めた「全国実送高」から「調節実績調」に記載された連合会所属炭鉱の実送高を差し引いた数値。なお、「調節実績調」は一九三六年三月の実送量が含まれる。

(25)「田籠鉱業株式会社契約書」物産二三五九‐二六七。一九二八年に設立された田籠鉱業の出炭量は、三二年の二・七万トンから三五年に四・四万トンへ増加した。さらに、田籠鉱業は一九三五年に資本金を八〇万円に増資し、鉱区買収によって昭嘉炭鉱を設立した。同社の物産からの借入れ金額は一九三五年に五三万円であり、同年に「水害復旧費並ニ新礦鉱区拡張費トシテ二〇万円ヲ限度トシテ」追加融資がなされた（三井物産株式会社『業務総誌』一九三五年上期、物産二六七三‐一五

(一)、一二六頁。前掲『業務総誌』一九三五年下期、物産二六七三-一六(一)、九〇頁)。なお、物産は田籠寅吉との契約を一九二〇年代に結んでいたとみられるが、この内容については不明である。田籠については第7章も参照。

(26) 「岩崎寿喜三契約書」物産二三六〇-一九七。

(27) 澤田慎一『解散記念誌』昭和石炭、一九四二年、一六三〜一六四頁。

(28) 三井物産株式会社『第六回支店長会議議事録』一九一八年、二九頁。

(29) 「三好鉱業株式会社公証証書謄本」物産二三五九-四六。なお、三好徳松は一九一六年に物産からの資金供与を受け、一九二一年まで「高松高尾炭」の一手販売権を物産に認めていた(荻野[二〇〇〇]五六七〜五六八頁。表9-4の「三好①」参照)。

(30) 三井物産株式会社「支店長会議石炭部報告」P物産三六七、六〜七頁。「三好商事株式会社契約書」物産二三五九-四七。前掲『業務総誌』一九二六年上期、P物産二六七三-五。

(31) 三好販売炭と大君採掘量の合計値と『筑豊石炭鉱業組合月報』(各年)に記載されている、三好商事の若松着炭量には誤差が存在する。この合計値から若松着炭量を差し引いた数値の最大値は一五万トン(一九二九年上期)であった。したがって、三好商事若松着炭には計上されない炭鉱から最終需要者へ直接移送されたものがあったといえる。なお、三好鉱業の『営業報告書』には「地売」の他にこのことを示す「社炭直売高」、「社外炭売炭」という数量が記載さている時期もある。このことから、若松港着炭量がそのまま各炭鉱の販売量を示していないため、同資料記載の着炭量の使用には注意が必要である。なお、表9-10の年次順の三好商事若松港着炭量は以下の通り。一五七、一三三、九五、一〇八、一〇六、一一一、八八、八一、七五、一二一、一三三、九二、一二六、二一三(千トン)。

(32) なお、一九三三年に結ばれた物産と岩崎寿喜三の契約においても、史料4と同様の内容が取り結ばれていた(「岩崎寿喜三契約書」物産二三六〇-一九七)。

(33) 炭質に関しては三池炭の場合、シンガポール、上海、アメリカ陸軍などから「苦情ハ一般ニ最近(一九二六年)大ニ減シタル」ものの、炭層中に散在する松岩、充填の際に天井の砂岩、土砂が石炭に混入することがあった。そのため、物産三池支店では、焚方に関する印刷物を船舶乗組員に配布するなどして三池炭の特質を広めるよう努力していた。こうした品質上の問題は、三池炭のみならず三好炭にも存在していたものと思われる(三池支店『第九回支店長会議業務報告』〈東京大学経済学部図書館所蔵〉、一九二六年）。

(34)　この条項に関しては、物産と炭鉱との多くの契約書には記載されていない。ただし、例外として、鳳儀炭鉱との契約では、「市況不振其他原因ノ如何ヲ問ハス、委託石炭ノ売行十分ナラサル事アルモ三井ハ、其残炭引受ノ責任ナキモノトス」とされ、契約済み顧客が石炭引き取りを拒否した場合も、「損害ニ対シテハ其責ニ任セサルモト」とされた（「鳳城炭礦株式会社契約書」物産二三五九-二七）。

(35)　「三好徳松公証書謄本」物産二三五五-九八。

(36)　大君鉱業株式会社『事業報告』各期。

(37)　「三好徳松契約書」物産二三六〇-七。

(38)　「三好新高松炭」の契約が開始された一九二四年上期からのデータは資料的制約によって得られない。

(39)　三好鉱業株式会社『営業報告書』各年。

(40)　「炭山概況　高松本坑」筑豊石炭鉱業組合『筑豊石炭鉱業組合月報』第二四巻第二九二号、一九二八年。

(41)　表9-11に示されている、大君鉱業の「所有物減損消耗」科目は、一九二四年下期以降ほとんどみられなくなる。この科目は「営業支出」に計上された可能性もあるが、「所有物減損消耗」が意図的に割愛されている場合、実際の損失金は表9-11に示されている以上の数値になる。なお、大君鉱業の貸借対照表は、荻野［二〇〇〇］五七二頁を参照。

(42)　大君鉱業株式会社『第弐拾四回事業報告書』一九三〇年六月～一九三〇年一一月。

(43)　三好鉱業株式会社『営業報告書』各年。なお、山下鉱業の委託炭販売数量は、一九二九年上期が四万トン、二九年下期が一・三万トンであった。

(44)　物産は三好炭販売代金から販売に要した諸費用、取扱手数料、直接経費を差し引いた残額を三好に支払った（前掲「三好鉱業株式会社公証書謄本」）。さらに、三好は一九一六年の契約と比べて二四年にはトン当たり〇・〇五円の直接販売費が加算されていた（表9-5）。したがって、物産との契約期における（販売額／販売量）が（総費用／販売量）よりも低い要因の一つに、物産への手数料払いが挙げられる。

(45)　三好鉱業株式会社『営業報告書』一九二九年上期以降。

(46)　「売炭諸掛」には若松石炭商同業組合に支払ったと思われる「炭商組合費」が含まれているため、一九二九年上期の売炭勘定科目の追加によって三好鉱業に販売組織が加えられたことが明らかになる。
(47) 前掲『第九回支店長会議議事録』三三九頁。
(48) 前掲『第九回支店長会議議事録』九七～九八頁。
(49) 南満州鉄道株式会社『本邦及朝鮮無煙炭の需給並満州産無煙炭に関する調査』一九二九年、一三二～一三四頁。
(50) 前掲『本邦鉱業ノ趨勢』各年。
(51) 朝鮮の出炭に占める移出の割合は、一九二〇～三五年平均で三三・八パーセントであった。
(52) なお、表9-13の朝鮮無煙炭株式会社（朝鮮無煙炭と省略）は、三井をはじめとした内地、朝鮮の主要企業によって一九二七年に設立された（「国民新聞」一九二六年一一月一六日。朝無社社友会回顧録編纂委員会『朝鮮無煙炭株式会社回顧録』一九七八年、一三～一五頁）。
(53) 鳳城炭鉱の所有炭鉱は、一九三二年に朝鮮合同炭鉱へ売却され、鳳城が物産と契約した一手販売、金銭貸借契約は朝鮮合同炭鉱が引き継いだ（「鳳城炭礦株式会社契約書」物産二三五九-二七）。
(54) 「朝鮮無煙炭礦株式会社契約書」物産二三五九-八六。
(55) なお、委託販売の場合においては、輸送費を含む諸経費が朝鮮無煙炭鉱の負担とされた。
(56) 朝鮮無煙炭鉱株式会社『営業報告書』一九三三年下期。
(57) 高取鉱業と物産の一手販売契約は、一九〇八年にはじまっていた。なお、高取伊好は一九一四年に一五万円、一五年に三〇万円の貸借契約を物産と結んでいる（「高取伊好契約書」物産二三五五-六三）。
(58) 表9-17は地売量を示しているため、表9-1、表9-2とは数値が異なる。
(59) 前掲「高取伊好契約書」。
(60) 三池支部『第九回支店長会議業務報告』（東京大学経済学部図書館所蔵）、二七～三三頁。
(61) 杵島三坑の炭質は、杵島本坑、二坑と等しかった。すなわち、杵島本坑・二坑の発熱量は七四五五カロリー、水分二・三二パーセント、灰分七・二パーセント、硫黄二・三四パーセントであり、杵島三坑は発熱量七四一八カロリー、水分二・二六パーセント、灰分七・八パーセント、硫黄二・七八パーセントであった（商工省鉱山局『本邦重要鉱山要覧』一九二五・二六年、七八六頁。門司鉄道運輸局運輸課『沿線炭鉱要覧』一九三五年）。

(62) なお、表9-18によれば、廃坑した杵島本坑、二坑を所有する高取鉱業の資本金を新たに設立した杵島炭鉱に移転させている。
(63) 前掲『本邦重要鉱山要覧』。門司鉄道運輸局運輸課『沿線炭鉱要覧』一九二八、三二、三五年。なお、出炭量は各資料に記載されている前年出炭量を採用。
(64) 前田貞「杵島炭鉱第三坑報文」(京都帝国大学実習報告)、一九二九年、二七、四九頁。実習は一九二七年。
(65) 前掲『本邦鉱業ノ趨勢』各年。
(66) 前掲『第一〇回支店長会議議事録』二六八頁。
(67) 「杵島炭礦株式会社契約書」二三五九-二三六。
(68) 前掲『業務総誌』一九三三年上期、P物産二六七三-一二(一)。
(69) 契約書には記載されていないが、高取鉱業はこの他の石炭商との取引も制約されなかったと思われる。
(70) 物産は、宗像商会、三鱗石炭、三四石炭と北海道の太平洋炭鉱塊炭に対する販売契約、村山商会と鴻基塊炭、三池粉炭に対する販売契約を結んでいた(「太平洋塊炭販売ニ関スル五店覚書」物産二三五九-八〇。「村山商会契約書」物産二三五九-一八四)。
(71) 物産との一手販売契約を解除するに際して発生する取引コストを鑑みて、高取鉱業の石炭商との直接取引は別途検討する必要がある。
(72) 物産には、炭価高騰期に打切買いを増やすことによって差益収入を拡大させる選択肢が存在したと思われる。ここではこうした差益に対する物産の行動は確認できなかった。

補論B　中小炭鉱労働の実態

第1節　課題

中小炭鉱労働に関しては詳しく知られていないため、その実態について第一次資料に基づいて検討するのがここでの課題となる。具体的には、産炭地筑豊において大和炭鉱を経営していた松岡家の鉱夫の動向をみる。資料的制約によって、分析対象とする大和炭鉱で労働した鉱夫は、石炭労働を代表する坑内夫ではなく、坑外労働をした運搬夫を主としている。

第2節　事業の概観

松岡家の事業を概観しておきたい。一九二四年の「大和炭坑運炭積込計算帳」において「大和炭坑運炭及積込迄、壱屯ニ付拾六銭ニテ受負ヲナス」とされたように[1]、松岡家は大和炭鉱の事業に関係していた。『筑豊五郡採掘鉱区一覧』によれば大和炭鉱は、一九二三年に石川和三郎に鉱業権があり二四年からは小畠治平が権利をもっていた[2]。一九一四年一月に松岡家は、第一坑「キカン瓦斯」捨、第一坑坑内硬捨、第三坑売炭運搬、選炭機下硬捨、二坑「きかん炭」運炭、第二坑運炭、坑木運搬の請負事業を行っていた[3]。また、一九一四年三月には「貨車積坑木貯木場へ運搬積上　一台ニ付　金十二銭」などの坑木運搬に関する松岡家の請負額を記した資料が残っている。管見のところ現存する資料には、松岡家の採掘事業に関するものはなく、同家は運炭、坑木運搬を主とした請負事業に従事していたものと思われる。

以下で分析する「鉱夫勤怠簿」は、一九一八～三四年の坑木方、硬捨を主とする鉱夫の賃金や労働日数が記されている資料である。

第3節　鉱夫賃金の概観

ここでは「鉱夫勤怠簿」から松岡家鉱夫の賃金支払方法について概観する[4]。鉱夫の一月当たり賃金は、定まった一労働日当たり賃金を示す「方賃」と一労働日を意味する「方」の積によって計算された。この一月の賃金額から衛生費、納屋貸付賃、貸与された白米を現金換算した金額とともに「貸金」が差し引かれ、鉱夫の月末の手取賃金が決められていた。そして、一月当たりの賃金（一月労働方数×方賃）が衛生費や「貸金」などよりも低い場合に、資料には「過剰」と記され、鉱夫は月末に現金を手にした。

一九一八～三四年において衛生費は概ね〇・二～〇・三円であり、納屋貸付賃は一～一・五円の範囲内にあった。「貸金」は、概ね二～六日に一回の頻度で鉱夫に貸し出されていたが、資料に「キ」や「金」と書かれた貸出日が鉱夫各々によって異なるため、鉱夫の求めに応じて貸し出されていたといえる。この「貸金」は鉱夫の月内の賃金から差し引かれて精算されていたため、実質的には賃金の前貸に相当するものであった。ただし、請負事業形態がとられていた「硬返し」などでは、請負者に松岡家から「貸金」として事業資金が前貸されていた。

表B-1は、各年六月の鉱夫の賃金、貸金などが記された基本統計である。松岡家の鉱夫は坑木方、馬丁、硬返しを主としていたが、表B-1では職種の異なる鉱夫の賃金が平均されている。硬返しおよび馬丁のような請負事業者、後述する月給を支払われていた者は(5)、賃金、貸金額が高額のため平均を上げてしまうので省いた。

鉱夫の賃金水準は、表B-2で示される方賃の推移をみることで明らかになる。方賃の平均は、一九一八~二〇年まで増えているが、二一年に下落した後、一九二四~三二年まで大きな変化はない。また、最大値と最小値をみれば

表B-1　松岡家の鉱夫の基本統計（6月）

（千円）

年	項目	賃金	貸金	差引合計	労働方数（方）
1918	平均	14.1	12.4	1.2	20.8
	最大	37.5	65.2	15.0	32.6
	最小	1.8	0.2	-29.8	3.0
	標準偏差	9.6	14.2	9.7	8.5
1919	平均	21.2	20.4	11.0	23.6
	最大	45.0	106.4	46.0	71.2
	最小	1.1	0.2	-38.5	3.0
	標準偏差	12.5	27.0	19.5	12.2
1920	平均	27.8	14.4	15.4	19.0
	最大	54.0	61.1	61.4	32.0
	最小	1.2	0.3	-10.0	2.0
	標準偏差	16.7	14.8	14.6	8.8
1921	平均	20.2	7.2	12.8	21.6
	最大	71.6	27.0	53.4	28.0
	最小	2.2	0.3	0.2	4.0
	標準偏差	15.5	7.8	12.8	5.5
1924	平均	26.0	13.4	19.2	19.7
	最大	37.3	21.4	80.4	27.6
	最小	5.4	5.0	5.0	4.0
	標準偏差	10.4	6.6	22.3	7.9
1927	平均	36.5	29.1	11.0	24.4
	最大	42.5	99.4	31.7	27.8
	最小	9.0	5.2	-57.7	6.0
	標準偏差	11.3	32.0	29.0	8.1
1928	平均	33.8	26.3	12.1	25.1
	最大	43.4	74.9	29.1	28.9
	最小	12.7	11.3	-34.8	9.4
	標準偏差	10.5	17.7	16.4	5.6
1931	平均	41.0	22.3	17.5	22.2
	最大	100.9	74.2	27.6	23.6
	最小	22.6	9.8	10.8	21.2
	標準偏差	33.6	25.5	5.7	1.2
1932	平均	20.6	19.9	13.8	18.5
	最大	27.9	77.7	26.8	24.3
	最小	2.4	4.7	1.5	2.1
	標準偏差	9.6	22.2	7.4	8.4
1934	平均	25.3	17.8	20.8	19.5
	最大	31.7	21.6	69.2	23.5
	最小	5.2	7.2	0.1	4.2
	標準偏差	8.8	5.7	19.9	6.8

出所）「鉱夫勤怠簿」「松岡家文書」各年。

大きな差があることから、松岡家鉱夫の賃金の格差が大きかったといえる。

第4節　第一次世界大戦期の動向

図B-1によれば、第一次世界大戦ブーム期を含む一九一八～二〇年に松岡家の雇用鉱夫数は多い。表B-3が示すように一九一八年の各月の離職率は、最低で二五・六パーセント、最高で五九・〇パーセントと高い値を示している[6]。少なくとも一九一八年一一月から一二月までに勤続していた一四人についてみれば、二〇年六月までに八人、二一年六月までに三人が勤続していた。このように第一次世界大戦中の松岡家鉱夫の移動率は高かった。

表B-2　松岡家鉱夫の1方当たり賃金（6月）

（円）

年次	平均	最大	最小
1918	0.75	1.2	0.25
1919	0.91	2.75	0.45
1920	1.28	1.75	0.53
1921	0.73	1.3	0.4
1924	1.18	1.5	0.53
1927	1.28	1.5	0.6
1928	1.22	1.5	0.55
1931	1.18	1.8	0.5
1932	1.25	1.8	1.0
1934	1.35	1.7	1.25

出所）表B-1に同じ。

この期間の特徴としては、松岡家の鉱夫への貸金額が増えたことが挙げられる。この貸金額は、合計一七四円であった一九一八年一月から六月に三六四円に伸び、八月に八四四円、一二月に八四四円、二〇年六月に九七三円に上昇した。

鉱夫への貸金が増大したこの時期には、鉱夫が負債を残したまま逃亡するという事態が発生した。現存する松岡家の「逃走馬丁不足金控帳」[7]によれば、一九一八年九月～一九年一一月に一四人の鉱夫が一四〇円の負債を残したまま逃亡していた。例えば、この史料に記載されている者の一人は、一九一八年七月に入職し一二月には逃亡している[8]。この鉱夫は、一九一八年七月には六・二三円の賃金に対して貸金が一・二円であったため、五・〇三円の現金を手にしていたものの、一九一八年八月には賃金一〇・一円、貸金一二・九五円となり二・八五円の負債をもった。一九一八年九月には一・七一円の月末手取を得るが、一〇月からは再び月末に現金を手にすることができず、一二月に一・八七円

図 B-1　松岡家の鉱夫数

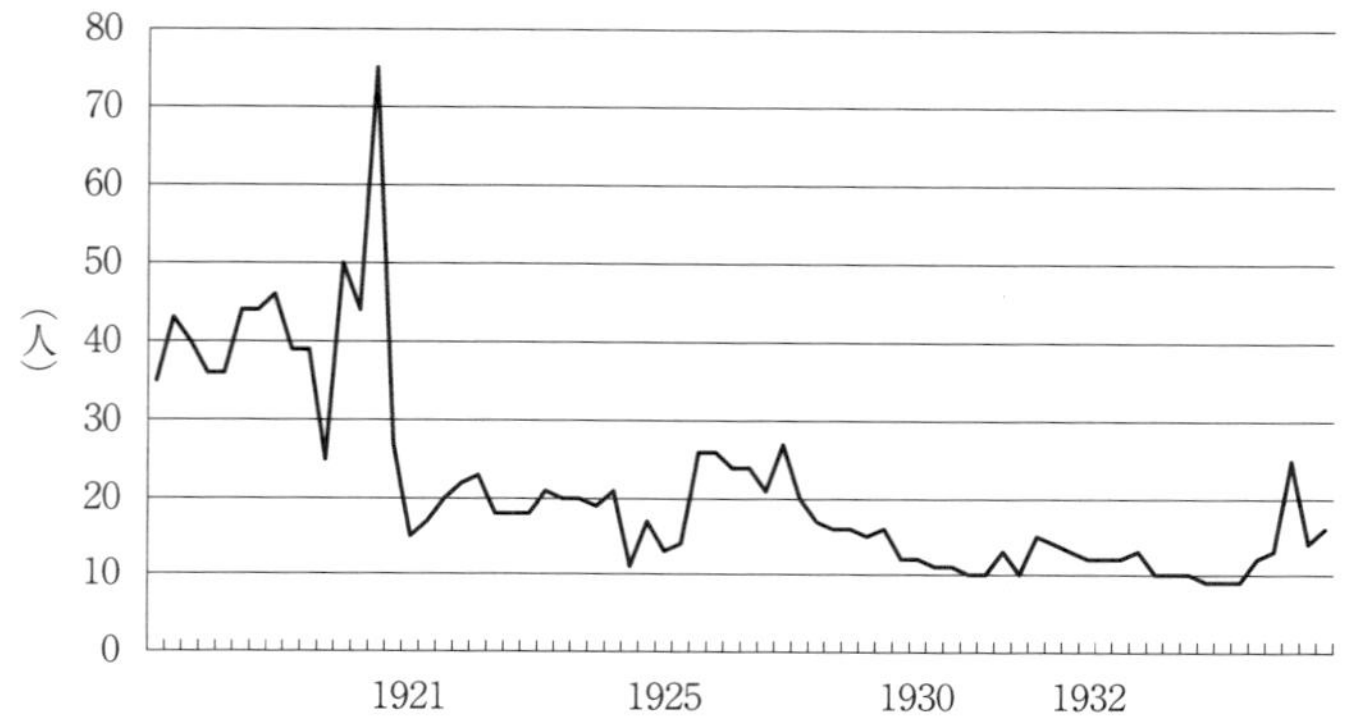

出所）表 B-1 に同じ。

の負債を残したまま松岡家から逃亡した。

ここで①一方当たり賃金、②労働方数、③賃金、④貸金、⑤月末手取額を「逃走馬丁不足金控帳」に記載されている逃亡鉱夫とその他鉱夫のそれを比較してみれば、逃亡鉱夫が①〇・五八円、②二二・六日、③一四・七二円、④二一・二一円、⑤マイナス六・〇三円であり、その他鉱夫が①〇・八〇円、②二一・四六日、③一六・三六円、④一五・八七円、⑤三・三四円である[9]。逃亡鉱夫はその他鉱夫に比べて労働日数がわずかに多いものの、一方当たりの賃金が低く、借入金が多いため月末手取額がマイナスになっている。

こうした鉱夫逃亡の可能性の高い時期に、賃金を直接鉱夫へ渡さず、基幹的鉱夫へ渡すことがあった。とりわけ、坑木方の賃金を受け取っていた弥市は、後述するように、一九二〇年代においても松岡家へ勤続する鉱夫であり、大戦ブーム期においても松岡家からの信用は高かったものと思われる。具体的には、弥市は三六名の鉱夫の賃金を松岡家から受け取っていた[10]。すなわち、一九一八年二月の「鉱夫勤怠簿」から「弥市払い」という記述がはじまり、「弥市払い」、「弥市支払」と記された鉱夫の勤怠簿には、賃金、方数、一方当たり方賃が記されているものの、貸金、月末所得は空欄になっている。したがって、「弥市払い」と記載された鉱夫の賃金は、弥市へ渡されたことになる。

表 B-3　松岡家の鉱夫の入職・離職率

（人・%）

期間	勤続	離職	入職	入職率	離職率	期首鉱夫数
1918. 1～18. 2	27	9	16	45.7	25.7	35
1918. 2～18. 3	32	11	8	18.6	25.6	43
1918. 3～18. 4	28	13	7	17.5	32.5	40
1918. 4～18. 5	24	12	12	33.3	33.3	36
1918. 5～18. 6	20	16	16	44.4	44.4	36
1918. 6～18. 7	24	20	20	45.5	45.5	44
1918. 7～18. 8	25	19	21	47.7	43.2	44
1918. 8～18. 9	18	20	13	28.3	43.5	46
1918. 9～18.10	25	14	14	35.9	35.9	39
1918.10～18.11	25	23	9	23.1	59.0	39
1918.11～18.12	14	11	36	144.0	44.0	25
1924. 1～24. 2	14	3	6	35.3	17.6	17
1924. 2～24. 3	17	3	5	25.0	15.0	20
1924. 3～24. 4	14	8	9	40.9	36.4	22
1924. 4～24. 5	11	11	7	30.4	47.8	23
1924. 5～24. 6	13	5	5	27.8	27.8	18
1924. 6～24. 7	14	4	4	22.2	22.2	18
1924. 7～24. 8	15	3	6	33.3	16.7	18
1924. 8～24. 9	17	4	3	14.3	19.0	21
1924. 9～24.10	36	3	4	20.0	15.0	20
1924.10～24.11	15	6	4	20.0	30.0	20
1924.11～24.12	16	3	5	26.3	15.8	19
1928. 1～28. 2	10	16	16	61.5	61.5	26
1928. 2～28. 4	18	13	11	42.3	50.0	26
1928. 4～28. 5	19	5	5	20.8	20.8	24
1928. 5～28. 6	16	8	5	20.8	33.3	24
1928. 6～28. 7	17	4	10	47.6	19.0	21
1928. 7～28. 8	15	12	5	18.5	44.4	27
1928. 8～28. 9	7	8	5	25.0	40.0	20
1928. 9～28.10	16	1	0	0.0	5.9	17
1928.10～28.11	15	1	1	6.3	6.3	16
1928.11～28.12	11	5	4	25.0	31.3	16

出所）表 B-1 に同じ。
　注）入職率＝入者数/期首鉱夫数×100。離職率＝離職者数/期首鉱夫数×100

具体的な弥市の役割は「鉱夫勤怠簿」からは判明しない。だが、弥市は、「坑木方監督」と「鉱夫勤怠簿」に記載されており(11)、松岡家と坑木方との中間に位置する親方的な役割を果たしていたと思われる。「弥市支払」と書かれた鉱夫の「鉱夫勤怠簿」の右端には、この鉱夫の一方当たり賃金が記されており、鉱夫の方賃は松岡家が決めていたものと思われる。恐らくは、大戦ブームによる鉱夫需要の拡大期に松岡家は、弥市に鉱夫の統括を求めていたものと推測される。

第5節　一九二〇年代年の動向

前掲図B-1が示すように、松岡家の鉱夫数は一九二一年以降に第一次世界大戦期の水準を大きく下回り、一九二一～二九年に一一～二七人となった。前掲表B-3によれば、一九一八年の水準と比べれば、二四年、二八年に月当たり離職率は低下している。だが、一九二八年九～一〇月、一〇～一一月に例外的に離職率が低いことを除けば、一九二四年に一月当たり平均二三・九パーセント、二八年で平均三一・三パーセントが離職する松岡家の鉱夫移動の頻度は高かったと判断できよう(12)。

こうしたなかでも勤続期間が非常に長い鉱夫が存在した。少なくとも一九一八～三四年に松岡家での勤続が確認される弥市は、一九二三年三月には七〇円の月給払いとなっており(13)、この他に「二番方卸」の坑木運搬に対する出来高給を得ていた(14)。弥市の一九二四年の賃金（月給、出来高給の合計）は、平均一二八・五円であり、ここから貸金平均五六・四円を差し引いた手取所得は平均九二円であり、二八年についても月平均八四円の手取所得があった。この水準を表B-1の鉱夫平均と比べれば、弥市の手取所得の大きさが分かる。なお、大戦ブーム期に「鉱夫勤怠簿」に記載されていた「弥市払い」の記述は一九二〇年代にはみられなくなった。

図 B-2　文作の賃金・貸金・差引合計・方数の推移

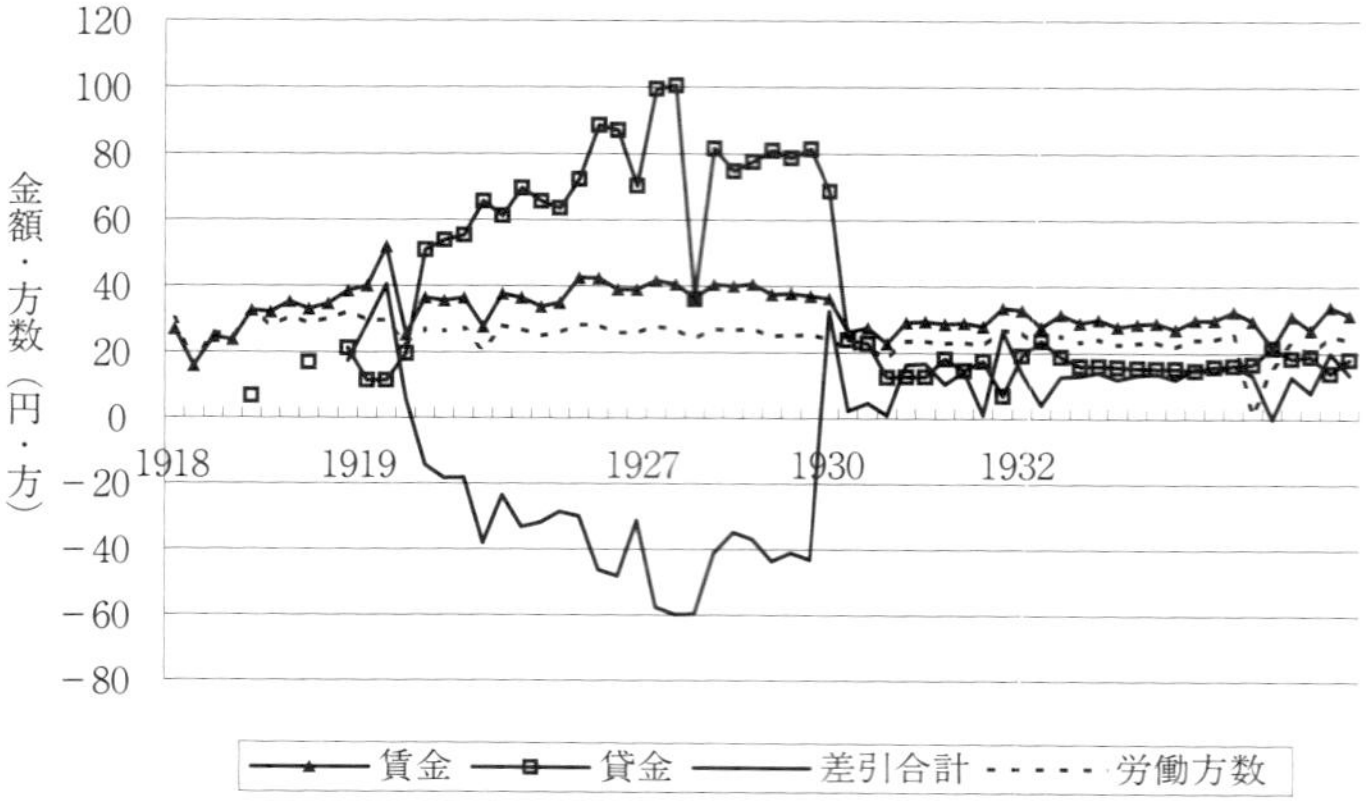

出所）表 B-1 に同じ。

弥市に加えて、芳之助（一九一八～二八年）、新平（一九一八～三二年）、ツル（一九一八～二八年）、文作（一九一八～三四年）、伊セ太郎（一九二〇～三四年）、寅造（一九二〇～三四年）、為三郎（一九二八～三四年）などの勤続期間の長い鉱夫が存在した（括弧内は判明する勤続期間）。このうち文作と寅造が坑木方、新平が馬丁、ツルが賄方であり、文市が「釜炭返し」、為三郎が荷馬車による運搬、芳之助と伊セ太郎が商品炭とならない硬を運搬する「硬返し」に従事していた。「鉱夫勤怠簿」によれば、一〇〇〇円を上回る高額な賃金が支払われている伊セ太郎は、五名ほどの鉱夫を使用して硬返をした。こうした請負形態は、為三郎の荷馬車運搬でもとられていた。

坑木方文作の方賃は、一九一八年一月〇・九五円、一八年七月一・一五円、一九年一・三五円、二〇年一・七五円となったが、二一年一・二五円と減額されたものの、二三年一・三五円となり、二四年一・五〇円と上がり三〇年に一・二五円に低下したが、三四年一・三五円となった。また、一九二三年以降の坑木方寅造の方賃も文作とほぼ同じ推移を辿った。一九二四～三〇年の文作の方賃が松岡家鉱夫のなかで高い水準にあることは、前掲表B-2から明らかになる。長期勤続する鉱夫の方賃の水準は高くなっていたといえる。

長期勤続する文作の一九一八年一月から三四年一一月までの「鉱

夫勤怠簿」による賃金、貸金などの推移は図Ｂ-2に示されている。注目すべきは、一九二三〜二八年の文作の貸金額が賃金よりも大きく、実質的な手取所得を示す差引合計額がマイナスになっていることである。先にみた勤続期間の長い松岡家鉱夫において継続的に手取所得がマイナスになる鉱夫は存在しないため、文作は特例といえよう。手取所得がマイナスの期間においても文作の労働方数は減っていないため、何らかの理由で賃金を超えた資金が必要であったものと推測される。重要なことは、この期間においても文作の方賃が松岡家鉱夫のなかでも高い水準にあったことであり、松岡家が文作の労働力を必要としていたことが窺える。こうした長期勤続する文作が松岡家の信頼を得ていたため、貸金が断続的に行われていたといえよう。

注

（1）「大正十三年　大和炭坑運炭積込計算書」「松岡家文書」九四。なお、以後、本章で使用する「松岡家文書」は、九州大学附属図書館付設記録資料館産業経済資料部門所蔵のもの。

（2）筑豊石炭鉱業組合『筑豊五郡石炭採掘鉱区一覧表』各年。

（3）前掲「大正十三年　大和炭坑運炭積込計算書」。

（4）なお、今後特記しない限り、資料は「鉱夫勤怠簿」「松岡家文書」一〇七-一一六、一二二-一三一、一四三、一五〇-一五八、一六六-一七二、一八九-一九〇、一九四、二〇二、二〇八、二一二、二一五-二二六、二五五-二六五、二三二、二三八、二四六を出所とし、本文中に年月が記されている場合はその「鉱夫勤怠簿」の内容に基づいている。なお、資料には姓名が記されているが、名前のみ記述する。

（5）馬丁の新平は、毎月の賃金を松岡家に預けており、勤続期間が長かったため、「鉱夫勤怠簿」には「賃金」が累計されていた。

（6）名字が同じで名前の「市」や「一」などの表記が異なる人名は、姓、職種から同一人物かどうかを判断した。ただし、同姓同名の者が存在する可能性は否めない。なお、周期的に入職と離職を繰り返す鉱夫は検出されなかった。

（7）「大正八年二月　逃亡馬丁不足金控帳」「松岡家文書」二七三。なお、一九一八年一一月には、この史料に記載された逃走鉱夫以外に三名の鉱夫が借入金を残したまま離職していた。
（8）「鉱夫勤怠簿」「松岡家文書」一一三‐一一五、一八九‐一九〇。
（9）「鉱夫勤怠簿」「松岡家文書」一〇七‐一一六、一八九‐一九〇、一九四。
（10）「鉱夫勤怠簿」「松岡家文書」一〇八、一一一‐一一五、一九〇、一九四。
（11）「鉱夫勤怠簿」「松岡家文書」二〇二、二〇八。
（12）なお、一九三一〜三四年の松岡家は、図B‐1が示すように、三四年を除けば、鉱夫数が一〇名程度になる。こうした事業縮小期には、前述した文作、弥市、寅蔵、為三郎とともに、一九三一〜三四年に福次郎（二七年〜）、文市（二九年〜）、高吉（三〇年〜）の合計八人が勤続していた。
（13）「鉱夫勤怠簿」「松岡家文書」二一二。
（14）「大正十二年　事業賃金支払帳」「松岡家文書」二七九。

終章　総括と展望

第1節　低位に安定した炭価

　第一次世界大戦ブーム期を経て一九二〇年代に不況期となった石炭鉱業は、産業の再編期を迎えた。大戦ブーム期に生じた炭鉱の過剰生産能力は、石炭鉱業連合会による送炭制限活動によって解消することが目指された。一九二一年に「需給の調整」と「炭価の安定」とを目的として、全国の民間炭鉱経営者によって設立された連合会の活動の成果をみれば、一九二一～二九年（以下、一九二〇年代、なお連合会の活動について言及する場合は二五年を除く）に産炭地・都市間に差異を示しながらも炭価の安定が実現した。概略すれば、連合会が炭価を安定させた方式は、予想増加消費量を上回る送炭をして貯炭を築き、前年期の炭価水準に合致させるというものであった。したがって、連合会は、炭価のバロメーターとなる貯炭量の推移に注意を払っており、石炭消費量の増加がこの方法の前提となっていた。こうした超過石炭供給を築くことによって、一九二〇年代の石炭価格は卸売物価よりも低位に安定した。

　この炭価の水準は、一九二〇年代において連合会の活動が開始された二一年下期の水準を大きく超えることはなく、撫順炭を主とした移輸入炭の国内への流入を防げなかった。とりわけ、昭和恐慌期の撫順炭のダンピング価格での国内への流入は、中小炭鉱のデモンストレーションなどによる社会的活動に依存していた。さらには、送炭制限によって炭価の下落が抑えられたものの、相対的な生産費高によって炭鉱企業には、コストの引き下げが求められた。このように一九二〇年代のカルテル活動によって低位に安定した炭価は、産炭地・企業の行動に影響をもたらすことになる。

第2節　筑豊カルテルの安定性

一九二〇年代における炭価の動きは産炭地ごとに異なり、とりわけ、低位に安定した筑豊炭価と比べて、常磐炭価の動きは激しかった。両者の炭価の推移の違いは、カルテルの安定性が保たれた筑豊に対して、不安定であった常磐という図式で捉えられる。まずは、筑豊カルテルが安定した要因をまとめたい。

第一は、信頼できる雑誌統計記事によって、プレイヤー間に送炭量の情報が共有されており、個々のプレイヤーの数量割当量がモニタリングされていた点である。筑豊石炭鉱業組合に加盟する全ての炭鉱の送炭量が記載されていた同会公刊の雑誌統計記事によって、送炭量の情報が炭鉱間に周知されていたことは、個々の炭鉱にカルテルから逸脱するインセンティブを弱めていた。さらには、送炭制限と利害関係にない鉄道省によって調査された送炭の情報は、信頼性が高かった。一九二〇年代後半に導入された特別賦課金についても、こうしたモニタリングがこの制度の前提となっていた。

第二は、カルテルを逸脱する可能性のある企業が割当量を再交渉できたことである。あるプレイヤーが数量割当量（調節量）を超過する場合、プレイヤー間でその合意を得るための制度が連合会には存在していた。カルテル参加者の割当量の超過は、①生産の調整がスムーズに進まない場合や坑所貯炭能力を超えた場合などの「意図しない超過」、②大量生産体制による生産費の低減などの経営方針に関わる「意図した超過」からなる。②が実質的な割当量の超過違反となるが、①と②は、他企業からすれば共にカルテル破りとみなされる。こうした割当量の超過に起因するカルテルの不安定要素を、事前に取り除く制度が連合会には存在していた。とりわけ、「制限量」を超えた送炭（増送）を認可する制度は、プレイヤーのカルテル破りに基づくカルテルの動揺（数量競争・価格競争）を防ぐ意味をもっていた（なお、調節量＝「制限量」＋「増送認可量」）。(1)

ただし、この制度の基盤をなす、連合会が定めた個々の炭鉱への「制限量」を超えた送炭、すなわち増送の認可量は、一九二〇年代前半には多く、後半には少なかった。具体的には、一九二〇年代前半において多くの筑豊大炭鉱の送炭量が増えた。この現象は、連合会による「制限量」を超えた大規模な増送が認可されていたことに基づく。他方、一九二〇年代後半には、筑豊大炭鉱の多くの送炭の伸びが減った。増送の認可対象となる新坑の定義が明確に定められたように、一九二〇年代前半と比べれば、連合会による増送の認可量の規模が一九二〇年代後半には制限され、さらには調節量を超えた炭鉱の送炭には特別賦課金が課された。

一九二〇年代前半から後半へのこの変化は、大企業の経営方針の転換に基づいていた。(2)一九二〇年代前半には、大量生産に基づき生産費を下げる経営政策、貝島の言葉でいえば「多量生産」主義が支配的であったが、一九二〇年代後半には機械の導入によって鉱夫労働力を削減して生産性の上昇を意図する、貝島のいう「能率増進」主義が経営政策の主流となった。一九二〇年代後半の増送認可量の減少と特別賦課金制度の導入は、こうした大炭鉱の経営方針の転換を前提にしていた。こうして見れば、筑豊組合は全国的組織である連合会の送炭制限活動を主導していたように思える。

しかし、増送の認可量が大きい一九二〇年代前半には、筑豊の大炭鉱企業間の数量的競争（シェアの変動）が引き起こされていた。(3)こうしたカルテルが不安定になる要素を経営方針の転換によって克服したことが、筑豊カルテルの安定性を高めていた。他方、多くの大炭鉱が送炭の増加を抑え、経営方針を転換させた一九二〇年代後半においても、連合会の増送の認可制度には、麻生などの採炭機械の導入を推進しなかった炭鉱、新規開坑・開鑿投資をした炭鉱の送炭の増加に導かれるカルテルの不安定性を下げる効果があった。

第三は、後述する常磐と比べれば、筑豊では、産炭地において単独で高いシェアを占める企業が存在せず、三井・三菱・貝島からなる寡占的構造が維持されていたことが重要であった。筑豊では、大規模な炭鉱の合同はなく、一九二〇年代において三菱鉱業の傘下に入った飯塚炭鉱が個別企業のシェアを高めたが、寡占構造が変化することはなかった。

第四は、一九二九年に設けられ、筑豊大炭鉱が相互に採炭技術の情報交換を行う場となった「講演会」の役割に関してである。この活動の技術普及の効果や、個々の企業の参加意欲などは別に実証すべき課題ではあるが、少なくとも大炭鉱の採炭技術についての交流は深まった。この炭鉱間における意思疎通の機会の増加は、設備投資を大企業間で相互に監視する意味をもっていた。さらに、一九二〇年代前半に主流であった「多量生産」体制の方針転換を進める上でも、この取り組みは重要であった。こうした技術の情報交換には、カルテルを安定化させようとする筑豊大炭鉱の意思が表明されていた。

第3節　常磐カルテルの不安定性

第一は、北海道・山口を主とした他の産炭地から石炭の販売先を奪われるという市場面での要因が常磐カルテルを不安定にしていた。とりわけ、一九二〇年代前半に新坑投資を積極的にした山口県宇部の沖ノ山炭鉱は、一九二〇年代後半に出炭が伸び、常磐から市場を奪った。

第二には、常磐の採掘条件の悪さが挙げられる。この点は自然・地質的条件に基づくが、常磐炭鉱企業は採炭法の改善によって生産費の削減を図っていたものの、坑内出水などの劣悪な採掘条件によって、炭鉱の生産性が伸びなかった。

第三に、常磐内で出炭シェアの高い磐城炭鉱の乱売によって、炭価の下落が進み、カルテル活動が制約されたことである。これが常磐カルテルを不安定にしていた大きな要因であった。前述したように、筑豊では雑誌統計記事によって炭鉱の送炭量が相互に監視されていたが、管見のところ常磐にはこうした雑誌統計は存在しない。だが、常磐におけるカルテル活動の失敗は、モニタリングの欠如という問題ではなく、カルテル活動を逸脱した磐城炭鉱の行動にあった。筑豊大炭鉱とは対照的に、磐城炭鉱は、一九二〇年代後半においても大量生産によって生産費を引き下げるという経営方針を採用していた。薄利多売による磐城の低い価格での石炭販売は、炭価の安定を目指すカルテル活動とは相反するものであった。ただし、磐城の逸脱行為は他の常磐の炭鉱も認識していた問題であり、常磐トップ企業のカルテルの裏切り行為に、他企業には対処する手段がなかった。

第4節　低位に安定した炭価と炭鉱企業への生産費引き下げ圧力

一九二〇年代に送炭制限によって炭価が低位に安定したことは、個別炭鉱の経営行動に大きな影響を与えた。とりわけ、一九二〇年不況を契機に、炭価の下落に対して相対的に生産費が高くなったため、炭鉱は生産コストの削減を迫られた。こうしてみれば、連合会のカルテル活動それ自体が参加企業の収益を上げたのではない。カルテル活動によって実現した炭価が生産費を圧迫する水準であったため、それを打開するために生産費削減の努力をした企業のみが収益を改善できたのであった(4)。

産炭地筑豊における三井田川・山野両鉱業所では、生産費に対して大きな割合を占めた鉱夫労働力を削減しながら、優良な労働者を炭鉱内に定着させようとした。ただし、機械技術の応用に伴い、熟練労働力の必要性が低下し、労働が単純化・専門化した両鉱業所における鉱夫の定着化には、係員の指示を遵守し、さらには素質のよい、具体的には労働組合運動をしない優良な鉱夫を炭鉱内に留めて生産性を上昇させる目的があった。これに対して、三井鉱山において帝国大学、高等工業などの高等教育を受けた職員の残存率は低く、「競争移動」型の昇進競争がみられた。他方で、これらの者より学歴レベルの低い、雇員として入職した者は、高等教育を受けた者と同様に残存率が低かったが、昇進に追い越しがみられない「トーナメント」型の昇進競争が行われていた。こうしてみれば、戦間期三井鉱山では、ブルカラーの定着化を推し進める一方で、ホワイトカラーの競争選抜が推進されていた。

第5節　筑豊中小炭鉱経営者の台頭とカルテル

一九二〇年代には、送炭制限の意思決定は大炭鉱によってなされ、中小炭鉱はそこから除外されていた。一九二〇年代前半の筑豊中小炭鉱の送炭量は大炭鉱と比べて低下した。この現象は、第一次世界大戦ブームに乗じて開坑した中小炭鉱が経営不振になったからだと思われる。だが、筑豊中小炭鉱の送炭シェアが緩やかに伸びた一九二〇年代後半には、野上・橋上・田籠などの一部の中小炭鉱の経営が拡大した。これら中小炭鉱の経営拡大は、特別賦課金制度を導入した大炭鉱との利害対立を引き起こし、筑豊中小炭鉱の同業者組織である石炭鉱業互助会が設立される契機となった。

炭価が下落した昭和恐慌期において、積極的な活動をした互助会は、①送炭制限率を引き上げて炭価の上昇を連合会に促す活動と、②大炭鉱の送炭量を減らし、中小炭鉱の送炭を増やす活動をした。重要な点は、昭和恐慌期に互助会がカルテル活動から離脱したのではなく、①と②との活動を連合会（筑豊組合）から合意を得て行おうとしたことである。こうした中小炭鉱と大炭鉱との利害対立は、カルテルを動揺させた一つの要因として数えられてきたが、①の側面をみれば、少なくとも昭和恐慌期の筑豊中小炭鉱は、カルテルのアウトサイダーとなってカルテルの崩壊を導いていたのではなく、むしろ炭価の低落によって動揺したカルテルを再建させる側面があった。②に関しては、とりわけ、撫順炭の移入阻止運動にみられるように、社会的にインパクトを与えて大炭鉱の割当量を奪取したようにみえる。だが、撫順炭の移入減少は、大炭鉱も求めていたことであり、これを実現させた互助会に対する大炭鉱からの成功報酬であったとも解釈できよう。炭価が低落してカルテル活動が動揺し、価格戦争に至る可能性のあった昭和恐慌期において、筑豊中小炭鉱の活動は、このようにカルテルの安定化に寄与していた。

筑豊中小炭鉱の経営発展は、二重構造が顕在化する戦間期、とりわけ一九三〇年代後半に本格化する。昭和恐慌から早期に回復して好景気を迎える一九三〇年代前半（一九三二〜三五年）に、筑豊中小炭鉱は低賃金労働力を利用した労働集約的な経営によって炭価の上昇を享受した。低賃金労働力は、一九二〇年代の鉱夫賃金の相対的上昇によって大炭鉱の鉱夫需要が減少するとともに、福岡県全体の労働力人口の増加と大炭鉱への入職の困難化によって創出されたものと思われる。福岡県全体の鉱夫の移動率は戦間期に非常に高かったが、多くの大炭鉱において鉱夫の離職率は一九三五年には減少する傾向にあった。一九三五年の中小炭鉱の離職率の高さからみて、鉱夫の移動が頻繁に行われていたものと思われる。ただし、松岡家の事例でみたように、中小経営においても長期間勤続する基幹的鉱夫は存在した。

ところで、三井物産の支店長会議では、中小炭鉱を「統制」すべきという意見もでていた。だが、物産の内地販売シェアは、一九二〇年代に大きな変化がなかった。したがって、中小炭鉱との一手販売取引は、物産の販売シェアを高める効果が小さく、リスクを回避しながら優良炭を販売する物産の経営戦略とみたほうがよい。

重要なことは、大炭鉱と対等に競争し得る品質をもつ中小炭鉱が存在したことである。産出される石炭は、鉱区の炭層の状態に決定されており、選炭の強化によって純度は高められるが、発熱量・灰分などの石炭本来の質は変えることができない。こうした製造業とは異なる特徴をもつ石炭鉱業では、市場の評価の高い石炭が埋蔵される鉱区を所有することが新規参入者の市場競争を優位に進める条件となった。モノ造りとは異なる側面をもつ石炭鉱業において、中小炭鉱の経営発展は、優良鉱区の所有がその前提にあった。

第6節　カルテルと産業組織の再編

一九二〇年の不況に際して、全国の民間炭鉱業者が組織化された連合会の活動では、過剰生産能力を削減しつつも、需要量を超過した送炭が加盟炭鉱によって結託された。この活動を通して低位に安定した炭価は、生産性の高い企業が低い企業を市場から追い出す効果をもたらした。一九二〇年代の連合会のカルテル活動を評価すれば、低い生産性の炭鉱・産炭地を経営不振に追い込みながらも、経営改善に成功した高い生産性をもつ炭鉱・産炭地に存立する機会を与える役割を果たしていたといえよう。したがって、連合会の活動は、生産性の低い企業が高い炭価を享受し得るようなカルテルではなかった。ただし、これら現象の背後には、石炭の質や採掘条件が自然・地質的に決まっているという一面もあった[5]。

パレート効率性という資源配分に関する観念が不在の戦間期日本において、石炭鉱業連合会の不況下における一連の活動は、高まる国際競争圧力に際して、経営努力した炭鉱企業に競争力を高める契機を与え、産業の再編に重要な役割を果たしていたといえよう。

注

（1）本書の分析対象時期とは異なるが、一九三四年（ないしは三五年）に連合会の総会において、水害が復旧した貝島は、一二～一三万トンの増送を求めたが認可されなかった。だが、貝島が連合脱退の申し出をしたため、協議がなされた結果、「貝島の要望をある条件の下に認むる」こととなった（岡崎眞推「炭界の思い出話」日本石炭協会『石炭評論』第二巻第一号、一九五一年）。貝島のこの行動は、カルテルを真に離脱する意図があったのか、離脱の脅しをかけて増送の合意を得ようとしていたのかは不明である。重要なのは、割当量を再交渉（「協議」）する場の存在がカルテルの安定化に寄与していたことであろう。

（2）なお、一九二〇年代後半に輸出の伸びが鈍化したことも、この一つの要因として加えられよう。

（3）カルテルの研究史には、「競争」と「協調」というキーワードでまとめられることある（例えば、四宮俊之［一九九七］、久保文克編［二〇〇九］）。これを本書で検討した事例に当てはめれば、筑豊はカルテルを逸脱する企業がなかったという意味で「協調」となろう。他方、常磐の磐城炭鉱の行動は、「競争」（非協調）であったといえよう。だが、一九二〇年代前半の筑豊のように、「協調」した送炭制限の方法の下で「競争」がみられることもあった。

（4）日本とは対照的に、一九三〇年代のイギリス石炭鉱業では、カルテルによって弱小企業が淘汰されなかったため、採炭の機械化は進まなかったことが指摘されている（Kirby［1977］）。なお、この見解に対する批判としては、Fine［1990］を参照。

（5）なお、鉱山業における大企業の形成に地質・鉱床的要因を重視する研究としては、Schmitz［1986］がある。

あとがき

本書は、筆者の約一〇年間の戦間期の経済史・経営史研究をまとめたものである。可能な限り原史料による分析を試みながらも、すでに使用されている公刊資料・第一次資料を読み直すように心がけた。だが、事例に取り上げていない産炭地・炭鉱企業などを研究する余地が残ろう。今後の課題としたい。

本書は、二〇〇四年に大阪大学大学院経済学研究科に提出した学位論文を骨子として、次の公刊論文とディスカッション・ペーパーをまとめ直したものである。①~⑦の公刊論文については原型をとどめないほど改訂したが、⑧~⑩のディスカッション・ペーパーについては誤字・脱字等を訂正する程度の修正にとどめている。なお、序章、終章、補論Bは、書き下ろしである。

①「戦間期小規模炭鉱の経営規模拡大」『経営史学』第三七巻第二号、二〇〇二年（第8章）。
②「戦間期沖ノ山炭鉱の発展」『大阪大学経済学』第五二巻第四号、二〇〇三年（第3章）。
③「戦間期大規模炭鉱企業における鉱夫の定着化：三井田川・山野鉱業所の事例」『社会経済史学』第六八巻第五号、二〇〇三年（第5章）。
④「日本石炭産業の技術革新と企業間ネットワークの形成」産業技術史学会『技術と文明』第一五巻第一号、二〇〇五年（補論A）。
⑤「一九二〇年代の常磐炭鉱の停滞」『大阪大学経済学』第五五巻第四号、二〇〇六年（第4章）。
⑥「戦間期炭鉱企業と三井物産」、和歌山大学経済学会『研究年報』第一一号、二〇〇七年（第9章）。

⑦「戦間期日本における炭価の安定性」和歌山大学経済学会『研究年報』第一二号、二〇〇八年（第1章）。
⑧「戦間期大鉱山企業における職員の昇進構造」Working Paper Series（Wakayama University）07-04、二〇〇七年（第6章）。
⑨「一九二〇年代の筑豊大炭鉱企業のカルテル活動」Working Paper Series（Wakayama University）08-01、二〇〇八年（第2章）。
⑩「一九二〇年代・昭和恐慌期の筑豊中小炭鉱」Working Paper Series（Wakayama University）08-05、二〇〇八年（第7章）。

ささやかな書物ではあるが、数多くの諸先生・諸同輩からの学恩を賜った。

宮本又郎先生には、大学院に入学以来、公私に渡ってご教示を賜っている。本書は、宮本先生のご指導の成果を十分に活かしているとはいい難いが、残された山積みの課題は、今後、少しずつ着手していきたい。阿部武司先生には、日本学術振興会特別研究員の受入教官をお引き受け頂き、本書の執筆に関しても多大なる助言を賜ったとともに、出版にもご協力を頂いた。講義・論文審査などを通してご教示頂いた沢井実先生からは、個々の論文を一冊の書物とすることの重要性を学んだ。さらに、大学院在学中には、研究会・講義などにおいて、佐村明知先生、杉原薫先生、鳩澤歩先生、中林真幸先生からご教示を賜った。そして、何よりも私の歴史研究の扉を開いて下さった藤田貞一郎先生には、学問の世界で生きる厳しさと喜びを学んだ。

和歌山大学経済学部に赴任後、末席に加えて頂いた「安藤研究会」では、本書の公刊を迷う私に「書いたものが勝ちだ」というお言葉で励まし下さった安藤精一先生をはじめとして、笠原正夫、天野雅敏、上川芳実、小山譽城、宇佐美英機、原田政美の諸先生よりご指導を賜った。畠山秀樹先生には、修士課程一年目に史料面で様々なご助言を賜った。旧産炭地に住む多くの方からは、真冬の練習坑道で採掘技術を実地訓練して頂くなど大変お世話になった。鉱山史の研究にそびえる壁は技術だといわれるが、この経験が本書の執筆を後押しした。

大学院で同期の岡部桂史氏には、大変お世話になった。そして、急逝された辻義浩氏からは、大学院在学中に古文書の読み方などを教えて頂いた。市川文彦、廣田誠、松本貴典、山田雄久、赤坂義浩、松村隆、新鞍拓生、藪下信幸、中島裕喜、関谷次博、廣田義人、山下麻衣、今城徹、西村雄志、水原紹、岡部芳彦、小堀聡、谷山英祐の諸先生・諸同輩には、筆舌に尽くし難いご厚情を賜った。

「問屋・商社史」研究会では、大森一宏、藤田幸敏、加藤慶一郎、大島久幸、木山実の諸先生にご指導して頂き、「関西経済史・経営史」研究会では、加藤・木山両先生に加えて、伊藤敏雄、大島朋剛の諸同輩にお世話になった。また、本村希代、宮地英敏、宮崎忠恒氏などの同年代の研究者の励ましが研究を進めていく上での力となった。山下麻衣先生からお誘い頂いた「障害の歴史研究会」では、外国史・医療史などの経済史分野とは異なる研究をされている諸先生方から、数多くのことを学んだ。この学際的な研究会では、私の学んできた歴史の狭さを知るとともに、「身体」から日本の歴史を捉え直す重要性を痛感した。

職場では、今田秀作先生、上村雅洋先生には、様々な場面でご教示を受けている。上村先生には、本書についてもご一読して頂き、様々なご助言を頂いた。山口県史の調査・執筆にお誘い下さった高嶋雅明先生（和歌山大学名誉教授）には、狭い分野にとどまっていた私の知見を広めて下さり感謝している。同僚の桐山恵子先生には、英文学の立場から有益なコメントを頂いた。教育以外にほとんど義務らしきものがない、良好な研究環境が整備されている和歌山大学経済学部において、本書の執筆に集中できたことは、何よりの幸運であった。安藤精一・角山栄両名誉教授がご活躍されたこの大学において、経済史の研究・教育活動ができたことは、筆者にとっての励みとなった。さらに、学内の競争資金を得て取り組んだ、和歌山高等商業学校の第一次資料の整理と分析の成果は、一冊の書物にまとめる準備をしている。

九州大学、三井文庫をはじめとして、実証研究には欠かせない史料の閲覧を許してくれた大学・資料館には感謝したい。さらには、出版事情の厳しいなか、本書の出版を快諾して頂いた日本経済評論社、そして同社の谷口京延氏、校正を担当して下さった吉田真也氏には末尾ながら御礼申し上げたい。なお、本書の刊行には、和歌山大学経済学部の出版助成を受けたことを付記する。

最後に私の仕事に理解を示してくれた家族と亡き父に感謝します。

五月のある真夜中に

筆　者

[著者紹介]

長廣利崇（ながひろ・としたか）

1976年　福岡県生まれ

2004年　大阪大学大学院経済学研究科博士後期課程修了

博士（経済学・大阪大学）

日本学術振興会特別研究員を経て

現　在　和歌山大学経済学部准教授

戦間期日本石炭鉱業の再編と産業組織

——カルテルの歴史分析

2009年6月30日　第1刷発行

定価（本体6200円＋税）

著　者　長　廣　利　崇

発行者　栗　原　哲　也

発行所　株式会社 日本経済評論社

〒101-0051 東京都千代田区神田神保町3-2

電話 03-3230-1661／FAX 03-3265-2993

振替 00130-3-157198

装丁＊渡辺美知子　　太平印刷社・山本製本所

落丁本・乱丁本はお取替いたします　Printed in Japan

ISBN978-4-8188-2062-3

索　　引

【あ行】

青柳商店 ……………………………284, 287
青山秀三郎 …………………………133, 139
赤池（炭鉱）………………………55, 58, 290
赤坂（炭鉱）…………………………55, 160
明石友介 ……………………………………254
秋田鉱山専門学校（秋田鉱専）……132, 133, 208, 211
秋本近嘉 ……………………………………259
秋山鉱業 ……………………………………248
秋山長三郎 …………………………………248
浅野石炭部 …………………………………119
浅野総一郎 …………………………………119
旭（炭鉱）……………………………………246
麻生（商店）……46, 52, 55, 58, 61, 67, 70, 160, 237, 245, 256, 273, 291, 316, 327, 345, 366
麻生太吉 ……………………………46, 273
愛宕2坑 ……………………………………58
安部又市 ……………………………………249
新手（炭鉱）………………260, 267, 273
安全運動 ……………………………………166
安定性（カルテル）………………2, 4, 364
安定性（炭価）…5, 6, 15, 20, 26, 28, 39, 45, 105
位猪金（炭鉱）…………………268〜272
飯塚（炭鉱）……………73, 160, 253, 366
イギリス ……………………………8, 371
磯原（炭鉱）……………………109, 116
委託販売 …311, 320, 322, 330, 336, 340, 342, 345, 346
一手販売 ……………116, 117, 124, 第9章
糸田（炭鉱）…………………………………246
井上鉱業 ……………………………………243
猪口浅吉 ……………………………………239
猪ノ鼻（炭鉱）……………………258, 259
茨城（炭鉱）…………………………………317
茨城無煙炭販売株式会社 ………………122
入山採炭 …………108〜114, 117, 119〜122
磐城炭 …………21, 23, 28, 30, 39, 105, 120
磐城炭価格 …………………………21, 120
磐城（炭鉱）……109, 114, 115, 117, 119〜126, 133, 138, 367
岩崎後藤寺（炭鉱）………………245, 246
岩崎寿喜蔵 …………………………273, 326
インセンティブ …2, 3, 70, 71, 126, 195, 277, 300, 364
請負・斤先契約 ……………………………268
碓井（炭鉱）…………………………………239
打切 …………………………………………311
内田商店 ……………………………………345
宇部 …………5, 6, 46, 77, 105, 第3章, 366
宇部共同議会 ………………………………79
宇部鉱業組合 ………………………46, 80, 99
宇部式ロング ………………………………89
宇部元山石炭商会 …………………………89
海老津（炭鉱）…………243, 245, 250, 260
縁故募集 ………………………………183〜186
王城（炭鉱）………………114, 115, 125
大隈（鉱業）…………………243, 245〜247
大倉（鉱業）………114, 119〜124, 126, 237
大阪高等工業学校（大阪高工）……211, 212
大定（炭鉱）…………………………………250
太田商店 ……………………………284, 287
大辻（炭鉱）………………145, 160, 281
大之浦（炭鉱）……57, 86, 91, 145, 160, 167
大山（炭鉱）…………………………258, 259
岡田陽一 ……………………………………133
沖ノ山（炭鉱）…………6, 第3章, 237, 366
OJT…………………………………168, 171
小田（炭鉱）………………114, 116, 125
小畠治平 ……………………………254, 353
卸売物価指数 …………………………15, 40

【か行】

海軍省 ………………………………237, 321
開鑿・新坑投資 ……………………53, 58
貝島（鉱業・合名・炭鉱）……46, 52, 53, 55〜61, 67, 70, 71, 91, 111, 112, 143, 145, 160, 167, 170, 214, 237, 253, 256, 275, 283, 284, 316, 317, 320, 321, 326, 345, 365, 366
貝島商業 ……………………55, 283, 316
塊炭 ……24, 48, 156, 157, 259, 270, 275, 279,

286, 326, 343
開平（炭鉱）……………………………29, 30
価格協定 ……………………2, 119, 122, 123
価格の安定 ………………………………17, 40
「蔭歩」………………………82, 83, 95, 100
片磐運搬機 ……………………………………59
加藤為二郎 …………………………………340
金田（炭鉱）…………………………………58
金丸勘吉 …………………………250, 255, 287
金丸勘太郎 …………………………………243
金丸鉱業 …………………………243, 250, 290
嘉穂郡 ……………………………………255, 290
上嘉穂鉱業会 ………………………………254
上山田（炭鉱）………………58, 61, 86, 160
亀山（炭鉱）…………………………………248
カルテル ……1～7, 15～17, 23, 28, 39, 40, 45, 70, 105, 118, 125, 153, 236, 253, 255, 261, 326, 364, 366, 368, 370
川崎（炭鉱）…………………………………243
間接的管理 ……………………………154, 169
完全観測 ………………………………………71
関東州 ……………………………………29, 30
機械採炭 ………………………………141, 291
企業内教育機関 ……………………………207
企業内施設 ……………………………179, 181
企業内特殊熟練 ………154, 168, 174, 182, 186
企業内福利厚生 ………153, 174, 175, 181, 186
杵島（炭鉱）…………………237, 341～344
技術普及 …………………131, 142, 147, 366
基準量 …………………………47, 63～65, 257
木城（炭鉱）…………………………………250
キャリアツリー …………196, 215, 217, 226
九州1種炭 ……………15, 21, 23, 27, 28, 30
九州3種炭 ………………………21, 23, 30, 39
九州帝国大学（九州帝大）…………133, 211
九州2種炭 ………………………………21, 23
共愛組合 ………………………175～179, 181
競争 ……71, 87, 111, 125, 167, 254, 261, 262, 275, 294, 301, 324, 365, 369, 370
競争移動 ………………………………227, 368
競争制限 ………………………………………15
京都帝国大学（京都帝大）……133, 136～138, 211
切込炭 ……………………………278, 279, 286
切羽 ……59, 81, 89, 90, 99, 112, 113, 137, 143, 145, 146, 164, 165, 168～171, 182, 200, 273, 295, 296, 298, 300, 333, 343
切羽運搬機 ……90, 99, 113, 143, 145, 164, 165, 169, 170, 182, 273, 296, 343
切羽コンベヤー ……………………………59, 90
金解禁 …………………………………………38
斤先経営 ………238, 240, 248, 249, 268, 269, 272, 288
斤先掘り ……………………………116, 238, 269
楠橋（炭鉱）…………………………………272
楠林徳次郎 …………………………………249
熊本高等工業学校（熊本高工）……132, 133, 211, 212, 249
蔵内（鉱業）……46, 52, 53, 55, 61, 237, 245, 249, 250
鞍手銀行 ……………………………………272
繰り返しゲーム …………………………………2
景気回復期 ……1, 15, 185, 262, 267, 302, 325
京城高等工業学校 …………………………133
結託 ……………………………………2, 4, 15, 370
玄王（炭鉱）……………………………143, 250
健康保険組合 ………………………………176
現場係員 ………155, 166, 169, 170, 172, 185, 199, 201
雇員 ……172, 199, 204, 206, 214, 216, 217, 225, 226～228, 368
坑外労働 ……………………………………353
鉱業権者 ……4, 5, 114, 236～241, 243, 248, 339
甲子会 ………………………………………105
工手 ………133, 172, 199, 201, 204, 206, 210, 214～217, 225, 228
工手長 ……145, 166, 204, 206, 209, 215～217, 227
坑所貯炭量 ……………………………47, 71
公設試験所 …………………………………341
公的観測 …………………………………………3
高等小学校 ……………206, 207, 212～214
港頭貯炭量 ………………………………17, 18
香之浦（炭鉱）…………………………248, 286
鴻ノ巣（炭鉱）…………………………249, 250
鉱夫扶助規則 ………………………………179
坑木運搬 ………………………………354, 359
コールカッター ………90, 113, 136, 143, 164, 169～171, 200, 295, 343
コールドリル ……………………………164, 200
コールピック ……………………………………59
小頭 ……199, 204, 206, 207, 210, 214, 217, 225,

226
古賀春一 ……………109, 114, 117, 120, 123
互助会 …235, 236, 250, 253～262, 296, 368, 369
五段炭 ……………85, 90
固定比率 ……………279
御徳（炭鉱）……………247, 248
小林鉱業所 …7, 267, 268, 270, 272, 279, 283, 296, 300～302
小林勇平 ……………259, 267, 268, 283, 302
木屋瀬（炭鉱）……………248, 260, 268
コンベヤー …59, 89, 90, 145, 200, 273, 291, 333

【さ行】

災害扶助 ……………179
在籍鉱夫数 ……………159, 288
鑿岩機 ……………345
佐々木商店 ……………345
札幌工芸学校 ……………212
佐藤慶太郎 ……………46, 268
佐藤鉱業所 ……………268
佐野秀之助 ……………133, 136, 138, 139, 142
早良鉱業 ……………320
三江商会 ……………345
三四石炭 ……………345
三星（炭鉱）……………109
産炭地近郊価格 ……21, 23, 25, 26, 30, 34, 39
残柱式 ……………81, 89, 113, 291
残注式長壁法 ……………164
三鱗石炭 ……………345
シェア …51, 52, 71, 80, 83, 84, 109, 114, 122, 241, 253, 254, 261, 267, 324, 326, 339, 340, 365～369
式部（炭鉱）……………249
資源配分 ……………370
自己資本比率 ……95, 117, 247, 280, 282, 331, 336, 341
市場成果 ……………4, 40
自然・地質的 ……………113, 366, 370
実送量 ……34, 35, 37, 38, 40, 50, 51, 62～66, 252, 257, 325
資本集約化 ……………164, 165, 185
資本集約的経営 ……………89
下山田（炭鉱）……………109
目尾（炭鉱）……………109, 240
周旋人委託募集 ……………184
「需給の調整」……………5, 16, 18～20, 40, 363
出炭量 …18, 28, 32, 34, 47, 48, 61, 71, 80, 83, 84, 91, 109, 113～115, 118, 122, 123, 125, 146, 156, 165, 195, 237, 243, 260, 273, 298, 299, 324, 332, 339～343
上位3社集中度 ……………4, 5, 114
昭嘉（炭鉱）……………250
昇給 ……………208～210, 227
商工省 ……………21, 139, 147, 237, 259
商工省鉱山局 ……………140
城島（敬五郎）……………243, 245
常磐 ……5, 6, 17, 21, 23, 28, 39, 45, 第4章, 259, 317, 323, 345, 364, 366, 367
常磐石炭鉱業会 ……………46, 118, 121, 122
常磐無煙炭販売株式会社 ……………124, 125
消費予想量 ……………17
昇龍（炭鉱）……………249
昭和恐慌 ……1, 2, 7, 22, 23, 39, 45, 84, 86, 90, 95, 114, 121, 124, 154, 156, 159, 181, 182, 185, 235, 253, 259, 261, 267, 273, 289, 312, 323, 343, 363, 368, 369
昭和石炭株式会社 ……………4, 326, 346
昭和（炭鉱）……………340
書記 …83, 166, 197, 199, 201, 204, 206, 214～217, 225
書記長 ……………206, 215
初任給 ……………208, 209, 227
新目尾（炭鉱）……………109, 240
新入（炭鉱）……………55, 58, 160, 290
水洗機 ……………90, 247, 279, 333
数量協定 ……………2
好間（炭鉱）……109, 111～113, 116, 136, 138
鈴木商店 ……………112, 249, 268
スティグラー ……………3, 71, 126
砂川（鉱業所）…111, 116, 118, 140, 141, 156, 315
住友 ……46, 52, 53, 56, 58, 67, 132, 136, 170, 214, 237, 245, 253, 254, 256, 261, 275, 321
制限率 ……63, 70, 121, 255～257, 261, 368
「制限量」……………63～66, 365
生産性 …59, 61, 70, 90, 91, 99, 113, 145, 146, 156, 164, 165, 168, 174, 181, 185, 186, 195, 196, 298, 299, 332, 341, 366, 368, 370
生産費 …56, 58, 60, 61, 70, 90, 91, 106, 111～113, 115, 116, 120～122, 125, 143, 154～156,

185, 246, 259, 294, 295, 301, 336, 341, 364～367
石炭鉱業連合会 …1, 5, 15～17, 32, 36, 46, 50, 63, 84, 121, 126, 142, 236, 325, 326, 363, 370
石炭需要 ……………………26, 34, 86, 326
「積極方針」……………………………59, 61
1920 年恐慌 ……………15, 22, 114, 156, 185
扇石 ………………………………………51
選炭 ….140, 143, 169, 247, 270, 279, 295, 333, 369
選炭機 …247, 279, 287, 295, 301, 333, 343, 353
粗悪炭 ……………………………270, 343
総消費量 ……………………………………32
「増送認可量」……………63～67, 70, 71, 365
「増送率」…………………………67, 70, 71
「増送量」………………46, 61～64, 66, 67, 71
送炭制限 …..2, 4, 16～19, 27, 28, 32, 34, 36～40, 46, 47, 51, 53, 56, 58, 59, 62, 63, 65, 70, 71, 84, 105, 118, 119, 121, 125, 235, 252, 255～259, 261, 262, 325, 326, 363～365, 367, 368
送炭超過量 ………………………63, 64, 66
送炭量 …..5, 6, 15, 17, 19, 20, 34, 35, 45～48, 50～58, 60, 62～67, 70, 71, 77, 105, 108, 121, 241, 243, 245, 246, 250, 252, 254, 255, 260, 261, 267, 326, 364, 365, 367, 368
相田（炭鉱）……………………………248

【た行】

第一次世界大戦 …..1, 2, 4, 19, 22, 23, 83, 84, 109, 114～116, 153, 154, 156, 174, 176, 183, 284, 311, 316, 323, 345, 356, 359, 363, 368
大正（鉱業）……..46, 47, 52, 53, 67, 95, 183, 237, 253, 256, 258, 273, 275, 280, 281
退職手当 ……………………179, 180, 181
対前年変化率 ……..52, 53, 56, 58, 62, 67, 70, 243, 245, 250, 254
第 2 旭（炭鉱）……………………………246
大日本（炭鉱）…………109, 114, 116～124
太平洋（炭鉱）……………111～113, 315
大脈炭 ………………………………84, 86
平（炭鉱）…………………………………109
高江（炭鉱）………………………………286
高尾二・三坑 ……………………………328
高取（鉱業）……………237, 328, 341～346
高橋財政 ……………………22, 39, 267
高松二坑 ……………………………328, 330
田川郡 ……………………………………290
田川（炭鉱・鉱業所・三井田川）…55, 62, 71, 85, 91, 93, 138, 145, 147, 第 5 章, 第 6 章, 249, 290, 291, 294～296, 298～301, 315, 367
田籠鉱業 ……………243, 248, 250, 326, 368
田籠寅蔵 ………………………250, 254
忠隈（炭鉱）…………………53, 58, 136, 275
谷口源吉 …………………………………254
「多量生産」…………56, 59, 60, 70, 365, 366
俵田明 ……………………………97, 98
俵田一 …………………………133, 136
「炭価の安定」……5, 15, 16, 19, 20, 32, 35, 39, 40, 254, 261, 363, 367
炭鉱米騒動 ………………………91, 174
ダンピング ……………………236, 259, 363
チェーンコンベヤー ……………143, 145, 273
筑紫（炭鉱）……………………249, 250
筑豊 ……5～7, 17, 24, 45, 46, 51～53, 62, 65, 105, 109, 111, 116, 122, 140
筑豊鉱山学校 ………142, 201, 213, 214, 225
筑豊石炭鉱業組合 ……..17, 46～48, 64, 118, 121, 131, 142, 212～214, 235, 364
筑豊石炭鉱業組合月報 ……………47, 142
筑豊石炭鉱業組合統計月表 …………48, 64
筑豊石炭鉱業組合統計表 ………………48
筑豊貯蓄銀行 ……………………………272
中央石炭 …………………………321, 323
中小炭鉱 ……4, 7, 45, 46, 114, 125, 159, 161, 235, 236, 238～241, 243, 245, 249, 250, 252～257, 260～262, 267, 274, 276, 279, 284, 286～290, 294, 300～303, 311, 324, 353, 363, 368～370
調節量 ……20, 34, 35, 37, 38, 40, 51, 62～67, 70, 71, 252, 255, 257～260, 325, 364, 365
朝鮮無煙（炭鉱）…………328, 338, 339, 345
長壁式 ……………………………59, 89
長壁式充填採炭法 …………………………59
長札（炭鉱）………………………………249
直接的管理体制 …………………154, 169
貯炭量 …..17, 20, 36, 38, 40, 47, 252, 330, 363
賃金格差 ……………………4, 299, 300
沈殿炭 ……………………………50, 51
綱分（炭鉱）…………………………55, 160
帝国炭業 ……..46, 52, 56, 112, 159, 237, 243, 248, 268, 270
「適正貯炭量」…………………19, 20, 36, 40

鉄道省　……89, 108, 254, 274, 276～279, 281, 282, 286, 287, 301, 302, 344, 364
手掘り ……………………………168, 298
天道（炭鉱）……………………………249
東海（炭鉱）……………………………109
東京帝国大学（東京帝大）……132, 133, 136～140, 211, 212
統制　……2, 46, 80, 87, 105, 325, 326, 346, 369
東邦（炭鉱）……………………………248
トーナメント移動 …………………227, 368
特別賦課金 ……56～58, 70, 71, 121, 250, 257, 258, 364, 365, 368
都市卸売価格 …………21, 25, 26, 30, 34, 39
富田太郎 …………………………………256
ドリル ………59, 113, 141, 164, 169, 173, 200, 295, 296

【な行】

内部労働市場 ……………168, 171, 196, 227
内務省 ……………………………………259
中島鉱業 ……………………………46, 248
中島徳松 …………………………………249
中津原（炭鉱）…………………………258, 259
中鶴第１坑 ……………………………………53
中鶴第２坑 ……………………………………53
中野蔵 ……………………………………249
中野商店 ……………………………248, 272
中野（炭鉱）……………………………115
中平商店 ……………………………284, 287
鯰田（炭鉱）………………58, 145, 146, 160
納屋頭 ……………………91, 169, 240, 268
西見初（炭鉱）…………………………85
西山六郎助 ………………………………259
二重構造 ……………………………4, 369
日露戦争 …………………………………22
日貨排斥 …………………………………331
日本鉱業会 ……131～133, 136, 138, 140, 142, 146, 147
日本興業銀行 ……………………………281
入職率 ……………………………159, 162
年末貯炭量 ………………………18, 32, 34
「能率増進」…………………59, 138, 201, 365
野上（鉱業）……………243, 248～250, 261
野上辰之助 ………249, 250, 254, 255, 287, 368

【は行】

ハーフィンダール指数 …………………4, 5
薄層 ……………115, 140, 273, 296, 298, 302
橋上保 ………………………………249, 254
橋田商店 …………………………………345
花田卯三 …………………………………249
原安三郎 …………………………………117
パレート効率性 …………………………370
頴田（炭鉱）……………………………273
肥後物産 …………………………………345
久恒鉱業 ……………241, 243, 245, 250, 256
久恒貞雄 …………………243, 255, 256, 259
日ノ（炭鉱）……………………………250
プール制 …………………316, 317, 321, 345
深坂（炭鉱）…………………………246, 260
福井武次郎 ………………………………339
福岡工業学校 ……………………………212
福田政記 …………………………………201
藤井伊蔵 …………………243, 250, 255, 273
藤井鉱業 ……………………………243, 250
藤岡浄吉 …………………………………117
撫順炭 ……1, 29, 36, 105, 133, 138, 235, 236, 259～262, 315, 363, 369
仏領印度シナ ……………………………29, 30
ブルーカラー ……………195, 199, 227, 368
古河（鉱業）……46, 53, 55, 61, 98, 109, 111, 114, 119, 121, 132, 136, 138, 139, 160, 214, 237, 240, 245, 256, 284
プレイヤー …………………3, 71, 364, 365
粉炭 ………24, 48, 87, 156, 157, 259, 270, 275, 279, 286, 326, 328, 338, 343
変動係数 …………15, 16, 21, 23～27, 30, 39
鳳城（炭鉱）…………………………138, 340
豊国（炭鉱）………53, 58, 138, 160, 167, 290
豊州（炭鉱）…………………………245, 249
方城（炭鉱）…………55, 58, 61, 160, 171, 290
鳳泉（炭鉱）…………………………325, 339
鳳（炭鉱）…………………………………328
保護鉱夫 …………………………………288
北海道石炭鉱業会 ………………46, 118, 212
北海道炭鉱汽船 …………117, 139, 283, 315
ホワイトカラー ………195, 199, 227, 228, 368
本年末貯炭量 ……………………………32, 34

【ま行】

的場中 ……133, 136
松岡家 ……353～357, 359, 361, 362, 369
松本健一郎 ……235
松本孫三郎 ……117
満州 ……29
満鉄 ……138, 235, 259, 260
三池（炭鉱）……46, 91, 116, 118, 156, 179, 207, 290, 315, 342, 343
三笠商会 ……243
三井銀行 ……322, 331
三井工業学校 ……208, 212
三井物産 ……7, 89, 116～118, 120, 121, 123, 254, 261, 284, 第9章
三井（鉱山）……5, 7, 24, 46, 53, 55, 56, 61, 62, 71, 91, 106, 111, 112, 116～118, 126, 132, 133, 136, 138～140, 143, 145, 153, 155, 156, 159～162, 164, 172, 185, 195～197, 199～202, 204, 206～208, 211, 214, 217, 226～228, 237, 249, 253, 256, 258, 274, 275, 283, 284, 290, 291, 294, 300, 302, 311, 315, 324, 325, 366, 367
三菱（鉱業）……5, 46, 52, 53, 55, 56, 58, 61, 67, 106, 118, 132, 136～140, 143, 145, 146, 159, 160, 170, 171, 214, 237, 240, 249, 253, 254, 256, 261, 274, 283, 284, 291, 302, 325, 366
宮崎政雄 ……254
三好鉱業 ……46, 241, 243, 270, 324, 328, 331, 336, 338
無煙炭 ……51, 65, 108, 120, 122～124, 323, 338, 339, 345
宗像商会 ……284, 345
村山商会 ……284, 287
村山石炭 ……345
室木（炭鉱）……159
明治（鉱業）……46, 52, 53, 56, 58, 61, 133, 138, 140, 141, 143, 160, 167, 170, 214, 237, 256, 273, 283, 284, 291
明治専門学校 ……132, 133, 208, 211, 212
姪浜（鉱業）……268, 320, 321, 323
木曜会 ……105, 119, 120, 122～125
門司鉄道局 ……48, 50, 51, 279
モチベーション ……195, 227
モニタリング ……6, 45, 71, 121, 126, 320, 364, 367

【や行】

夜学会 ……172, 177～179, 207
安川松本商店 ……283
山下汽船 ……119, 243, 270
山田（炭鉱）……58, 249, 250, 252, 261
大和（炭鉱）……353
山野炭 ……24, 156
山野（炭鉱・鉱業所）……24, 55, 62, 138, 145, 第5章, 第6章, 275, 315, 367
山本条太郎 ……117
山元消費量 ……47
山本豊吉 ……328
友愛会 ……175
有煙炭 ……108, 123, 340, 345
夕張炭 ……15, 21, 23, 28, 30, 39, 140
夕張炭小樽価格 ……21
「優良労働者」……168, 169, 174, 185
輸入炭価格 ……16, 28～30, 32, 34, 39
養成工制度 ……154, 171
芳雄（炭鉱）……55
吉隈（炭鉱）……55, 58, 160, 291
吉田一郎 ……256
予想消費量 ……19, 20, 35, 40

【ら行】

離職率 ……159～162, 356, 359, 369
リターンマッチ ……215, 217, 225～227
労働組合 ……91, 92, 99, 175, 176, 183, 184, 186, 368
労働集約的経営 ……288, 294, 299, 301

【わ行】

早稲田工手学校 ……132, 212, 213
早稲田大学 ……208, 212
渡邊祐策 ……79, 82, 83, 99
渡辺渡 ……133, 140

図表一覧

序章

図序-1　日本の出炭量の推移　2
図序-2　日本の石炭輸出入　3
図序-3　石炭産業における生産と価格の変化（対前年変化率）　3
表序-1　石炭鉱業のハーフィンダール指数・上位3社集中度　5
表序-2　各産炭地の送炭量　6
表序-付　鉱業権利者別出炭シェアランキング　10

第1章

図1-1　卸売物価指数と炭価指数の比較　16
図1-2　石炭鉱業連合会の活動(1)　18
図1-3　石炭鉱業連合会の活動(2)　19
図1-4　産炭地近郊石炭価格の推移　22
図1-5　主要都市石炭卸売価格の推移　22
図1-6　各炭価の指数　28
図1-7　輸入炭価の推移　30
図1-8　輸入炭価格と国内炭価格の比較　31
図1-9　開平炭八幡製鉄所納入価格の推移　32
図1-10　石炭鉱業連合会の活動(3)　35
表1-1　産炭地近郊石炭価格の変動係数　24
表1-2　産炭地近郊石炭価格の年内変動係数　24
表1-3　三井山野鉱業所の販売炭種別炭価の変動係数　24
表1-4　主要都市の石炭卸売価格の変動係数　24
表1-5　主要商品と石炭との変動係数の比　26
表1-6　九州1種炭門司価格の推移　27
表1-7　日本輸入炭の変動係数　31
表1-8　戦間期日本の石炭需給と石炭鉱業連合会の活動の諸指標　33

第2章

表2-1　「統計月表」と「統計表」の数値　50
表2-2　筑豊大炭鉱の送炭シェアの推移　51
表2-3　筑豊大炭鉱の送炭量の対前年変化率　52
表2-4　筑豊主要大炭鉱企業の送炭量　54

表 2-5　貝島大之浦炭鉱のトン当たり生産費と炭価　57
表 2-6　筑豊大炭鉱の全鉱夫１人１月当たり出炭量　60
表 2-7　三井鉱山田川鉱業所の増送量　62
表 2-8　筑豊送炭量の推計　66
表 2-9　筑豊大炭鉱の「増送量」の推計（1922～24 年）　68
表 2-10　筑豊大炭鉱の「増送量」の推計（1926～29 年）　69

第 3 章
図 3-1　各炭鉱の全鉱夫１人１年当たり出炭量　91
表 3-1　沖ノ山炭鉱の出炭規模別順位　78
表 3-2　沖ノ山炭鉱の出炭量の推移(1)　81
表 3-3　沖ノ山炭鉱の出炭量の推移(2)　84
表 3-4　沖ノ山炭鉱と筑豊主要炭鉱との炭質比較　86
表 3-5　沖ノ山炭鉱の指定特約店（1935 年）　88
表 3-6　沖ノ山炭鉱のトン当たり費用　92
表 3-7　沖ノ山炭鉱の採炭夫１人１日当たり賃金の推移　94
表 3-8　沖ノ山炭鉱の営業報告書（1928～34 年）　96
表 3-9　沖ノ山炭鉱の収益性　97
表 3-10　沖ノ山炭鉱の株式１千株以上所有者　97

第 4 章
図 4-1　京浜までのトン当たり石炭輸送費　108
図 4-2　各企業の炭価と生産費　112
図 4-3　磐城炭鉱の販売炭価と生産費　120
表 4-1　九州・北海道・山口・常磐炭の各地移入量　107
表 4-2　常磐炭鉱企業の動向　110
表 4-3　常磐主要大炭鉱企業の経営動向　111
表 4-4　常磐中小炭鉱企業の経営動向　115
表 4-5　大倉鉱業と石炭店との無煙炭販売協定値段　119
表 4-6　茨城無煙炭販売株式会社の動向　123

補論 A
表 A-1　日本鉱業会における学校卒業年別新入会員数　133
表 A-2　日本鉱業会新入会員の卒業（在学）学校　134
表 A-3　日本鉱業会新入会員の就業先　135
表 A-4　第２回採鉱研究会における研究事項　137
表 A-5　渡邊賞の受賞研究　141
表 A-6　筑豊諸炭鉱の技術情報の開示　144

第５章

図 5-1　田川鉱業所のトン当たり生産費の内訳の推移　156
図 5-2　三井鉱山所有主要炭鉱の在籍鉱夫１人１年当たり出炭量　157
図 5-3　両鉱業所における稼動千人当たり死傷者数　165
表 5-1　田川鉱業所の炭価と生産費　155
表 5-2　田川鉱業所のトン当たり費用の構成　156
表 5-3　三井鉱山の利益金の推移　157
表 5-4　山野鉱業所の炭種別の販売割合と炭価　158
表 5-5　福岡県の鉱夫の入職率と離職率　159
表 5-6　筑豊主要炭鉱の入職率と離職率（1923 年５月）　160
表 5-7　筑豊大炭鉱の入職率と離職率　161
表 5-8　筑豊中小炭鉱の入職率と離職率　162
表 5-9　三井鉱山所属炭鉱における鉱夫の定着化状況　163
表 5-10　田川鉱業所における鉱夫の勤続者数　163
表 5-11　田川・山野鉱業所の相対的高賃金化　167
表 5-12　鉱夫から「職員」への昇進者数　172
表 5-13　田川鉱業所における鉱夫から助手への採用者数　173
表 5-14　三井田川鉱業所における鉱夫の企業内職種移動　173
表 5-15　三井田川鉱業所における諸施設・諸団体の設立（1920～35 年）　178
表 5-16　1930 年代の鉱夫の募集方法　184

第６章

図 6-1　1913～15 年入職　帝国大学卒業者のキャリアツリー　218
図 6-2　1916～20 年入職　帝国大学卒業者のキャリアツリー　219
図 6-3　1913～15 年入職　私立大学・高等工業・専門学校卒業者のキャリアツリー　220
図 6-4　1916～20 年入職　私立大学・高等工業・専門学校卒業者のキャリアツリー　221
図 6-5　1901～05 年入職　入職時の職階が雇のキャリアツリー　222
図 6-6　1906～12 年入職　入職時の職階が雇のキャリアツリー　223
図 6-7　1916～20 年入職　入職時の職階が雇のキャリアツリー　224
図 6-8　1916～20 年入職　入職時の職階が見習のキャリアツリー　224
図 6-9　1916～20 年入職　入職時の職階が小頭のキャリアツリー　224
表 6-1　「職員録」の分析　197
表 6-2　三井鉱山の職階別職員数　198
表 6-3　三井鉱山主要炭鉱の職員数　200
表 6-4　三井鉱山職員の残存率　202
表 6-5　三井鉱山職員の勤続期間別事業所間移動　203

表 6-6　三井鉱山職員の勤続期間別部署間移動　205
表 6-7　三井鉱山の技術系職員の初任給（月額）　208
表 6-8　三井鉱山技術系職員の月給の推移　209
表 6-9　帝国大学・高等工業学校における採鉱・冶金・鉱山学科卒業生数　211
表 6-10　主要工業学校採鉱・冶金学科の卒業生数　213

第 7 章
図 7-1　大炭鉱と中小炭鉱の送炭量　240
図 7-2　大炭鉱と中小炭鉱の送炭シェア　241
表 7-1　府県別出炭規模別炭鉱数　237
表 7-2　中小炭鉱の存続性　238
表 7-3　中小炭鉱鉱業権者の存続性　239
表 7-4　筑豊の主要中小炭鉱　242
表 7-5　1920 年代の主要中小炭鉱（企業）の送炭量の対前年変化率　244
表 7-6　筑豊の大炭鉱と小炭鉱との送炭量の対前年変化率　245
表 7-7　大隈炭鉱の経営動向　246
表 7-8　大隈鉱業の資産　247
表 7-9　大隈鉱業の自己資本比率　247
表 7-10　御徳炭鉱の経営動向　248
表 7-11　1920 年代後半の主要中小炭鉱の送炭量・対前年変化率・シェア　251
表 7-12　昭和恐慌期の主要大炭鉱の送炭シェア　253

第 8 章
図 8-1　新手炭鉱の鉄道省・石炭商販売炭価の推移　278
図 8-2　福岡県の月末在籍鉱夫数　288
図 8-3　福岡県の人口　290
表 8-1　猪位金炭鉱の石炭販売先　271
表 8-2　猪位金炭鉱の経営状態　272
表 8-3　中小炭鉱と大炭鉱との炭質の比較　274
表 8-4　新手炭鉱と三井山野鉱業所のトン当たり平均炭価（1932～34 年平均）　275
表 8-5　新手炭鉱の販売先　276
表 8-6　筑豊主要中小炭鉱の取引先（1928 年）　277
表 8-7　新手炭鉱の貸借勘定　280
表 8-8　新手炭鉱の損益勘定　283
表 8-9　若松・門司石炭商同業組合に加盟する石炭専業取扱商　285
表 8-10　福岡県の中小炭鉱の鉱夫数　289

表 8-11　1936 年の福岡県市郡別労働人口　291
表 8-12　福岡県の県外粗流入　292
表 8-13　福岡県の県内粗流入　293
表 8-14　新手炭鉱（本坑）と三井田川鉱業所のトン当たり生産費の比較　294
表 8-15　新手炭鉱の機械導入　295
表 8-16　小林鉱業所の切羽の状況　297
表 8-17　筑豊における出炭規模別賃金格差　299

第 9 章
図 9-1　戦間期三井物産の石炭販売量　312
図 9-2　昭和石炭の内地陸揚げ炭標準炭価の推移　327
図 9-3　三井物産の一手販売契約炭鉱の炭質と規模　327
表 9-1　三井物産の外国販売量の推移　313
表 9-2　三井物産の内地・外地における販売量の推移　314
表 9-3　三井物産の取扱炭の構成　315
表 9-4　三井物産の石炭一手販売契約（1914～34 年）　318
表 9-5　三井物産の販売手数料　322
表 9-6　三好鉱業・大君鉱業の出炭鉱の構成　329
表 9-7　三好鉱業の自己資本比率　332
表 9-8　三好鉱業の資産　333
表 9-9　三好鉱業・大君鉱業所有炭鉱の 1 人 1 年当たり出炭量　333
表 9-10　三好鉱業の損益　334
表 9-11　大君鉱業の損益　335
表 9-12　三好鉱業の費用　337
表 9-13　朝鮮無煙炭の企業構造　339
表 9-14　朝鮮有煙炭の企業構造　339
表 9-15　朝鮮無煙炭鉱の三井物産打切炭価と経営動向　340
表 9-16　高取鉱業・杵島炭鉱の出炭量　341
表 9-17　三井物産三池支部の石炭地売量　342
表 9-18　高取鉱業・杵島炭鉱の経営動向　344

補論 B
図 B-1　松岡家の鉱夫数　357
図 B-2　文作の賃金・貸金・差引合計・方数の推移　360
表 B-1　松岡家の鉱夫の基本統計（6 月）　355
表 B-2　松岡家鉱夫の 1 方当たり賃金（6 月）　356
表 B-3　松岡家の鉱夫の入職・離職率　358

参考文献一覧

（研究文献に限る）

I　和文

阿部武司［1989］『日本における産地綿織物業の展開』東京大学出版会.

阿部武司［2002］「産業構造の変化と独占」（石井寛治・原朗・武田晴人編『日本経済史 3　両大戦間期』岩波書店所収）.

有澤廣巳［1931］『カルテル・トラスト・コンツエルン』改造社.

石井寛治［1992］「日本における数量経済史研究の動向」『土地制度史学』第 134 号.

石村善助［1961］『鉱業権の研究』勁草書房.

市原博［1997］『炭鉱の労働社会史』多賀出版.

市原博［2001］「戦前期日本の労働史研究」『大原社会問題研究雑誌』第 510 号.

市原博［2005］「三菱電機の技術者の社内キャリア(1)(2)」『駿河台経済論集』第 14 巻第 2 号，第 15 巻第 1 号.

市原博［2007］「戦前期三菱電機の技術開発と技術者」『経営史学』第 41 巻第 4 号.

猪木武徳［1987］『経済思想』岩波書店.

猪木武徳［1998］「勤続年数と技能〈戦間期の労働移動防止策について〉」（伊丹敬之他編『日本的経営の生成と発展』有斐閣所収）.

今田幸子・平田周一［1995］『ホワイトカラーの昇進構造』日本労働研究機構.

岩田規久男編［2004］『昭和恐慌の研究』東洋経済新報社.

植草益［1982］『産業組織論』筑摩書房.

上原克仁［2007］『ホワイトカラーのキャリア形成』財団法人社会経済生産性本部生産性労働情報センター.

上村忠男［2002］『歴史的理性の批判のために』岩波書店.

牛島敬二［1975］『農民層分解の構造：戦前期』御茶の水書房.

内田星美［1988］「大正中期民間企業の技術者分布」『経営史学』第 23 巻第 1 号.

宇野弘蔵［1953］『恐慌論』岩波書店.

宇野弘蔵［1954］『経済政策論』岩波書店.

榎一江［2008］『近代製糸業の雇用と経営』吉川弘文館.

大石嘉一郎編［1987］『日本帝国主義史　2 世界大恐慌期』東京大学出版会.

大内力［1970］『国家独占資本主義』東京大学出版会.

大島久幸［1999］「戦前期三井物産の人材形成：部・支店における人事異動を中心として」『専修大学経営研究所報』第 133 号.

大島久幸［2004］「第一次大戦期における三井物産」『三井文庫論叢』第 38 号.

岡崎哲二［1990］「戦前期日本の景気循環と価格・数量調整」（吉川洋・岡崎哲二編『経済理論への歴史的パースペクティブ』東京大学出版会所収）.

岡崎哲二［1993］『日本の工業化と鉄鋼産業：経済発展の比較制度分析』東京大学出版

会.
岡崎哲二［1997］『工業化の軌跡：経済大国前史』読売新聞社.
岡崎哲二［2005a］「戦前期三菱財閥の内部労働市場」『三菱史料館論集』第6号.
岡崎哲二［2005b］「産業報国会の役割」（岡崎哲二編『生産組織の経済史』東京大学出版会所収）.
荻野喜弘［1977］「日本石炭産業における独占の形成過程」『西南地域史研究』第1輯.
荻野喜弘［1983］「1920年代の宇部炭鉱業」『宇部地方史研究』第11号.
荻野喜弘［1991］「第1次世界大戦前後における筑豊炭の市場動向」『エネルギー史研究』第15号.
荻野喜弘［1993］『筑豊炭鉱労資関係史』九州大学出版会.
荻野喜弘［1994］「1920年前半における石炭鉱業連合会の活動と筑豊炭鉱業」『経済学研究』第59巻第3・4号.
荻野喜弘［1998］「昭和初年における石炭鉱業連合会による送炭制限」『経済学研究』第64巻第5・6号.
荻野喜弘［2000］「石炭鉱業の展開」（西日本文化協会『福岡県史』通史編近代産業経済(2)所収）.
尾高煌之助［1984］『労働市場分析：二重構造の日本的展開』岩波書店.
尾高煌之助［1989］「二重構造」（中村隆英・尾高煌之助編『日本経済史6　二重構造』岩波書店所収）.
尾高煌之助［1993a］『企業内教育の時代』岩波書店.
尾高煌之助［1993b］「「日本的」労使関係」（岡崎哲二・奥野正寛編『現代日本経済システムの源流』日本経済新聞社所収）.
小田切宏之［2001］『新しい産業組織論』有斐閣.
鹿島徹［2006］『可能性としての歴史：越境する物語り理論』岩波書店.
春日豊［1980］「三池炭鉱における『合理化』の過程」『三井文庫論叢』第14号.
春日豊［1982］「1930年代における三井物産会社の展開過程（上）」『三井文庫論叢』第16号.
神林龍［2000］「賃金制度と離職行動：明治後期の諏訪地方の製糸の例」『経済研究』第51巻第2号.
北澤満［2001］「第一次大戦後の北海道石炭業と三井財閥」『経営史学』第35巻第4号.
北澤満［2002］「第一次大戦後における石炭需要の変化と炭鉱経営の対応」『エネルギー史研究』第17号.
北澤満［2003a］「北海道炭礦汽船株式会社の三井財閥傘下への編入」『経済科学』第50巻第4号.
北澤満［2003b］「1930年代における北海道炭礦汽船株式会社と三井財閥」『経済科学』第51巻第1号.
北澤満［2006］「1930年代における送炭調節の展開(1)(2)」『経済学研究』第72巻第5・6号,『経済学研究』第73巻第2・3号.
北澤満［2008］「両大戦間期における三菱鉱業の炭鉱経営(1)」『経済学研究』第74巻第5・6号.

参考文献一覧

橘川武郎［1990］「戦前日本のカルテル」『青山経営論集』第25巻第4号.
橘川武郎［1995］『日本電力業の発展と松永安左エ門』名古屋大学出版会.
橘川武郎［2002］「財閥のコンツェルン化とインフラストラクチャー機能」（石井寛治・原朗・武田晴人編『日本経済史3　両大戦間期』東京大学出版会所収）.
橘川武郎［2004］「カルテルと合併運動」（経営史学会編『日本経営史の基礎知識』有斐閣所収）.
木村隆俊［1995］『1920年代　日本の産業分析』日本経済評論社.
國弘員人［1938］『カルテル経営論』同文館.
久保文克編［2009］『近代製糖業の発展と糖業連合会：競争を基調とした協調の模索』日本経済評論社（糖業協会監修）.
熊田喜三男［1979］『中小企業研究の展開』新評論.
小池和男［1991］『仕事の経済学』東洋経済新報社.
小池和男・猪木武男編［2002］『ホワイトカラーの人材形成』東洋経済新報社.
小早川洋一［1981］「浅野財閥の多角化と経営組織：大正期から昭和初期の分析」『経営史学』第16巻第1号.
佐藤和夫［1981］「戦間期日本のマクロ経済とミクロ経済」（中村［1981］所収）.
佐野陽子・川喜多喬［1993］『ホワイトカラーのキャリア管理』中央経済社.
沢井実［1998］『日本鉄道車輌工業史』日本経済評論社.
四宮俊之［1986］「書評　橋本寿朗・武田晴人編著『両大戦間期日本のカルテル』」『経営史学』第21巻第2号.
四宮俊之［1997］『近代日本製紙業の競争と協調：王子製紙，富士製紙，樺太工業の成長とカルテル活動の変遷』日本経済評論社.
柴垣和夫［1965］『日本金融資本分析』東京大学出版会.
下谷政弘［2008］『新興コンツェルンと財閥』日本経済評論社.
社会経済史学会編［1982］『1930年代の日本経済』東京大学出版会.
正田誠一［1987］『九州石炭産業史論』九州大学出版会.
白木沢旭児［1999］『大恐慌期日本の通商問題』御茶の水書房.
白戸伸一［2004］『近代流通組織化政策の史的展開：埼玉県における産地織物業の同業組合・産業組合分析』日本経済評論社.
菅山真次［1985］「1920年代の企業内養成工制度：日立製作所の事例分析」『土地制度史学』第108号.
菅山真次［1987］「1920年代重電機経営の下級職員層：日立製作所の事例分析」『社会経済史学』第53巻5号.
菅山真次［1990］「戦間期雇用関係の労職比較：『終身雇用』の実態」『社会経済史学』第55巻第4号.
杉原薫［1986］『アジア間貿易の形成と構造』ミネルヴァ書房.
鈴木邦夫［1981］「見込商売についての覚書：1890年代後半～1910年代の三井物産」『三井文庫論叢』第15巻.
隅谷三喜男［1968］『日本石炭産業分析』岩波書店.
隅谷三喜男［1998］「石炭産業における合理化」（隅谷三喜男『隅谷三喜男産業経済論文

選2　産業分析と技術革新』通商産業調査会，第2章所収，初出1951年）.
1920年代史研究会編［1983］『1920年代の日本資本主義』東京大学出版会.
高橋亀吉［1933］『日本経済統制論：産業を中心として見たる』改造社.
高村直助［1980］『日本資本主義史論：産業資本・帝国主義・独占資本』ミネルヴァ書房.
竹内常善［1982］「諸階層とその動向」（社会経済史学会編［1982］所収）.
竹内洋［1995］『日本のメリトクラシー：構造と心性』東京大学出版会.
武田晴人［1977］「日本産銅業における買鉱制度の発展：産銅独占のための序論」『社会経済史学』第42巻第4号.
武田晴人［1977］「第一次世界大戦後の銅市場構造の変貌」『土地制度史学』第20巻第1号.
武田晴人［1978］「産銅独占の成立」『三井文庫論叢』12号.
武田晴人［1980］「1920年代史研究の方法に関する覚書」『歴史学研究』第486号.
武田晴人［1981］「1930年代の産銅カルテル(1)(2)」『社会科学研究』第33巻第2・6号.
武田晴人［1987］『日本産銅業史』東京大学出版会.
武田晴人［1993］「1920年恐慌と産業の組織化」（大河内暁男・武田晴人編『企業者活動と企業システム：大企業体制の日英比較史』東京大学出版会所収）.
武田晴人［1995］「大企業の構造と財閥」（由井常彦・大東英祐編『日本経営史3　大企業時代の到来』岩波書店所収）.
武田晴人［2000a］「昭和恐慌期の三菱鉱業：生産の合理化とコスト低下」『三菱史料館論集』第1巻.
武田晴人［2000b］「解説・近代の経済構造」（武田晴人・中林真幸編『展望日本歴史18　近代の経済構造』東京堂出版所収）.
武田晴人［2002］「景気循環と経済政策」（石井寛治・原朗・武田晴人編『日本経済史3　両大戦間期』岩波書店所収）.
武田晴人［2007］「産業の組織化　コンツェルン的統制とカルテル的統制：昭和初期電線業のケース」（大東英祐他『ビジネス・システムの進化』有斐閣所収）.
橘木俊詔・連合総合生活開発研究所［1995］『昇進の経済学』東洋経済新報社.
田中直樹・荻野喜弘［1979］「保護鉱夫問題と採炭機構の合理化」（社会経済史学会編『エネルギーと経済発展』西日本文化協会所収）.
田中直樹［1984］『近代日本炭鉱労働史研究』草風館.
中馬宏之・樋口美雄［1999］「経済環境の変化と長期雇用システム」（猪木武徳・樋口美雄編『日本の雇用システムと労働市場』日本経済新聞社所収）.
丁振聲［1991a］「昭和恐慌期の石炭独占組織の動揺」『近代日本研究13　経済政策と産業』山川出版社.
丁振聲［1991b］『戦間期日本における石炭独占組織と中小炭鉱』（筑波大学博士論文）.
丁振聲［1992］「1920年代の日本における炭鉱企業経営」『経営史学』第27巻第3号.
丁振聲［1993］「重要産業統制法下における石炭独占組織の市場統制政策」『社会経済史学』第59巻4号.

富永憲生［1982］「両大戦間期のカルテル活動とその効果」『社会経済史学』第47巻第4号.
富山太佳夫［2008］「歴史かフィクションか」（富山太佳夫『英文学の挑戦』岩波書店所収）.
内藤隆夫［2005］「工場制の定着：第一次大戦前期日本の石油精製業」（岡崎哲二編『生産組織の経済史』東京大学出版会所収）.
永江眞夫［1990］「第一次世界大戦期から昭和恐慌期に至る貝島石炭業経営の展開」（荻野喜弘編『戦前期筑豊炭鉱業の経営と労働』啓文社所収）.
中林真幸［2003a］『近代資本主義の組織：製糸業の発展における取引の統治と生産の構造』東京大学出版会.
中林真幸［2003b］「問屋と専業化：近代における桐生織物業の発展」（武田晴人編『地域の社会経済史：産業化と地域社会のダイナミズム』有斐閣所収）.
長廣利崇［2002］「戦間期日本における炭鉱企業の統計的観察」『エネルギー史研究』2002年.
長廣利崇［2009］「戦間期三井物産の外国石炭取引：台湾炭取引を中心に」（天野雅敏・高嶋雅明編『近世・近代の歴史と社会』清文堂，2009年刊行予定所収）.
中村青志［1980］「大正・昭和初期の大倉財閥：成長から停滞への転換を中心に」『経営史学』第15巻第3号.
中村隆英［1971］『戦前期日本経済成長の分析』岩波書店.
中村隆英編［1981］『戦間期の日本経済分析』山川出版社.
中村隆英・尾高煌之助編［1989］『日本経済史 6　二重構造』岩波書店.
中村隆英［1993］『日本経済：その成長と構造』〔第3版〕東京大学出版会.
中村尚史［2005］「近代的企業組織の成立と人事管理：第一次大戦前期日本の鉄道業」（岡崎哲二編『生産組織の経済史』東京大学出版会所収）.
新鞍拓生［1997］「1920年代送炭制限下における麻生商店経営の一端：石炭販売を中心として」『九州経済学会年報』通号35.
新鞍拓生［1998］「麻生商店の石炭販売：プール制離脱・販売自立化期から昭和石炭株式会社成立期まで」『経済学研究』第65巻第3号.
新鞍拓生［2000］「戦間期日本石炭市場の需要構造の変化について」『経済学研究』第66巻第5・6号.
新鞍拓生［2001］「麻生太吉の炭業統制指向とその論理：地方企業家による地方経済の調製」『エネルギー史研究』第16号.
西成田豊［1988］『近代日本労資関係史の研究』東京大学出版会.
西成田豊［2007］『近代日本労働史』有斐閣.
西山昭彦［1999］「大企業ホワイトカラーの最終キャリア：A社における最終選抜」『日本労働研究雑誌』第464号.
萩本眞一郎［1996］「戦前期貿易商社の組織間関係：三菱商事における一手購買・販売契約と系列取引のケースを中心に」（松本貴典編『戦前期日本の貿易と組織間関係：情報・調整・協調』新評論所収）
橋本寿朗［1984］『大恐慌期の日本資本主義』東京大学出版会.

橋本寿朗［1989］「両大戦間期の日本経済」『経営志林』第 26 巻第 3 号.
橋本寿朗・武田晴人［1985］『両大戦間期日本のカルテル』御茶の水書房.
橋本寿朗［2004a］『戦間期の産業発展と産業組織 I：戦間期の造船工業』東京大学出版会,（解題：武田晴人）.
橋本寿朗［2004b］『戦間期の産業発展と産業組織 II：重化学工業化と独占』東京大学出版会,（解題：武田晴人）.
畠山秀樹［1976］「三井三池炭鉱における経営労務政策の確立過程」『大阪大学経済学』第 25 巻 4 号.
畠山秀樹［1978］「戦前昭和期三井三池炭砿における坑夫雇傭状況の推移」『経営史学』第 12 巻 3 号.
畠山秀樹［1979］「三井三池炭鉱における坑夫雇用状況の推移」（社会経済史学会編『エネルギーと経済発展』西日本文化協会所収）.
畠山秀樹［2000］『近代日本の巨大鉱業経営』多賀出版.
花田光世［1987］「人事制度における競争原理の実態」『組織科学』第 21 巻第 2 号.
林健久・山﨑広明・柴垣和夫［1973］『講座帝国主義の研究 6　日本資本主義』青木書店.
兵藤釗［1971］『日本における労資関係の展開』東京大学出版会.
平沢照雄［2001］『大恐慌期日本の経済統制』日本経済評論社.
広田照幸［2004］「鉄道従業員の採用・昇進競争」（望田幸男・広田照幸編『実業世界の教育社会史』昭和堂所収）.
廣田誠［2007］『近代日本の日用品小売市場』清文堂.
広渡清吾［1998］「競争法の普遍化：資本主義法と 20 世紀システム」（東京大学社会科学研究所編『20 世紀システム 5　国家の多様性と市場』東京大学出版会所収）.
藤田貞一郎［1995］『近代日本同業組合史論』清文堂.
藤村聡［2007］『創業期兼松の人員構成』『経済経営研究年報』第 57 号.
二村一夫［1997］「工員・職員の身分差別撤廃」『日本労働研究雑誌』第 443 号.
本台進［1992］『大企業と中小企業の同時成長』同文館.
松井彰彦［2002］『慣習と規範の経済学：ゲーム理論からのメッセージ』東洋経済新報社.
松尾純広［1985a］「日本における石炭独占組織の成立」『社会経済史学』第 50 巻第 4 号.
松尾純広［1985b］「石炭鉱業連合会と昭和石炭株式会社」（橋本・武田［1985］所収）.
松尾純広［1986］「第一次世界大戦前後における筑豊炭市場と企業間競争：予備的考察」『エネルギー史研究』第 14 号.
松尾純広［1987］「筑豊炭市場における企業間競争関係の変容：第 1 次大戦中・後期を中心に(1)(2)」『大分大学経済論集』第 39 巻第 2 号，第 39 巻第 3 号.
松尾純広［1990］「第 1 次大戦前・中期における企業競争関係の変容(1)：両大戦間期日本における石炭市場と企業間競争」『大分大学経済論集』第 41 巻第 3・4 号.
松島斉［1994］「過去，現在，未来：繰り返しゲームと経済学」（岩井克人・伊藤元重編『現代の経済理論』東京大学出版会所収）

松島斉［2002］「私的モニタリングによる暗黙の協調」（今井晴雄・岡田章編『ゲーム理論の新展開』勁草書房所収）.
松村敏［1992］『戦間期日本蚕糸業史分析：片倉製紙を中心に』東京大学出版会.
松本貴典［1992］「両大戦間期泉北機業における織物工場経営の動向」『経営史学』第26巻第4号.
松本貴典［1993］「両大戦間期日本の製造業における同業組合の機能」『社会経済史学』第58巻第5号.
松本貴典［2002］「工業化過程における中間組織の役割」（社会経済史学会編『社会経済史学の課題と展望』有斐閣所収）.
松本貴典［2004］「近代日本の商人分布：『日本全国商工人名録』による検討」（松本貴典編『生産と流通の近代像：100年前の日本』日本評論社所収）.
松元宏［1979］『三井財閥の研究』吉川弘文館.
三浦壮［2006］「明治・大正期における宇部炭の市場と販路開拓」『エネルギー史研究』第21号.
三浦壮［2008］「昭和戦前期における宇部石炭鉱業の需給構造」『エネルギー史研究』第23号.
三木理史［2005］「1930年代の樺太における石炭業」『アジア経済』第46巻第5号.
三島康雄編［1981］『三菱財閥』日本経済新聞社.
三井文庫［1980］『三井事業史』本編第3巻上.
三井文庫［1994］『三井事業史』本編第3巻中.
宮島英昭［2002］「独占資本主義成立論争」（石井寛治・原朗・武田晴人編『日本経済史3　両大戦間期』東京大学出版会所収）.
宮島英昭［2004］『産業政策と企業統治の経済史：日本経済発展のミクロ分析』有斐閣.
宮本又郎［1986］「明治期紡績業の生産性について」『大阪大学経済学』第35巻第4号.
宮本又郎［1988］『近世日本の市場経済』有斐閣.
宮本又郎［1990］「産業化と会社制度の発展」（西川俊作・阿部武司『産業化の時代上』岩波書店所収）.
宮本又郎［1999］「近代移行期における商家・企業家の盛衰」『同志社商学』第50巻第5・6号.
三和良一［1976］「日本のカルテル」（宮本又次・中川敬一郎監修『日本経営史講座　第4巻　日本の企業と国家』日本経済新聞社所収）.
森川英正［1985］『地方財閥』日本経済新聞社.
森川英正［1996］『トップ・マネジメントの経営史』有斐閣.
森村敏己・山根徹也編［2004］『集いのかたち：歴史における人間関係』柏書房.
八代充史［1995］『大企業ホワイトカラーのキャリア：異動と昇進の実証分析』日本労働研究機構.
安井國夫［1994］『戦間期日本製鋼業と経済政策』ミネルヴァ書房.
安岡重明編［1982］『三井財閥』日本経済新聞社.
柳澤治［2008］『戦前・戦時日本の経済思想とナチズム』岩波書店.
山口和雄［1998］『近代日本の商品取引』東洋書林.

山崎廣明［1975］『日本化繊産業発達史論』東京大学出版会.
山崎隆三編［1979］『両大戦間期の日本資本主義』東京大学出版会.
山本潔［1994］『日本における職場の技術・労働史』東京大学出版会.
若林幸男［2007］『三井物産人事政策史　1876～1931年』ミネルヴァ書房.
和座一清［1970］『慣習的共同企業の法的研究』風間書房.
渡邉恵一［2005］『浅野セメントの物流史：近代日本の産業発展と輸送』立教大学出版会.

II　英文

Barbezat, D. [1989] "Cooperation and rivalry in the international steel cartel, 1926-1933", *Journal of Economic History*, 49(2).
Barbezat, D. [1990] "International cooperation and domestic cartel control: the international steel cartel, 1926-1938," *Journal of Economic History*, 50(2).
Barbezat, D. [1994] "Structural rigidity and the severity of the German depression: The AVI and the German steel cartels 1925-1932", *Explorations in Economic History*, 34.
Bowman, J, R. [1989] *Capitalist collective action: competition, cooperation, and conflict in the coal industry*, Cambridge [England]; New York: Cambridge University Press.
Clay, K. and W. Troesken [2002] "Strategic behavior in whiskey distilling, 1887-1895", *Journal of Economic History*, 62(4).
Dix, K. [1988] *What's a coal miner to do?: the mechanization of coal mining*, Pittsburgh, Pa.: University of Pittsburgh Press.
Doeringer, P. B. and Piore, M. J. [1971] *Internal Labor Markets and Manpower Analysis*, Armonk, N.Y.: M.E. Sharpe（白木三秀監訳『内部労働市場とマンパワー分析』早稲田大学出版部, 2007年）.
Dye, A. and R. Sicotte [2006] "How brinkmanship saved chadbourne: Credibility and the international sugar agreement of 1931", *Explorations in Economic History*, 43.
Evans, R. E. [1997] *In Defence of History*, London: Granta（今関常夫・林以知郎監訳『歴史学の擁護：ポストモダニズムとの対話』晃洋書房）.
Fishback, P. V. [1992] *Soft coal, hard choices: the economic welfare of bituminous coal miners, 1890-1930*, New York: Oxford University Press.
Fine, B. [1990] "Economies of scale and a featherbedding cartel?: a reconsideration of the interwar British coal industry", *Economic History Review, 2nd ser.*, 43(3).
Fleming, G. [2000] "Collusion and price wars in the Australian coal industry during the late nineteenth century", *Business History*, 142(3).
Freyer, T. [1992] *Regulating big business: antitrust in Great Britain and America,*

1880-1990, Cambridge [England]; New York: Cambridge University Press.
Genesove, D. and W. P. Mullin [2001] "Rules, Communication, and Collusion: Narrative Evidence from the sugar institute case", *The American Economic Review*, 91(3).
Grant, H. and H. Thille [2001] "Tariffs, strategy, and structure: Competition and collusion in the Ontario petroleum industry, 1870-1880", *Journal of Economic History*, 61(2).
Green, E. J. and R. H. Porter [1984] "Non-cooperative Collusion Under Imperfect Price Information", *Econometrica*, 52.
Gupta, B. [1997] "Collusion in the Indian tea industry in the great depression: An analysis of panel date", *Explorations in Economic History*, 34.
Gupta, B. [2001] "The international tea cartel during the great depression, 1929-1933", *Journal of Economic History*, 61(1).
Hausman, W. J. [1984a] "Cheep coals or limitation of the vend? The London coal trade, 1770-1845", *Journal of Economic History*, 44(2).
Hausman, W. J. [1984b] "Market power in the London coal trade: The limitation of the vend, 1779-1845", *Explorations in Economic History*, 21.
Hiroaki Yamazaki and Matao Miyamoto [1998] *Trade Associations in Business History*, Tokyo: University of Tokyo Press.
Kirby, M. W. [1977] *The British coalmining industry, 1870-1946: a political and economic history*, London: Macmillan.
Lamoreaux, Naomi. R. and Raff, Daniel. M. G. [1995] *Coordination and information: historical perspectives on the organization of enterprise*, Chicago: University of Chicago Press.
Levenstein, M. C. [1995] "Do Price Wars Facilitate Collusion? A Study of the Bromine Cartel Before World War I", *Journal of Economic History*, 55(3).
Levenstein, M. C. and V. Y. Suslow [2006] "What Determines Cartel Success?", *Journal of Economic Literature*, vol. XLIV.
Libecap, G. D. [1989] "The political economy of crude oil cartelization in the united states, 1933-1972", *Journal of Economic History*, 49.
Liefmann, R. [1932] *Cartels, concerns and trusts*, New York: E. P. Dutton (D. H. MacGregor による英訳).
McCloskey, D.N. [1977] *Economic maturity and entrepreneurial decline: British iron and steel, 1870-1913*, Cambridge, Mass.: Harvard University Press.
Montant, Gil [2004] "The effectiveness of the Nord-pas-de-Calais coal cartel during the inter-war period: a research note", *Explorations in Economic History*, 41.
Parnell M. F. [1994] *The German tradition of organized capitalism: self-government in the coal industry*, Oxford: Clarendon Press.
Peters, N. L. [1989] "Managing competition in German coal 1893-1913", *Journal of Economic History*, 49(2).

Rosenbaum, J. E. [1984] *Career Mobility in a Corporation Hierarchy*, Orlando, Fla.; Tokyo: Academic Press.

Schmitz. C. J. [1986] "The Rise of Big Business in the World Copper Industry 1870-1930" *Economic History Review*, 39(3).

Spar, D. L. [1994] *The cooperative edge: the internal politics of international cartels*, Ithaca and London: Cornell University Press.

Stigler, J. E. [1964] "A Theory of Oligopoly", *Journal of Political Economy*, 72.

Supple, B. [1987] *The History of the British coal industry*, vol. 4, Oxford: Clarendon Press.

Symeonidis, G. [2002] *The effects of competition: cartel policy and the evolution of strategy and structure in British industry*, Cambridge, Mass.: MIT Press.

Webb, S. B. [1980] "Tariffs, cartels, technology, and growth in the German steel Industry, 1879 to 1914", *Journal of Economic History*, 40(2).

Wright, T. [1984] *Coal mining in China's economy and society, 1895-1937*, New York: Cambridge University Press.